计算机网络技术实训

微课视频版

朱　涛　李馥娟 ◎ 编著

清華大學出版社
北京

内容简介

本书是针对高校“计算机网络”课程的教学需要和要求专门编写的实训教材。全书共由43个精心设计的实验和两个附录组成，涵盖了网线的制作和应用、交换机和路由器的配置和应用、各类应用系统的配置和应用、网络安全的实现和应用等内容。书中的每个实验都具有较强的可操作性和实用性，在考虑实验室环境的同时，尽可能地与实际应用相结合。

作为实验教材，本书在内容安排上与计算机网络通用教材有机匹配，相互补充，符合教学和实验的要求；在写作中力求概念清晰，原理阐述清楚，实验步骤明了，内容新颖翔实，可操作性强。为便于实验操作，本书配置了完整的实验操作视频。

本书可作为高等院校计算机、通信及相关专业“计算机网络”课程的实验教材，也可作为从事计算机网络设计、建设、管理和应用的技术人员的参考书，还适合各类培训机构教学使用。

图书在版编目(CIP)数据

计算机网络技术实训：微课视频版/朱涛，李馥娟编著.—北京：清华大学出版社，2022.3(2024.2重印)
(清华科技大讲堂丛书)
ISBN 978-7-302-59851-0

Ⅰ.①计… Ⅱ.①朱… ②李… Ⅲ.①计算机网络－高等学校－教材 Ⅳ.①TP393

中国版本图书馆CIP数据核字(2021)第280325号

策划编辑：魏江江
责任编辑：王冰飞　吴彤云
封面设计：刘　键
责任校对：郝美丽
责任印制：丛怀宇

出版发行：清华大学出版社
网　　址：https://www.tup.com.cn，https://www.wqxuetang.com
地　　址：北京清华大学学研大厦A座　　**邮　　编**：100084
社 总 机：010-83470000　　**邮　　购**：010-62786544
投稿与读者服务：010-62776969，c-service@tup.tsinghua.edu.cn
质量反馈：010-62772015，zhiliang@tup.tsinghua.edu.cn
课件下载：https://www.tup.com.cn，010-83470236
印 装 者：三河市天利华印刷装订有限公司
经　　销：全国新华书店
开　　本：185mm×260mm　　**印　　张**：22.25　　**字　　数**：540千字
版　　次：2022年3月第1版　　**印　　次**：2024年2月第4次印刷
印　　数：4001～5200
定　　价：59.80元

产品编号：093332-02

前言

“计算机网络”是一门理论性和实践性都很强的课程。为了让学生更好地掌握这门课程的知识，必须科学安排计算机网络实训教材的教学内容和教学环节，处理好理论讲授与实践操作之间的关系，使学生在深入理解计算机网络基本理论的同时，能够通过严格的实践训练掌握计算机网络的构建和应用方式。随着计算机网络技术的飞速发展，计算机网络设备和网络操作系统都已大量更新换代，网络仿真实验软件平台已经成为学习和实践网络设计和构建的重要手段。为顺应这一趋势，编者总结多年来的计算机网络教学经验，结合教学要求和实际应用两方面的需要，编写了这本计算机网络实训教材。

本书将网络构建过程中的常见问题精心组织成学生可以操作练习的实验，并在阐述清楚基本实验原理的基础上，使用流行的网络仿真实验软件模拟和验证实验过程。本书由编者精心设计的43个实验和两个附录组成，主要包括网线的制作和应用、交换机的配置和应用、路由器的配置和应用、网络设备的安全配置和应用、DNS服务器的配置和应用、Web服务器的配置和应用、FTP服务器的配置和应用、DHCP服务器的配置和应用、网络应用系统的安全配置和管理等内容，同时附录部分提供了常见的网络测试命令的使用方法，以及配套的网络仿真实验平台Packet Tracer软件的入门教程。

本书内容在理论上与计算机网络通用教材有机匹配，每个实验都具有较强的可操作性，实验软件平台都能在互联网上获得，实验在绝大部分学校都有条件完成；大部分实验实践性很强，能够在实际网络建设工作中直接参考使用。

在本书的编写过程中，编者重点强调了以下几点。

(1) 与主讲教材有机结合，内容相互联系，并各有侧重。考虑高等学校计算机网络教材的特殊要求，在内容选择上，主讲教材主要偏重对基本原理、概念、协议、标准等内容的介绍，教授学生掌握相关的理论知识，而实训教材强调对学生动手能力的培养，通过实验操作，在掌握应用技能的同时，加深对理论知识的理解。

(2) 考虑实验课程的要求，在内容安排上采用了实验目的、实验原理、实验内容和要求、实验设备、实验拓扑、实验步骤、结果验证的组织形式。

(3) 一个实验重点解决一个问题，既便于学生在较短的时间内完成实验，又便于各个学校根据具体的实验环境来选择。

(4) 在实验平台的选择上，考虑目前业界和国内各高校的实际情况，在路由器和交换机方面选择了操作命令和方法绝大部分与锐捷(RG)公司网络设备相同的Packet Tracer软件，在服务器操作系统方面选择了广泛使用的Windows Server 2016，并基于VMWare软件搭建仿真平台，所以本书的适用性更强。

(5) 在编写本书时，编者参阅了大量的相关书籍，发现许多同类书籍存在一个共同的缺点:将简单的问题复杂化。为解决这一问题,本书采用了“小实验”的内容安排方式,将复杂的问题分块解决。对每个实验从以下几方面进行讲解:要解决什么问题;需要什么实验环境;如何操作;如何排除可能出现的故障;如何对实验结果进行测试。通过这样的安排,不但结构清晰,而且符合实验教学的要求。

(6) 为了加强不同实验之间的相互联系,本书进行了较为规范的实验设计。例如,相近实验的拓扑结构尽可能相同或相似;第5章开始可以使用统一的域名,后一个实验可以建立在前一个实验的基础上。

(7) 编者认为,实训课程应该重点解决两个问题:一是通过实验使学生加深对理论知识的理解;二是与实际应用紧密结合。目前,许多实训教材多注重前者,而忽视了后者。为使学生所掌握的知识能够直接应用到真实的网络环境中,在内容的选择和实验的设计等方面,本书力求将真实的基本案例拿到实验室中让学生掌握。

(8) 编者对每个实验在实验室中亲自进行了测试,以保证实验内容的正确性。

为便于教学,本书提供丰富的配套资源,包括教学大纲、教学课件、电子教案、程序源码、教学进度表、相关实验的 Packet Tracer 仿真文件和微课视频。

资源下载提示

课件等资源:扫描封底的“课件下载”二维码,在公众号“书圈”下载。

素材(源码)等资源:扫描目录上方的二维码下载。

视频等资源:扫描封底的文泉云盘防盗码,再扫描书中相应章节中的二维码,可以在线学习。

需要提示读者的是:为避免可能发生的冲突,书中使用的域名均进行了无效化处理(加入了不符合域名命名规则要求的“*”字符),读者在实验过程中,可去掉“*”字符,或直接使用自己的域名,均可顺利完成实验。书中使用的IP地址均为虚构,不对应任何互联网资源。读者也可按IP地址相关使用要求替换使用。

在本书的编写过程中,得到了清华大学出版社的大力支持,也得到了编者家人及很多同事的帮助,其中,王群教授和陶慎亮老师负责了全书的校审工作,陈律铭老师和袁烽峻同学完成了交换机、路由器部分相关实验的验证和测试,以及文字校对工作,借此机会向他们表示衷心的感谢!

由于编者水平有限,书中难免存在疏漏,殷切希望广大读者批评指正。

编　者

2022年1月于南京

目 录

源码下载

第1章 网线的制作和应用 ······ 1

1.1 实验1 直连双绞线的制作和应用 ······ 1
1.1.1 实验概述 ······ 1
1.1.2 实验规划 ······ 4
1.1.3 实验步骤 ······ 5
1.1.4 结果验证 ······ 6
1.2 实验2 交叉双绞线的制作和应用 ······ 6
1.2.1 实验概述 ······ 6
1.2.2 实验规划 ······ 7
1.2.3 实验步骤 ······ 8
1.2.4 结果验证 ······ 8
1.3 实验3 光纤连接器的类型和应用 ······ 8
1.3.1 实验概述 ······ 9
1.3.2 实验规划 ······ 10
1.3.3 实验步骤 ······ 11
1.3.4 结果验证 ······ 11
本章小结 ······ 11

第2章 交换机的配置和应用 ······ 12

2.1 实验1 交换机的基本操作和配置 ······ 12
2.1.1 实验概述 ······ 12
2.1.2 实验规划 ······ 14
2.1.3 实验步骤 ······ 15
2.1.4 结果验证 ······ 19
2.2 实验2 端口VLAN的设置和应用 ······ 21
2.2.1 实验概述 ······ 21
2.2.2 实验规划 ······ 22
2.2.3 实验步骤 ······ 23
2.2.4 结果验证 ······ 25
2.3 实验3 多交换机之间VLAN的设置和应用 ······ 25

2.3.1 实验概述 …… 25
2.3.2 实验规划 …… 26
2.3.3 实验步骤 …… 26
2.3.4 结果验证 …… 29
2.4 实验4 通过三层交换机实现VLAN之间的通信 …… 29
2.4.1 实验概述 …… 29
2.4.2 实验规划 …… 31
2.4.3 实验步骤 …… 32
2.4.4 结果验证 …… 35
2.5 实验5 交换机之间链路聚合的实现和应用 …… 35
2.5.1 实验概述 …… 35
2.5.2 实验规划 …… 36
2.5.3 实验步骤 …… 37
2.5.4 结果验证 …… 39
2.6 实验6 生成树协议的配置和应用 …… 39
2.6.1 实验概述 …… 39
2.6.2 实验规划 …… 41
2.6.3 实验步骤 …… 41
2.6.4 结果验证 …… 43
本章小结 …… 44

第3章 路由器的配置和应用 …… 45

3.1 实验1 路由器的基本操作和配置 …… 45
3.1.1 实验概述 …… 45
3.1.2 实验规划 …… 46
3.1.3 实验步骤 …… 47
3.1.4 结果验证 …… 50
3.2 实验2 静态路由的配置和应用 …… 52
3.2.1 实验概述 …… 52
3.2.2 实验规划 …… 54
3.2.3 实验步骤 …… 55
3.2.4 结果验证 …… 57
3.3 实验3 RIP的配置和应用 …… 59
3.3.1 实验概述 …… 59
3.3.2 实验规划 …… 61
3.3.3 实验步骤 …… 61
3.3.4 结果验证 …… 63
3.4 实验4 OSPF协议的配置和应用 …… 64
3.4.1 实验概述 …… 65

3.4.2　实验规划 …… 67
3.4.3　实验步骤 …… 68
3.4.4　结果验证 …… 69
本章小结 …… 71

第4章　网络设备的安全配置和应用 …… 72

4.1　实验1　交换机端口的安全配置和应用 …… 72
4.1.1　实验概述 …… 72
4.1.2　实验规划 …… 74
4.1.3　实验步骤 …… 74
4.1.4　结果验证 …… 76
4.2　实验2　标准IP访问控制列表的配置和应用 …… 78
4.2.1　实验概述 …… 78
4.2.2　实验规划 …… 81
4.2.3　实验步骤 …… 81
4.2.4　结果验证 …… 83
4.3　实验3　扩展IP访问控制列表的配置和应用 …… 83
4.3.1　实验概述 …… 83
4.3.2　实验规划 …… 85
4.3.3　实验步骤 …… 86
4.3.4　结果验证 …… 88
4.4　实验4　基于时间的IP访问控制列表的配置和应用 …… 89
4.4.1　实验概述 …… 89
4.4.2　实验规划 …… 91
4.4.3　实验步骤 …… 92
4.4.4　结果验证 …… 93
4.5　实验5　静态NAT的配置和应用 …… 93
4.5.1　实验概述 …… 94
4.5.2　实验规划 …… 96
4.5.3　实验步骤 …… 97
4.5.4　结果验证 …… 98
4.6　实验6　动态NAT的配置和应用 …… 99
4.6.1　实验概述 …… 99
4.6.2　实验规划 …… 101
4.6.3　实验步骤 …… 102
4.6.4　结果验证 …… 103
4.7　实验7　PAT的配置和应用 …… 104
4.7.1　实验概述 …… 104
4.7.2　实验规划 …… 105

4.7.3 实验步骤 …… 107
4.7.4 结果验证 …… 108
本章小结 …… 108

第5章 DNS服务器的配置和应用 …… 109

5.1 实验1 配置基于活动目录的第1台DNS服务器 …… 109
5.1.1 实验概述 …… 109
5.1.2 实验规划 …… 112
5.1.3 实验步骤 …… 112
5.1.4 结果验证 …… 119
5.2 实验2 配置基于活动目录的其他DNS服务器 …… 121
5.2.1 实验概述 …… 121
5.2.2 实验规划 …… 122
5.2.3 实验步骤 …… 123
5.2.4 结果验证 …… 126
5.3 实验3 配置DNS服务器的反向查找区域 …… 127
5.3.1 实验概述 …… 127
5.3.2 实验规划 …… 128
5.3.3 实验步骤 …… 129
5.3.4 结果验证 …… 131
5.4 实验4 使DNS提供WWW、Mail、FTP等解析服务 …… 133
5.4.1 实验概述 …… 133
5.4.2 实验规划 …… 136
5.4.3 实验步骤 …… 137
5.4.4 结果验证 …… 139
本章小结 …… 140

第6章 Web服务器的配置和应用 …… 141

6.1 实验1 IIS的安装和配置 …… 141
6.1.1 实验概述 …… 141
6.1.2 实验规划 …… 143
6.1.3 实验步骤 …… 144
6.1.4 结果验证 …… 144
6.2 实验2 发布第1个Web网站 …… 146
6.2.1 实验概述 …… 147
6.2.2 实验规划 …… 149
6.2.3 实验步骤 …… 149
6.2.4 结果验证 …… 150
6.3 实验3 使用虚拟目录或TCP端口发布Web站点 …… 151

6.3.1 实验概述…… 151
6.3.2 实验规划…… 152
6.3.3 实验步骤…… 153
6.3.4 结果验证…… 154
6.4 实验4 使用不同的主机名发布不同的Web站点 …… 155
6.4.1 实验概述…… 155
6.4.2 实验规划…… 156
6.4.3 实验步骤…… 157
6.4.4 结果验证…… 161
6.5 实验5 通过WebDAV管理网站资源 …… 162
6.5.1 实验概述…… 162
6.5.2 实验规划…… 163
6.5.3 实验步骤…… 163
6.5.4 结果验证…… 167
本章小结…… 170

第7章 FTP服务器的配置和应用 …… 171

7.1 实验1 基于IIS的FTP系统的配置和应用 …… 171
7.1.1 实验概述…… 171
7.1.2 实验规划…… 173
7.1.3 实验步骤…… 173
7.1.4 结果验证…… 178
7.2 实验2 基于Serv-U的FTP系统的配置和应用 …… 179
7.2.1 实验概述…… 180
7.2.2 实验规划…… 180
7.2.3 实验步骤…… 181
7.2.4 结果验证…… 185
本章小结…… 187

第8章 DHCP服务器的配置和应用 …… 188

8.1 实验1 基于Windows Server 2016的DHCP的实现和应用 …… 188
8.1.1 实验概述…… 188
8.1.2 实验规划…… 190
8.1.3 实验步骤…… 190
8.1.4 结果验证…… 197
8.2 实验2 DHCP服务在多IP网段中的应用 …… 199
8.2.1 实验概述…… 199
8.2.2 实验规划…… 200
8.2.3 实验步骤…… 201

8.2.4 结果验证…… 207
8.3 实验3 DHCP超级作用域的配置和应用 …… 207
8.3.1 实验概述…… 207
8.3.2 实验规划…… 209
8.3.3 实验步骤…… 209
8.3.4 结果验证…… 212
8.4 实验4 DHCP在多媒体网络中的配置和应用 …… 212
8.4.1 实验概述…… 212
8.4.2 实验规划…… 213
8.4.3 实验步骤…… 213
8.5 实验5 在路由器或三层交换机上配置DHCP …… 216
8.5.1 实验概述…… 217
8.5.2 实验规划…… 218
8.5.3 实验步骤…… 219
8.5.4 结果验证…… 223
本章小结…… 226

第9章 网络应用系统的安全配置和管理…… 227

9.1 实验1 IPC$入侵方法及防范…… 227
9.1.1 实验概述…… 227
9.1.2 实验规划…… 229
9.1.3 实验步骤…… 229
9.1.4 结果验证…… 234
9.2 实验2 企业CA的部署 …… 237
9.2.1 实验概述…… 237
9.2.2 实验规划…… 240
9.2.3 实验步骤…… 241
9.2.4 结果验证…… 246
9.3 实验3 数字证书在Web站点安全访问中的应用…… 249
9.3.1 实验概述…… 249
9.3.2 实验规划…… 251
9.3.3 实验步骤…… 251
9.3.4 结果验证…… 258
本章小结…… 260

第10章 计算机网络的规划与设计 …… 261

10.1 网络总体设计 …… 261
10.1.1 需求分析 …… 261
10.1.2 总体结构 …… 263

10.2　网络详细设计 …… 265
　10.2.1　IP 地址规划 …… 265
　10.2.2　VLAN 划分 …… 267
10.3　实验 1　校园网接入层的仿真构建和配置 …… 267
　10.3.1　设备选择和接入层构建 …… 268
　10.3.2　接入层交换机的配置 …… 270
　10.3.3　结果验证 …… 275
10.4　实验 2　校园网汇聚层和核心层的构建和配置 …… 276
　10.4.1　设备选择和汇聚层、核心层构建 …… 276
　10.4.2　汇聚层聚合能力设置 …… 278
　10.4.3　核心层聚合和路由能力设置 …… 285
　10.4.4　结果验证 …… 289
10.5　实验 3　校园网出口路由的配置 …… 289
　10.5.1　校园网出口路由拓扑的构建 …… 289
　10.5.2　实验步骤 …… 290
　10.5.3　结果验证 …… 293
10.6　实验 4　校园网的整体配置 …… 295
　10.6.1　校园网终端动态网络参数的自动配置 …… 295
　10.6.2　配置校园网 WWW 服务器和 DNS 服务器 …… 296
　10.6.3　出口路由器的 NAT 配置 …… 298
　10.6.4　校园网生成树协议的配置 …… 299
　10.6.5　结果验证 …… 301
本章小结 …… 302

附录A　常用的网络测试命令 …… 303

A.1　ping …… 303
　A.1.1　ping 命令的格式和参数说明 …… 303
　A.1.2　ping 命令的应用 …… 304
A.2　ipconfig …… 306
　A.2.1　ipconfig 命令的格式和参数说明 …… 306
　A.2.2　ipconfig 命令的应用 …… 306
A.3　tracert …… 307
　A.3.1　tracert 命令的格式及参数说明 …… 307
　A.3.2　tracert 命令的应用 …… 308
A.4　netstat …… 309
　A.4.1　netstat 命令的格式及参数说明 …… 309
　A.4.2　netstat 命令的应用 …… 309
A.5　arp …… 310
　A.5.1　arp 命令的格式及参数说明 …… 311

A.5.2 arp 命令的应用 …… 312

附录B Packet Tracer 入门 …… 314

B.1 主要功能 …… 314
B.2 界面组成 …… 315
B.3 工作空间 …… 316
B.3.1 逻辑工作空间 …… 316
B.3.2 物理工作空间 …… 321
B.4 操作模式 …… 323
B.4.1 实时模式 …… 323
B.4.2 模拟模式 …… 324
B.5 实验示例 …… 327
B.5.1 创建一个简单的网络 …… 328
B.5.2 在实时模式中发送简单的测试信息 …… 332
B.5.3 用 PC 的 Web 浏览器建立 Web 服务器连接 …… 333
B.5.4 在模拟模式中捕获事件和查看动画 …… 334
B.5.5 在模拟模式中深入查看数据包 …… 335
B.5.6 查看设备表和复位网络 …… 338
B.5.7 关键功能小结 …… 339

参考文献 …… 340

第1章

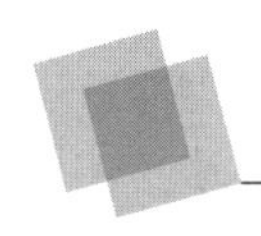

网线的制作和应用

网络传输介质通常称为网线，是计算机网络的必备材料。在计算机网络的建设过程中，网线的选择以及网线连接器的制作对网络的整体性能起着决定作用。在计算机网络实验中，根据不同的用途选择和制作相应的连接网线是每个学生必须掌握的一项技能。网络传输介质可以分为有导向传输介质和非导向传输介质两大类，其中非导向传输介质主要有无线电、微波、红外线等类型，而有导向传输介质主要有双绞线、同轴电缆和光纤3类。如今，同轴电缆在计算机网络中已被淘汰，而光纤虽然应用广泛，但其连接器的制作需要借助较为昂贵的专业设备，非一般的实验室能够完成。因此，本章主要介绍双绞线的制作，以及光纤连接器的类型和应用。另外，虽然目前许多网络设备已具备线序自动识别功能，但为使学生掌握两类线序标准，本章还介绍直连、交叉两类双绞线的制作方法。

1.1 实验1 直连双绞线的制作和应用

视频讲解

双绞线一般分为屏蔽双绞线(Shielded Twisted Pair，STP)和非屏蔽双绞线(Unshielded Twisted Pair，UTP)两类。如果没有特殊要求，在计算机网络中一般使用非屏蔽双绞线，所以本节主要以非屏蔽双绞线为例进行介绍。

1.1.1 实验概述

双绞线一般用于星形网络的布线，每条双绞线通过两端安装的RJ-45连接器(俗称水晶头)将各种网络设备连接起来。双绞线有其标准的连接方法，目的是保证线缆接头布局的对称性，这样就可以使接头内导线之间的干扰相互抵消，增强双绞线的抗干扰能力。

1. 实验目的

通过本实验，在学习直连双绞线的工作原理的基础上，掌握直连双绞线的制作方法及其在计算机网络中的应用。

2. 实验原理

双绞线的每端使用 RJ-45 水晶头连接一个网络节点,因此,每根双绞线只能连接两个节点,而且每根网线的最大长度为 100m。10/100/1000b/s 网络的拓扑结构是星形的,可以使用集线器、交换机、路由器将各个工作站连接起来,如图 1-1 所示。

用于连接各个设备的双绞线两端的线序是有区别的,一般有两种连接方法:直连式和交叉式。其中,直连双绞线两端保持连接顺序完全一致,因此直连双绞线两端可以采用 EIA/TIA 568A 或 EIA/TIA 568B 两种标准中的一种。使用直连双绞线可以将个人计算机(Personal Computer,PC)等设备连接到集线器(或交换机)等网络设备上,如图 1-2 所示。

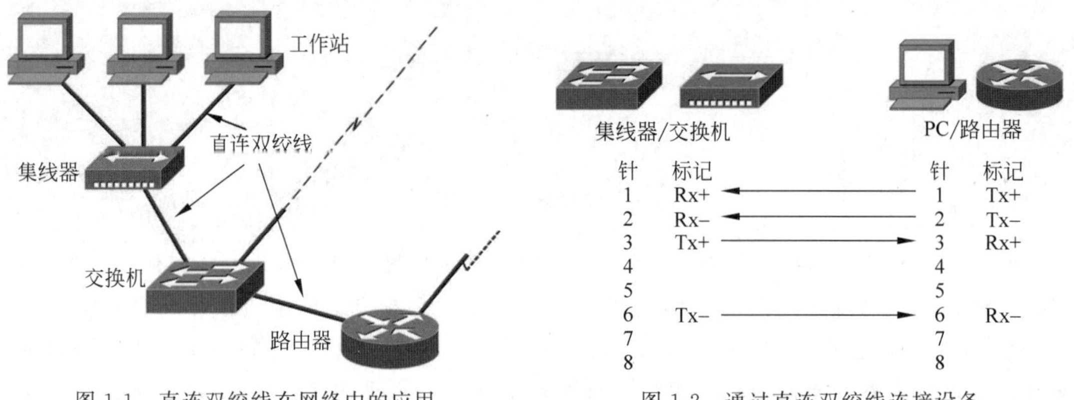

图 1-1 直连双绞线在网络中的应用

图 1-2 通过直连双绞线连接设备

直连双绞线有时也用于交换机和交换机之间的连接,当两台交换机上的端口标记不同时(如一个是圈,一个是叉,如图 1-3 所示),它们之间的连接就要使用直连双绞线。

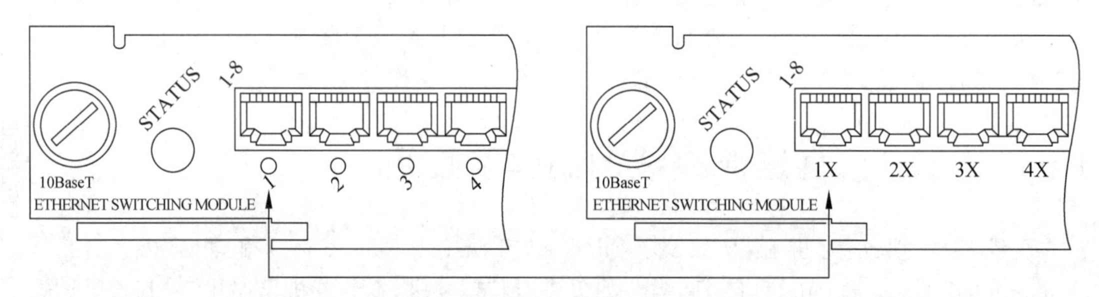

图 1-3 用直连双绞线连接两台交换机

双绞线上印刷有各种标志记号,了解这些信息对于组建网络时正确选择不同类型的双绞线,或迅速定位网络故障大有帮助。不同生产商产品的标志可能不同,但一般都包括以下信息。

- 双绞线类型。
- NEC/UL 防火测试和级别。
- 加拿大标准协会(Canadian Standards Association,CSA)防火测试。
- 长度标志。
- 双绞线的生产商和产品号码。

以下是一根双绞线上的记号,以此为例说明不同记号标志的含义。

AVAYA -C SYSTEIMAX 1061C＋ 4/24AWG CM VERIFIED UL CAT 5E 31086FEET-09745.0 METERS

这些记号提供了这条双绞线的以下信息。

- AVAYA-C SYSTEMIMAX：指的是该双绞线的生产商。
- 1061C＋：指的是该双绞线的产品号。
- 4/24 AWG：说明这条双绞线由 4 对 24 AWG 导线的线对构成。铜电缆的直径通常用 AWG(American Wire Gauge)单位来衡量。通常 AWG 数值越小，导线直径越大。通常使用的双绞线都是 24 AWG。
- CM：是指通信通用电缆，CM 是美国国家电气规范(National Electric Code，NEC)中防火耐烟等级中的一种。
- VERIFIED UL：说明双绞线满足保险业者实验室(Underwriters Laboratories Inc.，UL)的标准要求。
- CAT 5E：指该双绞线通过 UL 测试，达到超 5 类标准。双绞线种类有 3 类、4 类、5 类、超 5 类、6 类、7 类几种，目前市场上常用的双绞线是 5 类、超 5 类和 6 类。5 类线主要是针对 100Mb/s 网络提出的，该标准较为成熟。后来开发千兆以太网时许多厂商把可以运行千兆以太网的 5 类产品冠以“增强型”Enhanced Cat 5(简称 5E)推向市场，5E 也称为“超 5 类”或“5 类增强型”，但是超 5 类在千兆网络中的连接距离只有 25m，而真正用于千兆网络的则是 2002 年 6 月正式制定的 6 类标准。使用 6 类标准的千兆网络的连接距离为标准的 100m。
- 31086FEET-09745.0 METERS：表示生产这条双绞线时的长度点。这个标记在购买双绞线时非常实用。如果想知道一箱双绞线的长度，可以通过双绞线的头部和尾部的长度标记相减后就可以得出。

计算机网络中，双绞线内的导线为 4 对共 8 根，其中每两根相互绞绕在一起，每根导线标有不同的颜色，如图 1-4 所示。

图 1-5 所示的线序是 UTP 电子工业联合会和电信工业协会(Electronic Industries Association and Telecommunications Industry Association，EIA/TIA)568B 标准，其中 RJ-45 连接器(字母 RJ 表示 Registered Jack；45 表示带 8 根导线的物理连接器)中不同的针(也称为引脚)具有不同的功能。

图 1-4　超 5 类非屏蔽双绞线

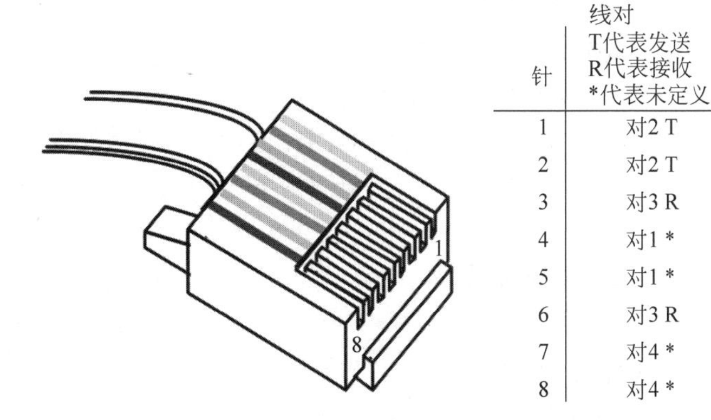

针	线对 T代表发送 R代表接收 *代表未定义
1	对2 T
2	对2 T
3	对3 R
4	对1 *
5	对1 *
6	对3 R
7	对4 *
8	对4 *

图 1-5　RJ-45 连接器中的导线顺序

表1-1和表1-2分别描述了EIA/TIA 568A和EIA/TIA 568B两种常用的双绞线布线标准。

表1-1 EIA/TIA 568A线缆标准

顺　序	所属线对	颜　色	功　能
针1	对2	白绿	Tx+
针2	对2	绿	Tx−
针3	对3	白橙	Rx+
针4	对1	蓝	在10BaseT和100BaseT中未使用
针5	对1	白蓝	在10BaseT和100BaseT中未使用
针6	对3	橙	Rx−
针7	对4	白棕	在10BaseT和100BaseT中未使用
针8	对4	棕	在10BaseT和100BaseT中未使用

表1-2 EIA/TIA 568B线缆标准

顺　序	所属线对	颜　色	功　能
针1	对2	白橙	Tx+
针2	对2	橙	Tx−
针3	对3	白绿	Rx+
针4	对1	蓝	在10BaseT和100BaseT中未使用
针5	对1	白蓝	在10BaseT和100BaseT中未使用
针6	对3	绿	Rx−
针7	对4	白棕	在10BaseT和100BaseT中未使用
针8	对4	棕	在10BaseT和100BaseT中未使用

需要注意的是，平时制作网线时，如果不按标准连接，即使线路也能接通（只要两边线序相对正确），但是线路内部各线对之间的干扰不能有效消除，从而导致信号传输的误码率升高，最终影响网络整体性能。只有按规范标准制作，才能保证网络的正常运行，并且也会给后期的维护工作带来便利。另外，在同一网络中，一般建议使用同一种排线标准，如统一使用EIA/TIA 568A或EIA/EIA 568B，不建议混用。

3. 实验内容和要求

（1）掌握双绞线的组成。

（2）掌握直连双绞线的用途。

（3）掌握EIA/TIA 568A和EIA/TIA 568B的线缆标准。

（4）以EIA/TIA 568B标准为例，掌握直连双绞线的制作方法。

1.1.2 实验规划

1. 实验设备

（1）5类或6类水晶头。

（2）5类、超5类或6类双绞线。

（3）专用压线钳。

（4）双绞线测试工具。可以使用简单的连通性测试工具，在条件许可时可以使用专业的测试仪，如 Fluke NetTool 等。

（5）交换机或集线器（每组 1 台）。

（6）实验用计算机（至少 2 台）。

2. 实验拓扑

为了验证双绞线制作的效果，既可以使用双绞线测试工具，也可以用所制作的直连双绞线连接计算机和交换机（或集线器），再通过相关指示灯的工作状态以及操作系统中的 ping 命令测试其连通性，网络拓扑如图 1-6 所示。

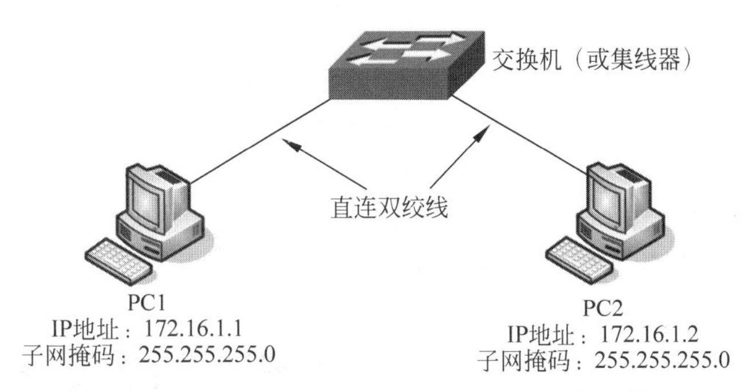

图 1-6　用于测试直连双绞线连通性的网络拓扑

1.1.3　实验步骤

在掌握了直连双绞线的工作特点和相关标准后，下面以 EIA/TIA 568B 标准为例，介绍双绞线的具体制作方法。具体步骤如下。

（1）根据需要的长度截取一段双绞线，但最长不允许超过 100m。

（2）将双绞线的一端插入压线钳的剥线端（注意要将双绞线插到底，如图 1-7 所示），将双绞线的外皮剥去一小段，大约 1.2cm。

（3）将双绞线 8 根线缆捋直，根据如表 1-2 所示的排线顺序排好，再插入 RJ-45 连接器（即水晶头），注意要插到底，直到在另一端可以清楚地看到每根导线的铜线芯为止。如果制作的是屏蔽双绞线，还要注意将双绞线外面的一层金属屏蔽层压入 RJ-45 连接器的金属片下，不能脱离，否则起不到屏蔽的作用。

（4）将 RJ-45 接头放入压线钳的 RJ-45 插座，然后用力压紧，使 RJ-45 接头中的金属针压入双绞线中，保证与导线良好接触，如图 1-8 所示。

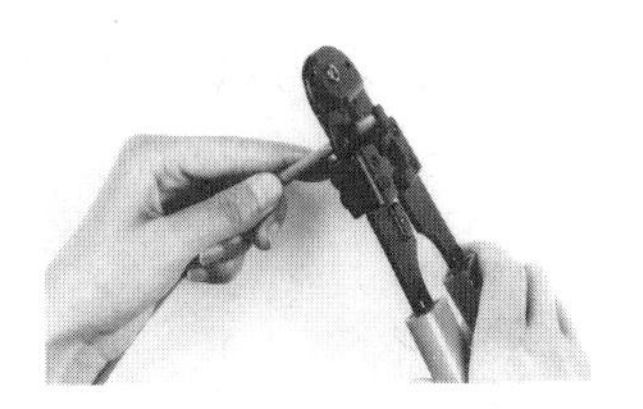

图 1-7　剥去一端的外皮

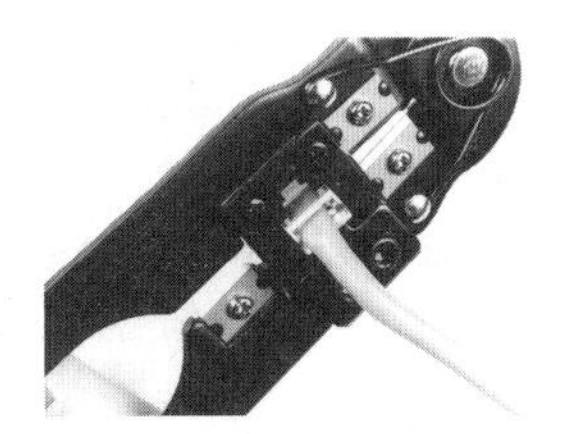

图 1-8　将 RJ-45 接头中的金属针压入双绞线中

至此,双绞线一端的连接器已制作好。通过相同的方法,制作双绞线的另一端。

1.1.4 结果验证

在完成双绞线的制作后,就可以通过以下方法对其连通性进行测试。一种方法是利用双绞线测试工具进行测试。图 1-9 所示的是非常简易的网线连通性测试工具,它可以测试出双绞线在制作时可能出现的导线排列错误。如果要对双绞线进行精确测试(如双绞线长度、衰差、回损等),需要使用专业的网络测试仪。

另一种方法是根据如图 1-6 所示的网络拓扑,用直连双绞线分别连接计算机上的网卡和交换机(或集线器)。在网卡安装和设置无误的情况下,可通过观察网卡和交换机上的指示灯来确定双绞线的连接是否正常。如果网卡或交换机上对应端口的指示灯显示正常,则表示网络的物理连接是正常的。接着,在任意一台运行 Windows 操作系统的计算机(如 PC1)上进入"命令提示符"窗口,在确保 IP 地址设置无误的情况下,可以 ping 另一台计算机(PC2)的 IP 地址,如果出现如图 1-10 所示的返回信息,则说明 PC1 和 PC2 之间能够进行正常的通信,也进一步说明网线的制作是正确的。

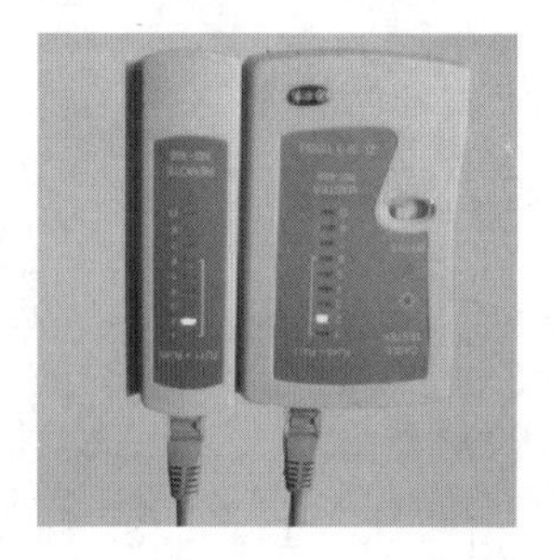

图 1-9 使用简易双绞线测试工具测试网线的连通性

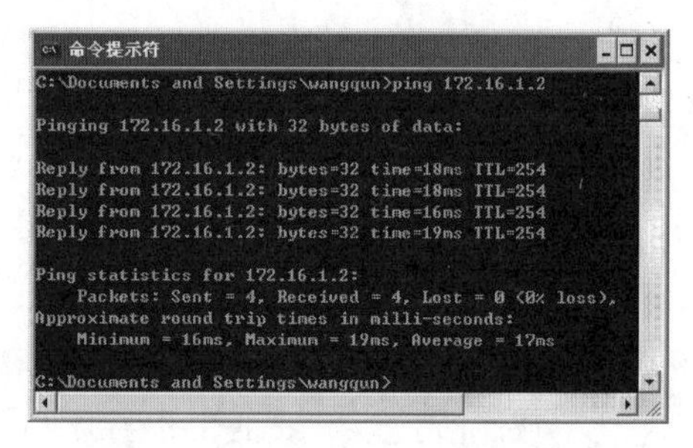

图 1-10 利用 ping 命令测试网络的连通性

1.2 实验 2 交叉双绞线的制作和应用

实验 1 介绍了直连双绞线 RJ-45 连接器中线序的排列特点,并完整地介绍了直连双绞线的制作和测试方法。在实验 1 的基础上,下面介绍交叉双绞线(简称交叉线)的制作和应用。

1.2.1 实验概述

在实际应用中,双绞线一般以直连方式连接计算机和交换机。但随着以太网接口在路由器、防火墙等设备上的广泛使用,在一些情况下需要利用交叉线连接网络设备(尤其是早期生产的设备无法识别线序,更是如此)。

1. 实验目的

通过本实验,在学习交叉线工作原理的基础上,掌握交叉线的制作方法及其在网络中的应用。同时,对比直连双绞线和交叉双绞线的线序排列,进而分析两者的不同应用。

2. 实验原理

假设交叉线的两端分别为A和B,在制作线缆时其中一端(假设为A端)采用EIA/TIA 568A或EIA/TIA 568B标准,而另一端(假设为B端)的针1连到A端的针3,针2连到A端的针6。交叉线用于连接相同类型的设备,如集线器/交换机到集线器/交换机,如图1-11(a)所示;PC/路由器到PC/路由器,如图1-11(b)所示。

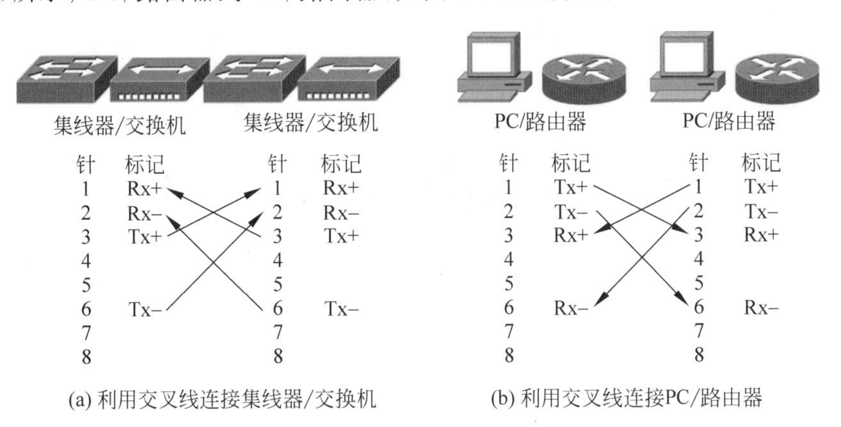

图1-11　用交叉线连接的设备

用交叉线将两个交换机相连时,要注意交换机端口的标记,当两个交换机端口标记相同时(两个都为圈"○"或叉"×")才需要使用交叉线相连,如图1-12所示。

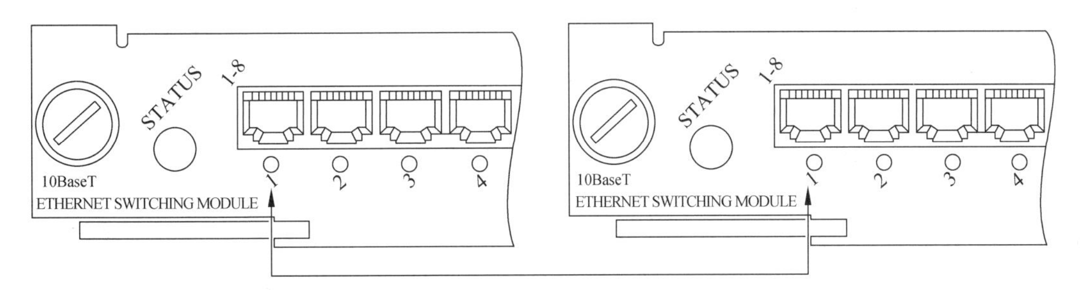

图1-12　用交叉线连接两台交换机

3. 实验内容和要求

(1) 进一步掌握双绞线中每根导线的功能及连接特点。

(2) 比较直连双绞线和交叉线接头的线序排列特点。

(3) 进一步掌握EIA/TIA 568A和EIA/TIA 568B的线缆标准。

(4) 以EIA/TIA 568B标准为例,掌握交叉线的制作方法。

1.2.2　实验规划

1. 实验设备

(1) 5类或6类水晶头。

(2) 5类、超5类或6类双绞线。

(3) 专用压线钳。

(4) 双绞线测试工具。

(5) 交换机或集线器(每组 1 台)。

(6) 实验用 PC(至少 2 台)。

2. 实验拓扑

由于交叉线主要用于连接两台同类型的设备,所以在本实验中可以制作一条双绞线连接两台计算机,如图 1-13 所示。

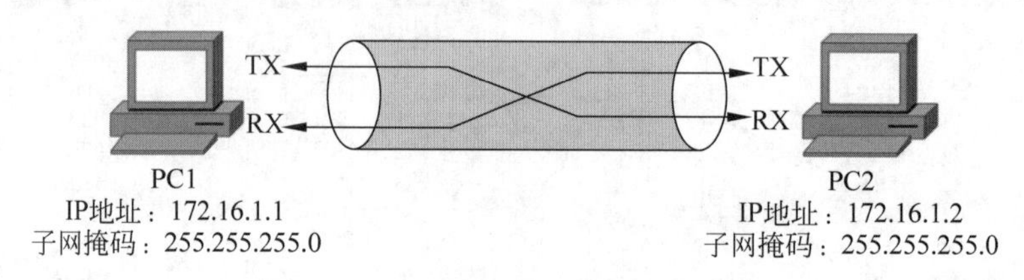

图 1-13　用交叉线连接两台计算机

1.2.3 实验步骤

交叉双绞线的制作步骤与直连双绞线基本相同,可参照 1.1.3 节的内容进行。只是每根导线在 RJ-45 连接器中的排列线序需要按照图 1-11 中的规定,使 A 端的针 1 连接 B 端的针 3,A 端的针 2 连接 B 端的针 6,即一端的针 1 和针 2 分别连接另一端的针 3 和针 6,其他线对的排列与直连线相同。只要记住这一原则即可。

1.2.4 结果验证

利用简易的双绞线测试工具对交叉线进行测试时,需要注意:如果连接交叉线制作正确,则一端的指示灯 1 亮时另一端的指示灯 3 亮,一端的指示灯 2 亮时另一端的指示灯 6 亮,两端其他的指示灯都是一一对应的。当然,也可以使用专业的网络测试仪对其进行精确测试。

另一种方法是根据图 1-13 所示的网络拓扑,用交叉线将两台计算机连接起来,首先查看用于表示网卡连接状态的指示灯是否显示正常(灯亮,并闪烁)。之后,在任意一台运行 Windows 操作系统的计算机(如 PC1)上进入“命令提示符”窗口,在确保 IP 地址设置无误的情况下,ping 另一台计算机(PC2)的 IP 地址,如果出现如图 1-10 所示的返回信息,则说明 PC1 和 PC2 之间能够进行正常的通信,也进一步说明交叉线的制作是正确的。

视频讲解

1.3 实验 3 光纤连接器的类型和应用

随着光通信技术及产品的日渐成熟,光纤已大量应用于计算机网络的组建之中,包括计算机局域网。与双绞线等铜缆相比,光纤在容量、连接距离、抗干扰等方面都具有明显优势。但由于光纤的熔接需要由专业技术人员利用较为昂贵的专业设备来完成,所以本节仅介绍常见的光纤连接器的类型及连接方法。

1.3.1　实验概述

光纤和同轴电缆的结构相似，只是光纤没有网状屏蔽层。光纤的中心是光传播的介质——玻璃芯，称为纤芯。纤芯外面包围着一层折射率比纤芯低的玻璃封套，再外面的是一层薄的塑料外套，用来保护玻璃封套。多根光纤通常被扎成束，然后在外面加上保护层，这样就形成了光缆。在工程布线中一般使用的是光缆，而不是光纤。

1. 实验目的

通过本实验，首先要掌握光纤通信的特点，熟悉光纤通信与铜缆通信的本质区别。在此基础上，了解各类常见的光纤连接器的形状及连接方式，并掌握光纤收发器的工作原理和使用方法。

2. 实验原理

光纤通信中传输的是光信号。对于一根光纤，要求玻璃封套的折射率比纤芯低的原因是：当一束光以大于某个已确定的角度（称为临界角）导入纤芯时，这束光将在纤芯与玻璃封套的界面处发生全反射，通过连续的全反射就能实现光束在纤芯中的远距离传输。

光纤有多种分类方法，在实际应用中一般根据传输点模数（所谓“模”，是指以一定角度进入光纤的一束光，模数就是指光的数量）的不同分为单模光纤（Single Mode Fiber）和多模光纤（Multi Mode Fiber）两类。其中，单模光纤的纤芯直径很小，在给定的工作波长上只能以单一模式传输，传输频带宽，传输容量大，其光源一般使用激光；而多模光纤是在给定的工作波长上能以多个模式同时传输的光纤，其光源一般使用发光二极管（Light Emitting Diode，LED）。一般情况下，与单模光纤相比，多模光纤的传输速度和带宽等传输性能较差。

根据所连接光纤的不同，光纤连接器也分为单模光纤连接器和多模光纤连接器两类。其中，单模光纤连接器和多模光纤连接器之间最大的差别在于加工精度等工艺要求上的不同，同时单模光纤连接器的制作和安装都要比多模光纤连接器复杂。不管是单模光纤连接器还是多模光纤连接器，在实际安装中多使用SC型和ST型两种类型。

（1）SC型光纤连接器。SC型光纤连接器使用推/拉连接和断开的方式。连接时，将连接器推进插孔，断开连接时，将连接器拔出，连接器的组件如图1-14所示，与设备之间的连接如图1-15所示。

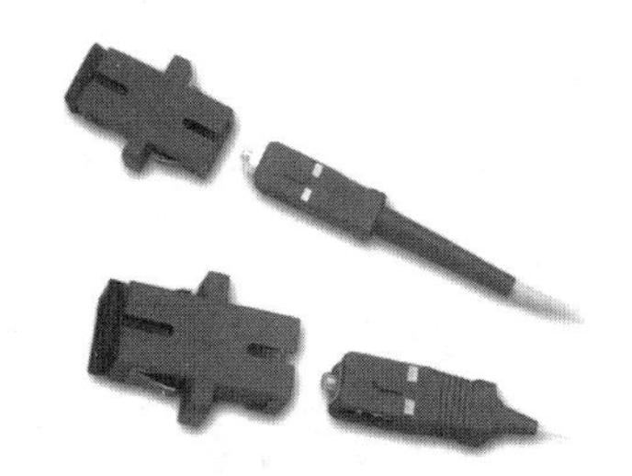

图1-14　SC型光纤连接器组件

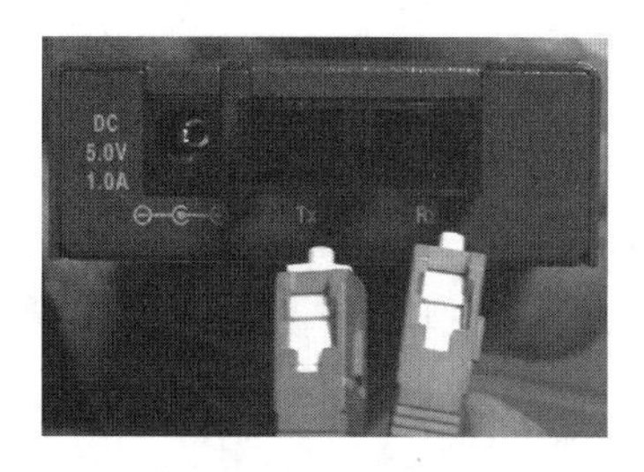

图1-15　SC型光纤连接器与设备之间的连接方式

(2) ST 型光纤连接器。ST 型光纤连接器是一种卡销式连接器，在安装时需要将连接器插入孔内，然后顺时针旋转将其销紧。当断开连接时首先逆时针旋转，松开后再将其从插孔内拔出。连接器的组件如图 1-16 所示，与设备之间的连接如图 1-17 所示。

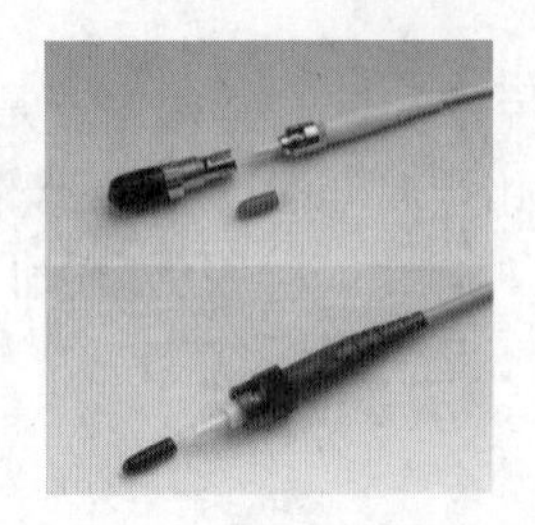

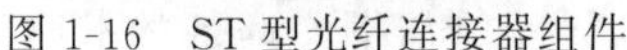

图 1-16　ST 型光纤连接器组件

图 1-17　ST 型光纤连接器与设备之间的连接方式

除此之外，还有一些类型的连接器(如 3COM 交换机上多使用的 MT-RJ 连接器，见图 1-18)，在此不再一一列出。一般情况下，使用什么样的连接器主要根据所连接设备的不同来确定。

不论是哪种类型的连接器，当使用光纤连接两台设备时，至少同时需要两根光纤，其中一根用于发送(Tx)，另一根用于接收(Rx)，如图 1-19 所示。

图 1-18　MT-RJ 连接器

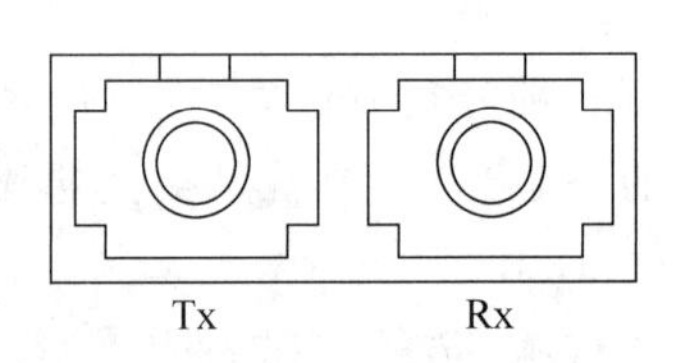

图 1-19　光纤连接器的端口

3. 实验内容和要求

(1) 了解光纤的结构及工作原理。

(2) 了解光纤与光缆之间的关系。

(3) 熟悉常见光纤连接器的类型和连接特点。

(4) 掌握光纤收发器的工作原理。

1.3.2　实验规划

1. 实验设备

(1) 实验用计算机(至少 2 台)。

(2) 光纤收发器(2 台)，必须是同类型的(单模或多模)。

(3) 光纤跳线(1 对)。

(4) 直连双绞线(2 根)。

2. 实验拓扑

如图 1-20 所示，使用两台光纤收发器，并通过光纤跳线进行连接。计算机与光纤收发器之间使用直连双绞线进行连接。

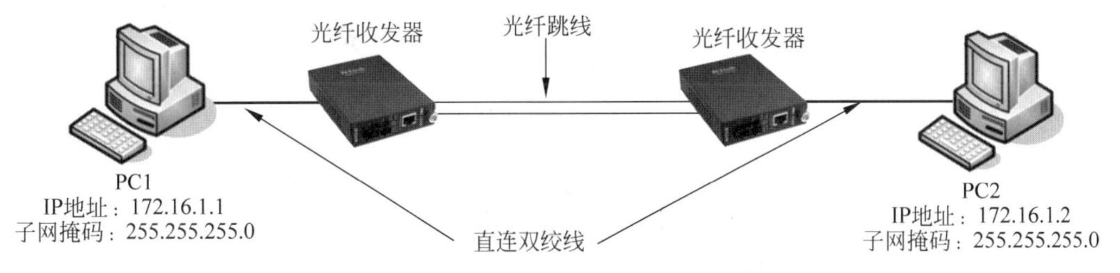

图 1-20　用光纤连接两台设备(光纤收发器)

其中,光纤跳线是指与桌面计算机或设备直接相连接的光纤,一对跳线中的一根光纤用于数据发送,另一根用于数据接收。使用光纤跳线的目的是方便设备的连接和管理。

1.3.3　实验步骤

根据如图 1-20 的要求,进行如下操作。

(1) 利用光纤跳线连接两台光纤收发器,其中一端的数据发送端(Tx 端口)连接另一端的数据接收端(Rx 端口)。

(2) 利用直连双绞线分别连接计算机的网卡和光纤收发器上的 RJ-45 端口。

(3) 分别设置 PC1 和 PC2 的 IP 地址。

(4) 检查网络连接,确保物理链路连接正常。

1.3.4　结果验证

可以通过以下两种方法验证设备连接的正确性。

(1) 根据设备上的指示灯来查看网络的连通性。如果线路连接正常,计算机上网卡的连接指示灯会发亮,并显示连接正常。可通过光纤收发器上分别用于连接光纤跳线 Fiber Connector 和双绞线 RJ-45 Connector 的指示灯查看网线连接的正确性。如果表示连接光纤跳线的指示灯不亮或显示连接错误,可试着将其中一台光纤收发器上的两个光纤接头对调一下。

(2) 通过 ping 命令检查网络的连通性。在任意一台运行 Windows 操作系统的计算机(如 PC1)上进入"命令提示符"窗口,在确保 IP 地址设置无误的情况下,ping 另一台计算机(PC2)的 IP 地址,如果出现如图 1-10 所示的返回信息,则说明 PC1 和 PC2 之间能够进行正常的通信,进一步说明光纤跳线的连接是正确的。

本章小结

本章通过 3 个制作网线相关的实验,介绍了计算机网络建设、维护当中经常会使用的直连、交叉双绞线的制作过程,以及光纤连接器的类型和使用方法。通过实验熟悉了双绞线缆的连接头制作方法,以及使用线缆连接设备的全过程,为初步认识计算机网络奠定了基础。

第2章

交换机的配置和应用

交换机是现代计算机网络中的必备设备，主要工作在计算机网络体系结构的数据链路层，是一种以帧(Frame)为数据转发基本单位的多端口设备。目前，交换机已发展到具备部分 IP 层功能，成为企业和组织构建基础网络的核心设备，掌握交换机的选择、配置和管理方法是计算机和相关专业的学生应具备的一项技术。尽管交换机品牌众多，且不同品牌(甚至相同品牌的不同型号)的交换机的配置命令一般都不相同，但市场上许多品牌的交换机配置命令都与 Cisco 类似。同时，考虑到绝大多数交换机提供了 Web 和命令行两种管理方式，而命令行方式的功能一般要比 Web 方式强，因此，为使学生的知识结构更加合理，提高学生的动手能力，本章实验在阐述相关的原理后，再基于 Packet Tracer 网络仿真软件(本书实验均使用 Packet Tracer 7.2.2)构建虚拟网络环境，通过命令行方式具体介绍相关的操作过程和方法，以及交换机的配置过程。

视频讲解

2.1 实验1 交换机的基本操作和配置

交换机的基本操作主要包括硬件连接和基本参数的配置。其中，对于单台交换机，其硬件连接比较简单，只需要使用直连双绞线分别连接不同的计算机。如果两台交换机之间要通过双绞线进行级联，则需要使用交叉双绞线(见第 1 章的实验 2)。目前，主流网络设备接口都具备线序自适应识别能力，硬件连接已不是重点，所以本实验主要介绍交换机基本参数的配置方法。

2.1.1 实验概述

从外形上看，交换机与集线器非常相似，但两者的工作原理完全不同，其中集线器工作于计算机网络体系结构的物理层，各端口共享总线带宽，以广播方式发送数据。利用集线器连接的网络从物理拓扑上看属于星形网络，但在工作原理上属于总线形网络。因此，集线器基本上不需要任何配置就可以直接使用，而交换机需要进行相关的配置才能够发挥其作用。

1. 实验目的

通过本实验，在熟悉交换机外部结构的基础上，了解交换机的物理连接方法和基本参数配置方法。

2. 实验原理

交换机是一个较复杂的多端口透明网桥。在处理转发决策时，交换机和透明网桥是类似的，但是由于交换机采用了专门设计的集成电路，能够以线路速率在所有的端口并行转发信息，提供了比传统网桥高得多的数据传输性能。

在交换机中有一个交换表（Switching Table）或介质访问（Media Access Control，MAC）地址表，如图 2-1 所示。在交换表中包含接入该交换机每个端口的设备（计算机或下连交换机）的 MAC 地址。交换表中的 MAC 地址是从各个端口学习而来的，或是在这些端口上静态设置的。例如，在图 2-1 中，MAC 地址为 00-e0-fc-0c-1f-11 的计算机 1 要将数据发送给 MAC 地址为 00-e0-fc-0c-1f-22 的计算机 2，当交换机接收到由计算机 1 发送过来的数据帧时，便会查看该数据帧中目标设备的 MAC 地址信息，然后在交换表中进行查找，当发现该 MAC 地址信息后，便会根据映射关系将数据帧通过对应的端口发送给计算机 2，其他端口对该数据帧不进行任何操作。具体操作过程如下。

(1) 交换机从 E1 端口接收到由计算机 1 发送过来的数据帧。

(2) 交换机查看该数据帧的地址信息，发现该数据帧的目标 MAC 地址为 00-e0-fc-0c-1f-22（计算机 2 的 MAC 地址）。

(3) 交换机在交换表中发现已经有 00-e0-fc-0c-1f-22 的地址信息，而且该 MAC 地址与 E2 端口建立了映射关系。

(4) 交换机将该数据帧直接转发给 E2 端口，并且保证该数据帧没有转发给交换机的其他端口（如 E3、E4 等）。

(5) 如果网络处于初始状态，或者交换机的交换表中没有 E1 端口连接计算机 1 的 MAC 地址，就把计算机 1 的 MAC 地址 00-e0-fc-0c-1f-11 与 E1 的对应关系记录到交换机的交换表中，完成交换机对计算机 1 的 MAC 地址的学习过程。

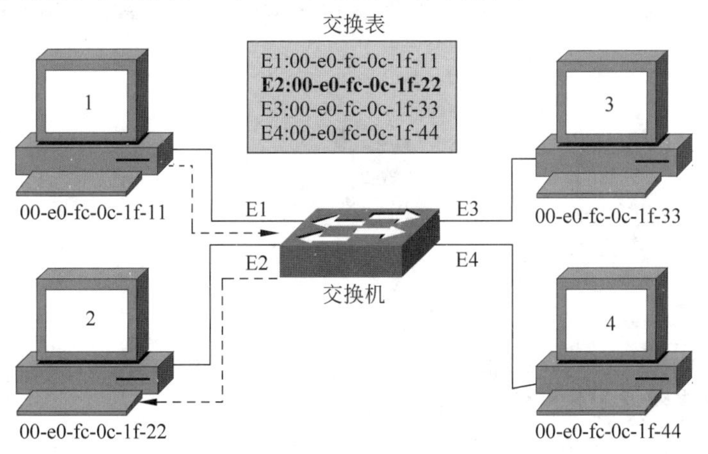

图 2-1 交换机中的交换表

通过以上的操作过程,计算机1成功地将数据帧转发给计算机2。其中,步骤(4)的操作过程称为数据帧的过滤。这一过滤过程是交换机不同于集线器的一个主要区别,通过过滤操作,交换机只会将接收到的数据转发给与目标设备连接的端口,而不会转发给其他任何一个端口。这就是交换机可以实现设备之间点对点通信的原因。

交换机的配置本质上是对交换机的管理。交换机的管理方式基本分为两种:带内管理和带外管理。通过Telnet、拨号等进行管理的方式属于带内管理,特别是Telnet方式多用于交换机第一次配置之后的管理维护。通过交换机的Console端口管理交换机属于带外管理,这种管理方式不占用交换机的网络端口,第1次配置交换机必须利用Console端口进行配置。本实验使用Packet Tracer软件模拟完成通过Console端口进行交换机初始配置的过程。

3. 实验内容和要求

(1) 掌握交换机的基本工作原理。

(2) 掌握PC与交换机之间的连接方式。

(3) 掌握交换机的基本配置方法。

(4) 掌握PC与交换机之间连通性的测试方法。

(5) 熟悉交换机命令行的帮助功能。

2.1.2 实验规划

1. 实验设备

在Packet Tracer软件的设备类型库中选择以下设备。

(1) 二层交换机(1台):在设备类型库中选择Network Devices→Switches→2960,如图2-2所示。

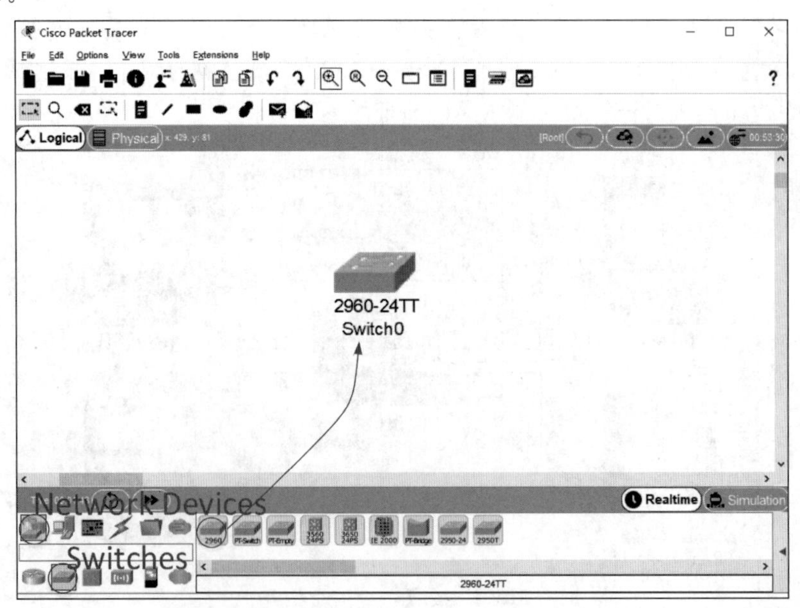

图2-2 在Packet Tracer中选择设备

（2）PC（至少 2 台）：在设备类型库中选择 End Devices→End Devices→PC。

（3）Console 配置电缆（1 根）：在设备类型库中选择 Connections→Connections→Console。

（4）直连双绞线（1 根）：在设备类型库中选择 Connections→Connections→Copper Straight-Through。

2. 实验拓扑

在 Packet Tracer 软件的逻辑工作空间中，一台计算机 PC0 用于交换机初始配置，另一台计算机 PC1 则用于交换机配置好之后的连接测试。首先，使用"Console 配置电缆"，将 PC0 的 RS232 串行接口与交换机的 Console 端口进行连接。然后，使用直连双绞线，将 PC1 的网口（即 FastEthernet 0）与交换机的 f 0/1 端口（即 FastEthernet 0/1，第 1 个快速以太网端口）相连。连接完成后，如图 2-3 所示。

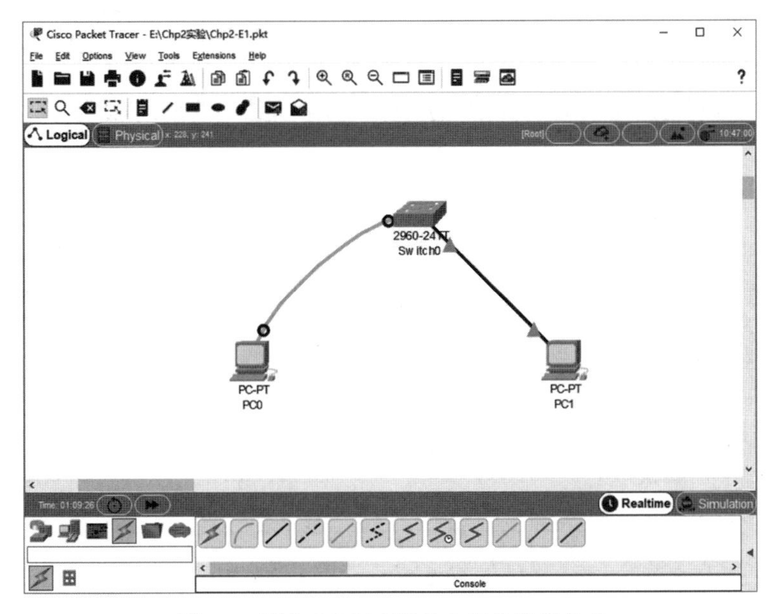

图 2-3 两台 PC 与交换机之间的连接方式

2.1.3 实验步骤

根据前述实验拓扑要求完成计算机与交换机之间的连接后，通过以下步骤进行操作。

（1）在 PC0 上启动 Terminal 终端。单击 PC0 图标，在弹出的 PC0 对话框中切换至 Desktop 标签页，单击 Terminal 图标，弹出 Terminal 配置对话框，一般使用默认配置，单击 OK 按钮，启动 Terminal 终端完成，如图 2-4 所示，其中右图便是启动后的命令行界面。

（2）使交换机 Switch0 由用户模式进入特权模式。在图 2-4 右图所示的命令行界面中按 Enter 键，就会进入交换机的用户模式。然后输入 enable（可以简写为 en），就会进入特权模式，新的交换机是没有登录密码的，所以就会直接进入特权模式，如图 2-5 所示。

出于安全考虑，交换机操作系统（如 Cisco IOS）将用户与交换机之间的会话分为两个不同的访问级别：用户模式和特权模式。

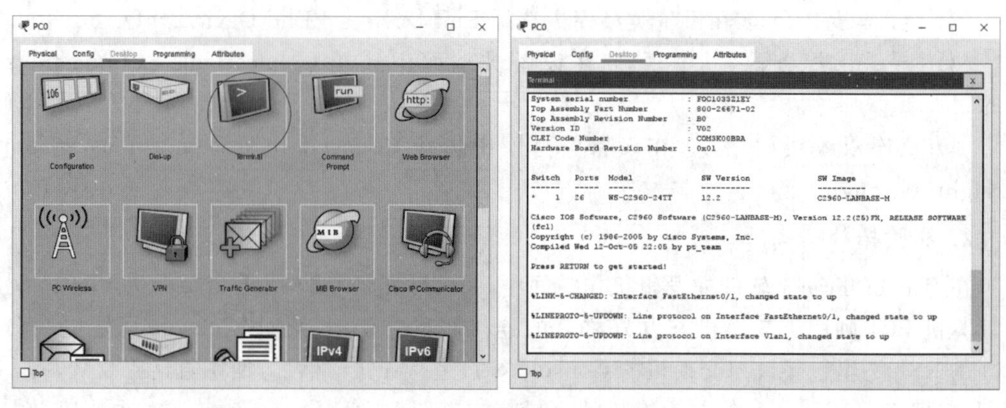

图 2-4　在 PC0 上启动 Terminal 终端

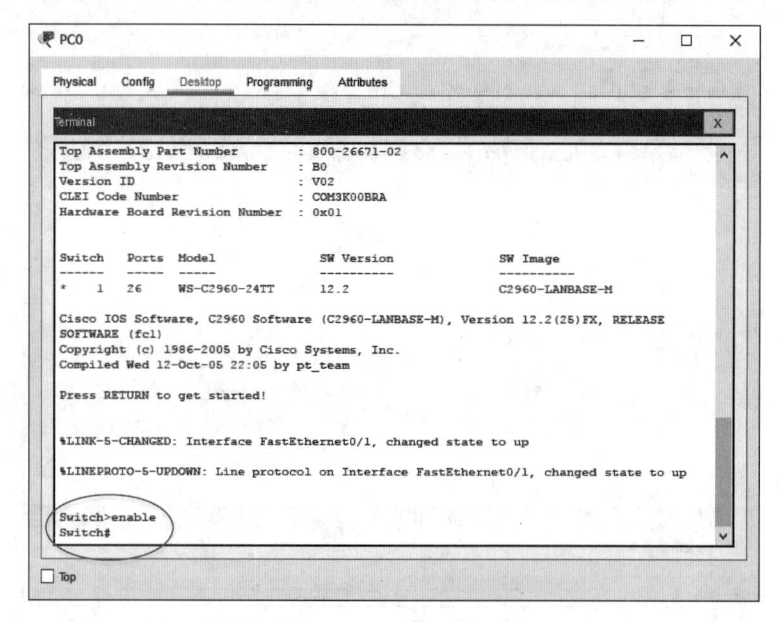

图 2-5　交换机 Switch0 由用户模式进入特权模式

在用户模式下,用户仅能使用有限的命令,如普通的 show 命令,不能对交换机进行配置操作。交换机命令行窗口显示“Switch >”提示符,其中>表示此时交换机处于用户模式。

在特权模式下,用户可以使用交换机支持的所有命令,包括配置、管理和调试,对交换机进行详细配置。特权模式下,交换机显示“Switch #”提示符,其中 # 表示此时交换机处于特权模式。

(3) 使交换机 Switch0 进入全局配置模式,命令如下(括号中为命令的解释,下同)。

```
Switch#configure terminal   (进入全局配置模式,可以简写为 conf t)
Switch(config)#             (已进入全局配置模式)
```

【知识提示】交换机操作系统软件(如 Cisco IOS)命令模式结构中使用了层次命令。每种命令模式支持与设备类型操作相关的 IOS 命令，如表 2-1 所示。

表 2-1　几种主要的配置模式

模　　式	命　　令	介　　绍
全局配置模式	Switch(config)#	配置交换机的全局参数，如功能命令、主机名等
接口配置模式	Switch(config-if)#	对交换机的接口进行配置，如某个接口属于哪个 VLAN、启用及禁用接口等
线路配置模式	Switch(config-line)#	对控制台访问、远程登录的会话进行配置
VLAN 数据库配置模式	Switch(vlan)#	对 VLAN 的参数进行配置

(4) 继续在图 2-5 所示的命令行窗口中，进入全局配置模式，并使用以下命令配置交换机的名称。

```
Switch(config)# hostname Switch-A   (使用 hostname 命令将交换机的名称更改为 Switch-A)
Switch-A(config)#                   (显示交换机的名称已更改为 Switch-A)
```

(5) 配置交换机的管理地址。

```
Switch-A(config)#interface vlan 1       (进入交换机管理 VLAN 1 的端口配置模式)
Switch-A(config-if)#                    (显示已进入端口配置模式)
Switch-A(config-if)#ip address 192.168.1.1 255.255.255.0  (将交换机管理 VLAN 1 的端口地
址配置为 192.168.1.1,子网掩码为 255.255.255.0)
Switch-A(config-if)#no shutdown         (开启交换机的管理 VLAN 1 端口)
Switch-A(config-if)#end                 (退出端口配置模式,也可以使用 exit 命令逐层退出)
Switch-A#                               (当前状态为特权模式)
```

需要说明的是，在交换机(二层交换机)上系统默认都有一个 VLAN 1，由于二层交换机无法直接给物理端口(如 f 0/1、f 0/2 等)配置 IP 地址，所以只能将管理地址配置在 VLAN 1 上；每个端口配置完成后，出于安全考虑，默认处于不可用(down)状态，所以在配置完一个端口后需要使用 no shutdown 命令将其开启。步骤(4)和步骤(5)的配置如图 2-6 所示。

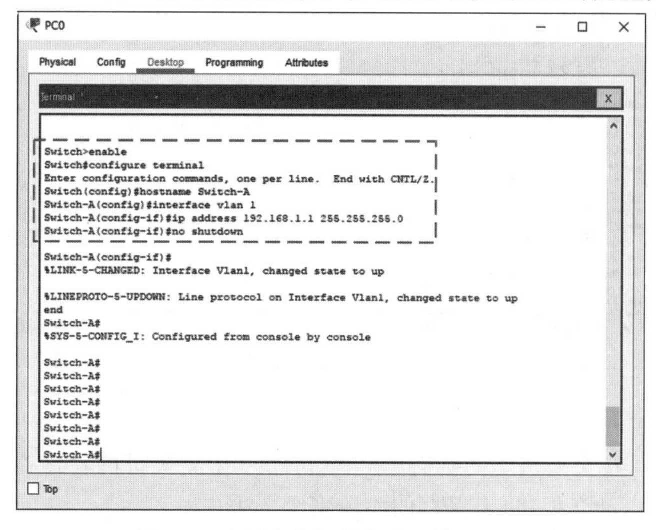

图 2-6　配置交换机的名称和管理地址

(6) 配置交换机的开机密码、远程登录密码(在通过 Console 方式完成初始配置后,使用管理地址远程登录时使用)、进入特权模式的密码。

① 配置开机密码(Console Password)。

```
Switch-A (config)# line console 0
Switch-A (config-line)# password jspi (设置开机密码为 jspi)
Switch-A (config-line)# login          (打开登录认证功能,只能在 password 设置后才可打开)
```

② 配置远程登录(Telnet)密码。

```
Switch-A (config)# line vty 0 4
Switch-A (config-line)# password jspi
Switch-A (config-line)# login   (打开登录认证功能,只能在 password 设置后才可打开)
```

③ 配置特权模式密码(Enable Password)。

```
Switch-A (config)# enable password jspi  (设置明文密码为 jspi)
```

或

```
Switch-A (config)# enable secret jspi  (设置加密密码为 jspi)
```

整个过程如图 2-7 所示。设置完成后,重新登录交换机和进入特权模式时,就会要求输入密码。

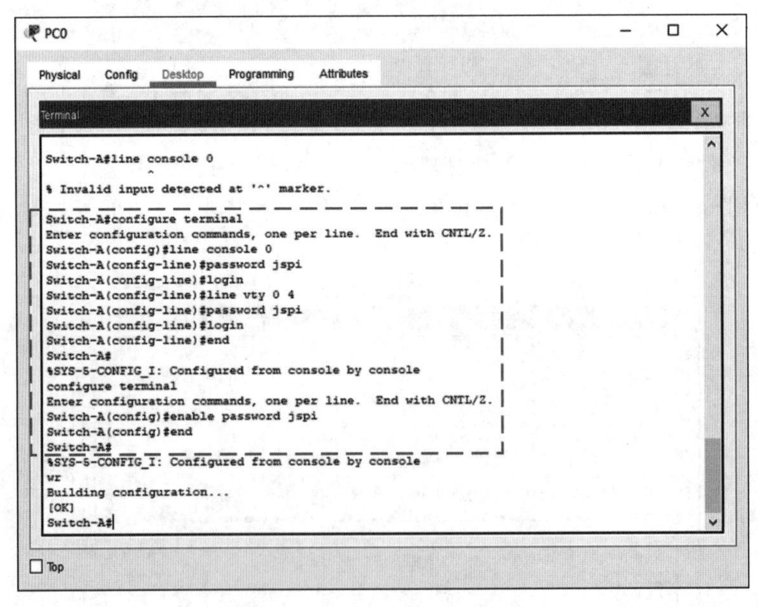

图 2-7 配置交换机的密码

(7) 保存配置。在交换机上的配置参数需要保存在交换机的存储器中;否则,如果因为断电等原因重新启动交换机,未保存的参数将全部丢失。

```
Switch-A#write memory
```

或

```
Switch-A#Copy running-config startup-config
```

(8) 配置 PC1。单击 PC1 图标,在弹出的对话框中选择 Config 标签页,单击左侧的 FastEthernet0 选项,将 PC1 的带宽(Bandwidth)设为 100Mbps,运行模式设为全双工模式(Full Duplex)。这两个选项选择 Auto 也可。同时,设置 PC1 的 IP 地址为 192.168.1.2～254,子网掩码为 255.255.255.0,如图 2-8 所示。

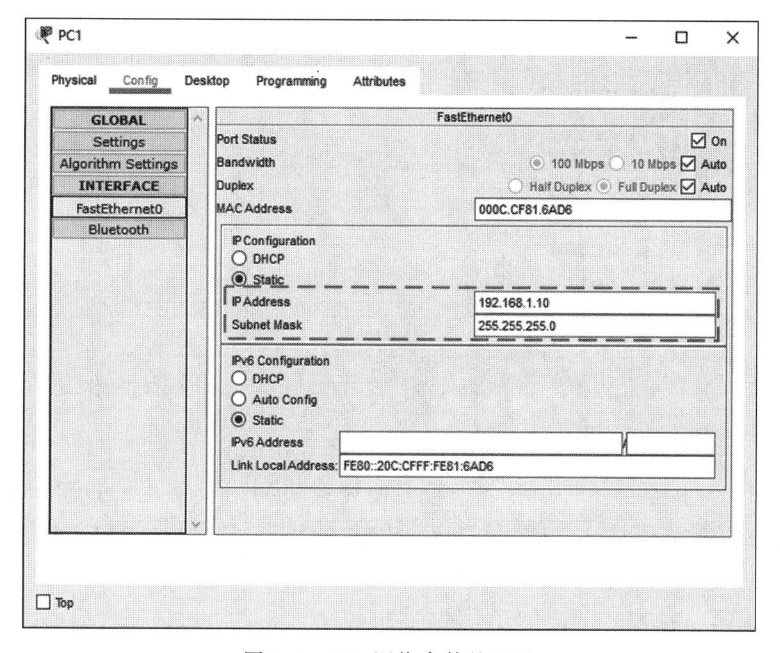

图 2-8　PC1 网络参数的配置

2.1.4　结果验证

在对交换机进行配置后,可以通过以下方法验证交换机的配置情况。

(1) 确认 PC1 的 IP 地址已经设置好。由于交换机的管理地址(VLAN 1 端口的地址)已配置为 192.168.1.1,所以 PC1 的 IP 地址可以设置为 192.168.1.2～192.168.1.254,子网掩码为 255.255.255.0。

(2) 在 PC0 上验证 Telnet 登录密码。单击 PC0 图标,在弹出的对话框中选择 Desktop 标签页,选择 Command Prompt 进入命令行窗口。然后,输入 telnet 192.168.1.1 命令,这时将出现登录界面,在“Password:”(图 2-9 中的第 1 个“Password:”,应该不会出现掩盖字符,如常用的 *)后面输入前面设置的远程登录 Telnet 密码,按 Enter 键将出现 Switch-A > 提示符,说明已经进入用户模式。

(3) 在 PC1 上验证特权模式密码。在用户模式(Switch-A >)下,输入 enable 命令,在

"Password:"(图 2-9 中的第 2 个 Password:)后面输入已设置的进入特权模式的密码,按 Enter 键将出现 Switch-A# 提示符,说明已经进入了特权模式。图 2-9 显示了几种出错以及正确的情况。

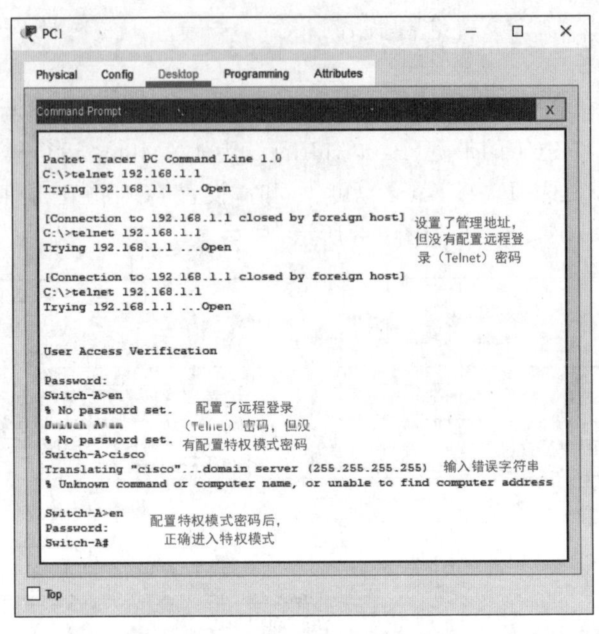

图 2-9 在 Packet Tracer 的 PC 终端命令行窗口中利用 telnet 命令远程登录到交换机

(4) 在交换机 Switch0 上查看配置情况。单击 Switch0 图标,在弹出的对话框中选择 CLI 标签页,可以使用 show run 命令查看当前交换机的配置情况。也可以使用 show ip interface 或 show interface vlan 1 命令查看交换机的管理 IP 地址,如图 2-10 所示。

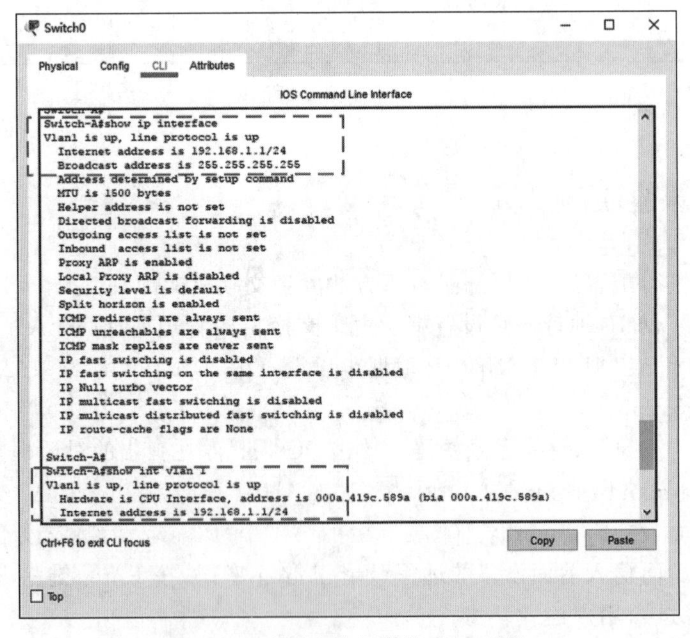

图 2-10 查看交换机的管理 IP 地址

另外，在交换机的配置过程中，可以使用系统提供的帮助功能(命令为?)获得相应模式下所支持的命令列表。除此之外，还可以在“?”前面加上特殊的字母，以获得更详细的命令列表，如输入“s?”，交换机将显示以字母 s 开头的所有命令。另外，交换机的 IOS(Internetwork Operating System)操作系统还提供了良好的命令简化功能，如可以将 show interface 简写为 sh int，这样在对交换机进行操作时没有必要将命令输全，这个功能大大简化了操作。还有，当输入了命令的一部分字母时，如果按 Tab 键，IOS 软件会自动输入此命令剩余的字母(当然，已输入的那部分字母要足以使命令唯一，否则不会产生任何作用)。

2.2　实验 2　端口 VLAN 的设置和应用

视频讲解

虚拟局域网(Virtual Local Area Network，VLAN)是一种通过将局域网内的设备逻辑地划分成一个个网段并进行管理的技术。VLAN 扩大了交换机的应用和管理功能，是交换机的重要功能之一。

2.2.1　实验概述

VLAN 的最大特点是不受物理位置的限制，可以根据用户需要进行灵活划分。VLAN 虽然是虚拟的，却具备了一个物理网段所具备的特征。因此，通过虚拟方法达到物理效果是 VLAN 在应用中最有价值的功能之一。

1. 实验目的

本实验的目的在于理解端口 VLAN(Port VLAN)的功能和配置方法。基于端口的 VLAN 划分是较常用的一种划分方法，目前绝大部分厂商的交换机产品都支持这一功能。为使读者对 VLAN 从概念到应用有一个初步的认识，本实验将介绍在一台交换机上实现端口 VLAN 划分的方法。

2. 实验原理

VLAN 按照交换机端口定义 VLAN 当中的用户，即 VLAN 从逻辑上把局域网交换机的端口划分开，然后根据网络设计时规划好的 IP 地址范围在 VLAN 中划分子网。端口 VLAN 划分分为单交换机端口 VLAN 划分和多交换机端口 VLAN 划分两种方式，前者只支持在一台交换机上划分多个 VLAN，然后将不同的端口指定到不同的 VLAN 中进行管理；而后者则可以使一个 VLAN 跨越多台交换机，并且使同一台交换机上的端口可以属于不同的 VLAN。

利用端口 VLAN 的特点，可以使位于同一个 VLAN 中的不同端口之间实现通信，同时禁止位于不同 VLAN 的端口之间的直接通信，从而有效地屏蔽广播风暴，提高网络的安全性。

设置端口 VLAN 时需要考虑两个问题：一是 VLAN ID(VLAN 号)，每个 VLAN 都需要一个唯一的 VLAN ID，不同类型的交换机在进行端口 VLAN 设置时，所提供的 VLAN ID 的值可能不同，但一般都支持 1～98 这一范围；二是 VLAN 所包含的成员端口,设置 VLAN 的成员端口需要指定该端口的设备号与端口号,设备号为成员端口所在的交换机号,即该交换机在堆叠单元中的编号,该编号一般从 0 开始,对于独立的一台交换机,设备号为 0。端口号是指该端口在所属设备中的编号,一般在交换机的面板上都有明显的标识,如一台 12 口的交换机,其端口号分别为 1～12。例如,一台快速以太网(Fast Ethernet)交换机,设备号为 0,端口号为 5,一般写为 FastEthernet 0/5,也可以简写为 f 0/5。

假设一台交换机提供了 12 个快速以太网端口(分别为 FastEthernet 0/1～FastEthernet 0/12,简写为 f 0/1～f 0/12)。如图 2-11 所示,如果要创建 VLAN 10 和 VLAN 20 两个 VLAN,可以将端口 f 0/1～f 0/6 分配给 VLAN 10,将端口 f 0/7～f 0/12 分配给 VLAN 20。

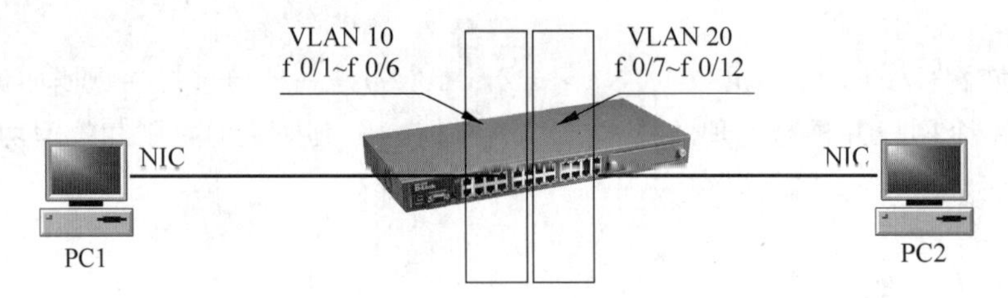

图 2-11 PC 与交换机之间的连接及端口 VLAN 的划分

3. 实验内容和要求

在掌握交换机基本配置命令的基础上,继续学习并掌握以下内容。

(1) 掌握 Port VLAN 的功能。

(2) 掌握 Port VLAN 的实现方法。

(3) 熟悉 Port VLAN 的应用。

2.2.2 实验规划

1. 实验设备

在 Packet Tracer 软件的设备类型库中选择以下设备。

(1) 交换机(1 台):在设备类型库中选择 Network Devices→Switches→2960。

(2) PC(2 台):在设备类型库中选择 End Devices→End Devices→PC。

(3) 直连双绞线(2 根):在设备类型库中选择 Connections→Connections→Copper Straight-Through。

2. 实验拓扑

在 Packet Tracer 软件的逻辑工作空间中,放置一台 2960 交换机,并参考图 2-11 的拓扑结构进行连接,使用直连双绞线,将 PC1 和 PC2 的 FastEthernet 0 分别与交换机的 f 0/1 和 f 0/13 端口相连,连接完成后,如图 2-12 所示。考虑到 2960 交换机有 24 个 FastEthernet 端口,并要在其上创建 VLAN 10 和 VLAN 20 两个 VLAN,所以,可以将 f 0/1～f 0/12 端口分配给 VLAN 10,而将 f 0/13～f 0/24 端口分配给 VLAN 20。

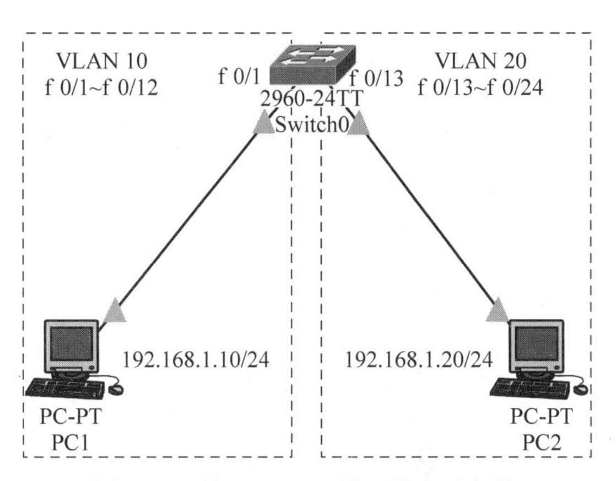

图 2-12　端口 VLAN 设置的实验拓扑

2.2.3　实验步骤

(1) 实验前的测试。在对交换机未进行 VLAN 划分时,PC1 和 PC2 之间是可以通信的,如果使用 ping 命令测试,两台主机之间是可以 ping 通的。

需要说明的是,这是由于在交换机中系统默认创建了一个 VLAN 1,同时将所有的端口都添加在 VLAN 1 中,所以任意端口之间是可以相互通信的。其中,PC1 和 PC2 的 IP 地址必须在同一个子网内。例如,PC1 的 IP 地址设置为 192.168.1.10,PC2 的 IP 地址设置为 192.168.1.20,子网掩码都为 255.255.255.0。

(2) 创建 VLAN。

```
Switch > enable                        (进入特权模式)
Password:                              (输入密码)
Switch#                                (显示:已进入特权模式)
Switch# configure terminal             (进入全局配置模式)
Switch(config)#                        (显示:已进入全局配置模式)
Switch(config)# VLAN 10                (创建 VLAN 10)
Switch(config-vlan)#                   (显示:已自动进入 VLAN 10 的配置模式)
Switch(config-vlan)# name test10       (给 VLAN 10 命名为 test10)
Switch(config-vlan)# exit              (退出 VLAN 10 配置模式)
Switch(config)# VLAN 20                (创建 VLAN 20)
Switch(config-vlan)# name test20       (给 VLAN 20 命名为 test20)
Switch(config-vlan)# end               (退出配置命令,进入特权模式)
```

如果要删除已创建的 VLAN,可以在配置模式下输入 no vlan vlan-id 来完成。

```
Switch(config)# no vlan 10             (删除 VLAN 10)
```

(3) 将交换机端口分配到 VLAN。

① 将 f 0/1～f 0/12 端口添加到 VLAN 10 中。

```
Switch# configure terminal                     (进入全局配置模式)
Switch(config)# interface f 0/1                (进入 f 0/1 的端口配置模式)
```

```
Switch(config-if)#                                  (显示:已进入 f 0/1 的端口配置模式)
Switch(config-if)# switchport access vlan 10        (将 f 0/1 端口添加到 VLAN 10 中)
Switch(config-if)# exit
Switch(config)# interface range f 0/2-12            (进入端口组配置模式)
Switch(config-if-range)# switchport access vlan 10  (将 f 0/2～f 0/12 端口添加到 VLAN 10 中)
Switch(config-if-range)# exit
```

② 将 f 0/13～f 0/24 端口添加到 VLAN 20 中。

```
Switch# configure terminal                          (进入全局配置模式)
Switch(config)# interface f 0/13                    (进入 f 0/13 的端口配置模式)
Switch(config-if)#                                  (显示:已进入 f 0/13 的端口配置模式)
Switch(config-if)# switchport access vlan 20        (将 f 0/13 端口添加到 VLAN 20 中)
Switch(config-if)# exit
Switch(config)# interface range f 0/14-24           (进入端口组配置模式)
Switch(config-if-range)# switchport access vlan 20  (将 f 0/14～f 0/24 端口添加到 VLAN 20 中)
Switch(config-if-range)# exit
```

(4) 保存设置。在进行交换机的配置后,为了防止断电等原因造成的配置参数丢失,可以通过以下命令进行保存。

```
Switch# write memory
```

或

```
Switch# Copy running-config startup-config
```

(5) 查看 VLAN 设置。使用 show vlan 命令,可以查看交换机上当前 VLAN 的设置,如图 2-13 所示,可以看到交换机上构建的 VLAN,以及划入相应 VLAN 中的端口情况。

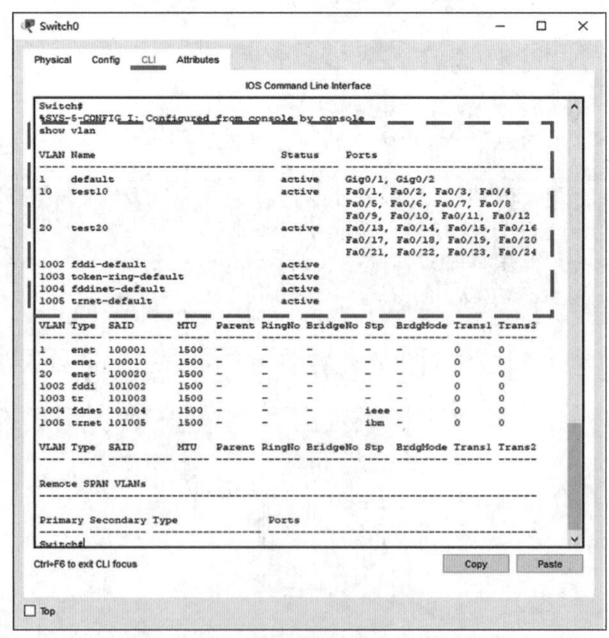

图 2-13 show vlan 命令查看 VLAN 配置

2.2.4 结果验证

(1) 分别将 PC1 和 PC2 同时连接到 VLAN 10 或 VLAN 20 所在的端口,再利用 ping 命令进行测试,发现 PC1 和 PC2 之间是可以通信的。这说明位于同一个 VLAN 中的不同端口之间是可以进行通信的。

(2) 将 PC1 接入 VLAN 10 所在的端口,再将 PC2 接入 VLAN 20 所在的端口。然后利用 ping 命令进行测试,发现 PC1 和 PC2 之间无法进行通信。这说明位于不同 VLAN 的端口是无法直接进行通信的,如果要实现通信,需要具备路由能力的设备来支持。

2.3 实验 3　多交换机之间 VLAN 的设置和应用

视频讲解

由于单台交换机所提供的端口数量有限,所以在实际应用中需要同时用到多台交换机。本实验将在实验 2 的基础上,介绍多交换机之间 VLAN 的设置方法和应用特点。

2.3.1 实验概述

在同一台交换机中,不同端口之间的通信是利用交换机本身的背板交换完成的。而不同交换机之间的通信,需要在交换机之间存在一个公用连接,当一台交换机将数据发送给另一台交换机时,将通过该公用连接端口进行转发。

1. 实验目的

在掌握端口 VLAN(Port VLAN)功能和配置方法的基础上,继续学习多交换机之间 VLAN 的配置方法。

2. 实验原理

多交换机之间 VLAN 的实现主要是解决不同交换机级联端口之间的通信问题。当多台交换机进行级联时,应该把级联端口设置为标记(Tag)端口,而将其他端口均设置为未标记(Untag)端口。Tag 端口的功能相当于一个公共通道,它允许不同 VLAN 的数据都可以通过 Tag 端口进行传输。Tag 端口的设置是通过将交换机之间互联端口的模式设置为 Trunk 的方式实现的,而其他未设置 Tag 端口的模式通常默认为未标记(Untag)的 Access 模式。

假设某交换机提供了 12 个快速以太网端口(分别为 FastEthernet 0/1～FastEthernet 0/12,简写为 f 0/1～f 0/12),需要创建 VLAN 10 和 VLAN 20 两个 VLAN,将 Switch-A 和 Switch-B 上的 f 0/2～f 0/6 端口分配给 VLAN 10,将 Switch-A 和 Switch-B 上的 f 0/7～f 0/12 端口分配给 VLAN 20。其中,Switch-A 和 Switch-B 上的 f 0/1 端口用于两台交换机之间的级联,使用一条交叉双绞线连接,这两个端口需要设置为 Tag 端口,如图 2-14 所示。

3. 实验内容和要求

在掌握了基于端口 VLAN 的配置和应用的基础上,继续掌握以下内容。

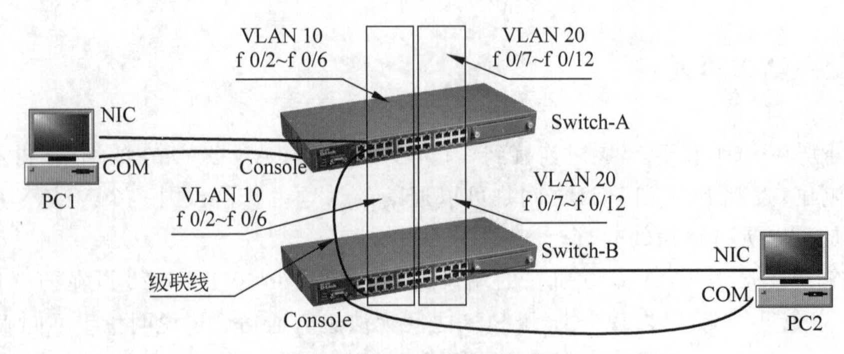

图 2-14 PC 与交换机之间的连接及 VLAN 划分

(1) 掌握 Tag 端口和 Untag 端口的功能和应用。

(2) 掌握在多台交换机上配置 VLAN 的方法。

(3) 通过在不同交换机上创建多个 VLAN,使同一 VLAN 中的端口之间可以进行相互通信,而不同 VLAN 中的端口之间无法进行通信。

2.3.2 实验规划

1. 实验设备

在 Packet Tracer 软件的设备类型库中,选择以下设备。

(1) 交换机(2 台):在设备类型库中选择 Network Devices→Switches→2960。

(2) PC(4 台):在设备类型库中选择 End Devices→End Devices→PC。

(3) 直连双绞线(4 根):在设备类型库中选择 Connections→Connections→Copper Straight-Through。

(4) 交叉双绞线(1 根):在设备类型库中选择 Connections→Connections→Copper Cross-Over。

2. 实验拓扑构建

在 Packet Tracer 软件的逻辑工作空间中放置两台 2960 交换机,并参考图 2-15 的拓扑结构进行连接。考虑到 2960 交换机有 24 个 FastEthernet 端口,并要在每台交换机上创建 VLAN 10 和 VLAN 20 两个 VLAN,所以,可以将 f 0/1~f 0/12 端口分配给 VLAN 10,将 f 0/13~f 0/24 端口分配给 VLAN 20。为方便进行实验,需要设置 4 台 PC,其中 PC1 和 PC3 分别连接在两台交换机的 f 0/1 端口上,而将 PC2 和 PC4 分别连接到两台交换机的 f 0/13 端口上,如图 2-15 所示。

2.3.3 实验步骤

(1) 实验前测试。将网络拓扑连接完毕后,两台交换机之间链路两端都以绿色三角表示,说明组成的网络在物理上是连通的。

在对交换机未进行 VLAN 划分时,首先将所有 PC 配置到同一网段(即 IP 地址分别为

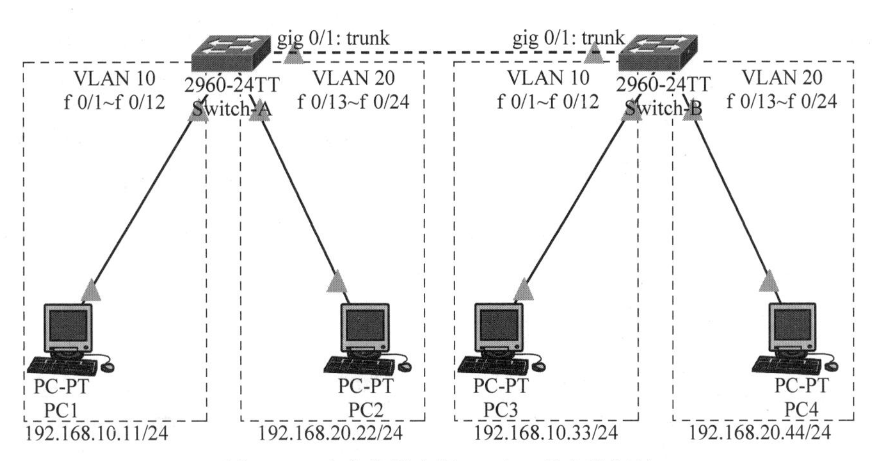

图 2-15 多交换机之间 VLAN 的实验拓扑

192.168.10.11、192.168.10.22、192.168.10.33、192.168.10.44，子网掩码均设置为255.255.255.0)，此时，PC之间是可以相互 ping 通的。这说明在默认情况下，交换机所有的端口都添加在 VLAN 1 中，任意端口之间是可以相互通信的，在将所有 PC 的地址都配置到同一个 IP 地址网段后，就可以相互之间 ping 通。

然后，再按照前述的 PC 网络参数进行配置(即 IP 地址分别为 192.168.10.11、192.168.20.22、192.168.10.33、192.168.20.44，子网掩码均设置为 255.255.255.0)，由于 IP 地址在不同的网段，PC1 和 PC2 即使在同一台交换机上，也无法相互 ping 通，PC3 和 PC4 也是同样情况；但两台交换机均为二层交换机，只要在同一个网段，而且由于均是默认在 VLAN 1 中，那么位于不同交换机上的 PC1 和 PC3 或 PC2 和 PC4 之间是可以 ping 通的。

(2) 在 Switch-A 上创建 VLAN 10 和 VLAN 20，并将 f 0/1～f 0/12 端口和 f 0/13～f 0/24 端口分别添加到 VLAN 10 和 VLAN 20 中。

```
Switch>enable                                        (进入特权模式)
Password:                                            (输入密码)
Switch#                                              (显示:已进入特权模式)
Switch#configure terminal                            (进入全局配置模式)
Switch(config)#                                      (显示:已进入全局配置模式)
Switch(config)#hostname Switch-A                     (将交换机的名称更改为 Switch-A)
Switch-A(config)#VLAN 10                             (创建 VLAN 10)
Switch-A(config-vlan)#                               (显示:已自动进入 VLAN 10 的配置模式)
Switch-A(config-vlan)#name test10                    (给 VLAN 10 命名为 test10)
Switch-A(config-vlan)#end                            (退出配置模式,返回到特权模式)
Switch-A#configure terminal                          (进入全局配置模式)
Switch-A(config)#interface range f 0/1-12            (进入端口组配置模式)
Switch-A(config-if-range)#switchport access vlan 10 (将 f 0/1～f 0/12 端口添加到 VLAN 10)
Switch-A(config-if-range)#end
Switch-A#configure terminal                          (进入全局配置模式)
Switch-A(config)#                                    (显示:已进入全局配置模式)
Switch-A(config)#VLAN 20                             (创建 VLAN 20)
Switch-A(config-vlan)#                               (显示:已自动进入 VLAN 20 的配置模式)
Switch-A(config-vlan)#name test20                    (给 VLAN 20 命名为 test20)
```

```
Switch-A(config-vlan)#end                               (退出配置模式,返回到特权模式)
Switch-A#configure terminal                             (进入全局配置模式)
Switch-A(config)#interface range f 0/13-24              (进入端口组配置模式)
Switch-A(config-if-range)#switchport access vlan 20 (将 f 0/13~f 0/24 端口添加到 VLAN 20)
Switch-A(config-if-range)#end
```

然后再使用 show vlan 命令,便可显示配置结果,可以看到,VLAN 10 和 VLAN 20 被设置了相应的名字,而且分配了指定的端口,如图 2-16 所示。

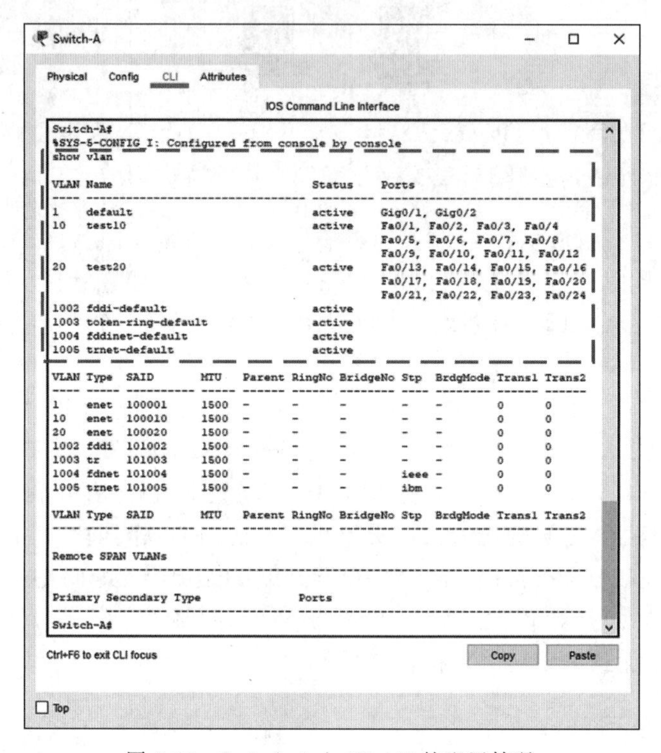

图 2-16 Switch-A 上 VLAN 的配置情况

最后,使用 write memory 命令保存设置。

(3) 通过同样的过程,在 Switch-B 上创建 VLAN 10 和 VLAN 20,并将 f 0/1~f 0/12 端口和 f 0/13~f 0/24 端口分别添加到 VLAN 10 和 VLAN 20 中。

注意:此时,Switch-A、Switch-B 上接入相同 VLAN 的 PC 之间也是不通的,如 PC1 和 PC3 之间、PC2 和 PC4 之间。这是由于 Switch-A、Switch-B 的互联端口没有设置为 Tag 模式。

(4) 将 Switch-A 上与 Switch-B 连接的 gig 0/1 端口设置为 Tag 模式。

```
Switch-A(config)#                                 (进入 Switch-A 的全局配置模式)
Switch-A(config)#interface gig 0/1                (进入 gig 0/1 的端口配置模式)
Switch-A(config-if)#switchport mode trunk         (将 gig 0/1 端口配置为 Tag 模式)
Switch-A(config-if)#end                           (结束对 gig 0/1 端口的配置)
Switch-A# write memory                            (保存配置)
```

(5) 同样,将 Switch-B 上与 Switch-A 连接的 gig 0/1 端口设置为 Tag 模式。

此时,在 Switch-A 或 Switch-B 上使用 show interface trunk 命令可以查看配置结果,

如图 2-17 所示。

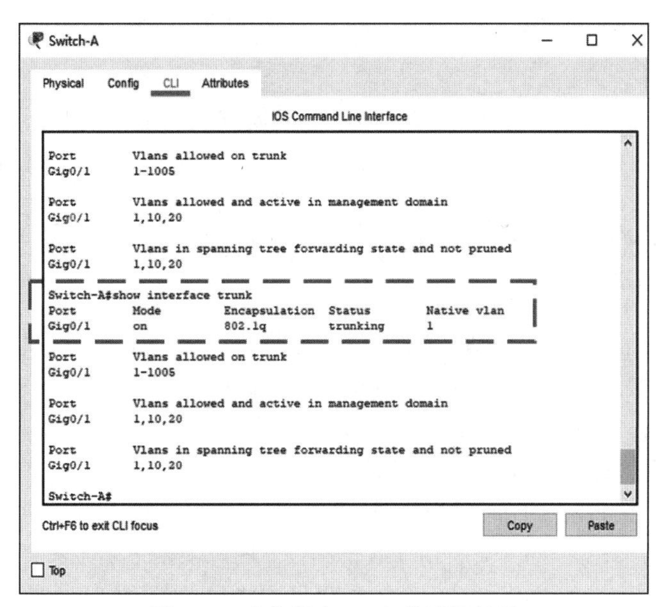

图 2-17 交换机上 trunk 的配置结果

可以看到，Switch-A 的 gig 0/1 端口状态已经被设置为 trunking 了，而且处于 on 模式，这说明 trunk 接口已经发挥作用。

2.3.4 结果验证

(1) 考查 PC1 和 PC3，虽然 PC1 和 PC3 分别连接在不同的交换机上，但由于它们在同一网段，而且属于同一个 VLAN，所以 PC1 和 PC3 之间是可以进行通信的。PC2 和 PC4 也是如此。这说明，连接在不同的交换机上的 PC，如果属于同一个 VLAN，且 IP 地址在同一网段，PC 之间是可以进行通信的。

(2) 将 PC2 的 IP 地址改为 192.168.10.22，再使用 ping 命令测试与 PC1 的连接性，此时不通，因为此时它们虽然在同一个网段，但还是被分隔在不同的 VLAN 中，这说明位于不同 VLAN 之间的端口是无法直接进行通信的。但如果再把 PC2 接到 Switch-A 的 f 0/2 端口上，在链路状态变为绿色三角后，就可以 ping 通 PC1。

2.4 实验 4 通过三层交换机实现 VLAN 之间的通信

视频讲解

在划分了 VLAN 后，位于同一 VLAN 内的不同端口之间是可以通信的，而位于不同 VLAN 的端口之间却无法直接通信，即系统默认不同 VLAN 之间是无法进行通信的。如果要实现不同 VLAN 之间的通信，需要使用路由器或三层交换机实现不同 VLAN 之间的数据转发。

2.4.1 实验概述

实现 VLAN 之间的通信，在配置过程中需要同时用到二层和三层设备，在二层上创建

VLAN,并将端口添加到指定的 VLAN 中。在三层设备上创建 VLAN 后,设置 VLAN 的 IP 地址,该 IP 地址即为该 VLAN 中所有主机的网关地址。

1. 实验目的

在本章的实验 2 和实验 3 中介绍了 VLAN 的实现,这两个实验的实质都是基于端口 VLAN(Port VLAN)技术。在基于端口 VLAN 中,不同 VLAN 之间的端口是无法实现通信的。如果要实现不同 VLAN 之间的通信,一般需要使用路由器或三层交换机,在目前的应用中以三层交换机居多。本实验将通过三层交换机实现不同 VLAN 之间的通信。

2. 实验原理

局域网内的通信是通过数据帧头部的目标主机的 MAC 地址来完成的。在使用传输控制协议/互联网协议(Transmission Control Protocol/Internet Protocol,TCP/IP)的网络中,需要通过地址解析协议(Address Resolution Protocol,ARP)查找某一 IP 地址对应的 MAC 地址。而 ARP 是通过广播报文实现的,如果广播报文无法到达目的地,那么就无法解析到 MAC 地址,进而无法直接通信。当计算机分别位于不同的 VLAN 时,就意味这些计算机分别属于不同的广播域,所以不同 VLAN 中的计算机由于收不到彼此的广播报文就无法直接互相通信。

为了能够实现 VLAN 之间的通信,需要利用网络层的信息(IP 地址)进行路由。在目前的网络互联设备中,能完成路由功能的设备主要有路由器和三层以上的交换机,在实际应用中以三层交换机最为广泛。三层交换机是在二层交换机的基础上集成了三层的路由功能。三层交换机具有"一次路由,多次交换"的特征,在局域网环境中数据转发性能远远高于路由器。而且三层交换机同时具备二层交换机的功能,能够和二层交换机进行很好的数据转发。三层交换机的以太网端口要比一般的路由器多,更加适合多个局域网段之间的互联。与二层交换机不同,可以在三层交换机的端口上设置 IP 地址。但多数三层交换机的端口在默认情况都属于二层端口,只有开启了路由功能后才能够给该端口配置 IP 地址。

在三层交换机上实现不同 VLAN 之间的通信要用到直连路由的概念。所谓直连路由,是指在三层设备(包括三层交换机和路由器)的端口配置 IP 地址,并且激活该端口,使三层设备自动产生该端口 IP 所在网段的直连路由信息(有关直连路由的概念将在第 3 章介绍)。三层交换机实现 VLAN 互访的原理是利用三层交换机的路由功能,通过识别数据包(分组)的 IP 地址,查找路由表进行路由选择。具体方法是在三层交换机上创建虚拟端口(命令为 interface vlan id),然后给虚拟端口设置 IP 地址,作为该 VLAN 中所有主机的默认网关,然后由三层交换机完成不同 VLAN(其实是不同子网)之间的路由。

如图 2-18 所示,假设 3 台交换机分别提供了 12 个快速以太网端口(分别为 FastEthernet 0/1～FastEthernet 0/12,简写为 f 0/1～f 0/12)。可以分别创建 VLAN 10 和 VLAN 20 两个 VLAN,将 Switch-A 和 Switch-B 上的 f 0/2～f 0/6 端口分配给 VLAN 10,将 Switch-A 和 Switch-B 上的 f 0/7～f 0/12 端口分配给 VLAN 20。其中,Switch-A 和 Switch-B 上的 f 0/1 端口分别用于上联三层交换机 Switch-C 的 f 0/1 和 f 0/2 端口,交换机之间的级联全部采用交叉双绞线。VLAN 10 的 IP 地址为 192.168.1.254,VLAN 20 的 IP 地址为 192.168.2.254,子网掩码均为 255.255.255.0。

3. 实验内容和要求

(1) 继续学习 Tag 端口和 Untag 端口的功能和应用。

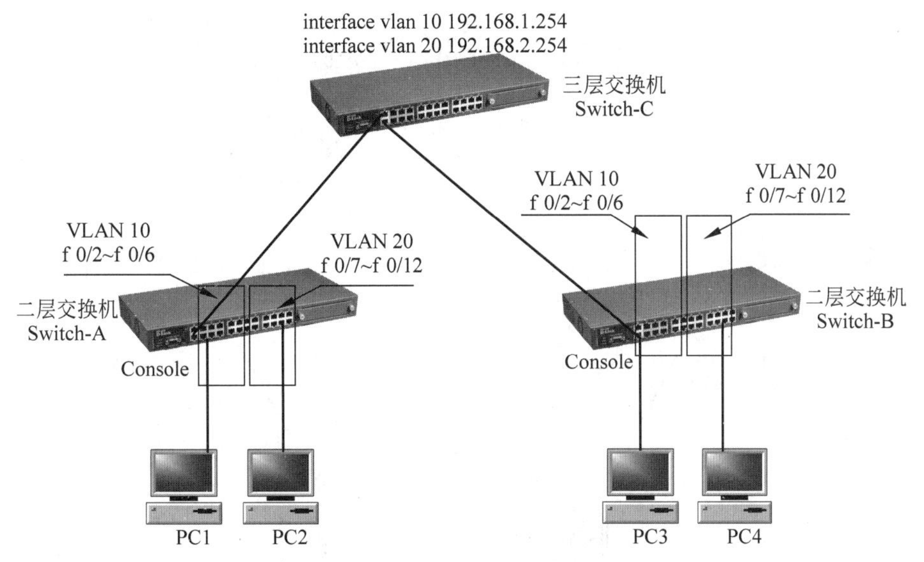

图 2-18　交换机之间的连接及 VLAN 的划分方式

(2) 学习三层交换机的功能及配置方法。

(3) 结合二层和三层交换机的功能,学习两者之间的配合应用。

(4) 通过三层交换机的配置,实现不同 VLAN 主机之间的通信。

2.4.2　实验规划

1. 实验设备

在 Packet Tracer 软件的设备类型库中选择以下设备。

(1) 三层交换机(1 台): 在设备类型库中选择 Network Devices→Switches→3650 24PS。

(2) 二层交换机(2 台): 在设备类型库中选择 Network Devices→Switches→2960。

(3) PC(4 台): 在设备类型库中选择 End Devices→End Devices→PC。

(4) 直连双绞线(4 根): 在设备类型库中选择 Connections→Connections→Copper Straight-Through。

(5) 交叉双绞线(2 根): 在设备类型库中选择 Connections→Connections→Copper Cross-Over。

2. 实验拓扑构建

在 Packet Tracer 软件的逻辑工作空间中放置一台 3650 24PS 多层交换机和两台 2960 交换机,并参考图 2-19 所示的拓扑结构进行连接。考虑到 2960 交换机有 24 个 FastEthernet 端口,并要在每台交换机上创建 VLAN 10 和 VLAN 20 两个 VLAN,所以,可以将 f 0/1～f 0/12 端口分配给 VLAN 10,将 f 0/13～f 0/24 端口分配给 VLAN 20。为方便进行实验,需要设置 4 台 PC,其中将 PC1 和 PC2 分别连接到 Switch-A 交换机的 f 0/1 端口和 f 0/13 端口,将 PC3 和 PC4 分别连接到 Switch-B 交换机的 f 0/1 端口和 f 0/13 端口上,如图 2-19 所示。

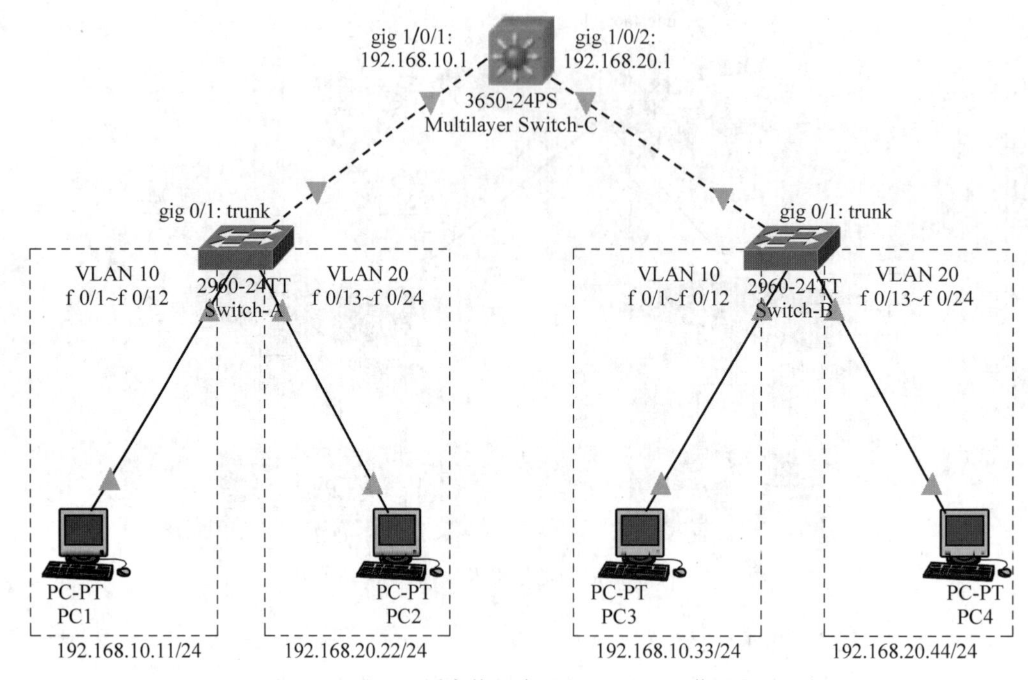

图 2-19 通过三层交换机实现 VLAN 间通信的拓扑

需要注意的是，3650-24PS 交换机在使用前需要进行电源配置，配置成功后便可自动启动。根据需要，将图 2-20 中的电源模块(AC-POWER-SUPPLY)放入槽位中。

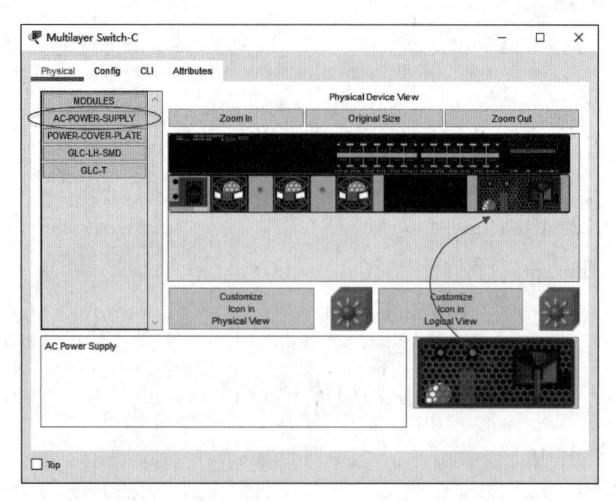

图 2-20 三层交换机 3650-24PS 电源的添加

交换机启动后，图 2-19 所示的 Switch-C 连接线缆上的红色三角就会变成绿色三角，说明在物理连接上已经连通。

2.4.3 实验步骤

(1) 实验前测试。在对交换机未进行 VLAN 划分时，只要 IP 地址设置在同一子网内，分别位于同一台二层交换机上的 PC 之间(PC1 与 PC2、PC3 与 PC4)是可以进行通信的,如果使用 ping 命令测试,主机之间是可以 ping 通的。但连接不同交换机的主机之间(如 PC1 与 PC3、PC2 与 PC4)是无法进行通信的,如果使用 ping 命令进行测试,主机之间无法 ping 通。

(2) 在 Switch-A 和 Switch-B 上分别创建 VLAN 10 和 VLAN 20,并将 f 0/1～f 0/12 端口和 f 0/13～f 0/24 端口分别添加到 VLAN 10 和 VLAN 20 中。

```
Switch > enable                                        (进入特权模式)
Password:                                              (输入密码)
Switch#                                                (显示:已进入特权模式)
Switch# configure terminal                             (进入全局配置模式)
Switch(config)#                                        (显示:已进入全局配置模式)
Switch - A(config)# hostname Switch - A                (将交换机的名称更改为 Switch - A)
Switch - A(config)# VLAN 10                            (创建 VLAN 10)
Switch - A(config - vlan)#                             (显示:已自动进入 VLAN 10 的配置模式)
Switch - A(config - vlan)# name test10                 (给 VLAN 10 命名为 test10)
Switch - A(config - vlan)#  VLAN 20                    (创建 VLAN 20)
Switch - A(config - vlan)# name test20                 (给 VLAN 20 命名为 test20)
Switch - A(config - vlan)# exit
Switch - A(config)#  interface range f 0/1 - 12        (进入 f 0/1～f 0/12 的端口配置模式)
Switch - A(config - if - range)#  switchport access vlan 10  (将 f 0/1～f 0/12 分配给 VLAN 10)
Switch - A(config - if - range)#  interface range f 0/13 - 24 (进入 f 0/13～f 0/24 的端口配置模式)
Switch - A(config - if - range)#  switchport access vlan 20  (将 f 0/13～f 0/24 分配给 VLAN 20)
Switch - A(config - if - range)# exit
```

在 Switch-B 上重复类似的命令,完成 VLAN 创建和端口添加。

(3) 将 Switch-A 和 Switch-B 上联 Switch-C 交换机的 gig 0/1 端口,设置为 trunk 模式。首先在 Switch-A 执行以下命令。

```
Switch - A > enable                                (进入特权模式)
Password:                                          (输入密码)
Switch - A #                                       (显示:已进入特权模式)
Switch - A # configure terminal                    (进入全局配置模式)
Switch - A(config)# interface gig 0/1              (进入 gig 0/1 端口的配置模式)
Switch - A(config - if)# switchport mode trunk     (将 gig 0/1 端口配置为 trunk 模式)
Switch - A(config - if)# exit
```

在特权模式下使用 show interface trunk 命令,可以看到交换机端口设置为 trunk 的情况。在 Switch-B 上重复以上的命令,实现将 gig 0/1 端口设置为 trunk 模式。

(4) 在 Switch-C 上将下联 Switch-A 的 gig 1/0/1 端口和下联 Switch-B 的 gig 1/0/2 端口均设置为 trunk 模式,然后创建 VLAN 10 和 VLAN 20 作为虚拟端口,配置虚拟端口的 IP 地址(分别为 192.168.10.254 和 192.168.20.254)和子网掩码(均为 255.255.255.0),最后打开三层交换机的 IP 路由功能。

首先,将分别下联 Switch-A 和 Switch-B 的 gig 1/0/1 端口和 gig 1/0/2 端口均设置为 trunk 模式。

```
Switch-C>enable                                          (进入特权模式)
Password:                                                (输入密码)
Switch-C#                                                (显示:已进入特权模式)
Switch-C#configure terminal                              (进入全局配置模式)
Switch-C(config)#interface range gig 1/0/1-2             (进入端口组配置模式)
Switch-C(config-if)#switch trunk encapsulation dot1q  (设定交换机端口中继链接封装协议是 802.11q)
Switch-C(config-if)#switchport mode trunk  (将 gig 1/0/1 和 gig 1/0/2 端口配置为 trunk 模式)
Switch-C(config-if)# exit                                (退出)
```

然后,创建 VLAN 10 和 VLAN 20 作为虚拟端口,然后配置虚拟端口的 IP 地址(分别为 192.168.10.254 和 192.168.20.254)和子网掩码(均为 255.255.255.0)。

```
Switch#configure terminal                          (进入全局配置模式)
Switch-C(config)#VLAN 10                           (创建 VLAN 10)
Switch-C(config-vlan)#                             (显示:已自动进入 VLAN 10 的配置模式)
Switch-C(config-vlan)#name ADMIN_VLAN10            (给 VLAN 10 命名)
Switch-C(config-vlan)#exit
Switch-C(config)#interface VLAN 10                 (进入 VLAN 10 配置)
Switch-C(config-if)#ip address 192.168.10.254 255.255.255.0  (配置 VLAN10 的 IP 地址和子网掩码)
Switch-C(config-if)#exit                           (退出)
Switch-C(config)#VLAN 20                           (创建 VLAN 20)
Switch-C(config-vlan)#name ADMIN_VLAN20            (给 VLAN 20 命名)
Switch-C(config-vlan)#exit
Switch-C(config)#interface VLAN 20                 (进入 VLAN 20 配置)
Switch-C(config-if)#ip address 192.168.20.254 255.255.255.0  (配置 VLAN20 的 IP 地址和子网掩码)
Switch-C(config-if)#exit                           (退出)
```

此时,VLAN 之间还是不能互通,因为没有开启三层交换机的路由功能,如图 2-21 所示。

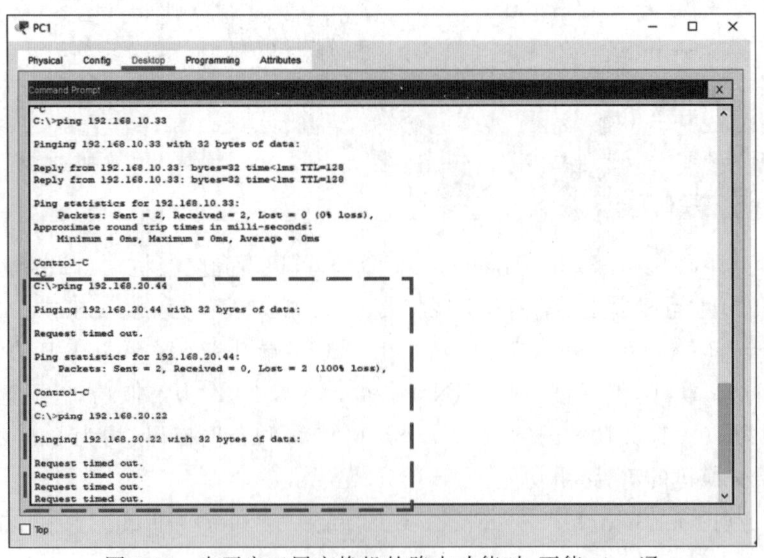

图 2-21　未开启三层交换机的路由功能时,不能 ping 通

最后，开启三层交换机的IP路由功能。

```
Switch#configure terminal        (进入全局配置模式)
Switch-C(config)#ip routing  (开启三层交换机的路由功能)
```

(5) 保存设置。在进行了交换机的配置后，为了防止断电等原因造成配置参数丢失，可以通过以下命令进行保存。

```
Switch-C#write memory
```

或

```
Switch-C#Copy running-config startup-config
```

2.4.4 结果验证

通过以上的配置，将所有接入VLAN 10的主机IP地址设置为192.168.10.1～192.168.10.253这一范围内的地址，子网掩码设置为255.255.255.0，网关设置为192.168.10.254；将所有接入VLAN 20的主机IP地址设置为192.168.20.1～192.168.20.253，子网掩码设置为255.255.255.0，网关设置为192.168.20.254。这时，再使用ping命令进行测试，发现位于不同VLAN的主机之间都可以进行通信。

2.5 实验5 交换机之间链路聚合的实现和应用

链路聚合是指将交换机上的多个端口聚合成一个逻辑端口(该逻辑端口称为以太通道或EtherChannel)，以增加交换机之间的连接带宽，同时提供交换机之间的线路冗余。

2.5.1 实验概述

提供链路聚合的交换机必须支持IEEE 802.3ad标准，在该标准中定义了链路聚合控制协议(Link Aggregation Control Protocol，LACP)，可以将多个快速以太网端口绑定到一起构成一个快速以太通道(Fast EtherChannel，FEC)，或将多个吉比特以太网(Gigabit Ethernet，GE)端口绑定到一起构成一个吉比特以太通道(Gigabit EtherChannel，GEC)。

1. 实验目的

掌握交换机之间多条链路的聚合和使用方法。通过多条链路的聚合，可以使交换机之间的链路带宽呈几何级增长。同时，在交换机之间设置了链路聚合后，原来独立的链路之间可以起到冗余备份的作用，从而保证交换机之间链路的安全性。需要说明的是，链路聚合不仅适用于交换机之间，同时还适用于交换机与高性能网卡(服务器)之间。

2. 实验原理

除部分交换机开发了专门的协议(如Cisco的PagP专用协议)外，交换机之间的链路聚合一般利用 IEEE 802.3ad 协议实现。通过 IEEE 802.3ad 协议,聚合在一起的链路可以在一条单一逻辑链路上组合使用多条物理链路的传输速度,以增加设备之间的带宽。由于设备之间的流量被动态地分布到各个聚合端口,因此在聚合链路中将自动完成对实际流经某个端口的数据管理。例如,如果将两条全双工的 100Mb/s 物理链路进行聚合,组成的逻辑链路的带宽将可以达到 400Mb/s。

链路聚合的另一个特点是在点对点链路上提供固有的、自动的冗余性。例如,如果链路中所使用的多个端口中的一个端口出现故障,设备之间传输的流量将动态地改向聚合链路中其他的正常端口进行传输。此过程的速度很快,设备之间几乎感觉不到网络的中断。配置链路聚合时应坚持以下原则。

(1) 将通道中的所有端口配置在同一 VLAN 中,或全部设置为 Tag。

(2) 将通道中的所有端口配置在相同的速率和相同的工作模式(全双工或半双工)下。

(3) 将通道中所有端口的安全功能关闭。

(4) 启用通道中的所有端口。

(5) 确保通道中所有端口在通道的两端都有相同的配置。

如图 2-22 所示,将二层交换机 Switch-A 和 Switch-B 的 f 0/1 和 f 0/2 端口分别用交叉线(有些交换机也可使用直连线)连接起来,使其构成一个聚合链路。不同品牌的设备,在一个聚合链路中所支持的端口数也可能不同,目前一般多支持 4 个左右的端口,也有些可以同时支持 8 个以上的端口。

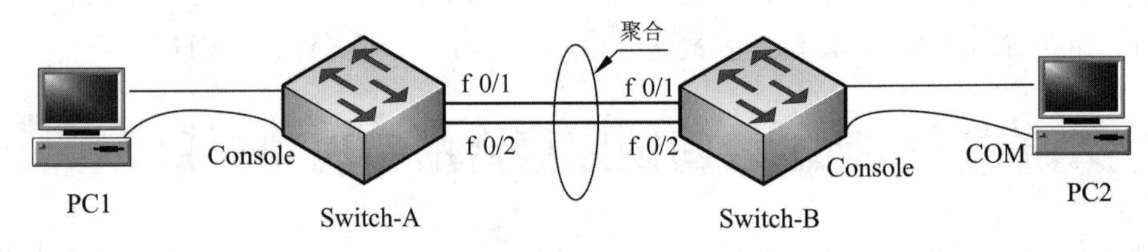

图 2-22 交换机之间链路聚合的连接方式

3. 实验内容和要求

(1) 了解链路聚合的实现原理。

(2) 了解链路聚合的作用(增加带宽和实现冗余)。

(3) 掌握交换机之间链路聚合的实现方法。

(4) 了解 IEEE 802.3ad 协议的相关内容。

2.5.2 实验规划

1. 实验设备

在 Packet Tracer 软件的设备类型库中选择以下设备。

(1) 二层交换机(2 台):在设备类型库中选择 Network Devices→Switches→2960。

(2) PC(2 台):在设备类型库中选择 End Devices→End Devices→PC。

(3) 直连双绞线(2 根):在设备类型库中选择 Connections→Connections→Copper Straight-Through。

(4) 交叉双绞线(2 根)：在设备类型库中选择 Connections→Connections→Copper Cross-Over。

2. 实验拓扑构建

在 Packet Tracer 软件的逻辑工作空间中放置两台 2960 交换机，并参考图 2-22 所示的拓扑结构进行连接。将 PC1 和 PC2 分别连接到 Switch-A 交换机和 Switch-B 交换机的 f 0/5 端口上，将 Switch-A 交换机和 Switch-B 交换机的 gig 0/1 和 gig 0/2 端口对应连接，即 gig 0/1 连接到 gig 0/1，gig 0/2 连接到 gig 0/2，连接完成后如图 2-23 所示，可以看到其中有一条链路一端是橙色的圆点，这说明这条链路在未配置聚合前是不通的。

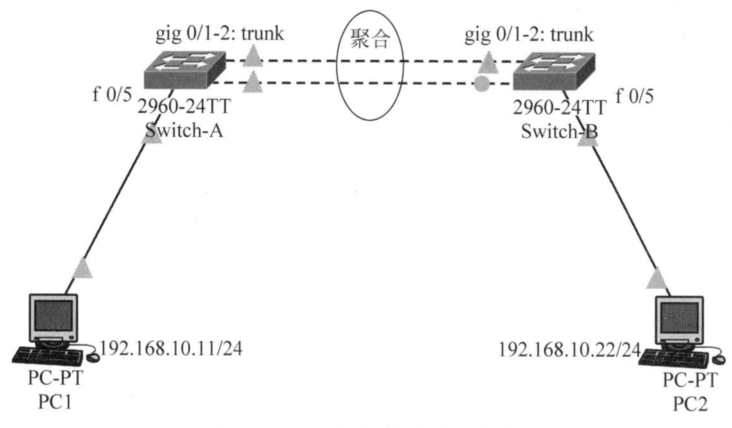

图 2-23　交换机链路聚合拓扑

2.5.3　实验步骤

(1) 在交换机 Switch-A 上创建一个 VLAN(本例为 VLAN 10)，然后将与 PC1 连接的端口(假设为 f 0/5)添加到 VLAN 中。

```
Switch-A# configure terminal                         (进入全局配置模式)
Switch-A(config)# vlan 10                            (创建 VLAN 10)
Switch-A(config-vlan)# name test                     (给 VLAN 10 命名为 test)
Switch-A(config-vlan)# exit                          (返回全局配置模式)
Switch-A(config)# interface fastethernet 0/5         (进入 f 0/5 端口配置模式)
Switch-A(config-if)# switchport access vlan 10       (将 f 0/5 端口添加到 VLAN 10 中)
Switch-A(config-if)# end                             (返回特权模式)
```

(2) 在交换机 Switch-A 上配置聚合端口，即在 Switch-A 上将如图 2-23 所示的 gig 0/1 和 gig 0/2 两个端口配置为聚合端口。

```
Switch-A(config)# interface range gig 0/1-2                     (进入组配置状态，将 gig
0/1 和 gig 0/2 端口加入同一个组)
Switch-A(config-if-range)# switchport mode trunk                (将该组配置为 Tag 模式)
Switch-A(config-if-range)# switchport trunk allowed vlan all    (在共用通道中允许所有
的 VLAN 通过)
```

```
Switch-A(config-if-range)#channel-protocol lacp          (使用链路聚合控制协议)
Switch-A(config-if-range)#channel-group 4 mode active (设置通道组号为4,且为活动模式)
Creating a port-channel interface Port-channel 4        (显示已创建了通道)
Switch-A(config-if-range)#no shutdown                   (开启该通道)
Switch-A(config-if-range)#end                           (结束配置)
```

RG(锐捷)交换机的配置如下。

```
Switch-A(config)#interface aggregateport 1   (创建聚合端口 aggregateport 1)
Switch-A(config-if)#switchport mode trunk   (将该 aggregateport 1 配置为 Tag 模式)
Switch-A(config-if)#exit
Switch-A(config)#interface range gig 0/1-2   (进入组配置状态,将 g 0/1 和 g 0/2 端口加入同一个组)
Switch-A(config-if)#port-group 1              (配置 f 0/1 和 f 0/2 端口属于 aggregateport 1)
```

(3) 在交换机 Switch-B 上创建一个 VLAN(本例为 VLAN 10,与 Switch-A 相对应),然后将与 PC2 连接的端口(假设为 f 0/5)添加到 VLAN 中。

```
Switch-B#configure terminal                      (进入全局配置模式)
Switch-B(config)#vlan 10                         (创建 VLAN 10)
Switch-B(config-vlan)#name test                  (给 VLAN 10 命名为 test)
Switch-B(config-vlan)#exit                       (返回全局配置模式)
Switch-B(config)#interface fastethernet 0/5      (进入 f 0/5 端口配置模式)
Switch-B(config-if)#switchport access vlan 10    (将 f 0/5 端口添加到 VLAN 10 中)
Switch-B(config-if)#end                          (返回特权模式)
```

(4) 在交换机 Switch-B 上配置聚合端口,即在 Switch-B 上将如图 2-23 所示的 g 0/1 和 g 0/2 两个端口配置为聚合端口。

```
Switch-B(config)#interface range gig 0/1-2              (进入组配置状态,将 g 0/1 和 g 0/2 加入同一个组)
Switch-B(config-if-range)#switchport mode trunk        (将该组配置为 Tag 模式)
Switch-B(config-if-range)#switchport trunk allowed vlan all   (在共用通道中允许所有的VLAN 通过)
Switch-B(config-if-range)#channel-protocol lacp (使用链路聚合控制协议)
Switch-B(config-if-range)#channel-group 4 mode active (设置通道组号为4,且为活动模式)
Creating a port-channel interface Port-channel 4        (显示已创建了通道)
Switch-B(config-if-range)#no shutdown                   (开启该通道)
Switch-B(config-if-range)#end                           (结束配置)
```

RG(锐捷)交换机的配置如下。

```
Switch-B(config)#interface aggregateport 1   (创建聚合端口 aggregateport 1)
Switch-B(config-if)#switchport mode trunk   (将该 aggregateport 1 配置为 Tag 模式)
Switch-B(config-if)#exit
Switch-B(config)#interface range gig 0/1-2   (进入组配置状态,将 g 0/1 和 g 0/2 端口加入同一个组)
Switch-B(config-if)#port-group 1              (配置 g 0/1 和 g 0/2 端口属于 aggregateport 1)
```

2.5.4 结果验证

(1) 查看交换机的端口聚合情况。正常情况下，Port-channel 显示为 Po4(SU)，如果显示 SD 就是不正常。此时，拓扑图中交换机间链路全部显示正常，如图 2-24 所示。

```
Switch－A＃show etherchannel summary
```

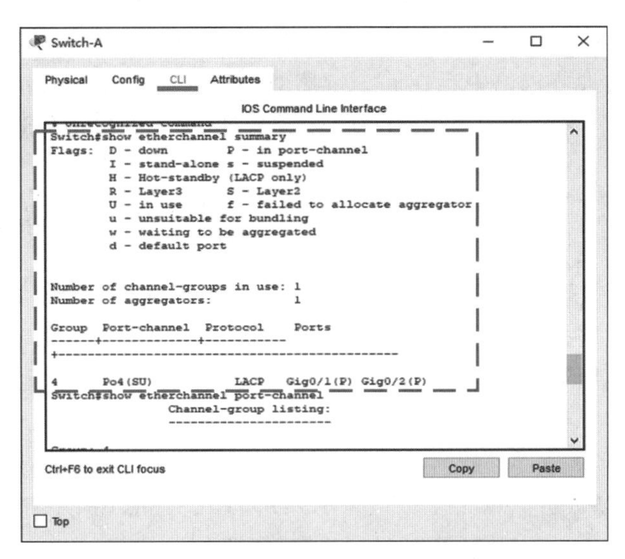

图 2-24 交换机的端口聚合的设置情况

(2) 验证当交换机之间的一条链路断开时，PC1 和 PC2 之间仍然能够通信。在 PC1 和 PC2 上配置 IP 地址(注意必须位于同一个网段)，然后在 PC1 上 ping PC2 的 IP 地址。在此过程中可以将一条链路断开，发现 PC1 和 PC2 之间的通信未受影响。稍后再将断开的链路正确连接，发现通信正常。这说明聚合链路起到了链路冗余作用。

2.6 实验 6 生成树协议的配置和应用

对于交换机之间的连接，必须考虑链路的安全性和可靠性。为保证交换机之间的可靠连接，一般需要提供两条链路。其中，一条链路称为主链路，用于交换机之间的正常通信；另一条称为冗余链路或备份链路，当主链路出现故障时，冗余链路将自动启用，保证交换机之间正常的通信。

2.6.1 实验概述

在交换机之间同时提供两条链路会导致网络产生环路，环路会导致网络产生广播风暴、出现多帧复用以及交换表(MAC 地址表)处于不稳定状态。环路的出现，轻则使整个网络性能下降，重则将耗尽整个网络资源，最终造成网络瘫痪。生成树协议(Spanning Tree

Protocol,STP)可有效解决交换机之间的环路现象。

1. 实验目的

在掌握环路产生的原因及危害性的基础上,学习 STP 的功能、原理及配置方法,从而了解利用冗余链路提高网络安全性和可靠性的相关技术。

2. 实验原理

STP 的作用是在交换机之间提供冗余链路,并解决交换网络中的环路问题。STP 最初是由美国数字设备公司(Digital Equipment Corporation,DEC)开发的,后经电气电子工程师学会(Institute of Electrical and Electronics Engineers,IEEE)修改成为 IEEE 802.1d 标准。STP 的主要思想是在网络中存在冗余链路时,只允许开启主链路,而将其他的冗余链路自动设置为“阻断”状态。当主链路因故障被断开时,系统再从冗余链路中产生一条链路作为主链路并自动开启接替故障链路的通信。

自然界中的树是不存在环路的,当网络中使用了 STP 后就可以使通信保持为树状,避免环路的出现。STP 的工作过程如下。

(1) 选定根网桥。既然是树,就只能存在一个根,在 STP 中,系统将网桥 ID(Bridge ID)最小的交换机作为根网桥(Root Bridge)。网桥 ID 由 2 字节的优先级和 6 字节的 MAC 地址组成。优先级的范围为 0～65535,系统默认为 32768。

(2) 选定根端口。不是根网桥的其他交换机都会自动选定一个端口作为根端口(Root Port)。根端口是交换机通过判断到根网桥的最小根路径开销(Lowest Root Path Cost)决定的,该开销由桥接协议数据单元(Bridge Protocol Data Unit,BPDU)决定。BPDU 以组播方式在交换机之间获得建立最佳树状拓扑所需要的信息。

(3) 选定指定端口。在每个网段(Segment)都会选定一个交换机端口用于处理本网段的数据流量。在一个网段中,拥有最小根路径开销的端口将成为指定端口(Designated Port)。

(4) 删除桥接环。将既不是根端口,也不是指定端口的交换机端口设置为“阻断”状态。在将某一端口设置为“阻断”状态后,在端口还会传输用于检测端口状态的信息,但不转发用户数据。

STP 虽然解决了交换机链路的冗余问题,但由于链路出现故障后重新建立主链路的收敛时间太长(系统默认为 50s 左右),影响了网络的正常应用。为解决 STP 存在的这一问题,IEEE 在 IEEE 802.1d 的基础上开发了基于新标准 IEEE 802.1w 的快速生成树协议(Rapid Spanning Tree Protocol,RSTP),其最大特点是最大限度地减少了收敛时间(约1s),适应了现代网络的应用需求。

另外,RSTP 在 STP 的基础上增加了替换端口(Alternate Port)和备份端口(Backup Port),分别作为根端口和指定端口的冗余端口。当根端口或指定端口出现故障时,在 1s 左右的时间内替换端口或备份端口就会接替故障端口的工作。RSTP 对 STP 是兼容的。

交换机和透明网桥的一个最大区别是在交换机上可以实现 VLAN。为结合生成树协议在 VLAN 中的应用,在 IEEE 802.1w 的基础上,推出了 IEEE 802.1s 标准,基于该标准的生成树协议称为多生成树协议(Multiple Spanning Tree Protocol,MSTP)。MSTP 可以为每个 VLAN 定义一个独立的 STP,为网络中所有的 VLAN 定义一个共同的 STP。

如图 2-25 所示，可以将交换机 Switch-A 和 Switch-B 的 f 0/1 和 f 0/2 端口分别用交叉线(有些交换机也可使用直连线)连接起来，其中一条链路为冗余链路。某些品牌的交换机系统默认自动启用了生成树协议，而有些交换机没有启用。因此，可以分别为两台交换机配置了生成树协议后再将两台交换机连接起来，如果先连接两台交换机而未启用生成树协议，则会因环路产生的广播风暴导致交换机工作不正常。

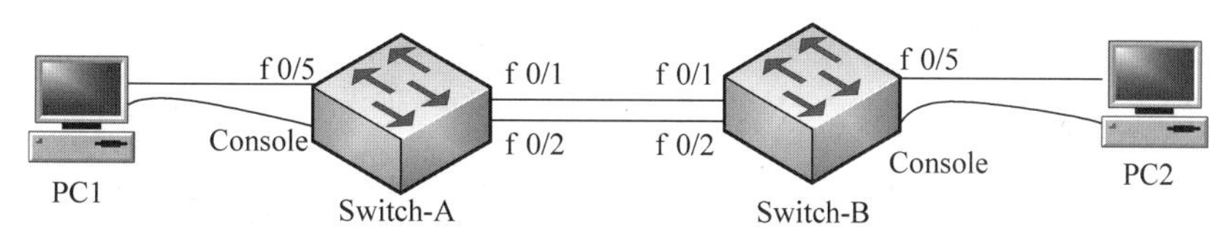

图 2-25 交换机之间的冗余链路

3. 实验内容和要求

(1) 掌握链路冗余的重要性。

(2) 了解广播风暴对网络性能造成的影响。

(3) 掌握 STP、RSTP 和 MSTP 的概念以及相互之间的区别。

(4) 学习生成树协议的配置方法。

2.6.2 实验规划

1. 实验设备

在 Packet Tracer 软件的设备类型库中选择以下设备。

(1) 交换机(2 台)：在设备类型库中选择 Network Devices→Switches→2960。

(2) PC(2 台)：在设备类型库中选择 End Devices→End Devices→PC。

(3) 直连双绞线(2 根)：在设备类型库中选择 Connections→Connections→Copper Straight-Through。

(4) 交叉双绞线(2 根)：在设备类型库中选择 Connections→Connections→Copper Cross-Over。

2. 实验拓扑构建

在 Packet Tracer 软件的逻辑工作空间中放置两台 2960 交换机，并参考图 2-26 所示的拓扑结构进行连接，将 Switch-A 交换机和 Switch-B 交换机的 f 0/1 和 f 0/2 端口对应连接，即 f 0/1 连接到 f 0/1，f 0/2 连接到 f 0/2。在这里，先把 PC1 和 PC2 分别连接到 Switch-A 和 Switch-B 的 f 0/5 端口上，然后，暂时先不要进行交换机之间两条链路的连接，以避免可能造成的广播风暴。

2.6.3 实验步骤

生成树协议在部分交换机(如 Cisco)上是自动开启的，管理员不需要进行配置。但在一些交换机(如锐捷)上默认是关闭的，如果网络中存在环路，则必须手动开启。根据如图 2-26 所

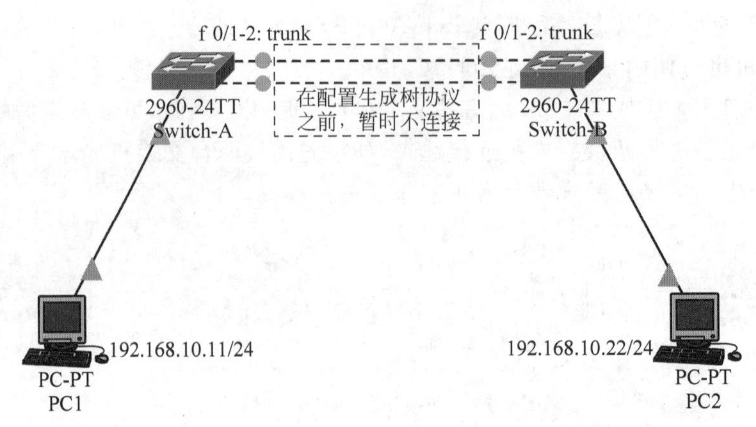

图 2-26 交换机生成树协议配置实验拓扑

示的拓扑,具体配置如下。

(1) 在交换机 Switch-A 上创建一个 VLAN(本例为 VLAN 10),然后将与 PC1 连接的端口(假设为 f 0/5)添加到 VLAN 中。同时,将用于交换机之间连接的两个端口(f 0/1 和 f 0/2)设置为 Untag 模式。

```
Switch-A# configure terminal                        (进入全局配置模式)
Switch-A(config)# vlan 10                           (创建 VLAN 10)
Switch-A(config-vlan)# name test                    (给 VLAN 10 命名为 test)
Switch-A(config-vlan)# exit                         (返回全局配置模式)
Switch-A(config)# interface fastethernet 0/5        (进入 f 0/5 端口配置模式)
Switch-A(config-if)# switchport access vlan 10      (将 f 0/5 端口添加到 VLAN 10 中)
Switch-A(config-if)# end                            (返回特权模式)
Switch-A(config)# interface fastethernet 0/1        (进入 f 0/1 端口配置模式)
Switch-A(config-if)# switchport mode trunk          (将 f 0/1 端口配置为 Untag 模式)
Switch-A(config-if)exit                             (退出端口配置模式)
Switch-A(config)# interface fastethernet 0/2        (进入 f 0/2 端口配置模式)
Switch-A(config-if)# switchport mode trunk          (将 f 0/2 端口配置为 Untag 模式)
Switch-A(config-if)# end                            (退出配置模式,进入特权模式)
```

(2) 在交换机 Switch-B 上创建一个 VLAN(本例为 VLAN 10),然后将与 PC2 连接的端口(假设 f 0/5)添加到 VLAN 中。同时,将用于交换机之间连接的两个端口(f 0/1 和 f 0/2)设置为 Untag 模式。

```
Switch-B# configure terminal                        (进入全局配置模式)
Switch-B(config)# vlan 10                           (创建 VLAN 10)
Switch-B(config-vlan)# name test                    (给 VLAN 10 命名为 test)
Switch-B(config-vlan)# exit                         (返回全局配置模式)
Switch-B(config)# interface fastethernet 0/5        (进入 f 0/5 端口配置模式)
Switch-B(config-if)# switchport access vlan 10      (将 f 0/5 端口添加到 VLAN 10 中)
Switch-B(config-if)# end                            (返回特权模式)
Switch-B(config)# interface fastethernet 0/1        (进入 f 0/1 的端口配置模式)
Switch-B(config-if)# switchport mode trunk          (将 f 0/1 端口配置为 Untag 模式)
Switch-B(config-if)exit                             (退出端口配置模式)
```

```
Switch-B(config)# interface fastEthernet 0/2        (进入 f 0/2 的端口配置模式)
Switch-B(config-if)# switchport mode trunk           (将 f 0/2 端口配置为 Untag 模式)
Switch-B(config-if)# end                             (退出配置模式,进入特权模式)
```

(3) 如果该交换机没有启用生成树协议,则分别在 Switch-A 和 Switch-B 上启用相应的协议,以免产生环路。Cisco 交换机开启生成树协议的命令为 spanning-tree vlan 1,即

```
Switch-A(config)# spanning-tree vlan 1
Switch-B(config)# spanning-tree vlan 1
```

锐捷交换机开启生成树协议的命令为 spanning-tree mode rstp。

2.6.4 结果验证

(1) 在交换机 B(Switch-B)的特权模式下,输入 show spanning-tree 命令,显示生成树的配置情况,如图 2-27 所示。

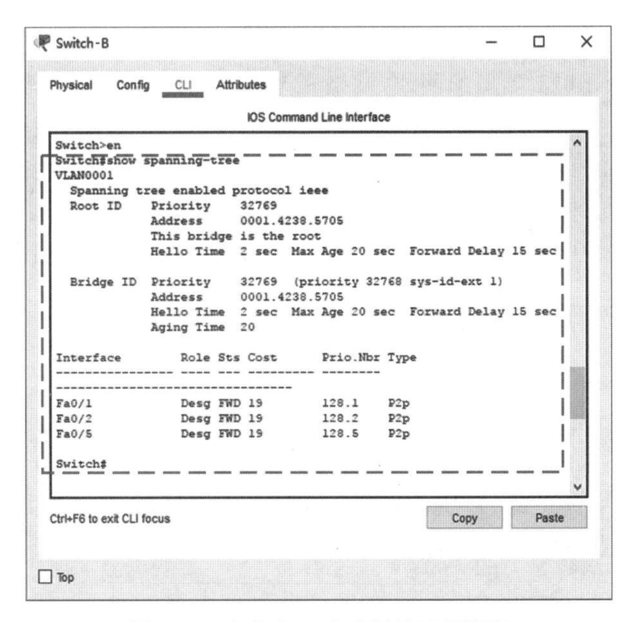

图 2-27 交换机 B 生成树的配置情况

(2) 在交换机 A(Switch-A)的特权模式下,输入 show spanning-tree 命令,显示生成树的配置情况,如图 2-28 所示。

对比交换机 A 和交换机 B 的生成树配置情况,发现 Switch-B 是根网桥。网桥的优先级(Priority)都是 32769。之所以是 32769,是因为在网桥优先级上加入了 VLAN 号(系统 ID)。在端口状态中,FWD 代表 Forwarding(转发);BLK 代表 Blocking(阻断);LIS 代表 Listening(监听);LER 代表 Learning(学习)。

由于 f 0/1 处于转发状态(因为 Switch-B 的 Port 为 f 0/1)。将 PC1 和 PC2 的 IP 地址设置在同一网段,在 PC1 上 ping PC2 的 IP 地址,网络这时应该是连通的。在此过程中,拔

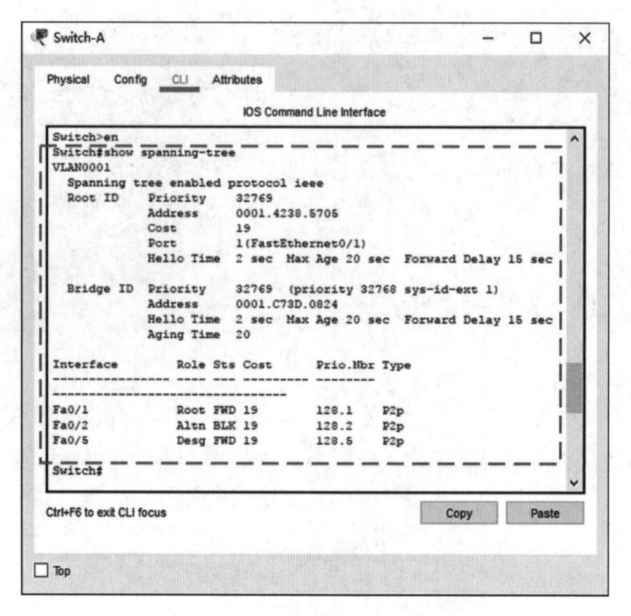

图 2-28　交换机 A 生成树的配置情况

掉其中一台交换机上 f 0/1 端口的网线，网络在产生了几秒的中断后马上又连通。这时，如果在 Switch-A 上使用 show spanning-tree 命令显示生成树的配置，就会发现 f 0/2 由原来的 BLK(阻断)状态变为 FWD(转发)状态，说明冗余链路开始发挥了作用。

稍后，如果恢复 f 0/1 端口的网络连接，当在 Switch-A 上再次运行 show spanning-tree 命令时，会发现 f 0/1 为 FWD(转发)状态，f 0/2 恢复到原来的 BLK(阻断)状态。

本章小结

本章通过交换机的基本操作及其端口和多交换机之间的配置实验，理解了交换机的物理连接方法和基本参数配置方法，掌握了 Port VLAN 的功能、实现方法和应用，以及多台交换机上配置 VLAN 的方法，学习了交换机之间多条链路的聚合和生成树协议的配置方法，为掌握网络构建当中配置交换机的技能打下基础。

第3章

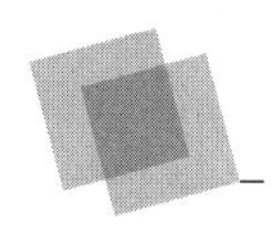

路由器的配置和应用

与交换机不同,路由器主要工作在开放系统互联(Open Systems Interconnection,OSI)参考模型的网络层,它以分组(Packet)作为数据交换的基本单位,属于通信子网的最高层设备。路由器是局域网接入广域网以及局域网之间互联时所需要的设备,掌握路由器的选择、配置和管理方法是计算机网络相关专业学生应具备的一项重要技能。与交换机一样,目前路由器的品牌较多,而且不同品牌的配置命令一般都不相同。考虑到实际应用的现状,本章仍然以 Cisco 设备为主进行介绍。如果使用的是其他品牌的设备,可在掌握本章内容并参考具体设备操作说明的基础上完成相应的配置。

3.1 实验1 路由器的基本操作和配置

视频讲解

由于设备在网络中所处位置和所具备的主要功能都不同,它们之间使用的主要连接介质一般也不同。交换机主要负责用户设备的接入和多设备的汇集,主要使用双绞线和光纤作为连接介质。而路由器主要位于一个网络的边缘,负责网络的远程互联和局域网接入广域网,所以路由器上所使用的连接模块远比交换机丰富。

3.1.1 实验概述

路由器是构建网络的关键设备,它可以在源网络和目标网络之间提供一条高效的数据传输路径,将数据从一个网络发送到另一个网络。

1. 实验目的

在掌握交换机相关配置的基础上,掌握路由器的基本配置方法,包括名称、远程管理 IP 地址、登录和配置密码等。

2. 实验原理

路由器工作在 OSI 参考模型的网络层,以数据分组作为信息的交换单元。路由器的寻址依据是位于路由器中的路由表,属于逻辑寻址方式。由于目前计算机网络多使用TCP/IP,因此本实验主要介绍 IP 路由的相关设置。另外,由于路由器多工作在网络的边缘,为了适应不同的网络连接,需要提供相应的连接端口。虽然使用的连接方式(主要反映在端口上)不同,相关的配置也不尽相同,但基本的配置思路是一样的。

本实验需要完成对路由器的第 1 次配置,在设备连接上,使用直连双绞线将 PC 与路由器相连;另外,使用 Console 配置电缆连接路由器的 Console 端口和 PC 的 COM 端口(COM1 或 COM3),如图 3-1 所示。

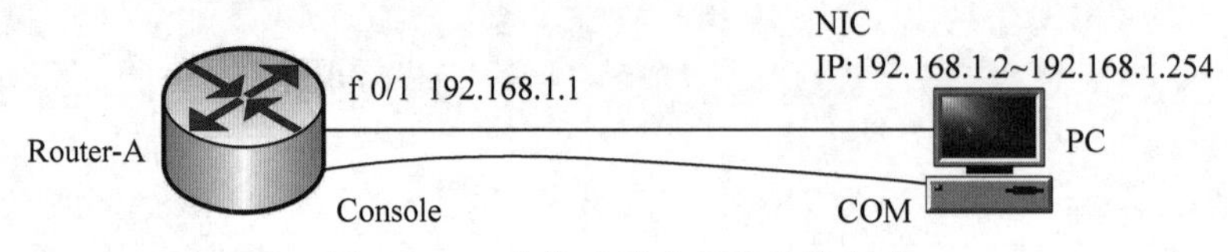

图 3-1 PC 与路由器之间的连接方式

3. 实验内容和要求

(1) 掌握路由器的基本工作原理和方法。

(2) 掌握 PC 与路由器之间的连接方式。

(3) 掌握路由器的基本配置方法。

(4) 掌握 PC 与路由器之间连通性的测试方法。

(5) 熟悉路由器命令行的帮助功能。

3.1.2 实验规划

1. 实验设备

在 Packet Tracer 软件的设备类型库中选择以下设备。

(1) 路由器(1 台):在设备类型库中选择 Network Devices→Routers→2811,如图 3-2 所示。

(2) PC(至少 1 台):在设备类型库中选择 End Devices→End Devices→PC。

(3) Console 配置电缆(1 根):在设备类型库中选择 Connections→Connections→Console。

(4) 直连双绞线(1 根):在设备类型库中选择 Connections→Connections→Copper Straight-Through。

2. 实验拓扑

在 Packet Tracer 软件的逻辑工作空间中使用直连双绞线将 PC 的 FastEthernet 0 端口与路由器的 f 0/1 端口(即 FastEthernet 0/1,第 1 个快速以太网端口)相连。然后,使用 Console 配置电缆连接路由器的 Console 端口和 PC 的 RS232 串行端口。连接完成后,如图 3-3 所示,可以看到 PC 与路由器之间的直连线缆是不通的。

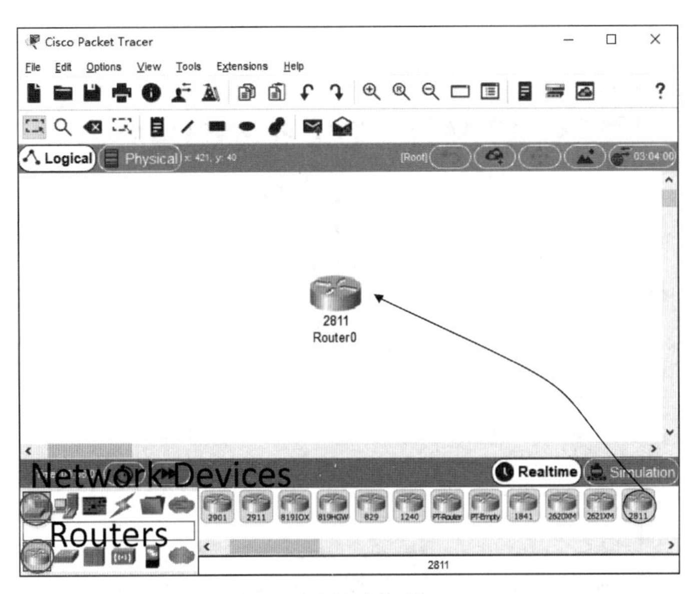

图 3-2　选择路由器 2811

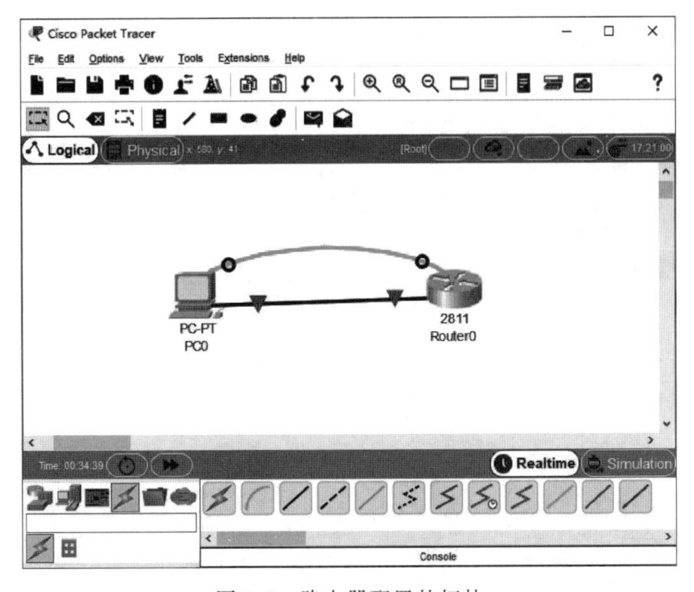

图 3-3　路由器配置的拓扑

3.1.3　实验步骤

（1）配置 PC 终端，登录路由器。主要是配置 PC 终端的串口参数，与一般交换机、路由器初始配置时的方法一样，如图 3-4 所示。

单击 OK 按钮就可以进入配置窗口，输入 no 进入命令行方式，再按 Enter 键进入路由器的用户模式，如图 3-5 虚线框中所示。

（2）进入路由器的多个模式。路由器与交换机类似，也有多个模式，如下列命令所示。

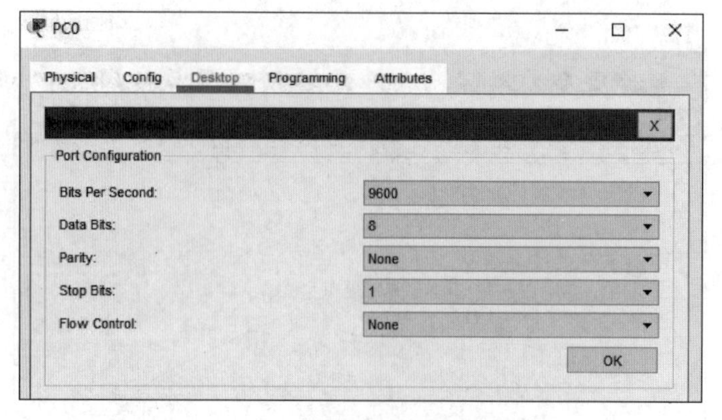

图 3-4　PC 终端的串口参数配置

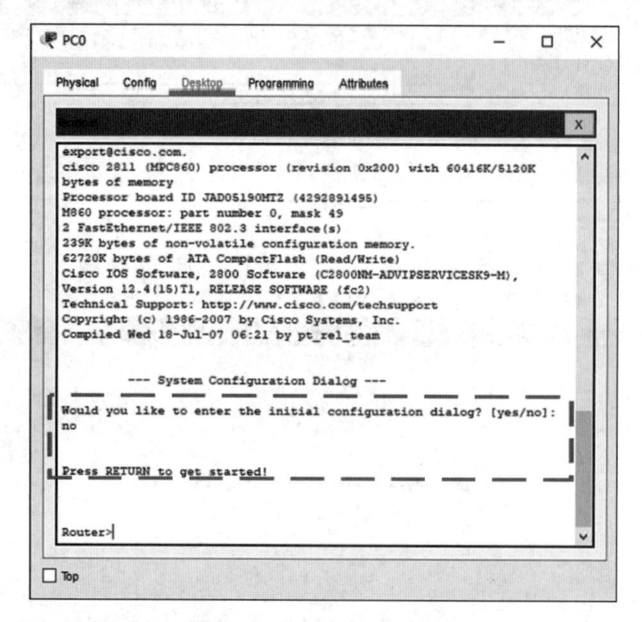

图 3-5　进入路由器的配置

```
Router>enable                       (用户模式下输入 enable,进入特权模式)
Router#                             (已进入特权模式)
Router#configure terminal           (特权模式下输入 configure terminal,进入全局配置模式)
Router(config)#                     (已进入全局配置模式)
Router(config)#interface fastethernet 0/1(全局配置模式下进入 f 0/1 端口配置模式)
Router(config-if)#                  (显示已进入端口配置模式)
```

以上配置命令和过程与交换机相同。

(3) 配置路由器的名称。

```
Router(config)#hostname Router-A   (使用 hostname 命令将路由器的名称更改为 Router-A)
Router-A(config)#                  (显示路由器的名称已更改为 Router-A)
```

以上配置命令和过程与交换机相同。

（4）配置路由器的管理地址。

```
Router(config)＃interface fastethernet 0/1        （进入路由器 f 0/1 的端口配置模式）
Router－A(config－if)＃                            （显示已进入端口配置模式）
Router－A(config－if)＃ip address 192.168.1.1 255.255.255.0  （将路由器 f 0/1 端口地址配置
为 192.168.1.1，子网掩码为 255.255.255.0）
Router－A(config－if)＃no shutdown                 （开启路由器的 f 0/1 端口）
Router－A(config－if)＃end                         （退出端口配置模式，也可以使用 exit 命令逐层
退出）
Router－A＃                                        （当前为特权模式）
```

需要说明的是，由于交换机属于 OSI 的数据链路层设备，所以无法直接在物理端口上配置 IP 地址（只能配置在 VLAN 上）。而路由器属于网络层的设备，可以直接在物理端口上配置 IP 地址，此 IP 地址即成为管理地址。此外，与交换机的配置相同，在配置了路由器的端口后也需要使用 no shutdown 命令将其开启。此时，可以看到 PC 与路由器之间的直连线缆已经畅通，如图 3-6 所示。

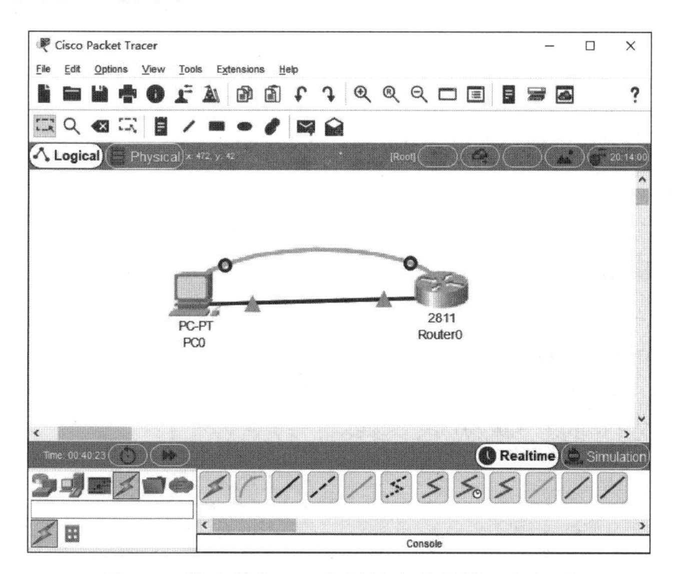

图 3-6 路由器与 PC 之间的直连线缆已经畅通

（5）配置路由器的密码。

步骤 1：配置开机密码（Console Password）。

```
Router－A (config)＃ line console 0
Router－A (config－line)＃ password cisco   （设置开机密码为 cisco）
Router－A (config－line)＃login
```

步骤 2：配置远程登录（Telnet）密码。

```
Router－A (config)＃ line vty 0 4
Router－A (config－line)＃ password cisco
Router－A (config－line)＃ login
```

步骤3：配置特权模式(Enable Password)密码。

```
Router-A(config)# enable password cisco   (设置明文密码为cisco)
```

或

```
Router-A(config)# enable secret cisco    (设置加密密码为cisco)
```

锐捷(RG)路由器的配置如下。

配置远程登录(Telnet)密码。

```
Router-A(config)# enable secret level 1 0 RG          (加密)
```

或

```
Router-A(config)# enable password level 1 0 RG        (明文)
```

配置特权模式(Enable Password)密码。

```
Router-A(config)# enable secret level 15 0 RG         (加密)
```

或

```
Router-A(config)# enable password level 15 0 RG       (明文)
```

以上配置与交换机相同。

(6) 保存配置。在路由器上的配置参数需要保存在存储器中，否则如果因为断电等原因重新启动系统，未保存的参数将会全部丢失。

```
Router-A# write memory
```

或

```
Router-A# Copy running-config startup-config
```

以上配置与交换机相同。

3.1.4 结果验证

在对路由器进行配置后，可以通过以下方法进行验证。

(1) 设置PC的IP地址。由于PC与路由器的f 0/1端口直接相连，而f 0/1的IP地址被配置为192.168.1.1，所以PC的IP地址应该设置为192.168.1.2～192.168.1.254，子网掩码为255.255.255.0。

(2) 验证Telnet登录密码。首先在PC上进入命令提示符窗口，并输入telnet

192.168.1.1 命令，这时将会出现如图 3-7 所示的登录界面，在“Password：”(图 3-7 中的第 1 个 Password:)后面输入已设置的远程登录密码，按 Enter 键后将出现 Router-A >提示符，说明已经进入用户模式。

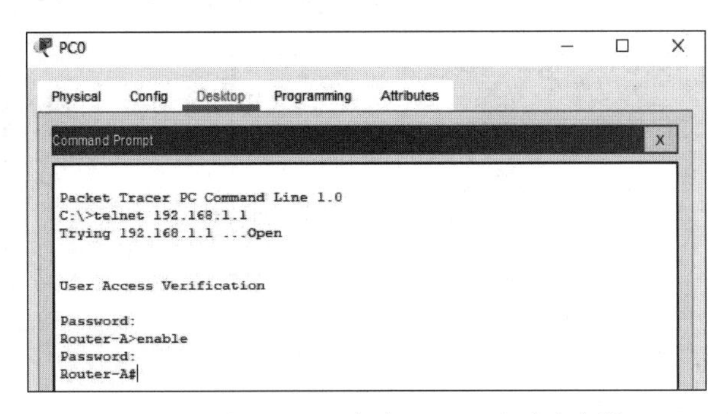

图 3-7　利用 telnet 命令远程登录到路由器

(3) 验证特权模式密码。在用户模式(Router-A >)下，输入 enable 命令，在“Password：”(图 3-7 中的第 2 个 Password:)后面输入已设置的进入特权模式的密码，按 Enter 键后将出现 Router-A＃提示符，说明已经进入了特权模式。

另外，还可以使用 show run 命令查看当前路由器的配置情况，如图 3-8 所示。

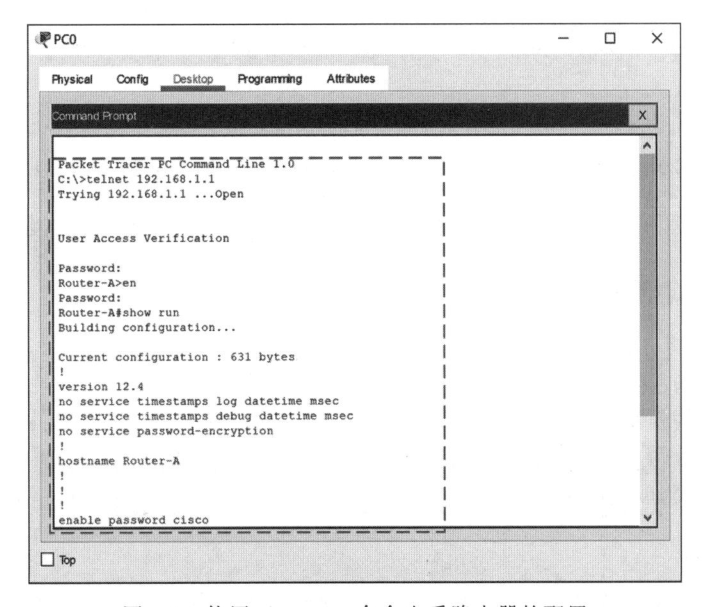

图 3-8　使用 show run 命令查看路由器的配置

也可以使用 show ip interface f 0/1 命令查看路由器的管理 IP 地址，如图 3-9 所示。

以上配置与交换机相同。需要说明的是，在路由器的配置中，与交换机一样，可以使用系统提供的帮助功能(输入“?”)获得相应模式下所支持的命令列表；另外，也可以使用命令简化功能；同样，也可以使用 Tab 键输入某一命令的剩余字母。

通过以上配置，说明交换机和路由器的许多基本配置命令是相同的，只是在管理地址的配置上有所不同，这是由于交换机工作在 OSI 参考模型的数据链路层，而路由器工作在网络层。

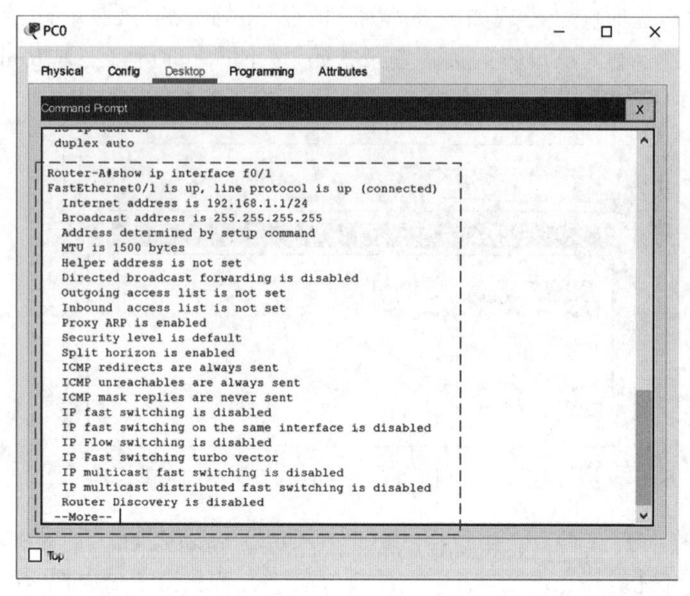

图 3-9 使用 show ip interface f 0/1 命令显示路由器的管理 IP 地址

视频讲解

3.2 实验 2 静态路由的配置和应用

路由器通过路由表完成逻辑寻址,实现数据转发。路由表中存储着与每个网络互联的相关信息。在静态路由配置中,相关的路由信息通过手工输入,系统无法自动根据网络的变化进行调整。静态路由主要用于结构比较简单且相对稳定的网络中。

3.2.1 实验概述

由于静态路由选择效率高、占用系统资源较少,且配置简单、维护方便,所以应用较为广泛。目前,多数局域网之间的远距离连接,以及局域网接入 Internet,都使用静态路由。对于结构复杂的大型网络,网络管理人员难以全面了解整个网络的拓扑结构,而且网络拓扑结构和链路状态可能会经常发生变化,因此大型环境一般不适宜采用静态路由。

1. 实验目的

在掌握路由器基本配置方法的基础上,继续学习路由配置的相关概念和静态路由的实现方法,并了解静态路由在实际网络互联中的重要性。

2. 实验原理

在目前广泛使用的 TCP/IP 网络中,基于 IP 分组的路由选择是网络互联的基础。根据路由选择策略的不同,可以分为动态路由选择和静态路由选择两类。所谓静态路由选择,是指路由器中的路由表是静态的,路由器之间不需要进行路由信息的交换。

1) 路由表产生的 3 种方式

路由器是根据路由表进行路由选择和数据转发的。路由表的产生一般分为 3 种方式。

(1) 直连路由。当给路由器的端口配置一个 IP 地址后，路由器将自动产生本端口 IP 地址所在网段的路由信息。

(2) 静态路由。在拓扑结构相对简单且固定的网络中，网络管理人员通过手工方式配置本路由器未知网段的路由信息，从而实现不同网段之间的互联。

(3) 由动态路由协议产生的路由。在规模较大且网络拓扑结构相对复杂的网络中，通过路由器上运行的动态路由协议产生路由信息，如路由信息协议（Routing Information Protocol，RIP）和开放最短路径优先（Open Shortest Path First，OSPF）协议。动态路由信息通过路由器之间的相互学习而得。

2）静态路由的配置命令

静态路由的配置命令为

```
ip route [网络号] [子网掩码] [转发路由器的 IP 地址/本地端口]
```

(1) [网络号]和[子网掩码]为目标网络的 IP 地址和子网掩码，使用点分十进制表示。

(2) [转发路由器的 IP 地址/本地端口]指定该条路由的下一跳 IP 地址（用点分十进制表示）或发送端口的名称。在具体配置时，使用转发路由器的 IP 地址还是本地端口，需要根据实际情况来定。对于支持网络地址（即 IP 地址）到数据链路层地址（即 MAC 地址）解析的端口，或点到点的直连端口，一般使用本地端口即可。目前大多数路由器同时支持以上两种方式。

删除静态路由时，可使用以下命令。

```
no ip route [网络号] [子网掩码]
```

3）静态路由的配置步骤

在配置静态路由时，一般可通过以下几个步骤进行。

(1) 为每条链路分配 IP 地址。

(2) 为每个路由器标识非直连的链路地址。

(3) 为每个路由器写出非直连网络的路由语句。需要注意的是，在路由器中写出直连网络（或链路）的地址是没有意义的。

4）举例说明

如图 3-10 所示，两台路由器 Router-A 和 Router-B 之间使用串行电缆进行互联，连接端口都为 Serial 0，地址分别为 192.168.0.1 和 192.168.0.2，子网掩码为 255.255.255.0。路由器 Router-A 的另一个端口 Ethernet0（图中简写为 E0）直接与计算机（也可以与交换机）相连，IP 地址为 172.16.1.1，Router-A 连接的网络为 172.16.1.0/24，PC1 的 IP 地址设

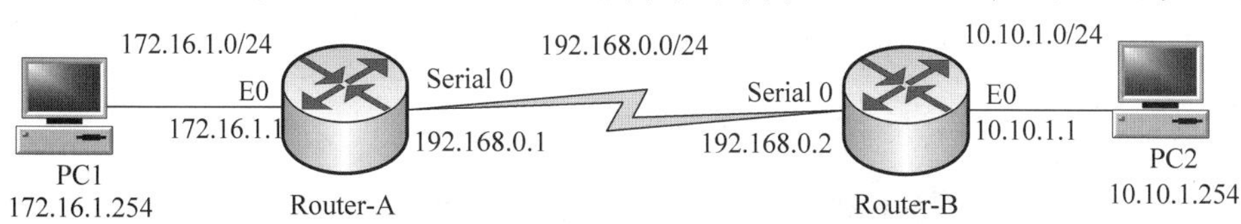

图 3-10　路由器之间的连接和配置方式

置为 172.16.1.254；路由器 Router-B 的 Ethernet0 端口的 IP 地址为 10.10.1.1,连接的网络为 10.10.1.0/24,PC2 的 IP 地址为 10.10.1.254。

需要说明的是,图 3-10 中路由器之间是通过串口直接连接的。因此,其中一端的串口要被视作数据通信设备(Data Communication Equipment,DCE)端,在实际设备的配置中,需要使用 clock rate 命令为其配置时钟频率。

3. 实验内容和要求

(1) 掌握路由选择的基本方法。

(2) 掌握静态路由的配置方法。

(3) 掌握路由表的查看方法。

(4) 掌握路由器之间连通性的测试方法。

3.2.2 实验规划

1. 实验设备

在 Packet Tracer 软件的设备类型库中选择以下设备。

(1) 路由器(3 台)：在设备类型库中选择 Network Devices→Routers→2901。由于初始的 2901 路由器没有串口模块,现在为其添加一个。单击 2901 图标,在弹出的对话框的 Physical 标签页中,关闭设备,选择 HWIC-2T 串行高速 WAN 接口卡,它提供了两个串口,将 HWIC-2T 拖动到空的槽位中,再开启设备,如图 3-11 所示。

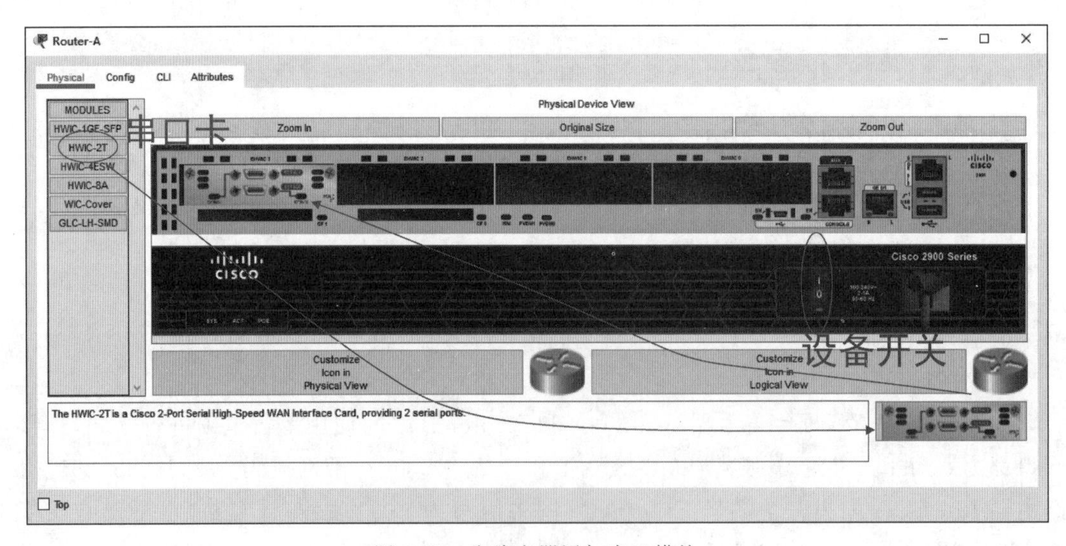

图 3-11 为路由器添加串口模块

(2) 交换机(3 台)：在设备类型库中选择 Network Devices→Switches→2960。

(3) PC(6 台)：在设备类型库中选择 End Devices→End Devices→PC。

(4) 直连双绞线(4 根)：在设备类型库中选择 Connections→Connections→Copper Straight-Through。

(5) 交叉双绞线(3 根)：在设备类型库中选择 Connections→Connections→Copper

Cross-Over。

(6) 串口 DCE 线缆(2 根)：在设备类型库中选择 Connections→Connections→Serial DCE。

2. 实验拓扑

在 Packet Tracer 软件的逻辑工作空间中放置 3 台 2901 路由器、3 台 2960 交换机、4 台 PC,并将 PC 连接到交换机端口上,各台交换机的 g 0/1 端口连接到对应路由器的 g 0/0 端口,路由器之间通过串行口连接,如图 3-12 所示。

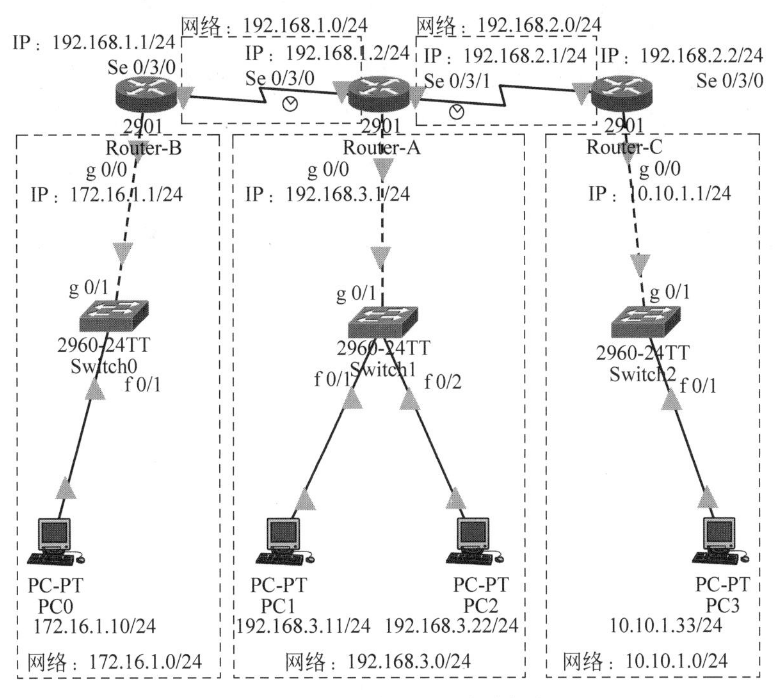

图 3-12　静态路由配置实验拓扑

需要注意的是,由于实验环境中的 Router-A 是背对背连接,因此需要把两个背对背连接的串口(即 Router-A 的 Se 0/3/0 和 Se 0/3/1 端口,注意上面有两个"小时钟")其中一个设置为 DCE,这样,在使用 DCE 线缆进行连接时,需要将起始端连接在 Router-A 的串口上,终止端连接在 Router-B 和 Router-C 的串口上。可以在图 3-12 中看到,在没有配置路由器时,路由器之间、路由器与交换机之间的链路都是不通的,这体现了三层设备和二层设备之间的区别。对于二层设备,链路在连接后就能互通;而三层设备则需要在 IP 层上进行配置。

3.2.3　实验步骤

(1) 在 Router-A 上配置端口的 IP 地址和串口的时钟频率。需要注意的是,由于 Router-A 是作为 DCE 背对背连接的,只需要在 Router-A 的 Se 0/3/0 和 Se 0/3/1 端口的其中一个端口上设置时钟频率即可。Router-A 的配置如下。

```
Router#configure terminal                    (进入全局配置模式)
Router(config)#                              (已进入全局配置模式)
Router(config)#hostname Router-A             (使用 hostname 命令将路由器名称更改为 Router-A)
Router-A(config)#interface g 0/0             (进入路由器 g 0/0 的端口配置模式)
Router-A(config-if)#ip address 192.168.3.1 255.255.255.0  (将路由器面向下联交换机的 g 0/0 端口的地址配置为 192.168.3.1,子网掩码为 255.255.255.0)
Router-A(config-if)#no shutdown              (开启路由器的 g 0/0 端口)
Router-A(config-if)#exit                     (返回全局配置模式)
Router-A(config)#interface se 0/3/0          (进入串口 Se 0/3/0 端口配置模式)
Router-A(config-if)#ip address 192.168.1.2 255.255.255.0  (将路由器 Se 0/3/0 端口的地址配置为 192.168.1.2,子网掩码为 255.255.255.0)
Router-A(config-if)#clock rate 64000         (配置 Router-A 的时钟频率 DCE)
Router-A(config-if)#no shutdown              (开启路由器 Se 0/3/0 端口)
Router-A(config-if)#interface Se 0/3/1       (进入串口 Se 0/3/1 端口配置模式)
Router-A(config-if)#ip address 192.168.2.1 255.255.255.0  (将路由器 Se 0/3/1 端口的地址配置为 192.168.2.1,子网掩码为 255.255.255.0)
Router-A(config-if)#no shutdown              (开启路由器 Se 0/3/1 端口)
```

与二层交换机的配置不同,由于路由器工作在 OSI 参考模型的网络层,所以可以直接在物理端口上配置 IP 地址;另外,在配置了路由器的端口后也需要使用 no shutdown 命令将其开启;还有,如果两台路由器通过串口直接连接,则必须在其中一端设置时钟频率,在这里由于 Router-A 的两个串口是背对背的,所以只需要在其中一个设置时钟频率即可。

(2) 路由器 Router-A 上静态路由的配置。

```
Router-A(config)#ip route 172.16.1.0 255.255.255.0 192.168.1.1  (利用转发路由器的 IP 地址方式进行数据转发,意义是将凡是发往 172.16.1.0/24 网络的分组全部转发到 192.168.1.1 端口)
Router-A(config)#ip route 10.10.1.0 255.255.255.0 Se 0/3/1  (Se 0/3/1 是 Router-A 的串口,利用本地端口进行数据转发,意义是将凡是发往 10.10.1.0/24 网络的分组全部从端口 Se 0/3/1 转发出去)
Router-A(config)#end          (返回特权模式)
Router-A#write memory         (保存当前的配置)
```

需要注意的是,对于 Router-A,192.168.1.0/24、192.168.2.0/24 和 192.168.3.0/24 网络是直连链路,所以不需要写出直连路由。

(3) 在路由器 Router-B 上配置端口的 IP 地址和路由。

```
Router #configure terminal                   (进入全局配置模式)
Router(config)#                              (已进入全局配置模式)
Router(config)#hostname Router-B             (使用 hostname 命令将路由器名称更改为 Router-B)
Router-B(config)#interface g 0/0             (进入路由器 g 0/0 端口的配置模式)
Router-B(config-if)#ip address 172.16.1.1 255.255.255.0  (将路由器面向下联交换机的 g 0/0 端口的地址配置为 172.16.1.1,子网掩码为 255.255.255.0)
Router-B(config-if)#no shutdown              (开启路由器的 g 0/0 端口)
Router-B(config-if)#exit                     (返回全局配置模式)
Router-B(config)#interface Se 0/3/0          (进入串口 Se 0/3/0 的端口配置模式)
Router-B(config-if)#ip address 192.168.1.1 255.255.255.0  (将路由器 Se 0/3/0 端口的地址配置为 192.168.1.1,子网掩码为 255.255.255.0)
```

```
Router-B(config-if)# no shutdown                    (开启路由器的 Se 0/3/0 端口)
Router-B(config)# ip route 192.168.3.0 255.255.255.0 192.168.1.2  (192.168.3.0/24 网络路由)
Router-B(config)# ip route 10.10.1.0 255.255.255.0 192.168.1.2  (10.10.1.0/24 网络路由)
Router-B(config)# end                               (返回特权模式)
Router-B# write memory                              (保存当前的配置)
```

需要强调的是,在线路两端,只能为其中的一个串行端口配置时钟频率,而不能在两个端口上同时配置,否则这条链路将无法正常通信。本实验中,由于已经给 Router-A 的 Se 0/3/0 端口配置了时钟频率,所以在 Router-B 上将不再为 Se 0/3/0 端口配置时钟频率。

(4) 在 Router-C 上配置端口的 IP 地址和路由。

```
Router #configure terminal                          (进入全局配置模式)
Router(config)#                                     (已进入全局配置模式)
Router(config)# hostname Router-C                   (使用 hostname 命令将路由器名称更改为 Router-C)
Router-C(config)# interface g 0/0                   (进入路由器 g 0/0 端口的配置模式)
Router-C(config-if)# ip address 10.10.1.1 255.255.255.0  (将路由器面向下联交换机的
g 0/0 端口的地址配置为 10.10.1.1,子网掩码为 255.255.255.0)
Router-C(config-if)# no shutdown                    (开启路由器的 g 0/0 端口)
Router-C(config-if)# exit                           (返回全局配置模式)
Router-C(config)# interface Se 0/3/0                (进入串口 Se 0/3/0 的端口配置模式)
Router-C(config-if)# ip address 192.168.2.2 255.255.255.0  (将路由器 Se 0/3/0 端口的地
址配置为 192.168.2.2,子网掩码为 255.255.255.0)
Router-C(config-if)# no shutdown                    (开启路由器的 Se 0/3/0 端口)
Router-C(config)# ip route 192.168.3.0 255.255.255.0 192.168.2.1  (192.168.3.0/24 网络路由)
Router-C(config)# ip route 172.16.1.0 255.255.255.0 192.168.2.1  (172.16.1.0/24 网络路由)
Router-C(config)# end                               (返回特权模式)
Router-C# write memory                              (保存当前的配置)
```

同样,在线路两端,只能为其中的一个串行端口配置时钟频率,而不能在两个端口上同时配置,否则这条链路将无法正常通信。本实验中,由于已经给 Router-A 的 Se 0/3/0 端口配置了时钟频率,所以在 Router-C 上将不再为 Se 0/3/0 端口配置时钟频率。

另外,当设置静态路由时,如果将目标网络写成 0.0.0.0 0.0.0.0,就变成了默认路由。例如:

```
Router-A(config)# ip route 0.0.0.0 0.0.0.0 192.168.1.1
```

即 Router-A 在路由表中没有找到去往特定目标网络的路由信息时,自动将该目标网络的所有数据发送到默认路由指定的端口(192.168.1.1)。另外,直连路由无须配置。

3.2.4 结果验证

(1) 使用 show ip interface brief 命令验证 Router-A 的端口配置,使用 show ip route 命令验证 Router-A 静态路由配置,如图 3-13 所示。

其中,S 表示静态路由连接的子网;C 表示直接连接的子网;L 表示直接连接的端口。

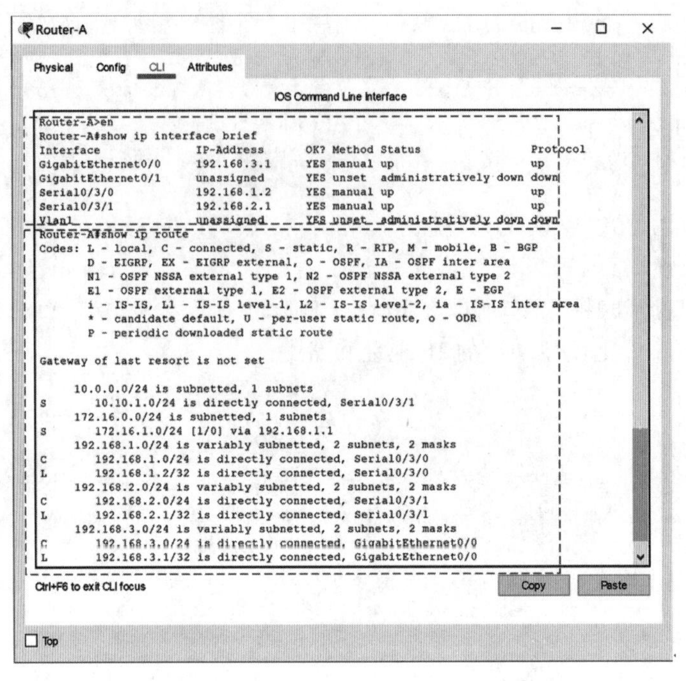

图 3-13 Router-A 端口和静态路由配置情况

需要注意的是,如果在运行 show ip route 命令后,出现 ip redirect cache is empty 的提示信息,说明路由器(或三层交换机)的路由功能没有启用。这时,在全局配置模式下输入 ip routing 命令即可。

(2) 使用 show ip interface brief 命令验证 Router-B 的端口配置,使用 show ip route 命令验证 Router-B 静态路由配置,如图 3-14 所示。

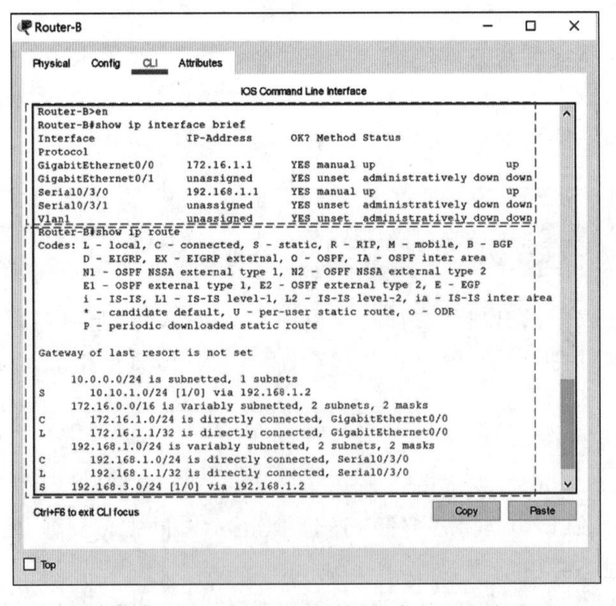

图 3-14 Router-B 端口和静态路由配置情况

(3) 使用 show ip interface brief 命令验证 Router-C 的端口配置,使用 show ip route 命令验证 Router-C 静态路由配置,如图 3-15 所示。

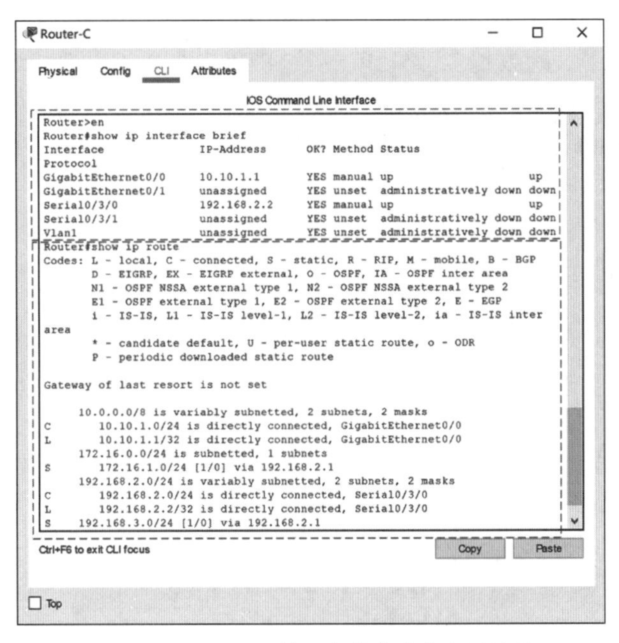

图 3-15　Router-C 端口和静态路由配置情况

(4) 利用 ping 命令测试终端之间的连通性。将各终端设置好 IP 地址和网关后,如果路由配置正确,则发现两台主机之间是连通的。

3.3　实验 3　RIP 的配置和应用

路由信息协议(Routing Information Protocol,RIP)是计算机网络中历史悠久的路由协议之一,是第 1 个作为开放标准的路由协议,也是较早推出的距离矢量路由协议。RIP 是一个最简单的距离矢量路由协议,非常适用于小型网络的应用。

3.3.1　实验概述

RIP 有 RIP Version 1 和 RIP Version 2 两个版本,分别缩写为 RIP v1 和 RIP v2。其中,RIP v1 于 1988 年在 RFC 1058 文档中实现了标准化;RFC 1388 文档对 RIP v2 进行了标准化描述。RIP v2 主要增加了对可变长子网掩码(Variable Length Subnet Mask,VLSM)的支持,其他方面并没有太大的改进。目前,在配置 RIP 时,一般都使用 RIP v2。

1. 实验目的

在理解路由器工作原理以及掌握静态路由配置方法的基础上,学习 RIP 的工作特点、应用范围和配置方法。

2. 实验原理

RIP 是以跳数(Hops Count)作为度量值计算路由的。RIP 使用单一路由 Metric 衡量源网络到目标网络的距离。从源到目标的路径中,每经过一跳(一个路由器),RIP中的度量值便会增加一个跳数值(此值通常为1)。当RIP路由器收到包含新改变的目标网络发送来的路由更新信息时,就把其Metric值加1,然后存入自己的路由表,发送者的IP地址就作为下一跳地址。如此一来,跳数越多,路径就越长,RIP算法会优先选择到达目标网络跳数少的路径。RIP支持的最大跳数为15,跳数为16的网络被RIP路由器认为不可到达。

RIP v1是以组播的形式进行路由信息更新的,该组播地址为224.0.0.9。另外,RIP v2还支持基于端口的认证,以提高网络的安全性。

RIP路由协议的具体配置方法如下。

(1) 在路由器全局配置模式下启动RIP路由协议,命令格式如下。

```
Router(config)#router rip
```

(2) 在路由器配置模式下,用Network命令发布每台路由器的直连网络。由于RIP v1不支持可变长子网掩码(VLSM),所以发布的本地网络只能是主网络,即按照默认的子网掩码进行发布,在这里子网掩码可以不输入。

```
Router(config-Router)#Network Network
```

为了使本实验贴近于实际应用,特别设计了如图3-16所示的网络拓扑结构。其中,路由器Router-A和Router-B之间使用交叉双绞线进行连接,而Router-A与三层交换机Switch-L3之间使用直连双绞线进行连接。互联设备的每个端口分配了具有32位掩码的IP地址(子网掩码为255.255.255.252),以保证连接设备的网段只有两个IP地址。在该实验中还使用了一台三层交换机,它不但像路由器一样可以实现RIP,而且可以创建VLAN,并实现不同VLAN之间的路由管理。例如,可以在Switch-L3上创建一个VLAN 10,并为其分配一个172.16.1.1/24的IP地址,该VLAN的IP地址将作为加入VLAN的所有主机的网关地址。PC1通过f 0/2端口与Switch-L3连接。PC2连接到路由器Router-B的f 0/1端口上。

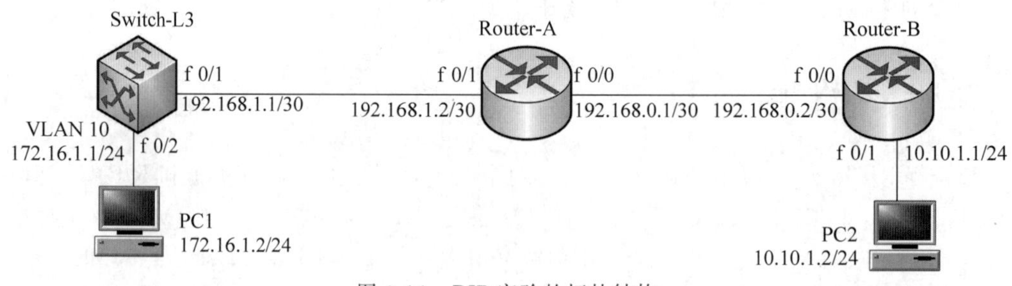

图3-16 RIP实验的拓扑结构

3. 实验内容和要求

(1) 进一步熟悉路由器的基本配置方法。

(2) 掌握RIP的工作特点。

(3) 掌握RIP的配置方法。

(4) 掌握RIP的测试方法。

3.3.2 实验规划

1. 实验设备

在 Packet Tracer 软件的设备类型库中选择以下设备。

(1) 路由器(2 台):在设备类型库中选择 Network Devices→Routers→2811。

(2) 三层交换机(1 台):在设备类型库中选择 Network Devices→Switches→3560 24PS。

(3) PC(2 台):在设备类型库中选择 End Devices→End Devices→PC。

(4) 直连双绞线(3 根):在设备类型库中选择 Connections→Connections→Copper Straight-Through。

(5) 交叉双绞线(1 根):在设备类型库中选择 Connections→Connections→Copper Cross-Over。

2. 实验拓扑

按图 3-16 所示的拓扑在 Packet Tracer 软件的逻辑工作空间中进行构建,结果如图 3-17 所示。

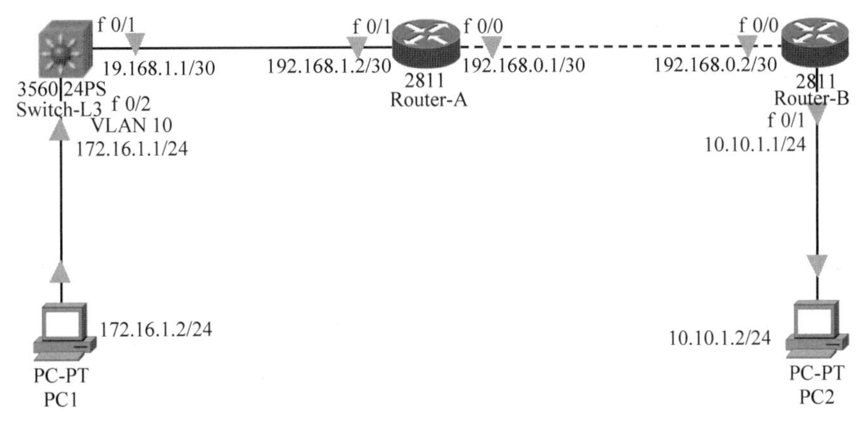

图 3-17 实验网络拓扑构建

3.3.3 实验步骤

(1) 三层交换机 Switch-L3 的基本配置。

```
Switch(config)#hostname Switch-L3
Switch-L3(config)# interface fastethernet 0/1              (进入 f 0/1 的端口配置模式)
Switch- L3(config-if)#no switchport                        (将 f 0/1 端口设置为三层端口)
Switch- L3(config-if)#ip address 192.168.1.1 255.255.255.252  (配置端口的 IP 地址)
Switch- L3(config-if)# no shutdown
Switch- L3(config-if)#exit
Switch-L3(config)#vlan 10                                  (创建 VLAN 10)
```

```
Switch- L3(config-vlan)#exit
Switch-L3(config)#interface vlan 10                    (进入 VLAN 10 的端口配置模式)
Switch- L3(config-if)#ip address 172.16.1.1 255.255.255.0 (为 VLAN 10 分配 IP 地址)
Switch- L3(config-if)#no shutdown
Switch- L3(config-if)#exit
Switch- L3(config)# interface fastethernet 0/2         (进入 f 0/2 的端口配置模式)
Switch- L3(config-if)#Switchport access vlan 10  (将与 PC1 连接的 f 0/2 端口添加到 VLAN 10 中)
Switch- L3(config-if)#no shutdown
Switch- L3(config-if)#exit
```

(2) 路由器 Router-A 的基本配置。

```
Router #configure terminal                        (进入全局配置模式)
Router(config)#                                   (已进入全局配置模式)
Router(config)# hostname Router-A   (使用 hostname 命令将路由器名称更改为 Router-A)
Router-A(config)#interface fastethernet 0/0      (进入路由器 f 0/0 的端口配置模式)
Router-A(config-if)#ip address 192.168.0.1 255.255.255.252   (将路由器 f 0/0 端口的地址
配置为 192.168.0.1,子网掩码为 255.255.255.252,本网段只有两个合法的 IP 地址)
Router-A(config-if)#no shutdown                   (开启路由器的 f 0/0 端口)
Router-A(config-if)#exit                          (返回全局配置模式)
Router-A(config)#interface fastethernet 0/1      (进入路由器 f 0/1 端口的配置模式)
Router-A(config-if)#ip address 192.168.1.2 255.255.255.252   (将路由器 f 0/1 端口的地址
配置为 192.168.1.2,子网掩码为 255.255.255.252)
Router-A(config-if)#no shutdown                   (开启路由器的 f 0/1 端口)
Router-A(config-if)#exit
```

(3) 路由器 Router-B 的基本配置。

```
Router #configure terminal                        (进入全局配置模式)
Router(config)#                                   (已进入全局配置模式)
Router(config)# hostname Router-B   (使用 hostname 命令将路由器名称更改为 Router-B)
Router-B(config)#interface fastethernet 0/0      (进入路由器 f 0/0 的端口配置模式)
Router-B(config-if)#ip address 192.168.0.2 255.255.255.252   (将路由器 f 0/0 端口的地址
配置为 192.168.0.2,子网掩码为 255.255.255.252,本网段只有两个合法的 IP 地址)
Router-B(config-if)#no shutdown                   (开启路由器的 f 0/0 端口)
Router-B(config-if)#exit                          (返回全局配置模式)
Router-B(config)# interface fastethernet 0/1     (进入路由器 f 0/1 的端口配置模式)
Router-B(config-if)#ip address 10.10.1.1 255.255.255.0   (将路由器 f 0/1 端口的地址配置
为 10.10.1.1,子网掩码为 255.255.255.0)
Router-B(config-if)#no shutdown                   (开启路由器的 f 0/1 端口)
Router-B(config-if)#exit
```

(4) 在三层交换机 Switch-L3 上配置 RIP v2。

```
Switch-L3(config)#ip routing                      (启用 IP)
Switch-L3(config)#router rip                      (启用 RIP)
Switch-L3(config-router)#network 192.168.1.0  (发布本设备的直连网段)
Switch-L3(config-router)#network 172.16.1.0   (发布本设备的直连网段,如果在 Switch-L3
上还创建了其他的 VLAN,其 VLAN 所在的网段也必须在此一一进行发布)
```

```
Switch-L3(config-router)#version 2                (设置 RIP 的版本为 RIP v2)
Switch-L3(config-router)#end
Switch-L3#write memory                            (保存配置)
```

(5) 在路由器 Router-A 上配置 RIP v2。

```
Router-A(config)#router rip                       (启用 RIP)
Router-A(config-router)#network 192.168.0.0       (发布本设备的直连网段)
Router-A(config-router)#network 192.168.1.0       (发布本设备的直连网段)
Router-A(config-router)#version 2                 (设置 RIP 的版本为 RIP v2)
Router-A(config-router)#end
Router-A#write memory                             (保存配置)
```

(6) 在路由器 Router-B 上配置 RIP v2。

```
Router-B(config)#router rip                       (启用 RIP)
Router-B(config-router)#network 192.168.0.0       (发布本设备的直连网段)
Router-B(config-router)#network 10.10.1.0         (发布本设备的直连网段)
Router-B(config-router)#version 2                 (设置 RIP 的版本为 RIP v2)
Router-B(config-router)#end
Router-B#write memory                             (保存配置)
```

需要注意的是,在以上通过 network 命令发布本设备的直连网段时,只需要输入要发布网段的网络号。例如,10.10.1.1/24 地址的网络号应为 10.10.1.0。不过,目前绝大多数路由器和三层交换机直接支持 network 0.0.0.0 命令,即发布与本路由器直连的所有网段,可以减少输入命令的条目。

3.3.4　结果验证

(1) PC1 与 PC2 之间的连通性测试。可以在 PC1 上利用 ping 命令测试 PC2 的 IP 地址,如果所有设备的配置正常,则 PC1 和 PC2 之间是连通的。

(2) 验证设备端口的配置和运行状态。可以在其中一台设备上使用 show ip interface brief 命令验证所配置的端口的运行情况。下面是在 Router-B 上的显示结果。同时,也可以使用 show ip route 命令查看 Router-B 的路由配置信息。结果如图 3-18 所示。

从显示结果看,端口 IP 地址、工作状态、协议等信息都是正确的。

(3) 使用 show ip route 命令查看三层交换机 Switch-L3 的路由配置信息,如图 3-19 所示。

(4) 使用 show ip route rip 命令显示 Router-A 的路由配置信息,如图 3-20 所示。

请认真分析以上显示信息,进一步理解端口、IP 地址和协议之间的工作关系与配置方法。另外,本实验中路由器全部使用的是快速以太网端口,如果使用串行端口,一定要在电缆 DCE 端的路由器上配置该串行口的时钟频率,一般为 64000。

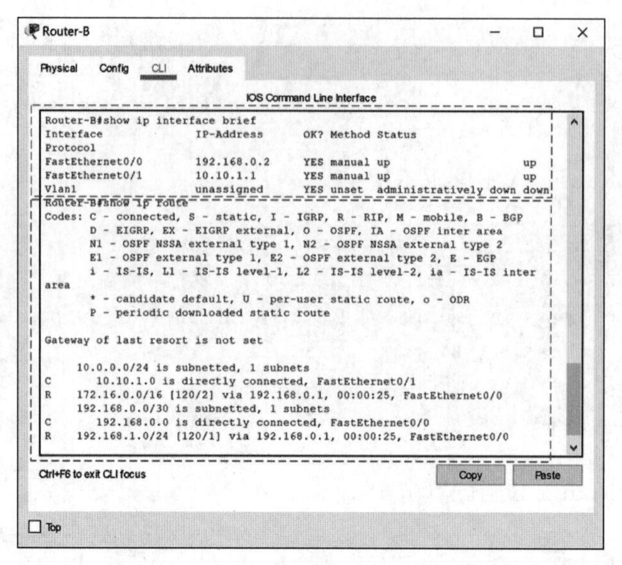

图 3-18 Router-B 的端口配置和运行情况

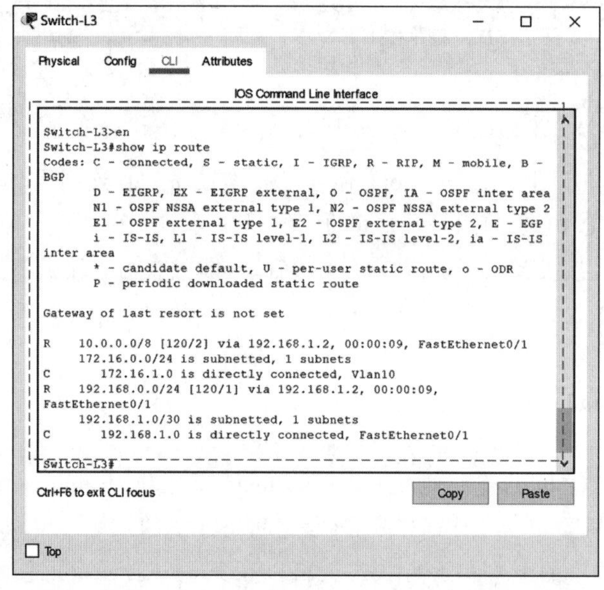

图 3-19 三层交换机 Switch-L3 的路由配置信息

```
Router-A>en
Router-A#show ip route rip
R    10.0.0.0/8 [120/1] via 192.168.0.2, 00:00:09, FastEthernet0/0
R    172.16.0.0/16 [120/1] via 192.168.1.1, 00:00:15, FastEthernet0/1

Router-A#
```

图 3-20 Router-A 的路由配置信息

视频讲解

3.4 实验 4 OSPF 协议的配置和应用

开放最短路径优先(Open Shortest Path First,OSPF)协议中的“开放”表明该协议是一个公开的协议,它由标准化协议组织制定,各设备厂商都可以得到协议的技术细节,所以

OSPF 协议可以在几乎所有的路由器和部分三层交换机上运行。OSPF 协议是一种链路状态协议，目前广泛应用于各类网络中。

3.4.1　实验概述

路由器学习路由信息、生成并维护路由表的方法包括直连(Direct)路由、静态(Static)路由和动态(Dynamic)路由。OSPF 是除 RIP 之外的另一种重要的动态路由协议。按照路由器所执行的算法，动态路由协议可分为距离矢量(Distance Vector)路由协议和链路状态(Link State)路由协议，RIP 属于距离矢量路由协议，而 OSPF 属于链路状态路由协议。

1. 实验目的

在继续学习路由器工作原理、应用特点和配置方法的基础上，掌握直连路由、静态路由和动态路由的特点。结合 RIP 路由协议的配置，学习 OSPF 路由协议的配置方法。同时，通过对 RIP 和 OSPF 工作原理的对比，掌握距离矢量路由协议和链路状态路由协议的应用特点。

2. 实验原理

OSPF 是一种典型的链路状态路由协议，一般用于同一个路由域(Routing Domain)内。在这里，路由域是指一个自治系统(Autonomous System，AS)。AS 是指一组通过统一的路由政策或路由协议互相交换路由信息的网络，在本实验中可以把一个 AS 域看作由若干个 OSPF 区域(Area)所组成的大的自治系统，也通常叫作 OSPF 路由域。OSPF 是典型的内部网关协议(Interior Gateway Protocol，IGP)，是运行在一个 AS 内部的路由协议。在这个 AS 中，所有的 OSPF 路由器都维护一个相同的 AS 结构数据库，该数据库中存放的是该路由域中相应链路的状态信息，OSPF 路由器正是通过这个数据库计算出 OSPF 路由表的。

OSPF 是基于 TCP/IP 体系而开发的，即 OSPF for IP，也就是说，它是工作在 TCP/IP 网络中的。作为一种链路状态路由协议，OSPF 将链路状态广播(Link State Advertisement，LSA)数据包传送给在某一区域内的所有路由器，这一点与距离矢量路由协议(如 RIP)不同。运行距离矢量路由协议的路由器是将部分或全部的路由表传递给与其相邻的路由器。OSPF 协议通过考虑网络的规模、扩展性、自我恢复能力等高级特性进一步提高了网络的整体健壮性。OSPF 协议具有以下特点：

- 可适应大规模的网络；
- 路由变化收敛速度快；
- 无路由自环；
- 支持可变长子网掩码(VLSM)；
- 支持等值路由；
- 支持区域划分；
- 提供路由分级管理；
- 支持验证；
- 支持以组播地址发送协议报文。

OSPF 协议可以运行在结构复杂的大型网络中，本实验主要实现 OSPF 协议在单区域的点对点网络中的配置，结构如图 3-21 所示。在点对点网络中，两个路由器使用 Hello 协议自动建立相邻关系，这里没有指定路由器(Designative Router, DR)和备份指定路由器(Backup Designated Router, BDR)的选举过程，因为点对点网络中只有两个路由器，不存在指定路由器和备份指定路由器。所以 OSPF 数据分组通过 224.0.0.5 组播地址来发送。

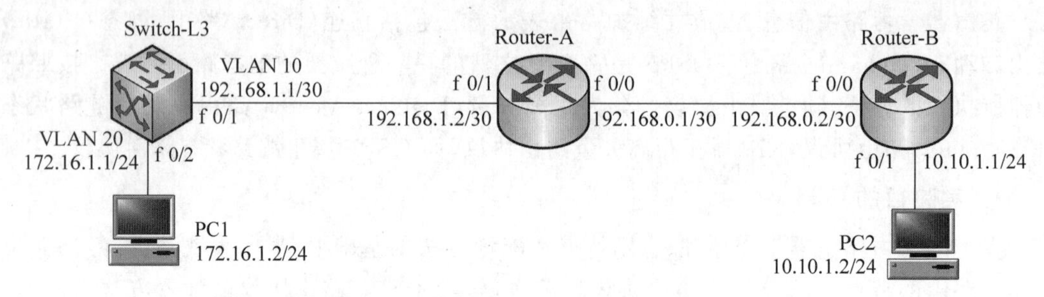

图 3-21　OSPF 协议实验的拓扑结构

OSPF 协议的配置命令如下。

(1) 在全局配置模式下启动 OSPF，将进入 OSPF 协议配置模式，具体命令格式如下所示。

```
Router(confg)# router ospf process-id
```

像其他的路由协议一样，要允许 OSPF 的运行，首先要建立 OSPF 进程处理号，利用命令 router ospf process-id 在端口上启动 OSPF 协议。其中，process-id 是用来在这个路由器接口上启动的 OSPF 的唯一标识。process-id 可以作为识别在一台路由器上是否运行着多个 OSPF 进程的依据。process-id 的取值范围为 1～65535。一个路由器的每个接口都可以选择不同的 process-id。但一般来说，不推荐在路由器上运行多个 OSPF，因为多个 process-id 会有多个拓扑数据库，给路由器会带来额外的负担。

(2) 发布 OSPF 的网络号和指定端口所在区域号的具体命令格式如下所示。

```
Router(config-router)# network address wildcard area area-id
```

address wildcard 表示运行 OSPF 端口所在网段地址以及相应的子网掩码的反码。例如，255.255.255.0 的反码为 0.0.0.255，255.255.255.252 的反码为 0.0.0.3，等等。

area-id 表示 OSPF 路由器接口的区域号。OSPF 协议将 AS 进一步划分成不同的区域(Area)，一个路由器可以属于不同的区域，以端口来表示。区域用区域号标识，用十进制的 IP 地址表示。

为了使本实验更贴近于实际应用，特别设计了如图 3-21 所示的网络拓扑结构。其中，路由器 Router-A 和 Router-B 之间使用交叉双绞线进行连接，而 Router-A 与三层交换机 Switch-L3 之间使用直连双绞线进行连接。互联设备的每个端口分配了具有 32 位掩码的 IP 地址(子网掩码为 255.255.255.252)，以保证连接设备的网段只有两个 IP 地址。在该实验中使用了一台三层交换机，在三层交换机上实现 OSPF，而且实现 VLAN 之间的通信。为了扩大知识面，在本实验中在 Switch-L3 上创建一个 VLAN 10，与 Router-A 相连的 f 0/1 端口不直接分配 IP 地址，而是将其添加到 VLAN 10 中，通过 VLAN 虚拟端口实现 OSPF 的配置。VLAN 10 的地址为 192.168.1.1，子网掩码为 255.255.255.252。另外，在 Swtich-L3 上创建一个 VLAN 20，与 PC1 连接的 f 0/2 端口添加到 VLAN 20 中进行管理，VLAN 20 的虚拟端口地址为 172.16.1.1。PC2 连接到 Router-B 的 f 0/2 端口上。

3. 实验内容和要求

(1) 掌握动态路由与静态路由之间的区别。

(2) 掌握 RIP 和 OSPF 协议在工作原理上的区别。

(3) 掌握 OSPF 协议的配置方法。

(4) 掌握 OSPF 协议信息的查看方法。

(5) 了解 OSPF 协议的应用特点。

3.4.2 实验规划

1. 实验设备

在 Packet Tracer 软件的设备类型库中选择以下设备。

(1) 路由器(2 台)：在设备类型库中选择 Network Devices→Routers→2811。

(2) 三层交换机(1 台)：在设备类型库中选择 Network Devices→Switches→3560 24PS。

(3) PC(2 台)：在设备类型库中选择 End Devices→End Devices→PC。

(4) 直连双绞线(3 根)：在设备类型库中选择 Connections→Connections→Copper Straight-Through。

(5) 交叉双绞线(1 根)：在设备类型库中选择 Connections→Connections→Copper Cross-Over。

2. 实验拓扑

按图 3-22 所示的拓扑在 Packet Tracer 软件的逻辑工作空间中进行构建。

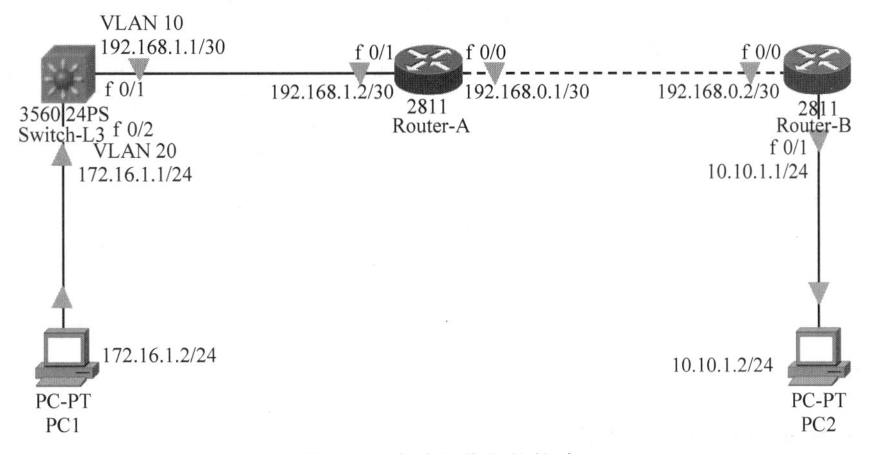

图 3-22 实验网络拓扑构建

3.4.3 实验步骤

(1) 三层交换机 Switch-L3 的基本配置。

```
Switch(config)# hostname Switch-L3
Switch-L3(config)# vlan 10                                   (创建 VLAN 10)
Switch-L3(config-vlan)# exit
Switch-L3(config)# interface vlan 10                         (进入 VLAN 10 的端口配置模式)
Switch-L3(config-if)# ip address 192.168.1.1 255.255.255.252  (为 VLAN 10 分配 IP 地址)
Switch-L3(config-if)# no shutdown
Switch-L3(config-if)# exit
Switch-L3(config)# interface fastethernet 0/1  (进入 f 0/1 的端口配置模式)
Switch-L3(config-if)# Switchport access vlan 10  (将与 Router-A 连接的 f 0/1 端口添加到
VLAN 10 中)
Switch-L3(config-if)# no shutdown
Switch-L3(config-if)# exit
Switch-L3(config)# interface vlan 20                         (创建 VLAN 20 并进入端口配置模式)
Switch-L3(config-if)# ip address 172.16.1.1 255.255.255.0  (为 VLAN 20 分配 IP 地址)
Switch-L3(config-if)# no shutdown
Switch-L3(config-if)# exit
Switch-L3(config)# interface fastethernet 0/2  (进入 f 0/2 的端口配置模式)
Switch-L3(config-if)# Switchport access vlan 20  (将与 PC1 连接的 f 0/2 端口添加到 VLAN 20 中)
Switch-L3(config-if)# no shutdown
Switch-L3(config-if)# exit
```

配置结束后,可以使用 show run 命令查看配置情况。

(2) Router-A 的基本配置。

```
Router #configure terminal                                  (进入全局配置模式)
Router(config)#                                             (已进入全局配置模式)
Router(config)# hostname Router-A   (使用 hostname 命令将路由器名称更改为 Router-A)
Router-A(config)# interface fastethernet 0/0   (进入路由器 f 0/0 端口的配置模式)
Router-A(config-if)# ip address 192.168.0.1 255.255.255.252   (将路由器 f 0/0 端口的地址
配置为 192.168.0.1,子网掩码为 255.255.255.252,本网段只有两个合法的 IP 地址)
Router-A(config-if)# no shutdown                            (开启路由器的 f 0/0 端口)
Router-A(config-if)# exit                                   (返回全局配置模式)
Router-A(config)# interface fastethernet 0/1  (进入路由器 f 0/1 的端口配置模式)
Router-A(config-if)# ip address 192.168.1.2 255.255.255.252   (将路由器 f 0/1 端口的地址
配置为 192.168.1.2,子网掩码为 255.255.255.252)
Router-A(config-if)# no shutdown                            (开启路由器的 f 0/1 端口)
Router-A(config-if)# exit
```

(3) Router-B 的基本配置。

```
Router #configure terminal                                  (进入全局配置模式)
Router(config)#                                             (已进入全局配置模式)
Router(config)# hostname Router-B  (使用 hostname 命令将路由器名称更改为 Router-B)
```

```
Router-B(config)#interface fastethernet 0/0    (进入路由器 f 0/0 的端口配置模式)
Router-B(config-if)#ip address 192.168.0.2 255.255.255.252    (将路由器 f 0/0 端口的地址配置为 192.168.0.2,子网掩码为 255.255.255.252,本网段只有两个合法的 IP 地址)
Router-B(config-if)#no shutdown    (开启路由器的 f 0/0 端口)
Router-B(config-if)#exit    (返回全局配置模式)
Router-B(config)# interface fastethernet 0/1    (进入路由器 f 0/1 端口的配置模式)
Router-B(config-if)#ip address 10.10.1.1 255.255.255.0    (将路由器 f 0/1 端口的地址配置为 10.10.1.1,子网掩码为 255.255.255.0)
Router-B(config-if)#no shutdown    (开启路由器的 f 0/1 端口)
Router-B(config-if)#exit
```

(4) 在三层交换机 Switch-L3 上配置 OSPF 协议。

```
Switch-L3(config)#ip routing    (启用 IP 路由协议)
Switch-L3(config)#router ospf 1    (启用进程处理号为 1 的 OSPF 协议)
Switch-L3(config-router)#network 192.168.1.0 0.0.0.3 area 0    (在区域 0 上发布本设备的直连网段)
Switch-L3(config-router)#network 172.16.1.0 0.0.0.255 area 0    (发布本设备的直连网段,如果在 Switch-L3 上还创建了其他的 VLAN,其 VLAN 所在的网段也必须在此一一进行发布)
Switch-L3(config-router)#end
Switch-L3#write memory    (保存配置)
```

(5) 在 Router-A 上配置 OSPF 协议。

```
Router-A(config)#router ospf 2    (启用进程处理号为 2 的 OSPF 协议)
Router-A(config-router)#network 192.168.1.0 0.0.0.3 area 0    (发布本设备的直连网段)
Router-A(config-router)#network 192.168.0.0 0.0.0.3 area 0    (发布本设备的直连网段)
Router-A(config-router)#end
Router-A #write memory    (保存配置)
```

(6) 在 Router-B 上配置 OSPF 协议。

```
Router-B(config)# router ospf 3    (启用进程处理号为 3 的 OSPF 协议)
Router-B(config-router)# network 192.168.0.0 0.0.0.3 area 0    (发布本设备的直连网段)
Router-B(config-router)#network 10.10.1.0 0.0.0.255 area 0    (发布本设备的直连网段)
Router-B(config-router)#end
Router-B #write memory    (保存配置)
```

3.4.4　结果验证

(1) PC1 与 PC2 之间的连通性测试。可以在 PC1 上利用 ping 命令测试 PC2 的 IP 地址,如果所有设备的配置正常,则 PC1 和 PC2 之间是连通的。

(2) 验证设备端口的配置和运行状态。可以在其中一台设备上使用 show ip interface brief 命令验证所配置的端口的运行情况。同时,也可以使用 show ip route 命令查看路由器 Router-B 的路由配置信息,结果如图 3-23 所示。

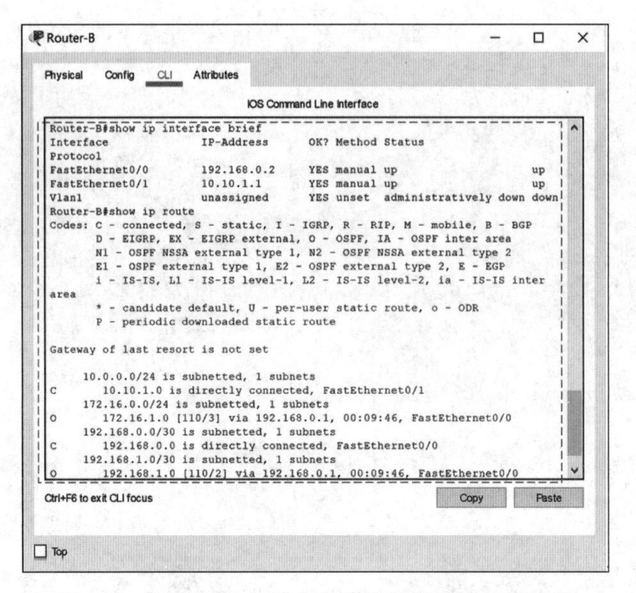

图 3-23 Router-B 的端口配置情况和路由配置信息

从显示结果看,端口 IP 地址、工作状态、协议等信息都是正确的。

(3) 使用 show ip route 命令查看三层交换机 Switch-L3 的路由配置信息,如图 3-24 所示。

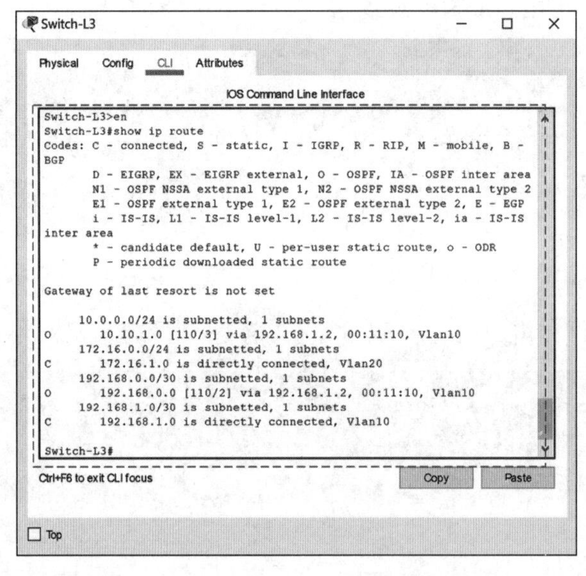

图 3-24 三层交换机 Switch-L3 的路由配置信息

(4) 使用 show ip route ospf 命令显示 Router-A 的路由配置信息,如图 3-25 所示。

需要注意的是:如果使用串行端口连接路由器,需要在串行端口上配置时钟频率,同时时钟频率需要配置在电缆 DCE 端的路由器上,否则网络将无法正常连通;在发布直连网段时,需要标出该网段的子网掩码的反码;在发布直连网段时,必须标明所属的区域号(本实验为 area 0),且在单一区域的 OSPF 网络中,区域号必须是相同的。

```
Router-A#show ip route ospf
     10.0.0.0/24 is subnetted, 1 subnets
O       10.10.1.0 [110/2] via 192.168.0.2, 02:22:34, FastEthernet0/0
     172.16.0.0/24 is subnetted, 1 subnets
O       172.16.1.0 [110/2] via 192.168.1.1, 02:24:09, FastEthernet0/1
```

图 3-25　Router-A 的路由配置信息

本章小结

本章通过 4 个实验,在学习交换机相关配置的基础上,介绍了路由器的基本工作原理和方法,学习了静态路由、RIP 和 OSPF 协议的实现方法。

第4章

网络设备的安全配置和应用

早期计算机网络的特点是结构简单、应用单一、安全威胁程度较低。近年来,随着信息技术广泛应用于社会生产生活,网络所面临的安全问题越来越突出。一方面,需要继续坚持网络的开放性,只有开放才能保持持续发展;另一方面,需要高度重视网络的安全性,因为只有尽可能地避免各种安全隐患才能确保网络本身及其之上的信息系统的稳定运行。然而,开放与安全之间就是一种矛盾关系,直接体现在网络设备的使用上。本章从设备的安全配置和应用出发,介绍网络设备应对安全问题的技术和实现方法。

视频讲解

4.1 实验1 交换机端口的安全配置和应用

交换机的端口安全,是指通过对交换机的端口配置,实现允许或拒绝某些设备(如计算机)与交换机的连接,同时还可以实现对交换机端口的连接速率、工作方式和最大设备连接数等参数的限制。

4.1.1 实验概述

大多数交换机都具有端口安全功能,利用端口安全这一特性,可以实现对网络接入设备的安全控制和管理。

1. 实验目的

在已经掌握了交换机基本工作原理和配置方法的基础上,通过本实验学习交换机端口的安全配置方法和应用特点。在本实验中,主要掌握通过对端口连接的设备MAC地址(某些交换机还直接支持IP地址)的绑定限制接入设备,然后学习交换机端口流量、工作方式等安全特性的功能和配置方法。

2. 实验原理

交换机端口安全,主要通过对交换机端口安全属性的管理,控制用户的安全接入。常见的交换机端口安全属性设置主要包括以下几方面。

1）限制交换机端口的最大连接数

限制交换机端口的最大连接数可以控制交换机端口下联的设备(一般为接入计算机)数量,并防止用户进行恶意的ARP欺骗。不同品牌或型号的交换机,每个端口允许的最大连接数可能不同,如有些交换机为120,有些为250。具体限制可参看设备的说明文档。

如果将交换机端口的最大连接数设置为1,并为该端口配置了一个安全地址,则连接到这个端口的设备(配置了前述安全地址)将独占该端口的全部带宽。交换机端口最大连接数的配置命令如下。

```
Switchport port-secutiry maximum value
```

其中,value为设置的最大连接数,系统默认值为1。

2）针对交换机端口进行MAC地址的绑定

为了增强交换机端口的安全性,可以对交换机进行端口地址的绑定设置,将接入设备的MAC地址绑定到指定的端口上。有些设备还支持对接入设备IP地址的绑定,并可实现MAC地址+IP地址的双重绑定。通过对交换机端口地址的绑定,可以实现对接入设备的严格控制,保证用户的安全接入,并防止常见的内部网络攻击,如ARP欺骗、MAC地址欺骗、针对IP地址的攻击等。交换机端口地址绑定的命令如下。

```
Switchport port-secutiry mac-address mac_address [ip-address ip_address]
```

其中,mac_address为接入设备的MAC地址;对于支持端口IP地址绑定的交换机,ip_address为接入设备的IP地址。

交换机在默认工作状态下会自动“学习”到接入端口的设备MAC地址,如果用户想控制某些设备的接入,可以通过此功能来完成。

3）限制交换机端口的工作方式

交换机一般都支持全双工和半双工两种工作模式,还支持不同连接速率的自动协商功能。当交换机工作在全双工模式时,可以在两台设备之间同时进行数据的发送和接收,使设备间的数据交换能力成倍增加。但是,在有些情况下(如交换机某端口连接的是一台集线器时)需要将交换机的某些端口设置成半双工,或设置到较低的工作速率。交换机端口工作方式的设置命令如下。

```
duplex {auto | full | full-flow-control | half}
```

其中,auto指明端口的工作速率为自动协商模式,即交换机端口根据所连接设备的速率自动确定其速率;full表示强制进入全双工模式;half表示强制进入半双工模式。

在配置了交换机端口的安全功能后,当实际应用超出配置的要求时将产生安全违规。这时,交换机一般会丢弃来自未经安全许可的设备的数据,实现对端口的安全保护。当某个端口产生了安全违规时，可以设置以下几种处理方式。

(1) protect。端口保护，将丢弃未知名的数据帧。

(2) restrict trap。通过简单网络管理协议(Simple Network Management Protocol，SNMP)产生一个陷阱(Trap)通知，交上层管理软件进行处理。

(3) shutdown。关闭端口，并发送一个 Trap 通知，管理员可以通过 no shutdown 命令开启已关闭的端口。需要说明的是，锐捷(RG)交换机通过 errdisable recovery 命令将端口从错误状态中恢复过来。

3. 实验内容和要求

(1) 了解网络安全的重要性。

(2) 了解交换机端口的安全功能和应用。

(3) 掌握交换机端口最大连接数的配置方法。

(4) 掌握交换机端口 MAC 地址的绑定方法。

(5) 掌握交换机端口工作方式的配置方法。

4.1.2 实验规划

1. 实验设备

在 Packet Tracer 软件的设备类型库中选择以下设备。

(1) 二层交换机(1 台)：在设备类型库中选择 Network Devices→Switches→2960。

(2) 集线器(1 台)：在设备类型库中选择 Network Devices→Hubs→Hub-PT。

(3) PC(5 台)：在设备类型库中选择 End Devices→End Devices→PC。

(4) 直连双绞线(5 根)：在设备类型库中选择 Connections→Connections→Copper Straight-Through。

(5) 交叉双绞线(1 根)：在设备类型库中选择 Connections→Connections→Copper Cross-Over。

2. 实验拓扑

根据图 4-1 所示的拓扑结构，在 Packet Tracer 逻辑工作空间中使用直连双绞线，将 PC1、PC2、PC3 的网口(即 f 0)分别与集线器的 f 0/1、f 0/2、f 0/3 端口相连。集线器的 f 0/5 端口与交换机的 f 0/1 端口用交叉双绞线相连。PC4、PC5 的网口(即 f 0)分别与交换机的 f 0/2、f 0/3 端口相连。

4.1.3 实验步骤

(1) 配置交换机端口 f 0/1 的最大连接数为 1，并将其与 PC1 的 MAC 地址绑定。首先要获得 PC1 的 MAC 地址。在 Packet Tracer 软件中，可以在 PC1 上进入命令提示符窗口，运行 ipconfig /all 命令，在打开的窗口中将显示该设备的 MAC 地址等参数。其中，PC1 上网卡的 MAC 地址为 0030.a328.6d47，如图 4-2 中虚线框所示。

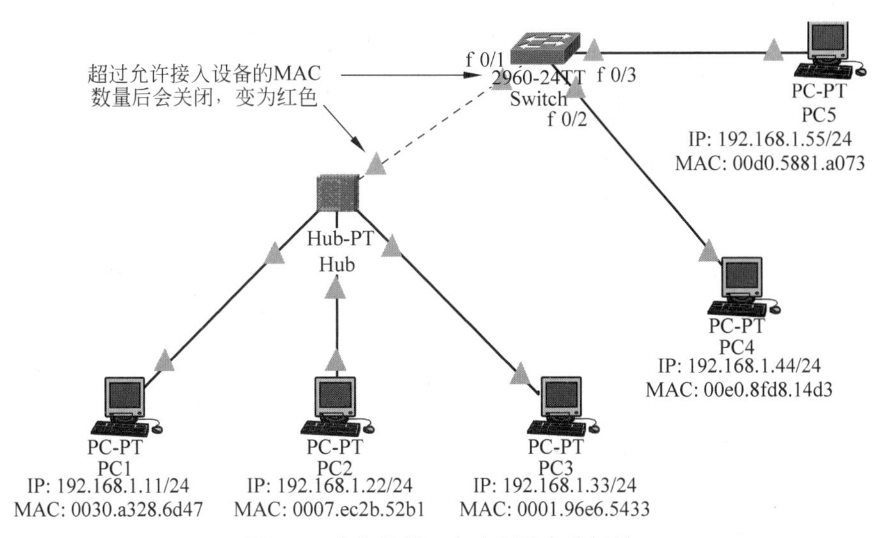

图 4-1　交换机端口安全配置实验拓扑

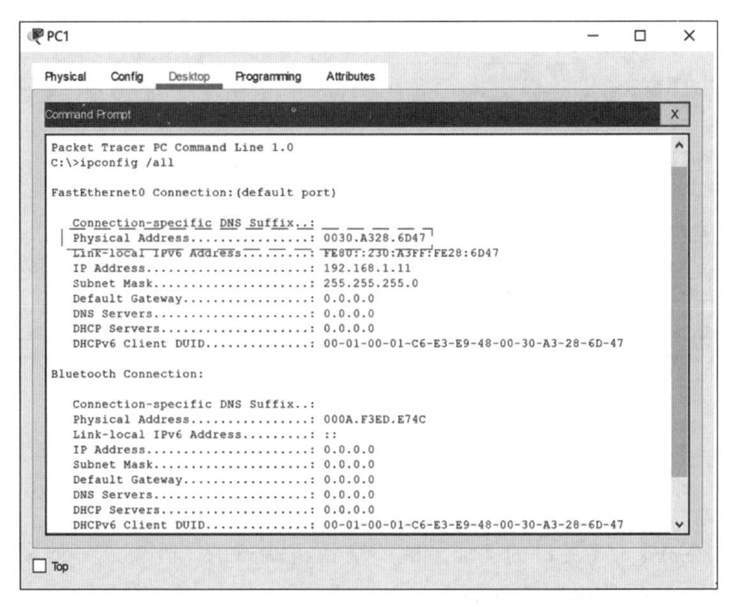

图 4-2　利用 ipconfig/all 命令显示 PC 网卡的 MAC 地址等参数

在交换机上进行如下配置。

```
Switch# conf t                                  (进入交换机的全局配置模式)
Switch(config)# interface fastethernet 0/1      (进入交换机 f 0/1 端口的配置模式)
Switch(config-if)# no shutdown                  (激活端口)
Switch(config-if)# switchport mode access       (把端口改为访问模式)
Switch(config-if)# switchport port-security     (开启端口的安全功能)
Switch(config-if)# switchport port-security maximum ?  (查看交换机支持的最大端口连接数)
<1-132> Maximum addresses                       (显示该交换机最大支持 132 个连接数)
Switch(config-if)# switchport port-security maximum 1  (设置该交换机 f 0/1 端口的最大连接
数为 1)
```

```
Switch(config-if)#switchport port-security violation shutdown  (设置当发生违规现象时,自动关闭端口)
Switch(config-if)#switchport port-security mac-address 0030.a328.6d47  (与PC1的MAC地址绑定)
Switch(config-if)#end
Switch#write memory                                      (保存设置)
```

需要说明的是,当为交换机的某一端口利用 switchport port-security 命令开启安全功能时,该端口必须为访问(Access)或 Tag 模式,如果不是,需要使用相关命令设置为相应模式。

配置完成后,可以使用 show port-security 命令查看交换机端口的最大连接数;使用 show port-secutiry addr 命令查看交换机端口上绑定的 MAC 地址,如图 4-3 所示。

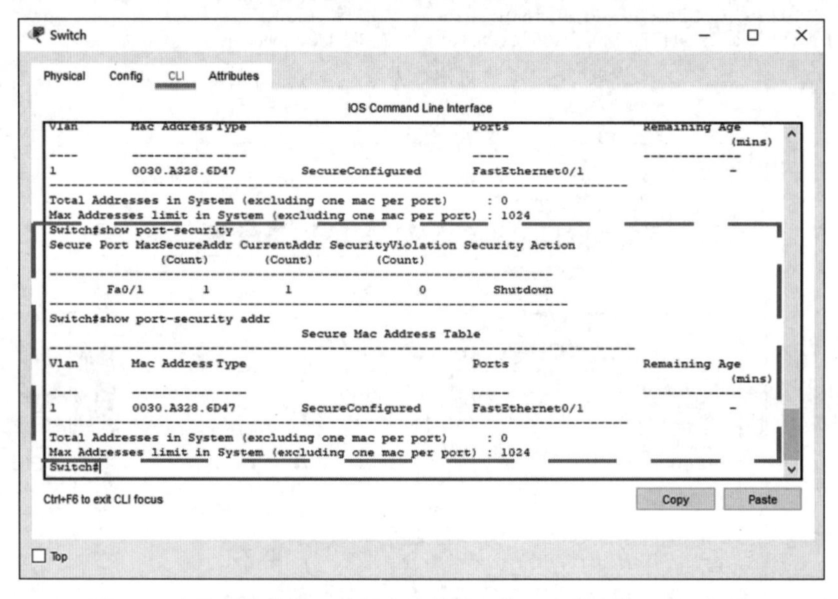

图 4-3 查看交换机端口的最大连接数和端口上绑定的 MAC 地址

(2) 设置交换机 f 0/3 端口的工作方式。交换机端口的工作方式一般默认为 auto(自动协商),通过以下命令将其强制设置为全双工模式。

```
Switch(config)#interface fastethernet 0/3
Switch(config-if)#duplex full  (强制设置为全双工模式)
```

4.1.4 结果验证

(1) 在 PC1 上先 ping 测试 PC4、PC5,是畅通的;再 ping 测试 PC2,也是畅通的。但集线器与交换机之间的连接已被阻断,这说明交换机已经从 f 0/1 端口上学习到了 PC2 的 MAC 地址,网络拓扑违反了与交换机 f 0/1 端口只绑定 PC1 的 MAC 的约定,所以关闭其 f 0/1 端口。此时,使用 show port-security 命令查看交换机端口的最大连接数,发现

SecurityViolation 计数为 1,已经占满。

(2) 重启交换机 f 0/1 端口(通过命令手动关闭 f 0/1,再打开 f 0/1),并将 f 0/1 端口与 PC1 的 MAC 地址解绑,然后再设置最大连接数为 2。命令如下所示。

```
Switch# conf t                                      (进入交换机的全局配置模式)
Switch(config)# interface fastethernet 0/1          (进入 f 0/1 的端口配置模式)
Switch(config-if)# shutdown                         (先关闭端口)
Switch(config-if)# no shutdown                      (再打开端口,完成手动重启)
Switch(config-if)# switchport mode access           (把端口设置为访问模式)
Switch(config-if)# switchport port-security         (开启端口的安全功能)
Switch(config-if)# switchport port-security maximum 2  (设置交换机 f 0/1 端口的最大连接数为 2)
Switch(config-if)# switchport port-security violation shutdown  (设置当发生违规现象时,自动关闭端口)
Switch(config-if)# no switchport port-security mac-address 0030.a328.6d47  (取消与 PC1MAC 地址的绑定)
Switch(config-if)# end
Switch# write memory                                (保存设置)
```

如图 4-4 所示,设置完毕后,可以看到当前的地址数(CurrentAddr)为 0,安全 MAC 表中也没有 MAC 地址。

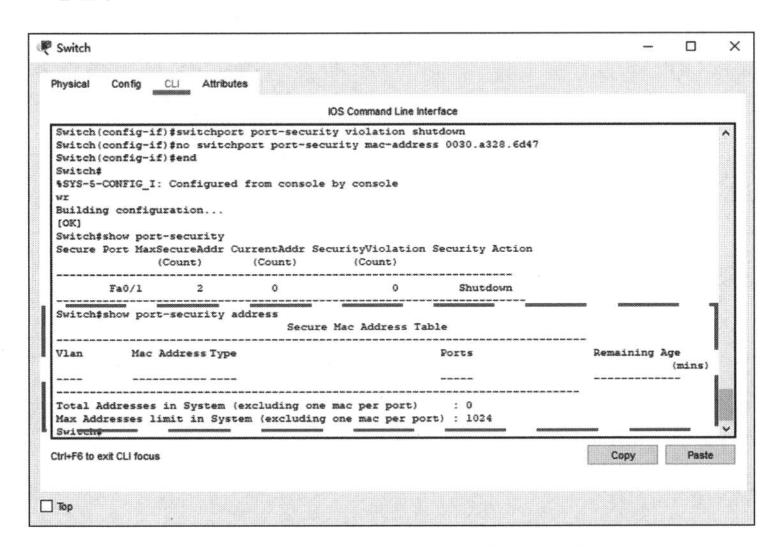

图 4-4 重新设置交换机端口的安全配置结果

此时,交换机与集线器之间的连接又恢复畅通。

(3) 使用 ping 命令测试多个 PC 发送数据,超过允许的最大安全连接数 2 时,发生连接阻断。依次使用 PC1、PC2、PC3 测试 ping 到 PC5,当在 PC3 上测试时,连接阻断。如图 4-5 所示,可以看到交换机的安全 MAC 表中,已有了 PC1 和 PC2 的 MAC 地址,而 PC3 的地址无法加入。

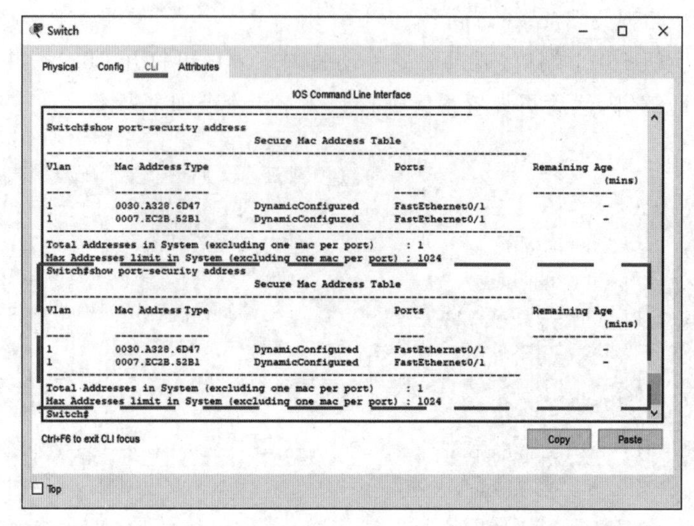

图 4-5　超过最大连接数时安全地址表中的 MAC 情况

4.2　实验 2　标准 IP 访问控制列表的配置和应用

访问控制列表(Access Control List,ACL)是应用在路由器或三层交换机端口上的控制列表。ACL 可以允许(Permit)或拒绝(Deny)进入和离开路由设备的数据包(分组),通过设置 ACL,可以允许或拒绝网络用户使用路由设备的某些端口,对网络系统起到安全保护作用。ACL 可以支持 IP、MAC、IPX、AppleTalk 等多种形式,目前广泛使用的是 IP ACL。因此,本节主要介绍 IP ACL。另外,ACL 早期主要用于路由器,目前已成为三层交换机和防火墙的主要功能之一,所以本实验也适用于相关设备。

4.2.1　实验概述

路由器等三层设备负责传递网络中的通信流量,并同时对这些流量进行识别,从而实现安全过滤和流量控制等功能。ACL 可以让路由器对流量进行识别,并根据相关机制进行过滤处理,从而实现对网络应用的安全配置和管理。

1. 实验目的

掌握访问控制列表的功能和应用特点,在此基础上学习在路由器等三层设备上配置标准 IP 访问控制列表的方法,为本章后续知识的学习奠定理论和实践基础。

2. 实验原理

访问控制列表实际上是一系列允许和拒绝匹配准则的集合。这里所讲的匹配准则种类很多,可以是简单的数据包源地址的匹配,也可以是数据包目标地址、源地址、协议类型、端口号等的匹配。访问控制列表对满足匹配条件的数据包执行允许或拒绝操作,以实现对网络的基本安全控制功能和流量的标识。

这里所讲的数据包包括进入路由器端口的数据包和离开路由器端口的数据包,因此访问控制列表也可以分为进站(In)访问控制列表和出站(Out)访问控制列表,它们分别对进、出路由器的数据包进行控制。图 4-6 显示了路由器对数据包的处理情况。

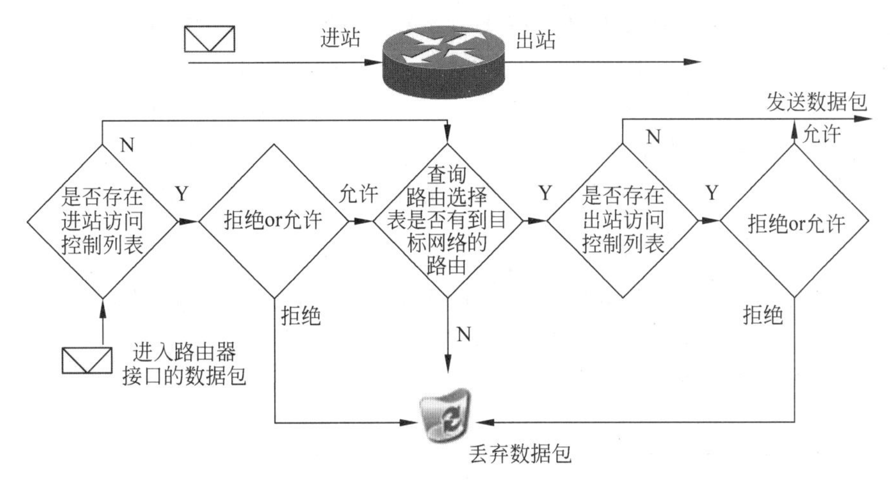

图 4-6　路由器使用访问控制列表处理数据包的过程

第 1 步,当路由器的端口接收到一个数据包时,它首先检查是否有进站访问控制列表与端口相关联。如果没有,则进入正常的路由选择进程;如果有,则执行访问控制列表的允许或拒绝操作,被拒绝的数据包将会被丢弃,被允许的数据包将进入路由选择状态。

第 2 步,路由器对通过进站访问控制列表的数据包执行路由选择,如果其路由表中没有到达目标网络的路由,将丢弃数据包;如果路由表中存在到达目标网络的路由条目,将数据包发往合适的出口。

第 3 步,数据包到达路由器的出口时,路由器检查是否有出站访问控制列表与此端口相关联。如果没有,直接将数据包发送出去;如果有,执行访问控制列表的允许或拒绝操作,被拒绝的数据包将会被丢弃,被允许的数据包将被发送出去。

访问控制列表对每个数据包都是按匹配条件出现在 ACL 中的自上而下顺序进行匹配。如果数据包满足第 1 个匹配条件,那么路由器就按照该条语句所规定的动作决定是拒绝还是允许;如果数据包不满足第 1 个匹配条件,则继续检测列表中的下一条语句,如果匹配,则执行相应的操作(允许或者拒绝);如果数据包还不满足第 2 条匹配条件,则继续检测第 3 条匹配准则,以此类推。

ACL 在匹配数据包时遵循“一旦命中即停止匹配”的原则,数据包在访问控制列表中一旦出现了匹配,那么相应的操作就会被执行(允许或拒绝),并且对此数据包的检测到此为止。也就是说,访问控制列表后面的语句不可能推翻前面的语句,因此访问控制列表的过滤规则的放置顺序是很讲究的,不同的放置顺序会带来不同的效果。

如果数据包经过所有的语句都没有发生匹配,路由器将如何处理数据包呢?实际上,在每个访问控制列表的最后都存在着一个“隐式拒绝一切”的语句,这条语句是系统自动加上的,它标识着一个默认操作:对于任何经过访问控制列表的数据包,如果没有发生匹配,系统将会自动丢弃它。

IP 访问控制列表可以分为以下两大类。

(1) 标准 IP 访问控制列表:只对数据包的源 IP 地址进行检查,其列表号为 1~99 或

1300～1999。

(2) 扩展IP访问控制列表：对数据包的源和目标IP地址、源和目标端口号等进行检查，因此扩展IP访问控制列表可以允许或拒绝部分协议，如文件传输协议(File Transfer Protocol,FTP)、Telnet、SNMP等，其列表号为100～199或2000～2699。

标准IP访问控制列表只检查数据包的源IP地址，从而允许或拒绝来自某个IP网络、子网或主机的所有通信流量通过路由器的接口。定义标准IP访问控制列表需要使用access-list命令完成。在定义标准IP访问控制列表时应给其加上相应的编号(1～99或2000～2699)，命令格式如下。

```
access - list access-list-number {deny|permit} source-address [source-wildcard]
```

表4-1是对access-list命令相关参数的说明。

表4-1　对access-list命令相关参数的说明

命令参数	说明
access-list-number	访问控制列表的号码，标准IP访问控制列表的编号为1～99或2000～2699
deny|permit	对符合匹配语句的数据包所采取的动作，permit代表允许数据包通过，deny代表拒绝数据包通过
source-address	数据包的源地址，它可以是某个网络、某个子网或某台主机
source-wildcard	数据包源地址的通配符掩码

需要说明的是，如果表示某台主机，source-address [source-wildcard]可以用host source-address代替；如果表示任何地址，source-address [source-wildcard]可以用any代替。

ACL的应用场景有很多。为了让本实验尽可能地贴近实际应用，现假设某学校的办公室、人事处和财务处分别属于不同的网段，分别为172.16.1.0/24、172.16.2.0/24和172.16.3.0/24，如图4-7所示。其中，这3个部门之间通过路由实现数据的交换，但出于安全考虑，单位要求办公室的网络可以访问财务处的网络，而人事处的网络无法访问财务处的网络，其他网络之间都可以实现互访。在路由器Router-A与Router-B之间配置静态路由协议。

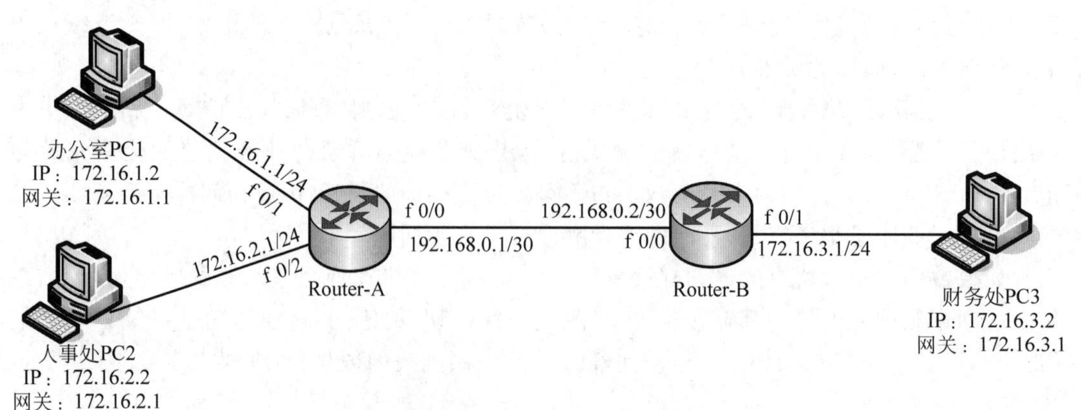

图4-7　标准IP访问控制列表实验的拓扑结构

3. 实验内容和要求

（1）了解访问控制列表在网络安全中的功能和应用。

（2）了解访问控制列表的分类和特点。

（3）掌握标准 IP 访问控制列表的功能。

（4）掌握标准 IP 访问控制列表的配置方法。

4.2.2　实验规划

1. 实验设备

在 Packet Tracer 软件的设备类型库中选择以下设备。

（1）路由器（2 台）：在设备类型库中选择 Network Devices→Routers→2811。

（2）PC（3 台）：在设备类型库中选择 End Devices→End Devices→PC。

（3）直连双绞线（3 根）：在设备类型库中选择 Connections→Connections→Copper Straight-Through。

2. 实验拓扑

在 Packet Tracer 软件的逻辑工作空间中，根据图 4-7 所示的拓扑，使用直连双绞线将 PC1、PC2 的网口（即 f 0）分别与 Router-A 的 g 0/1、g 0/2 端口相连。Router-A 的 g 0/0 端口与 Router-B 的 g 0/0 端口用交叉双绞线相连。PC3 的网口（即 f 0）与 Router-B 的 g 0/1 端口相连。连接完成后，如图 4-8 所示。

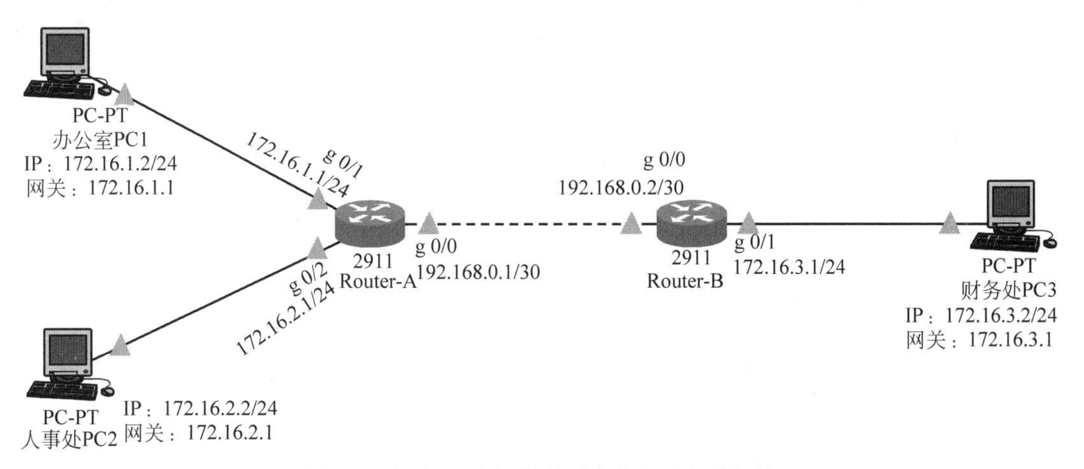

图 4-8　标准 IP 访问控制列表的配置实验拓扑

4.2.3　实验步骤

（1）Router-A 的基本配置。

```
Router #configure terminal                    （进入全局配置模式）
Router(config)#                               （已进入全局配置模式）
```

```
Router(config)# hostname Router-A    (使用 hostname 命令将路由器名称更改为 Router-A)
Router-A(config)# interface g 0/0    (进入路由器 g 0/0 的端口配置模式)
Router-A(config-if)# ip address 192.168.0.1 255.255.255.252  (将路由器 g 0/0 端口的地址配置为 192.168.0.1,子网掩码为 255.255.255.252,本网段只有两个合法的 IP 地址)
Router-A(config-if)# no shutdown    (开启路由器的 g 0/0 端口)
Router-A(config-if)# exit           (返回全局配置模式)
Router-A(config)# interface g 0/1   (进入路由器 g 0/1 的端口配置模式)
Router-A(config-if)# ip address 172.16.1.1 255.255.255.0  (将路由器 g 0/1 端口的地址配置为 172.16.1.1,子网掩码为 255.255.255.0)
Router-A(config-if)# no shutdown    (开启路由器的 g 0/1 端口)
Router-A(config-if)# exit
Router-A(config)# interface g 0/2
Router-A(config-if)# ip address 172.16.2.1 255.255.255.0
Router-A(config-if)# no shutdown
Router-A(config-if)# exit
```

(2) Router-B 的基本配置。

```
Router #configure terminal           (进入全局配置模式)
Router(config)#                      (已进入全局配置模式)
Router(config)# hostname Router-B    (使用 hostname 命令将路由器名称更改为 Router-B)
Router-B(config)# interface g 0/0    (进入路由器 g 0/0 的端口配置模式)
Router-B(config-if)# ip address 192.168.0.2 255.255.255.252
Router-B(config-if)# no shutdown
Router-B(config-if)# exit
Router-B(config)# interface g 0/1
Router-B(config-if)# ip address 172.16.3.1 255.255.255.0
Router-B(config-if)# no shutdown
Router-B(config-if)# exit
```

(3) Router-A 和 Router-B 上静态路由的配置。

```
Router-A(config)# ip route 172.16.3.0 255.255.255.0 192.168.0.2
Router-B(config)# ip route 172.16.1.0 255.255.255.0 192.168.0.1
Router-B(config)# ip route 172.16.2.0 255.255.255.0 192.168.0.1
```

(4) 在 Router-B 上配置标准访问控制列表,名称为 access-list 10。

```
Router-B(config)# access-list 10 deny 172.16.2.0 0.0.0.255  (拒绝来自 172.16.2.0/24 网段的流量通过)
Router-B(config)# access-list 10 permit 172.16.1.0 0.0.0.255  (允许来自 172.16.1.0/24 网段的流量通过)
```

(5) 将访问控制列表应用到 Router-B 的端口上。

```
Router-B(config)# interface g 0/1
Router-B(config-if)# ip access-group 10 out  (在 g 0/1 的出站端口上调用访问控制列表)
Router-B(config-if)# end
Router-B# write memory
```

4.2.4 结果验证

(1) 在办公室所属的PC1(网关为所连接路由器的端口的IP地址172.16.1.1)上ping财务处的PC3,应该是连通的;而在人事处所属的PC2上ping财务处的PC3,则不通。说明Router-B允许172.16.1.0/24网段的数据通过,而拒绝172.16.2.0/24网段的数据。

(2) 在Router-B上可以利用show access-list 10命令查看标准IP访问控制列表access-list 10的配置情况,结果如下。

```
Router-B# show access-list 10
Standard IP access list 10
    10 deny  172.16.2.0 0.0.0.255    (56 matches)
    20 permit172.16.1.0 0.0.0.255    (245 matches)
```

(3) 在Router-B上运行show run命令,将显示以下部分内容。

```
interface GigabitEthernet0/1
 ip address 172.16.3.1 255.255.255.0
 ip access-group 10 out  (访问控制列表 access-list 10 已应用在 g 0/1 端口上)
 duplex auto
 speed auto
```

通过本实验可以发现,标准访问控制列表是对数据包的源IP地址进行过滤。在配置时,一般应用到靠近目标端的路由器(本实验为Router-B)上,并对出站流量进行过滤操作。

4.3 实验3 扩展IP访问控制列表的配置和应用

视频讲解

由于标准IP访问控制列表的功能比较单一,所以在实际应用中多使用扩展IP访问控制列表。扩展IP访问控制列表功能齐全,能适应现代计算机网络的安全管理要求。

4.3.1 实验概述

扩展IP访问控制列表扩展了标准IP访问控制列表的功能,除可以根据IP数据包的源地址进行过滤操作外,还可以根据数据包的源IP、目的IP、源端口、目的端口和协议等定义规则,进行数据包的过滤。

1. 实验目的

在掌握标准IP访问控制列表工作原理、配置方法和应用特点的基础上,了解扩展IP访问控制列表与标准IP访问控制列表之间的区别,重点掌握扩展IP访问控制列表的功能特点;并结合实际应用,掌握扩展IP访问控制列表的配置和使用方法。

2. 实验原理

扩展IP访问控制列表不但能够检查数据包的源IP地址,还可以检查数据包的目标IP

地址、协议类型和端口号等。扩展 IP 访问控制列表更具有灵活性和可扩充性,它可以允许或拒绝某个 IP 网络、子网或主机的某个协议的通信流量通过路由器的端口。

例如,在图 4-9 所示的网络中,企业内部有一台服务器,它可以同时提供 Web 服务和 FTP 服务。若想让外部用户只能访问 Web 服务而不能访问 FTP 服务,而内部用户不受限制,该如何实现呢?

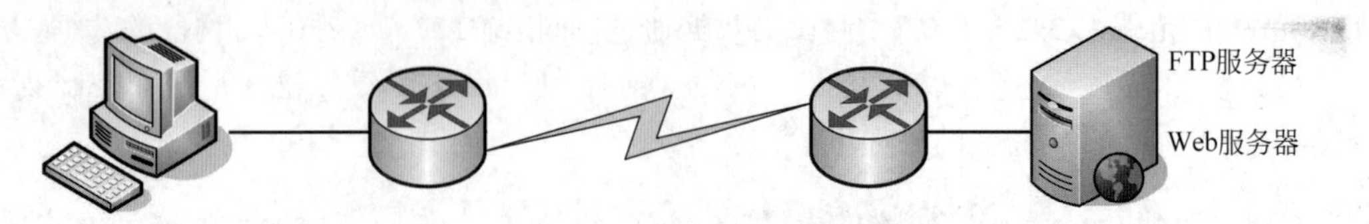

图 4-9 扩展 IP 访问控制列表的应用

很显然,通过标准 IP 访问控制列表是不能实现上述要求的,它只能对数据包的源地址进行识别,如果用标准 IP 访问控制列表允许了外部到服务器的访问,那么到服务器的所有流量都会被允许通过,包括 Web 和 FTP。因此,标准 IP 访问控制列表的控制能力很弱,无法实现本例的要求,此时可以使用扩展 IP 访问控制列表。扩展 IP 访问控制列表的定义方法类似于标准 IP 访问列表,它的编号范围为 100～199 或 2000～2699,命令格式如下。

```
access-list access-list-number {permit|deny} protocol
source-address source-wildcard [operator port]
destination-address destination-wildcard [operator port] [established] [log]
```

对扩展 IP 访问控制列表命令中各参数的功能说明如表 4-2 所示。

表 4-2 对扩展 IP 访问控制列表命令中相关参数的说明

命令参数	说明
access-list-number	访问控制列表的编号,扩展 IP 访问控制列表的编号为 100～199 或 2000～2699
deny|permit	对符合匹配语句的数据包所采取的动作,permit 代表允许数据包通过,deny 代表拒绝数据包通过
protocol	数据包所采用的协议,它可以是 IP、TCP、UDP、IGMP 等
source-address	数据包的源地址,它可以是某个网络、某个子网或某台主机
source-wildcard	数据包源地址的通配符掩码
operator	指定逻辑操作,它可以是 eq(等于)、neq(不等于)、gt(大于)、lt(小于)或一个 range(范围)
port	指明被匹配的应用层端口号。例如,Telnet 为 23、FTP 为 20 和 21
destination-address	数据包的目标地址,它可以是某个网络、某个子网或某台主机
destination-wildcard	数据包目标地址的通配符掩码
established	仅用于入站 TCP 连接,如果 TCP 数据包头部的 ACK 位被设置了,则匹配发生。应用场合:假如要实现一个访问控制列表,它可以阻止源端口向目标端口发起的 TCP 连接,但是又不想影响目标端口向源端口发起的 TCP 连接,这时就需要检测 TCP 头部的 ACK 位是否被设置。如果没有,表示源端口正在向目标端口发起连接,这时匹配就不会发生
log	将日志消息发送给控制台

如果表示某台主机，source(/destination)-address [source(/destination)-wildcard]可以用 host source(/destination)-address 代替；如果表示任何地址，source(/destination)-address [source(/destination)-wildcard]可以用 any 代替。

扩展 IP 访问控制列表一般放置在各类应用服务器的前端，对服务器上的各种应用起安全保护作用，因此，本实验设计了如图 4-10 所示的网络结构。

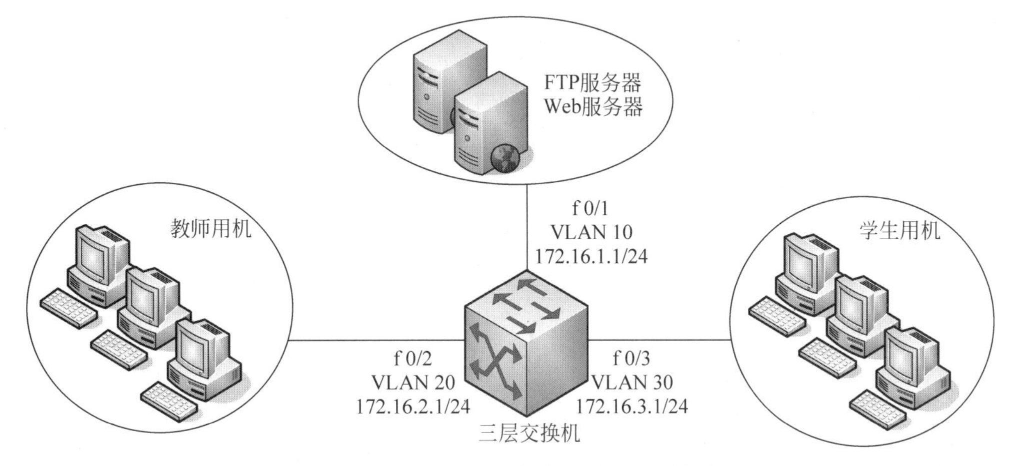

图 4-10　扩展 IP 访问控制列表的规则拓扑

其中，交换机上连接着 WWW、FTP 等应用服务器(这些应用既可以放置在一台计算机上，也可以分别放置在不同的计算机上)，这些服务器位于 VLAN 10。为了便于操作，本实验将服务器用一台 PC 代替，其 IP 地址为 172.16.1.2/24。另外，该交换机还连接了 VLAN 20 和 VLAN 30 等网段，其中 VLAN 20 供教师使用，VLAN 30 供学生使用。现要求学生只能访问服务器上的 WWW，而不能访问 FTP，而教师没有此限制。

3. 实验内容和要求

(1) 继续学习路由器的基本配置方法。

(2) 了解标准 IP 访问控制列表与扩展 IP 访问控制列表之间的区别。

(3) 掌握扩展 IP 访问控制列表的功能和应用特点。

(4) 掌握扩展 IP 访问控制列表的配置方法。

4.3.2 实验规划

1. 实验设备

在 Packet Tracer 软件的设备类型库中选择以下设备。

(1) 三层交换机(1 台)：在设备类型库中选择 Network Devices→Switches→3560 24PS。

(2) PC(5 台)：在设备类型库中选择 End Devices→End Devices→PC。

(3) 直连双绞线(5 根)：在设备类型库中选择 Connections→Connections→Copper Straight-Through。

2. 实验拓扑

在 Packet Tracer 软件的逻辑工作空间中,根据图 4-11 所示的拓扑,使用直连双绞线,将教师 PC1、教师 PC2 的网口(即 f 0)分别与三层交换机的 f 0/1、f 0/2 端口相连,将学生 PC1、学生 PC2 的网口(即 f 0)分别与三层交换机的 f 0/3、f 0/4 端口相连。服务器的网口(即 f 0)与三层交换机的 f 0/24 端口用直连双绞线相连。连接完成后,如图 4-11 所示。

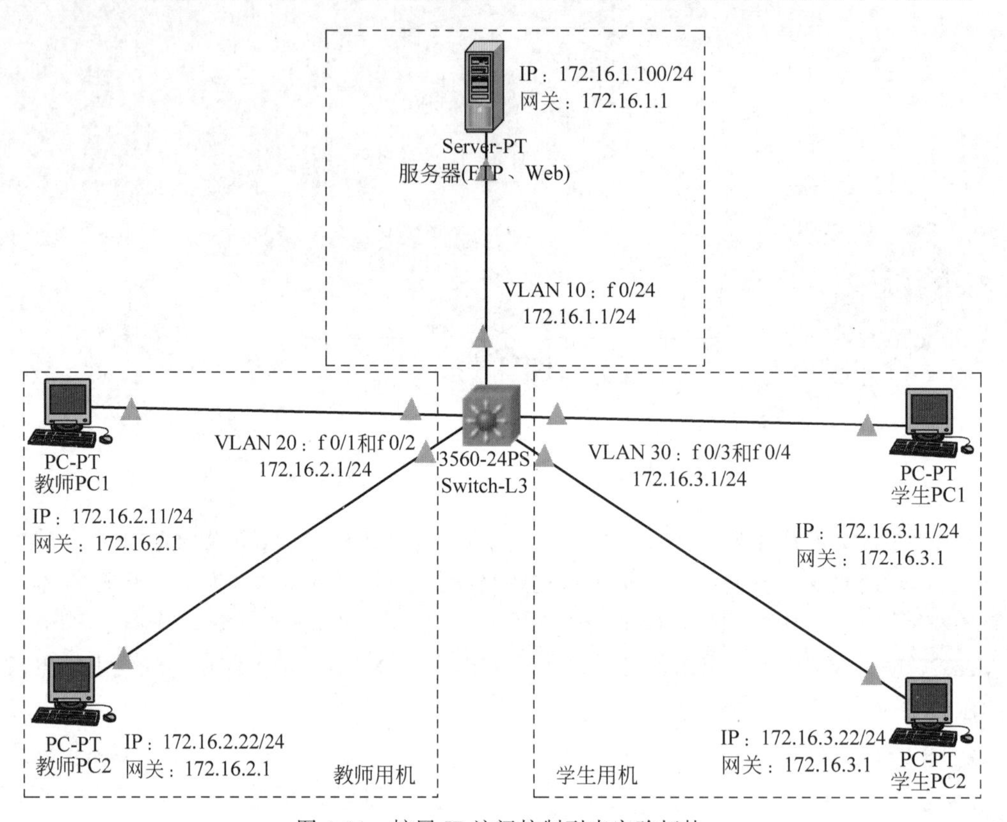

图 4-11 扩展 IP 访问控制列表实验拓扑

4.3.3 实验步骤

(1) 三层交换机的基本配置。

```
Switch-L3(config)#vlan 10
Switch-L3(config-vlan)#name server
Switch-L3(config-vlan)#exit
Switch-L3(config)#interface vlan 10
Switch-L3(config-if)#ip address 172.16.1.1 255.255.255.0
Switch-L3(config-if)#no shutdown
Switch-L3(config-if)#exit
Switch-L3(config)#interface fastethernet 0/24
Switch-L3(config-if)#switchport                    (将三层端口设置为二层的交换端口)
Switch-L3(config-if)#switchport access vlan 10
```

```
Switch-L3(config-if)#exit
Switch-L3(config)#vlan 20
Switch-L3(config-vlan)#name teacher
Switch-L3(config-vlan)#exit
Switch-L3(config)#interface vlan 20
Switch-L3(config-if)#ip address 172.16.2.1 255.255.255.0
Switch-L3(config-if)#no shutdown
Switch-L3(config-if)#exit
Switch-L3(config)#interface range fastethernet 0/1-2  (进入 f 0/1 和 f 0/2 的端口配置)
Switch-L3(config-if-range)#switchport
Switch-L3(config-if-range)#switchport access vlan 20
Switch-L3(config-if-range)#exit
Switch-L3(config)#vlan 30
Switch-L3(config-vlan)#name students
Switch-L3(config-vlan)#exit
Switch-L3(config)#interface vlan 30
Switch-L3(config-if)#ip address 172.16.3.1 255.255.255.0
Switch-L3(config-if)#no shutdown
Switch-L3(config-if)#exit
Switch-L3(config)#interface range fastethernet 0/3-4
Switch-L3(config-if-range)#switchport
Switch-L3(config-if-range)#switchport access vlan 30
Switch-L3(config-if-range)#exit
Switch-L3(config)#ip routing                          (启用三层交换机的路由功能)
```

完成这步配置后，各台 PC、服务器之间应该可以 ping 通了。

(2) 配置 Web 服务器和 FTP 服务器。在 Packet Tracer 中，可以将多个服务配置到同一台 Server 上，在本实验中使用了 Web 服务器和 FTP 服务器，在 Packet Tracer 中已经默认启用 Server 的 Web 服务和 FTP 服务，如图 4-12 所示。

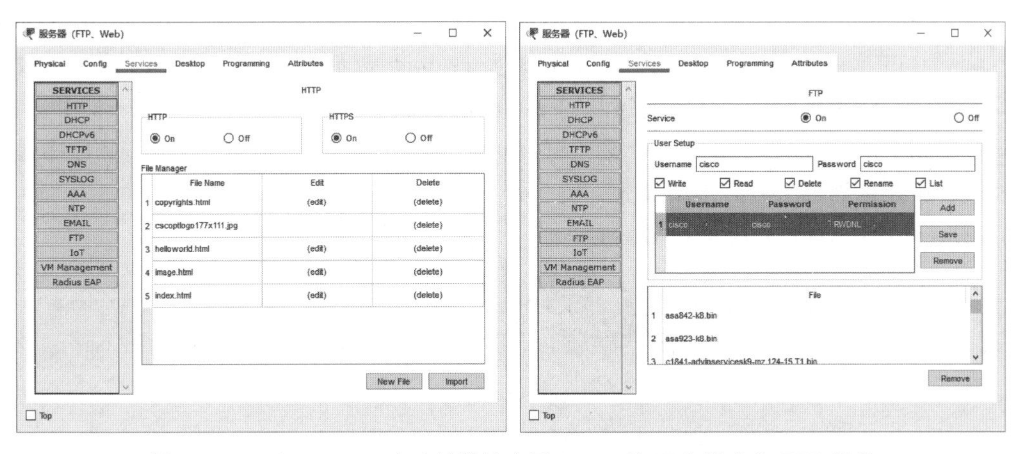

图 4-12 Packet Tracer 中已经默认启用 Server 的 Web 服务和 FTP 服务

此时，可以使用任意 PC 的浏览器访问 http://172.16.1.100 网址，实现 Web 访问。在 PC 的命令提示符窗口中，可以使用 ftp 172.16.1.100 命令连接 Server 上的 FTP 服务，并用 dir 命令查看 FTP 目录，如图 4-13 所示。

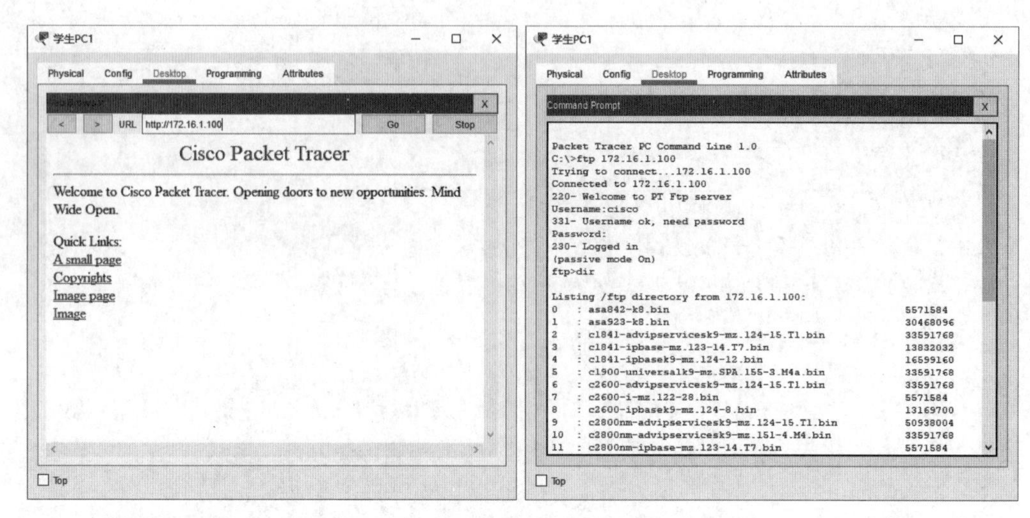

图 4-13 Web 服务和 FTP 服务在学生机上均可以使用

(3) 配置扩展 IP 访问控制列表,实现本实验的数据包过滤要求。

```
Switch-L3(config)#access-list 110 deny tcp 172.16.3.0 0.0.0.255 host 172.16.1.2 eq 21
Switch-L3(config)#access-list 110 deny tcp 172.16.3.0 0.0.0.255 host 172.16.1.2 eq 20
Switch-L3(config)#access-list 110 permit ip any any
```

也可以写成

```
Switch-L3(config)#access-list 110 deny tcp 172.16.3.0 0.0.0.255 host 172.16.1.2 eq ftp
-data
Switch-L3(config)#access-list 110 deny tcp 172.16.3.0 0.0.0.255 host 172.16.1.2 eq ftp
Switch-L3(config)#access-list 110 permit ip any any
```

由于 FTP 使用两个端口,其中 21 是控制通道;20 是数据通道。出于安全考虑,建议同时关闭 21 和 20 两个端口。还需要注意的是,在控制列表的最后一定要加上 access-list 110 permit ip any any 一句,否则其他网段的 PC 就无法访问 172.16.1.100 主机了,其原因是系统默认会在控制列表的最后加上 deny any any。

(4) 将访问控制列表应用到端口上。

```
Switch-L3(config)#interface vlan 10
Switch-L3(config-if)#ip access-group 110 in
```

4.3.4 结果验证

(1) 分别在教师所在的网段和学生所在的网段访问主机 172.16.1.100,会发现在学生所在的网段上只能访问 WWW 网页,而无法使用 FTP,而教师所在的网段不受此影响。

(2) 使用 show ip access-list 110 命令,可以查看扩展 IP 访问控制列表的配置情况。

```
Switch-L3#show ip access-list 110
Extended IP access list 110
    deny tcp 172.16.3.0 0.0.0.255 host 172.16.1.2 eq ftp-data
    deny tcp 172.16.3.0 0.0.0.255 host 172.16.1.2 eq ftp
    permit ip any any  (319 matches)
```

其中,319 matches 表示已经有 319 条记录得到了匹配,这个数值会根据实验中匹配的次数的不同而不同。

4.4 实验 4 基于时间的 IP 访问控制列表的配置和应用

本实验只是 IP 访问控制列表在应用上的一个特例,该功能在许多企业的网络管理中有所使用,在这里单独作为一个实验进行讲解。一些企业的限时应用系统多通过应用软件的控制来实现,与之相比,基于时间的 IP 访问控制列表在安全性方面具有明显的优势。但由于 Packet Tracer 中的路由器和三层交换机均不支持 time-range 命令,所以本实验需要基于真实的路由器或三层交换机完成。

4.4.1 实验概述

基于时间的 IP 访问控制列表是将 IP 访问控制列表的功能与路由器或交换机的时间访问控制功能结合起来,实现对网络的限时访问控制。

1. 实验目的

在学习了标准 IP 访问控制列表和扩展 IP 访问控制列表的基础上,掌握在路由器或三层交换机等设备上通过将访问控制列表与时间相结合加强网络安全管理的特点,并通过具体实例掌握其实现方法。

2. 实验原理

基于时间的 IP 访问控制列表是在原来的标准 IP 访问控制列表或扩展 IP 访问控制列表中加入有效的时间范围以更合理地控制网络。在具体实现时,需要先定义一个时间范围,然后在原来的各种访问控制列表的基础上应用它。通过基于时间的 IP 访问控制列表,可以根据一天中的不同时间,或者一个星期中的不同日期,或者将二者有机结合,控制对网络数据包的转发。基于时间的 IP 访问控制列表的配置分为以下几个步骤。

1) 定义时间范围

可以先通过 time-range 命令定义一个或一组时间范围,然后在一个 IP 访问控制列表中通过 permit 或 deny 命令调用。

首先用 time-range 命令指定时间范围的名称,并用 absolute 命令或一个(或多个) periodic 命令具体定义时间范围。命令格式如下。

```
time-range time-range-name
absolute [start time date] [end time date]
periodic days-of-the week hh:mm to [days-of-the week] hh:mm
```

以上命令的参数说明如表 4-3 所示。

表 4-3 对基于时间的 IP 访问控制列表的命令或参数的说明

命令或参数	说　明
time-range	用来定义时间范围的命令
time-range-name	时间范围名称,用来标识时间范围,以便于在后面的访问控制列表中调用
absolute	用来指定绝对时间范围。它后面紧跟 start 和 end 两个关键字。在这两个关键字后面的时间要以 24 小时制、hh:mm(时:分)表示,日期要按照日/月/年来表示
periodic	主要是以星期为参数来定义时间范围的一个命令。它的参数主要有 Monday、Tuesday、Wednesday、Thursday、Friday、Saturday、Sunday(分别为从周 到周日)中的一个或几个的组合,也可以是 daily(每天)、weekday(周一到周五)或 weekend(周末,即周六和周日)

需要说明的是,absolute 后面的两个参数可以省略。如果省略了 start 及其后面的时间,那么表示与之相联系的 permit 或 deny 语句立即生效,并一直作用到 end 处的时间为止;如果省略 end 及其后面的时间,表示与之相联系的 permit 或 deny 语句在 start 处表示的时间开始生效,并且永远发生作用。下面举两个例子进行说明。

(1) 如果要使系统每天 8:00~18:00 可以使用,可以表示为

```
absolute start 08:00 end 18:00
```

(2) 如果要使一个访问控制列表从 2007 年 2 月 1 日 8 点开始起作用,直到 2010 年 12 月 31 日 24 点停止作用,可以表示为

```
absolute start08:00 1 February 2007 end 24:00 31 December 2010
```

除使用 absolute 命令指定一个绝对时间外,还可以使用 periodic 命令定义一个或几个周期性的时间。下面举两个例子进行说明。

(1) 如果表示每周一到周五的 6:00~18:30,可以表示为

```
periodic weekday 06:00 to 18:30
```

(2) 如果表示每周一的 7:00 到周三的 17:30,可以表示为

```
periodic Monday 07:00 to Wednesday 17:30
```

2) 定义 IP 访问控制列表并调用由 time-range 定义的时间范围

在利用 time-range 定义了时间范围后,就可以定义一个 IP 访问控制列表,然后在该访

问控制列表中调用已定义的时间范围，将其通过 permit 或 deny 命令应用到该访问控制列表中。

3）利用 ip access-group 命令将访问控制列表应用到指定的端口上

基于时间的 IP 访问控制列表，其实质是在访问控制列表中调用了时间范围。所以，要让基于时间的访问控制列表发挥作用，像标准 IP 访问控制列表和扩展 IP 访问控制列表一样，也必须应用到指定的端口上。具体实现方法见随后的实验步骤。

3. 实验内容和要求

（1）掌握 IP 访问控制列表的功能。

（2）熟悉 IP 访问控制列表的配置方法。

（3）熟悉 time-range 命令的功能。

（4）掌握在 IP 访问控制列表中调用时间范围的方法。

（5）通过实例了解基于时间的 IP 访问控制列表的应用特点。

4.4.2　实验规划

1. 实验设备

（1）三层交换机或路由器（1 台）。

（2）测试和配置用 PC（3 台）。

（3）直连或交叉双绞线（3 根）。

（4）配置用 Console 电缆（1 根）。

2. 实验拓扑

基于时间的 IP 访问控制列表一般放置在各类应用服务器的前端，对服务器上的各种应用起到安全保护作用，本实验的拓扑如图 4-14 所示。在本实验中使用了一台路由器，其中一个 f 0/0 端口连接 210.28.1.0/24 网段，在该网段中放置服务器，其中 WWW 服务器的 IP 地址为 210.28.1.11，FTP 服务器的 IP 地址为 210.28.1.10。路由器通过另一个 f 0/1 端口连接客户端，客户端位于 172.16.1.0/24 网段。

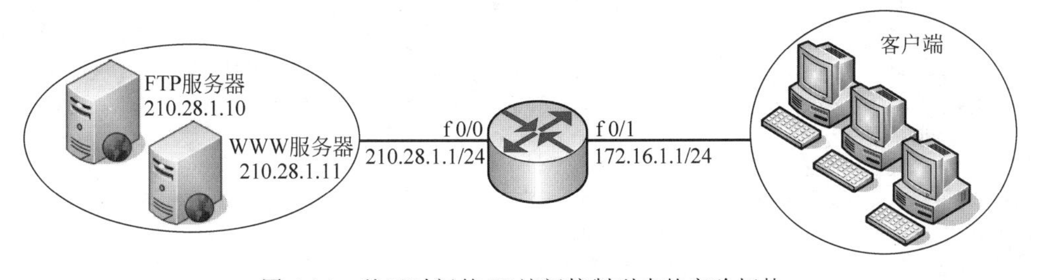

图 4-14　基于时间的 IP 访问控制列表的实验拓扑

现规定：用户（网段为 172.16.1.0/24）从 2007 年 1 月 1 日 0:00 到 2007 年 12 月 31 日 24:00 这一年中，只有在周一至周五的 8:00～18:00 可以访问 WWW 服务器，而每天的 6:00～22:00 可以访问 FTP 服务器。

4.4.3 实验步骤

(1) 路由器 Router 的基本配置如下。

```
Router(config)# interface fastethernet 0/0
Router(config-if)# ip address 210.28.1.1 255.255.255.0
Router(config-if)# no shutdown
Router(config-if)# exit
Router(config)# interface fastethernet 0/1
Router(config-if)# ip address 172.16.1.1 255.255.255.0
Router(config-if)# no shutdown
Router(config-if)# exit
```

至此,路由器的基本配置结束。有读者可能会问:是不是还需要给路由器配置静态路由呢?答案是不需要。其原因已在第 3 章的实验中说明,请读者再认真回顾一下。

(2) 利用 time-range 命令定义时间段。由于要对 WWW 服务器和 FTP 服务器分别定义时间范围,所以下面要分别建立两个时间段。

```
Router(config)# time-range access-www(access-www 指为 WWW 服务器定义的时间范围名称)
Router(config-time-range)# absolute start 00:00 01 January 2007 end 23:59 31 December 2007
(从 2007 年 1 月 1 日 00:00 到 2007 年 12 月 31 日 23:59)
Router(config-time-range)# exit
Router(config)# time-range access-ftp   (access-ftp 指为 FTP 服务器定义的时间范围名称)
Router(config-time-range)# periodic daily 06:00 to 22:00  (每天 6:00~22:00)
Router(config-time-range)# end
```

(3) 定义访问控制列表规则。

```
Router(config)# ip access-list extended web-ftp-control  (定义一个命名扩展访问控制列表,其中 web-ftp-control 为列表名称)
Router(config-ext-nacl)# permit tcp 172.16.1.0 0.0.0.255 host 210.28.1.11 eq www time-range access-www(将 access-www 时间段应用到对主机 210.28.1.11 的访问控制上,这里的 www 即为 HTTP 页面,端口默认为 80,所以也可以直接输入 80)
Router(config-ext-nacl)# permit tcp 172.16.1.0 0.0.0.255 host 210.28.1.10 eq 20 time-range access-ftp(将 access-ftp 时间段应用到对主机 210.28.1.10 的访问控制上)
Router(config-ext-nacl)# permit tcp 172.16.1.0 0.0.0.255 host 210.28.1.10 eq 21 time-range access-ftp
Router(config-ext-nacl)# deny tcp 172.16.1.0 0.0.0.255 host 210.28.1.11eq 80
Router(config-ext-nacl)# deny tcp 172.16.1.0 0.0.0.255 host 210.28.1.10 eq ftp-data
Router(config-ext-nacl)# deny tcp 172.16.1.0 0.0.0.255 host 210.28.1.10 eq ftp
Router(config-ext-nacl)# end
```

(4) 将基于时间的 IP 访问控制列表应用于路由器的 f 0/0 端口上。

```
Router(config)# interface fastethernet 0/0
Router(config-if)# ip access-group web-ftp-control in  (将命名访问控制列表 web-ftp-control 以进站方式应用到 f 0/0 端口上)
```

```
Router(config-if)#end
Router#write memory
```

4.4.4 结果验证

(1) 使用 show time-range 命令查看时间范围的定义情况。

```
Router#show time-range
time-range entry: access-ftp (inactive)
  periodic daily 6:00 to 22:00
  used in: IP ACL entry
time-range entry: access-www (inactive)
  absolute start 00:00 01 January 2007 end 23:59 12 December 2007
  used in: IP ACL entry
```

(2) 使用 show access-list 命令查看访问控制列表的具体信息。

```
Router#show access-list
Extended IP access list web-ftp-control
    10 permit tcp 172.16.1.0 0.0.0.255 host 210.28.1.11 eq www time-range
access-www (inactive)
    20 permit tcp 172.16.1.0 0.0.0.255 host 210.28.1.10 eq ftp-data time-range
access-ftp (inactive)
    30 permit tcp 172.16.1.0 0.0.0.255 host 210.28.1.10 eq ftp time-range
access-ftp (inactive)
    40 deny tcp 172.16.1.0 0.0.0.255 host 210.28.1.11 eq www
    50 deny tcp 172.16.1.0 0.0.0.255 host 210.28.1.10 eq ftp-data
    60 deny tcp 172.16.1.0 0.0.0.255 host 210.28.1.10 eq ftp
```

需要再次注意的是，访问控制列表中每条表项的顺序是很重要的。当数据包到达调用了访问控制列表的端口时，路由器和三层交换机等设备会从上到下执行每条语句。当某条语句满足条件时将通过，而不再执行后面的语句。

在配置基于时间的 IP 访问控制列表时，需要注意以下几点。

- 一个 time-range 命令可以指定一个带有可选的 start 和 end 时间的 absolute 定义，也可以同时指定多条 periodic 规则。在访问控制列表中进行匹配时，只要能匹配任意一条 periodic 规则即认为匹配成功，而不再要求匹配后面的其他 periodic 规则。
- time-range 允许 absolute 和 periodic 规则共存，但此时访问控制列表必须首先匹配 absolute 规则，然后再匹配 periodic 规则。
- 在利用 time-range 命令定义时间范围之前，必须先校正路由器的系统时钟。具体方法是利用 show clock 命令查看当前时钟，再利用 clock set 命令重置时钟，如 clock set 17:10:00 16 january 2007。

4.5 实验 5　静态 NAT 的配置和应用

视频讲解

随着 Internet 网络的迅速发展，IP 地址短缺已成为一个十分突出的问题。为了解决这一问题，出现了多种解决方案，其中网络地址转换(Network Address Translator，NAT)应用最广泛。在NAT中,还可以将一段IP地址转换成单个IP地址,将这一技术称为端口地址转换(Port Address Translation,PAT)。本实验介绍NAT的实现和应用。

4.5.1 实验概述

NAT可以将多个内部地址映射成少数几个甚至一个合法的公网IP地址,让内部网络中使用私有IP地址的设备通过"伪IP"访问Internet等外部资源,从而更好地解决IPv4地址资源即将枯竭的问题。同时,由于NAT对内部IP地址进行了隐藏,因此NAT也给网络带来了一定的安全性。

1. 实验目的

学习NAT的工作原理,熟悉NAT中4种地址概念及在网络中的位置,同时熟悉静态NAT翻译和动态NAT翻译的区别。在此基础上,掌握NAT的配置方法。

2. 实验原理

将单位内部局域网接入Internet时,一般情况下是没有足够的合法地址分配给内部主机的,使用NAT可以将少数几个甚至一个合法的公网IP地址映射给多个内部主机地址,这样就可以大大减缓公网IP地址的耗尽速度。而且NAT毕竟修改了数据包的原地址,外部设备看不到内部设备的地址,因此网络的安全性也得到了增强。

1) NAT的工作原理

NAT功能通常被集成到路由器、防火墙等关键网络设备中。NAT将网络分成了内部(Inside)和外部(Outside)两部分,一般情况下,内部是单位局域网,外部是公共Internet网络。如图4-15所示,位于内部网络和外部网络边界的NAT路由器执行地址翻译的操作。

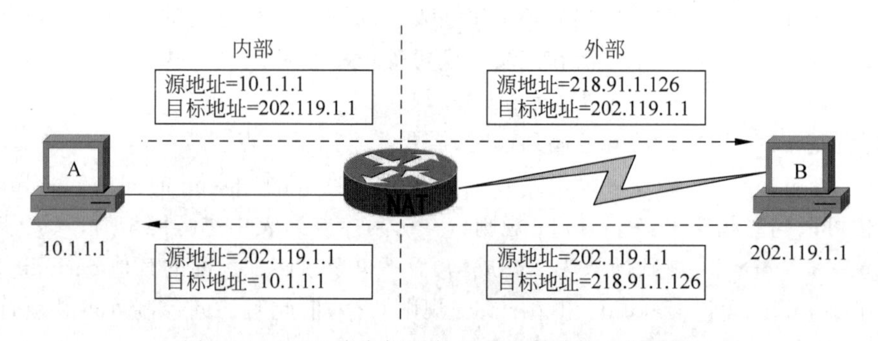

图4-15 NAT将内部私有IP地址转换为公网地址

主机A具有一个私有IP地址10.1.1.1,当它向Internet发送数据时,数据包会先通过一个运行着NAT的路由器。路由器会将数据包头部的源IP地址(10.1.1.1)替换成一个合法的公网IP地址(218.91.1.126),然后再将该数据包发送出去。数据包到达目标主机B(202.119.1.1)以后,主机B会发送一个目标IP地址为218.91.1.126的数据包给主机A,当这个数据包到达路由器时,路由器再将它的目标IP地址替换成主机A的私有IP地址(10.1.1.1)。以上就是NAT的基本工作过程,NAT在网络中起着地址翻译的作用。

同时,还可以看到NAT可以隐藏IP地址。在图4-15中,主机B认为主机A的地址是

218.91.1.126，而实际上主机A的地址是10.1.1.1，这个10.1.1.1对于主机B是“隐藏”的。

在图4-15所示的实例中，用NAT只对内部网络的主机地址进行了翻译，其实NAT可以在两个方向上同时进行翻译，如图4-16所示的就是一个在两个方向上执行NAT翻译的例子。其中，运行NAT的路由器在两个方向上执行了地址翻译，最终的结果是：在主机A看来，主机B的IP地址为192.168.1.91；在主机B看来，主机A的地址为218.91.1.126，NAT在两个方向上都隐藏了设备的真实地址。

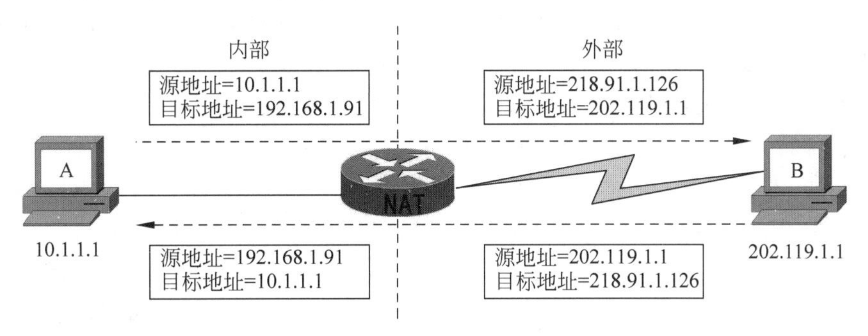

图4-16　NAT在两个方向上执行地址翻译

2）NAT中的地址概念

NAT把网络地址分为本地地址和全局地址两类，本地地址是指在内部网络中的设备能够看到的地址，而全局地址是指外部网络中的设备能够看到的地址。下面是NAT中使用到的4种地址。

（1）内部本地（Inside Local，IL）地址：分配给内部网络设备的地址，一般为私有地址，并且这个地址不会对外部网络公布。

（2）内部全局（Inside Global，IG）地址：代表一个或更多内部地址到外部网络的合法地址。通过这个地址，外部网络设备可以知道内部网络设备。

（3）外部全局（Outside Global，OG）地址：分配给外部网络设备的地址，一般为合法地址，并且这个地址不会向内部网络公布。

（4）外部本地（Outside Local，OL）地址：外部网络的主机地址，看起来是内部网络的私有地址，内部网络设备可以通过它知道外部网络设备。

在图4-16中，主机A处于内部网络，主机B处于外部网络。因此，主机A本身的IP地址10.1.1.1是内部本地地址，主机B本身的IP地址202.119.1.1是外部全局地址；192.168.1.91是外部本地地址（内部主机A看到的外部主机B的地址），218.91.1.126是内部全局地址（外部主机B看到的内部主机A的地址）。

3）静态NAT的特点

静态翻译是一种比较简单的NAT翻译，它将内部地址和外部地址进行一对一的转换，即将内部网络中的某个私有地址永久地映射成外部网络中的某个合法的地址。一般情况下，如果内部网络中有邮件服务器、FTP服务器、Web服务器时，这些服务器要同时为内部和外部网络用户提供服务，对于外部网络用户的服务就必须对这些服务器采用静态NAT。

由于采用静态NAT的主机都各自使用一个固定地址，因此，静态NAT并不能解决IP地址短缺这一问题，它只是让内部网络中的服务器可以对外部用户提供服务，是一种网络应用解决方案。

4）静态 NAT 的配置方法

在端口配置模式下，命令格式如下。

```
ip nat inside          (将端口指定为内部端口)
ip nat outside         (将端口指定为外部端口)
ip nat inside source static inside-local-address inside-global-address
```

其中，参数 inside-local-address 指定内部本地地址；参数 inside-global-address 指定内部全局地址。

本实验假设某单位创建了邮件服务器和 Web 服务器，这两台服务器不但允许内部用户(IP 地址为 172.16.1.0/24 网段)能够访问，而且要求 Internet 上的外网用户也能够访问。为实现此功能，本单位向当地的因特网服务提供商(Internet Service Provider，ISP)申请了一段公网的 IP 地址 210.28.1.0/24，通过静态 NAT，当 Internet 上的用户访问这两台服务器时，实际访问的是 210.28.1.10 和 210.28.1.11 这两个公网的 IP 地址，但用户的访问数据被路由器 Router-A 分别转换为 172.16.1.10 和 172.16.1.11 两个内网的私有 IP 地址。其他参数如图 4-17 所示。

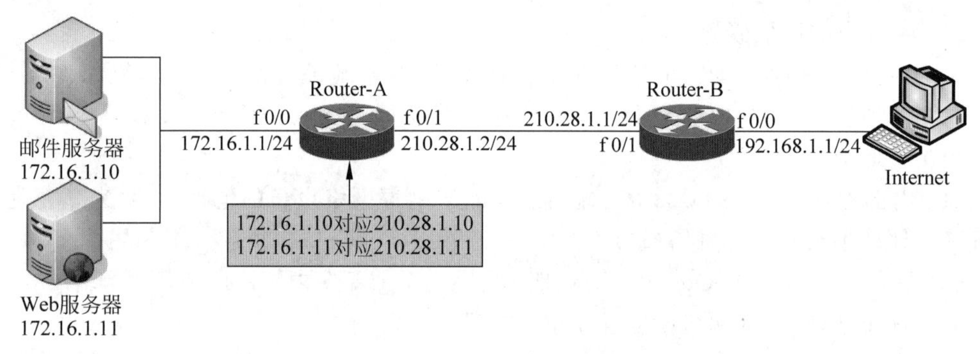

图 4-17　静态 NAT 的配置

3. 实验内容和要求

(1) 掌握 NAT 的工作原理。
(2) 掌握 NAT 的应用特点。
(3) 掌握静态 NAT 的工作过程。
(4) 掌握静态 NAT 的配置方法。

4.5.2　实验规划

1. 实验设备

在 Packet Tracer 软件的设备类型库中选择以下设备。

(1) 路由器(2 台)：在设备类型库中选择 Network Devices→Routers→2811。
(2) 二层交换机(1 台)：在设备类型库中选择 Network Devices→Switches→2950-T。
(3) PC(1 台)：在设备类型库中选择 End Devices→End Devices→PC。

(4) 服务器(2 台)：在设备类型库中选择 End Devices→Server-PT。

(5) 直连双绞线(3 根)：在设备类型库中选择 Connections→Connections→Copper Straight-Through。

(6) 交叉双绞线(2 根)：在设备类型库中选择 Connections→Connections→Copper Cross-Over。

2. 实验拓扑构建

在 Packet Tracer 软件的逻辑工作空间中，根据图 4-17 所示的拓扑，使用直连双绞线将邮件服务器、Web 服务器的网口(即 f 0)分别与二层交换机 Switch 0 的 f 0/1、f 0/2 端口相连，将二层交换机的 f 0/24 端口与 Router-A 的 f 0/0 端口用交叉双绞线相连。Router-A 的 f 0/1 端口与 Router-B 的 f 0/1 端口用交叉双绞线相连，Router-B 的 f 0/0 端口与代表 Internet 的 PC0 用直连双绞线相连。连接完成后，如图 4-18 所示。

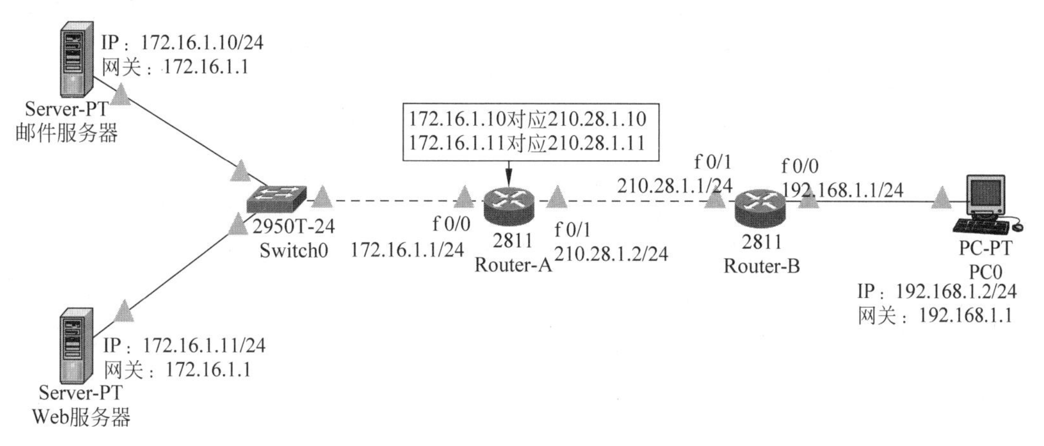

图 4-18　静态 NAT 配置的网络拓扑

4.5.3 实验步骤

(1) Router-A 的基本配置。

```
Router(config)# hostname Router-A
Router-A(config)#interface fastethernet 0/0
Router-A(config-if)#ip address 172.16.1.1 255.255.255.0
Router-A(config-if)#no shutdown
Router-A(config-if)#exit
Router-A(config)#interface fastethernet 0/1
Router-A(config-if)#ip address 210.28.1.2 255.255.255.0
Router-A(config-if)#no shutdown
Router-A(config-if)#exit
Router-A(config)#ip route 192.168.1.0 255.255.255.0 210.28.1.1
Router-A(config)#end
```

(2) Router-B 的基本配置。

```
Router(config)# hostname Router-B
Router-B(config)#interface fastethernet 0/0
Router-B(config-if)#ip address 192.168.1.1 255.255.255.0
Router-B(config-if)#no shutdown
Router-B(config-if)#exit
Router-B(config)#interface fastethernet 0/1
Router-B(config-if)#ip address 210.28.1.1 255.255.255.0
Router-B(config-if)#no shutdown
Router-B(config-if)#exit
Router-B(config)#ip route 172.16.1.0 255.255.255.0 210.28.1.2
Router-B(config)#end
```

(3) 在 Router-A 上配置静态 NAT。

```
Router-A(config)# interface fastethernet 0/0
Router-A(config-if)#ip nat inside        (将 f 0/0 端口定义为内部端口)
Router-A(config-if)#exit
Router-A(config)# interface fastethernet 0/1
Router-A(config-if)#ip nat outside       (将 f 0/1 端口定义为外部端口)
Router-A(config-if)#exit
Router-A(config)#ip nat inside source static 172.16.1.10 210.28.1.10    (将内网的172.16.1.10 私有 IP 地址静态映射为外网的 210.28.1.10 公有 IP 地址)
Router-A(config)#ip nat inside source static 172.16.1.11 210.28.1.11    (将内网的172.16.1.11 私有 IP 地址静态映射为外网的 210.28.1.11 公有 IP 地址)
Router-A(config)#end
Router-A#write memory
```

4.5.4 结果验证

(1) 在 Router-B 的 f 0/0 端口上接入一台 PC，IP 地址设置为 192.168.1.2，网关为 192.168.1.1(Router-B 上 f 0/0 端口的 IP 地址)，然后进入命令提示符窗口，用 ping 命令分别测试 210.28.1.10 和 210.28.1.11 两个 IP 地址，应该是连通的。说明 Router-A 已进行了地址转换。其实，真正访问的是 172.16.1.10 和 172.16.1.11 两台主机。

如果在 192.168.1.2 的 PC 上分别 ping 172.16.1.10 和 172.16.1.11 两台主机，也会发现是连通的，这是为什么呢？请大家思考(在实际的应用中是不会出现这种情况的)。

(2) 在 Router-A 上使用 show ip nat translations 命令查看 NAT 的转换情况。

```
Router-A#show ip nat translations
Pro Inside global     Inside local     Outside local     Outside global
--- 210.28.1.10       172.16.1.10      ---               ---
--- 210.28.1.11       172.16.1.11      ---               ---
```

另外，还可以在路由器上使用 debug ip nat 命令显示 NAT 的工作过程。在 Router-A 上使用 debug ip nat 命令后，出现 IP NAT debugging is on 表示 ip nat debug 已开启，然后再去服务器上 ping 需要访问的公网地址(这里使用 192.168.1.2)，就可以在 Router-A 上看到转换过程，如图 4-19 所示。

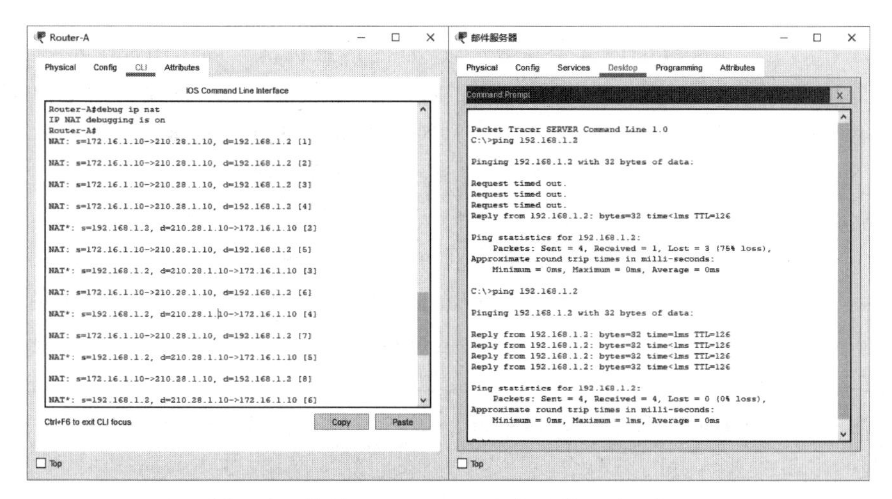

图 4-19　使用 debug ip nat 命令后的 NAT 过程

注意，由于 debug 命令会耗费大量的系统资源，所以该命令仅在网络测试时短时间使用，应使用 undebug all 命令尽快关闭 debug 命令。

4.6　实验 6　动态 NAT 的配置和应用

静态 NAT 主要实现公有 IP 地址与私有 IP 地址之间的一一对应的转换，多应用于企业 Web、邮件、FTP 等同时向内外网提供服务的服务器，这是因为这些服务器的 IP 地址不管是对内还是对外都是相对确定的。但是，如果要实现使用私有 IP 地址的局域网用户访问 Internet，静态 IP 就不适用了，这时可以通过动态 NAT 来实现。

4.6.1　实验概述

不管是静态 NAT 还是动态 NAT，在实际通信过程中都是实现私有 IP 地址与公用 IP 地址之间的一对一转换。但在动态 NAT 中，使用某个私有 IP 地址的用户在不同时间内所获得的公用 IP 地址可能是不同的。

1. 实验目的

在掌握静态 NAT 工作原理和配置方法的基本上，熟悉动态 NAT 的工作过程，区分动态 NAT 与静态 NAT 之间的差别，并掌握动态 NAT 的应用特点和配置方法。

2. 实验原理

静态 NAT 将未注册、不可路由的内部私有 IP 地址映射为已注册、可路由的公网 IP 地址，这是一种一对一的策略，在内部网络的主机需要从外部进行访问时，这是必须的。而动态 NAT (Dynamic NAT)也是将一个未注册的私有 IP 地址映射为一个已注册的公网 IP 地址，但不同的是这个已注册的公网 IP 地址是从一个公网 IP 地址池中动态地获取的。动态 NAT 同样提供了一种一对一的映射策略，但这种映射地址将随着每次连接时公网 IP 地址池的不同而改变。

1) 动态 NAT 的特点

动态 NAT 定义了 NAT 地址池(Pool)以及一系列需要进行映射的内部本地地址。其中,NAT 地址池是一组连续的内部全局地址,所有内部主机都可以使用地址池中的任何一个可用的地址进行 NAT 转换。为实现这一过程,需要在配置 NAT 的路由器上使用访问控制列表定义允许哪一部分内部主机使用这个地址池中的地址进行转换。

动态 NAT 转换的条目并不像静态 NAT 一样一开始就存在于路由器的 NAT 转换表中,它是内部主机需要对外部进行通信时动态产生的。因此,当这个通信结束后,这些用作转换的地址就必须再次回到地址池中以供其他主机在进行地址转换时使用,这个过程与动态主机配置协议(Dynamic Host Configuration Protocol,DHCP)中的 IP 地址租用相似。

需要说明的是,静态 NAT 和动态 NAT 是可以共存的。一般情况下,将静态 NAT 和动态 NAT 结合起来使用,其中静态 NAT 主要负责对内部网络中的服务器进行地址转换,因为这些服务器要同时对内和对外提供相同的服务,它们的内部全局地址是不可以随意变化的;动态 NAT 主要负责内部网络中的客户机访问外部网络(如 Internet)时的地址转换,这些条目只要能保证在主机与外部网络通信时有效即可,地址池中的地址可以被循环利用。

2)动态 NAT 的配置方法

动态地址转换是从内部全局地址池中动态地选择一个未使用的地址对内部本地地址进行转换,其基本配置步骤如下。

```
ip nat inside          (将端口指定为内部端口)
ip nat outside         (将端口指定为外部端口)
ip nat pool name start-ip end-ip {netmask netmask | prefix-length prefix-length}(定义内部全局地址池,相关参数说明如表 4-4 所示)
access-list access-list-number permit source source-wildcard  (定义一个标准的 access-list 以允许哪些内部本地地址可以进行动态地址转换,相关参数说明如表 4-5 所示)
ip nat inside source list {access-list-number | name} pool name  (在内部的本地地址与内部全局地址之间建立复用动态地址转换,相关参数说明如表 4-6 所示)
```

表 4-4　ip nat pool 命令的参数说明

参　　数	说　　明
name	地址池名字,地址池名字在路由器上应是唯一的
start-ip	定义起始 IP 地址,地址池地址范围的起始 IP 地址
end-ip	定义终止 IP 地址,地址池地址范围的终止 IP 地址
netmask	子网掩码,定义在地址池中地址的子网掩码
prefix-length	定义在地址池中地址的子网掩码的位数,即前缀长度

表 4-5　access-list 命令的参数说明

参　　数	说　　明
access-list-number	访问控制列表号,其值为 1～99 或 1300～1999
source source-wildcard	源地址及其通配符,其中通配符用反码表示

表 4-6　ip nat inside source list 命令的参数说明

参　　数	说　　明
access-list-number	访问列表号,注意应与表 4-5 中的定义相同
{|name}	可选项,如果是命名访问控制列表,此处输入命名访问控制列表名称
name	地址池名字,注意应与表 4-4 中的 name 参数相同

在本实验中,假定某单位的局域网使用 172.16.1.0/24 网段的私有 IP 地址,现要求通过路由器的 NAT 连接到 Internet。为此,单位向当地的 ISP 申请了 210.28.1.0/24 网段的公网地址(共 254 个),其中 210.28.1.1 为对端(ISP 端)的网关地址,210.28.1.2 为用户端的网关地址,另外 210.28.1.3～210.28.1.20 地址段供服务器使用(用于静态 NAT),其他地址段 210.28.1.21～210.28.1.254 供用户访问 Internet 时动态分配,网络拓扑如图 4-20 所示。

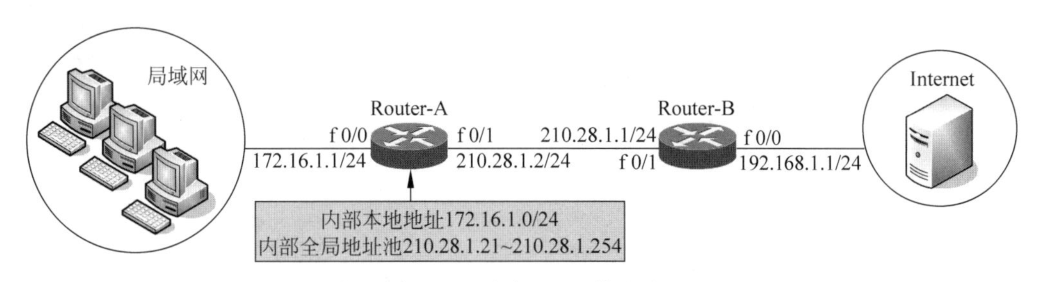

图 4-20 动态 NAT 的配置

本实验将在实验 5 的基础上,在 Router-A 上实现内部私有 IP 地址段 172.16.1.0/24 到公有 IP 地址段 210.28.1.21～210.28.1.254 的动态 NAT。

3. 实验内容和要求

(1) 熟悉 NAT 的工作原理。

(2) 掌握静态 NAT 与动态 NAT 之间的不同。

(3) 掌握动态 NAT 的配置步骤和方法。

(4) 联系实际,了解静态 NAT 与动态 NAT 的应用特点。

4.6.2 实验规划

1. 实验设备

在 Packet Tracer 软件的设备类型库中选择以下设备。

(1) 路由器(2 台): 在设备类型库中选择 Network Devices→Routers→2811。

(2) 二层交换机(1 台): 在设备类型库中选择 Network Devices→Switches→2950-T。

(3) PC(2 台): 在设备类型库中选择 End Devices→End Devices→PC。

(4) 服务器(1 台): 在设备类型库中选择 End Devices→Server-PT。

(5) 直连双绞线(3 根): 在设备类型库中选择 Connections→Connections→Copper Straight-Through。

(6) 交叉双绞线(1 根): 在设备类型库中选择 Connections→Connections→Copper Cross-Over。

2. 实验拓扑

在 Packet Tracer 软件的逻辑工作空间中,根据图 4-21 所示的拓扑,使用直连双绞线,将 PC0、PC1 的网口(即 f 0/1)分别与二层交换机 Switch 0 的 f 0/1、f 0/2 端口相连,将二层交换机的 f 0/24 端口与 Router-A 的 f 0/0 端口用交叉双绞线相连。Router-A 的 f 0/1 端口与 Router-B 的 f 0/1 端口用交叉双绞线相连，Router-B 的 f 0/0 端口与代表 Internet 的 Server0 用直连双绞线相连。连接完成后，如图 4-21 所示。

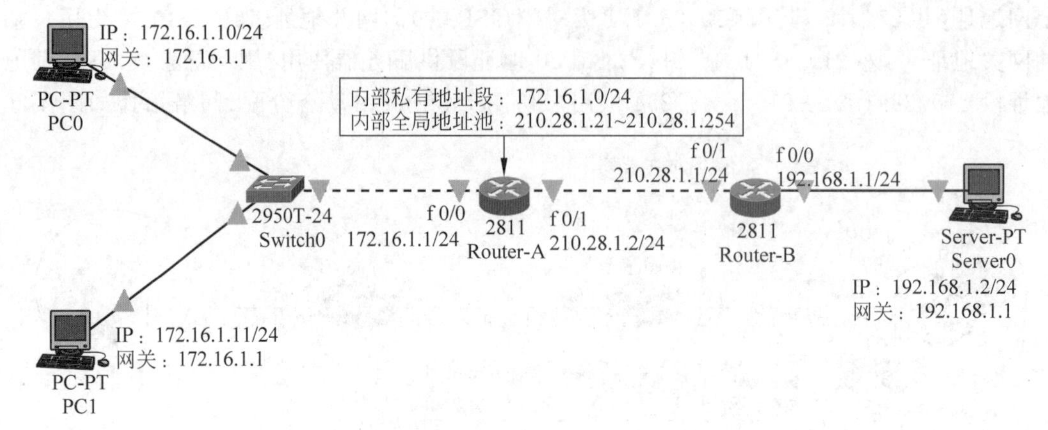

图 4-21　动态 NAT 实验的拓扑与具体配置

4.6.3　实验步骤

(1) Router-A 的基本配置。

```
Router(config)# hostname Router-A
Router-A(config)#interface fastethernet 0/0
Router-A(config-if)#ip address 172.16.1.1 255.255.255.0
Router-A(config-if)#no shutdown
Router-A(config-if)#exit
Router-A(config)# interface fastethernet 0/1
Router-A(config-if)#ip address 210.28.1.2 255.255.255.0
Router-A(config-if)#no shutdown
Router-A(config-if)#exit
Router-A(config)#ip route 0.0.0.0 0.0.0.0 fastethernet 0/1 （该默认路由将内部的所有 IP 地址全部通过 f 0/1 端口进行转发）
Router-A(config)#end
```

(2) Router-B 的基本配置(在实际应用中，以下配置由 ISP 负责设置)。

```
Router(config)# hostname Router-B
Router-B(config)#interface fastethernet 0/0
Router-B(config-if)#ip address 192.168.1.1 255.255.255.0
Router-B(config-if)#no shutdown
Router-B(config-if)#exit
Router-B(config)#interface fastethernet 0/1
Router-B(config-if)#ip address 210.28.1.1 255.255.255.0
Router-B(config-if)#no shutdown
Router-B(config-if)# end
```

(3) 在 Router-A 上配置动态 NAT。

```
Router-A(config)# interface fastethernet 0/0
Router-A(config-if)# ip nat inside   (将 f 0/0 端口定义为内部端口)
Router-A(config-if)# exit
Router-A(config)# interface fastethernet 0/1
Router-A(config-if)# ip nat outside (将 f 0/1 端口定义为外部端口)
Router-A(config-if)# exit
Router-A(config)# ip nat pool jspi-nj 210.28.1.21 210.28.1.254 prefix-length 24  (定义地址池的名称为 jspi-nj,地址池的 IP 地址范围为 210.28.1.21～210.28.1.254,地址池中 IP 地址的子网位数为 24)
```

或

```
Router-A(config)# ip nat pool jspi-nj 210.28.1.21 210.28.1.254 netmask 255.255.255.0  (直接用子网掩码标明地址池中 IP 地址的子网位数)
Router-A(config)# access-list 10 permit 172.16.1.0 0.0.0.255  (用访问控制列表 10 允许内部本地地址 172.16.1.0/24 访问)
Router-A(config)# ip nat inside source list 10 pool jspi-nj  (实现内部本地 IP 地址与本地全局 IP 地址之间的转换)
Router-A(config)# end
Router-A# write memory
```

4.6.4 结果验证

(1) 将 Router-B 的 f 0/0 端口上接入的服务器 Server0 的 IP 地址设置为 192.168.1.2,网关为 192.168.1.1(Router-B 上 f 0/0 端口的 IP 地址)。在局域网内部,将 PC 的 IP 地址设置在 172.16.1.0/24 地址内,然后进入命令提示符窗口,分别用 ping 命令测试 192.168.1.2,网络应该是连通的,这说明 Router-A 已进行了动态地址转换。

(2) 利用 show ip nat translations 命令查看 NAT 的转换表。注意,必须先使用 ping 命令测试后再使用此命令,才能看到转换表,如图 4-22 所示。

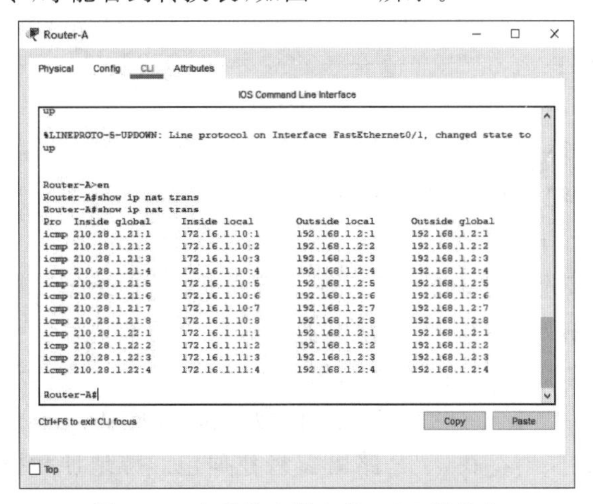

图 4-22　查看路由器上的 NAT 转换表

4.7 实验7 PAT的配置和应用

通过实验5和实验6会发现,静态NAT实现的是私有IP地址与公网IP地址之间的一一对应,而动态NAT虽然是动态地从公网IP地址池中获取IP地址,但还仍是一一对应的映射关系。因此,NAT技术无法解决公网IP地址的紧缺问题。要解决这一问题,目前只能使用端口地址转换(PAT)技术,尤其是网吧、单位网络等局域网访问Internet时,广泛使用PAT技术。

视频讲解

4.7.1 实验概述

现在假设:如果网络中只有一个可用的内部全局地址,却有大量内部主机访问外部网络,会发生什么情况呢?当一个内部主机的数据包进行NAT后,它可以对外部网络进行访问,而这时内部其他主机就必须等到前面的主机结束访问后才能对外部网络进行访问。在同一时间内只能有一个内部主机可以访问外部网络,这种网络设计显然是低效的,如何充分利用现有的内部全局地址呢?在这里就必须引入端口地址转换技术。

1. 实验目的

通过本实验,继续对网络地址转换的功能和应用的学习,进一步理解在局域网接入Internet的过程中为什么要使用地址转换。同时,了解静态NAT、动态NAT和PAT之间的功能差别和应用特点,并掌握路由器上PAT的配置方法。

2. 实验原理

PAT技术允许把多个内部本地地址映射到同一个内部全局地址上,实际上PAT和动态NAT的唯一区别就是在配置时使用了overload参数。我们知道,不同的TCP/IP会话是通过它们的套接字(Socket)辨别的,一个Socket就是一个(地址、端口)组。PAT可以将内部的不同本地地址转换成一个内部全局地址,但是这些地址会被转换在该全局地址的不同端口上,这样就可以保持会话的唯一性。

理论上,PAT可以将大约65536(0～65535)个不同的内部IP地址翻译成一个内部全局地址。在实际应用中,PAT是非常适合于将中小型网络接入Internet。图4-23描述了PAT的工作过程。

从图4-23中可以看出,内部主机192.168.1.1和192.168.1.2都使用同样的内部全局地址202.119.23.8访问外部网络的主机,它们分别使用不同的1026和11011端口号。PAT的主要工作过程如下。

(1) PAT路由器接收来自192.168.1.1的数据包,并检查自己的PAT转换表,发现没有关于192.168.1.1的映射存在,于是路由器将数据包的源地址替换成202.119.23.8,并为其加上端口号1026以便和其他NAT映射区分开来。

(2) PAT路由器接收来自192.168.1.2的数据包,并检查自己的PAT转换表,发现没有关于192.168.1.2的映射存在,于是路由器将数据包的源地址替换成202.119.23.8,并为其加上端口号11011以便和其他NAT映射区分。

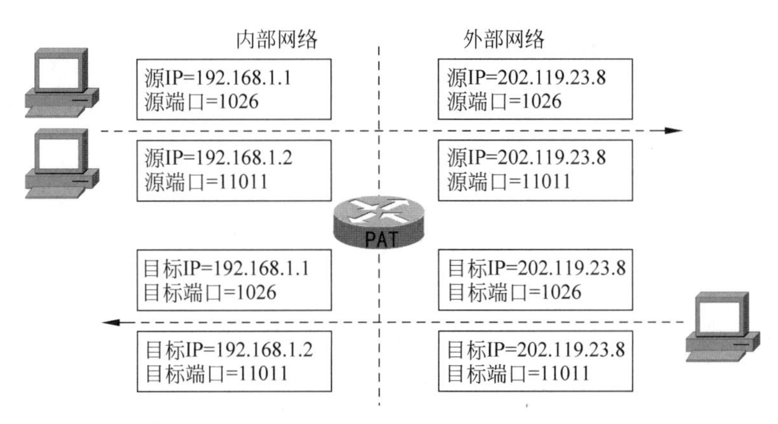

图 4-23 PAT 的工作过程

(3) 外部网络主机接收到数据包，并且都使用内部全局 IP 地址 202.119.23.8 应答主机 192.168.1.1 和 192.168.1.2，但是分别为它们加上不同的端口号。

(4) PAT 路由器接收到外部主机的响应数据包，并且查询自己的 PAT 表，最终将外部响应的数据包发送到目的主机。

路由器上 PAT 的基本配置步骤如下。

```
ip nat inside
ip nat outside
ip nat pool name start-ip end-ip {netmask netmask | prefix-length prefix-length}
access-list access-list-number permit source source-wildcard (定义一个标准的 access-list 以允许哪些内部本地地址可以进行端口地址转换，相关参数说明如表 4-5 所示)
ip nat inside source list {access-list-number | name} pool name overload
```

相关参数说明与实验 6 中的动态 NAT 完全相同，配置过程中可参看实验 6 的相关内容。

从动态 NAT 和 PAT 的配置步骤中可以看出，两者基本相同。只是 PAT 在 ip nat inside source list 命令的后面加上了 overload 参数。overload 参数的功能是指定网络地址转换的类型，将多个内部本地地址转换到同一个内部全局地址上。

3. 实验内容和要求

(1) 熟悉网络地址转换的工作特点。

(2) 掌握 NAT 和 PAT 的异同。

(3) 了解 PAT 的工作过程。

(4) 掌握动态 NAT，掌握 PAT 的配置方法。

4.7.2 实验规划

1. 实验设备

在 Packet Tracer 软件的设备类型库中选择以下设备。

(1) 路由器(2 台)：在设备类型库中选择 Network Devices→Routers→2811。

(2) 二层交换机(1 台):在设备类型库中选择 Network Devices→Switches→2950-T。

(3) PC(3 台):在设备类型库中选择 End Devices→End Devices→PC。

(4) 直连双绞线(3 根):在设备类型库中选择 Connections→Connections→Copper Straight-Through。

(5) 交叉双绞线(1 根):在设备类型库中选择 Connections→Connections→Copper Cross-Over。

2. 实验拓扑

某单位的局域网使用 172.16.1.0/24 网段的私有 IP 地址,现要求通过路由器的 PAT 转换连接到 Internet。为此,该单位向当地的 ISP 申请了 210.28.1.2/30 一个公网 IP 地址,另外 ISP 端(Router-B)的地址为 210.28.1.1/30。网络拓扑如图 4-24 所示。通过配置 PAT,要求局域网中的主机都能够同时访问 Internet。在本实验中,PC1 可以理解为 Internet 上的一台主机。

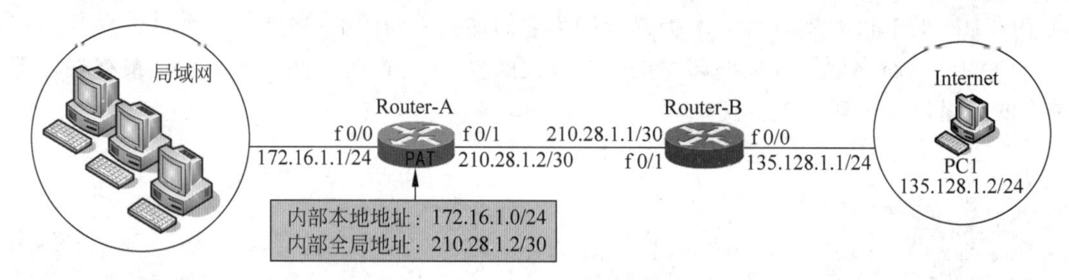

图 4-24 PAT 的配置

在 Packet Tracer 软件的逻辑工作空间中,根据图 4-25 的配置要求构建网络拓扑。使用直连双绞线,将 PC0、PC1 的网口(即 f 0/1)分别与二层交换机 Switch 0 的 f 0/1、f 0/2 端口相连,将二层交换机的 f 0/24 端口与 Router-A 的 f 0/0 端口用交叉双绞线相连。Router-A 的 f 0/1 端口与 Router-B 的 f 0/1 端口用交叉双绞线相连,Router-B 的 f 0/0 端口与代表 Internet 的 PC2 用直连双绞线相连。

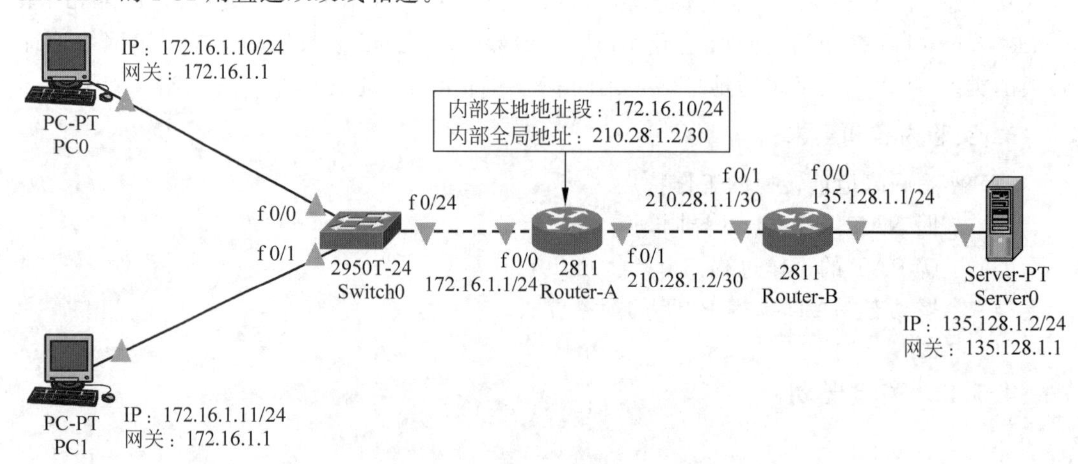

图 4-25 PAT 实验的仿真拓扑结构

可以看到,在未进行配置前,网络是不通的。

4.7.3 实验步骤

（1）Router-A 的基本配置。

```
Router-A(config)# interface fastethernet 0/0
Router-A(config-if)# ip address 172.16.1.1 255.255.255.0
Router-A(config-if)# no shutdown
Router-A(config-if)# exit
Router-A(config)# interface fastethernet 0/1
Router-A(config-if)# ip address 210.28.1.2 255.255.255.252
Router-A(config-if)# no shutdown
Router-A(config-if)# exit
Router-A(config)# ip route 0.0.0.0 0.0.0.0 fastethernet 0/1 (该默认路由将内部的所有 IP
地址全部通过 f 0/1 端口进行转发)
Router-A(config)# end
```

（2）Router-B 的基本配置。

```
Router-B(config)# interface fastethernet 0/0
Router-B(config-if)# ip address 135.128.1.1 255.255.255.0
Router-B(config-if)# no shutdown
Router-B(config-if)# exit
Router-B(config)# interface fastethernet 0/1
Router-B(config-if)# ip address 210.28.1.1 255.255.255.252
Router-B(config-if)# no shutdown
Router-B(config-if)# end
Router-B# write memory
```

（3）在 Router-A 上配置静态 PAT。

```
Router-A(config)# interface fastethernet 0/0
Router-A(config-if)# ip nat inside          (将 f 0/0 端口定义为内部端口)
Router-A(config-if)# exit
Router-A(config)# interface fastethernet 0/1
Router-A(config-if)# ip nat outside         (将 f 0/1 端口定义为外部端口)
Router-A(config-if)# exit
Router-A(config)# ip nat pool jspi-nj 210.28.1.2 210.28.1.2 prefix-length 30 (定义内部
全局地址,在这里是 210.28.1.2,子网位为 30)
```

或

```
Router-A(config)# ip nat pool jspi-nj 210.28.1.2 210.28.1.2 netmask 255.255.255.252
Router-A(config)# access-list 10 permit 172.16.1.0 0.0.0.255 (用访问控制列表 10 允许内
部本地地址 172.16.1.0/24 访问)
Router-A(config)# ip nat inside source list 10 pool jspi-nj overload (实现内部本地址 IP 地
址与本地全局 IP 地址之间的 PAT 转换)
Router-A(config)# end
Router-A# write memory
```

4.7.4 结果验证

(1) 在 Router-B 的 f 0/0 端口上接入一台 PC,IP 地址设置为 135.128.1.2,网关为 135.128.1.1(Router-B 上 f 0/0 端口的 IP 地址)。在局域网内部,将 PC 的 IP 地址设置在 172.16.1.0/24 地址内,然后进入命令提示符窗口,用 ping 命令测试 135.128.1.2,网络应该是连通的,这说明 Router-A 已进行了 PAT。另外,如果 PC 上已开放了 Web 服务,也可以输入 http://135.128.1.2 打开其网页。

(2) 利用 show ip nat translations 命令查看 NAT 的转换表,如图 4-26 所示。

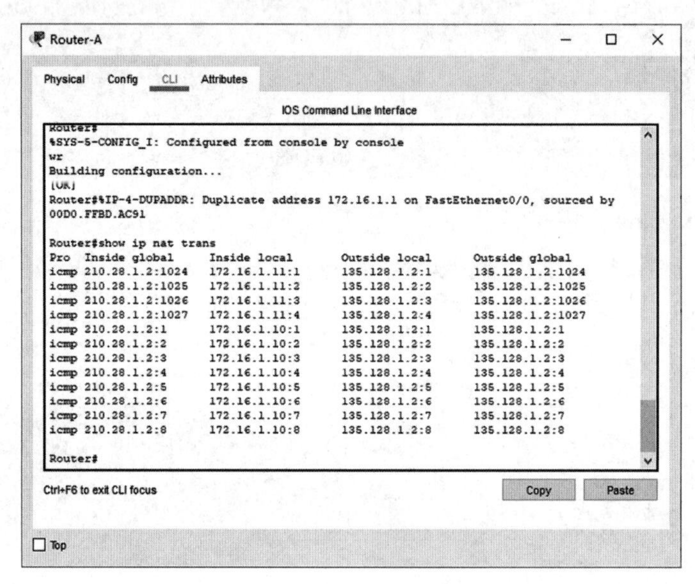

图 4-26 NAT 转换表的查看

从显示结果可以看出,内部网络的两台主机都使用相同的内部全局地址 210.28.1.2 对外网进行访问,Router-A 使用不同的端口号辨别不同内部主机的会话。

本章小结

本章通过 7 个实验,介绍了交换机端口的安全配置方法和应用特点;学习了标准 IP 访问控制列表、扩展 IP 访问控制列表的配置和使用方法;在此基础上,了解在路由器或三层交换机等设备上通过将访问控制列表与时间相结合以加强网络安全管理方法;学习 NAT 的工作原理以及静态 NAT、动态 NAT 和 PAT 之间的功能差别和应用特点,并掌握路由器上静态 NAT、动态 NAT 和 PAT 的配置方法。

第5章

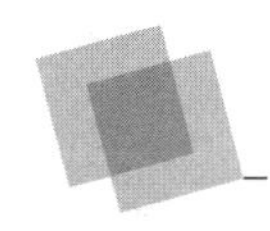

DNS服务器的配置和应用

域名系统(Domain Name System,DNS)服务器是现代计算机网络中应用最为广泛的一种名称解析服务,无论是 Internet 还是 Intranet 都在广泛使用。DNS 一般需要建立在相应的操作系统平台上,为基于 TCP/IP 的客户端提供名称解析服务。本章的几个实验将以 Windows Server 2016 操作系统为平台,系统介绍 DNS 服务器的安装、配置和应用方法。其中,本章开始的实验可使用统一的域名,例如,a **** test. com(注:此处为避免可能的冲突,使用了不符合域名命名要求的“*”,读者在实验中,可将 a **** test. com 替换为自己使用的域名,配置或命令才可生效)。

5.1 实验 1 配置基于活动目录的第 1 台 DNS 服务器

本实验将结合 Windows Server 2016 活动目录(Active Directory)的功能和特点,介绍 DNS 服务器的配置方法。在本实验中,DNS 在安装活动目录的过程中同时安装。

5.1.1 实验概述

视频讲解

在使用 TCP/IP 的网络中,当给每台计算机(主机)分配了独立的 IP 地址后,便可以通过 IP 地址找到这台计算机并与之进行通信。但是,当网络的规模较大时,使用 IP 地址就不太方便了,所以便出现了主机名(Host Name)与 IP 地址之间的一种对应解决方案,使用形象易记的主机名而非 IP 地址进行网络的访问,这比单纯使用 IP 地址显然要方便得多。

1. 实验目的

主机名与 IP 地址之间的映射使用了解析的概念和原理,因为单独通过主机名是无法建立网络连接的,需要通过解析的过程,在主机名与 IP 地址之间建立了映射关系后,才可以使用主机名间接地通过 IP 地址建立网络连接。

主机名与 IP 地址之间的映射关系,在小型网络中多使用 HOSTS 文件完成。后来,随着网络规模的增大,为了满足不同组织的要求,实现一个可伸缩、可自定义的命名方案,国际互联网络信息中心(Internet Network Information Center,InterNIC)制定了一套称为域名系统(DNS)的分层名字解析方案,当DNS用户提出IP地址查询请求时,就可以由DNS服务器中的数据库提供所需的数据。

通过本实验,在了解DNS工作原理和过程的基础上,掌握Windows Server 2016下DNS的安装和配置方法。

2. 实验原理

DNS的基础是HOSTS,DNS最初的设计目标是"用具有层次名字空间、分布式管理、扩展的数据类型、无限制的数据库容量和具有可接受性能的轻型、快捷、分布的数据库取代笨重的集中管理的HOSTS文件系统"。

DNS是一组协议和服务,它允许用户在查找网络资源时使用层次化的对用户友好的名字取代IP地址。当DNS客户端向DNS服务器发出IP地址的查询请求时,DNS服务器可以从其数据库内寻找所需要的IP地址给DNS客户端。这种由DNS服务器在其数据库中找出客户端IP地址的过程叫作"主机名称解析"。该系统已广泛地应用到Internet和Intranet中,如果在Internet或Intranet中使用Web浏览器、FTP或Telnet等基于TCP/IP的应用程序,就需要使用DNS的功能。

简单地讲,DNS协议的最基本的功能是在主机名与对应的IP地址之间建立映射关系。例如,新浪网站的IP地址是202.106.184.200,几乎所有浏览该网站的用户都是使用www. * sina. com. cn,而并非使用IP地址访问。

DNS的工作任务是在计算机主机名与IP地址之间进行映射。DNS工作于OSI参考模型的应用层,使用TCP和用户数据报协议(User Datagram Protocol,UDP)作为传输协议。DNS模型相当简单:客户端向DNS服务器提出访问请求(如www. * sina. com. cn),DNS服务器在收到客户端的请求后在数据库中查找相对的IP地址(202.106.184.200),并作出反应。如果该DNS服务器无法提供对应的IP地址(如数据库中没有该客户端主机名对应的IP地址),它就转给下一个它认为更好的DNS服务器去处理。

整个DNS的结构是一个类似如图5-1所示的分层式树状结构,该结构称为DNS域名空间。其中,位于树状结构最上层的是DNS域名空间的根(Root),Root一般用点号(·)表示。目前Root由一些国际大公司(如InterNIC)管理,由多台计算机组成的DNS群负责全球范围内的DNS解析。

紧靠在Root下面的是顶级域(Top-Level Domain),顶级域主要用于对DNS的分类管理,如com主要用于商业机构、edu主要用于教育和学术研究机构、gov主要用于政府单位、mil主要用于国防军事单位、net主要用于网络服务机构、org主要用于社会团体等非营利机构等。

顶级域下面是二级域,用户一般向ISP申请到的就是二级域,如本例中的a **** test. com。对于单位用户,如果网络不需要接入Internet,则可以自定义二级域。www、mail等网络服务一般以主机记录的方式包含在域名当中,如图5-1中的主机www和mail是位于a **** test. com中的主机记录,即www提供Web服务,而mail提供邮件服务,其完全限定域名(Fully Qualified Domain Name,FQDN)应该分别为www. a **** test. com和mail. a **** test. com。有关主机(Host)记录的创建和使用方法将在本章的实验3中进行介绍。

早期的DNS数据文件是一个平面结构的文本文件,很容易被编辑(如WINS和

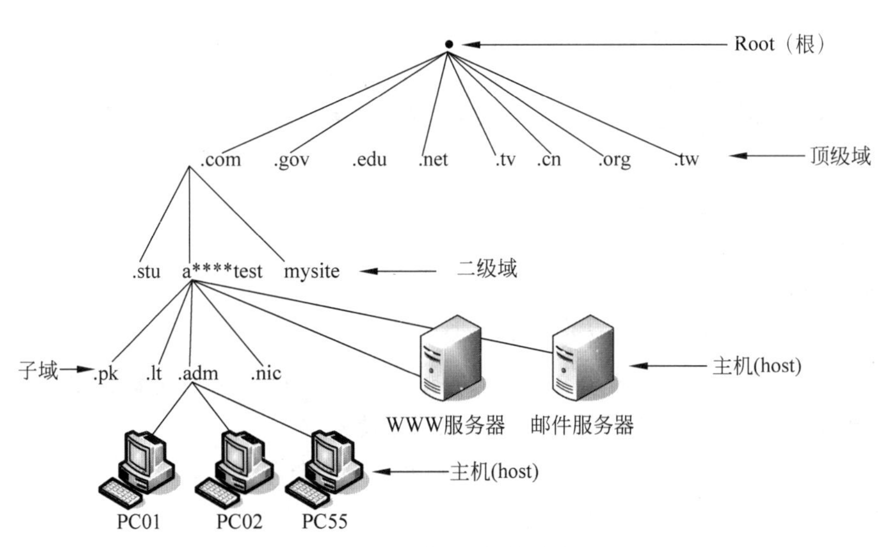

图 5-1　DNS 的分层式树状结构

HOSTS)，但不能被复制。这既不便于安全管理，也无法用其他代理方式来控制。使用活动目录(Active Directory，AD)能够克服这些局限。活动目录会将所有 DNS 区域的数据保存在自身数据库中，这样不但增加了安全性，而且便于复制。

活动目录是 Windows 服务器系列操作系统使用的目录服务，用于存放用户账户、计算机账户等网络对象的信息，可以使管理员和用户十分方便地查找和使用有关信息。由于活动目录也是通过名称空间管理信息，这与 DNS 域名的作用是相同的，而且两者具有相同的层次结构和存储区域，所以在 Windows 服务器系列操作系统中，活动目录与 DNS 进行了有机整合。一方面，活动目录的域名空间采用了 DNS 架构，域名的命名方式与 DNS 格式相同；另一方面，DNS 可以利用活动目录的同步机制，提供 DNS 数据在域内的一致性和容错能力。

在活动目录中，使用对象的概念表示用户、计算机等需要管理的数据，并通过对象的属性描述对象的特征，对象就是属性的集合。容器这个概念一般对应现实中的组织单位，用来包含各种对象，容器本身也是对象。对象与组织单位等组合在一起，构成了活动目录的层次结构。这种层次结构中的各种对象，可以用 DNS 中的域名进行命名和检索。存在层次关系的多个域构成域树，每棵域树都有自己唯一的名称空间，域树内的所有域共享一个活动目录的域服务；一棵或多棵域树组成森林。

活动目录使用目录数据库存储各种对象的数据，每个域只在目录数据库中存储域本身的数据，但由于域树内的所有域共享一个活动目录域服务(Domain Service，DS)，所以需要使用全局编录建立域树内所有域共享的 AD DS 数据库。每个域的目录数据存储在域控制器内，一个域内可以有多台域控制器，每台域控制器各自存储着一份相同的 AD DS 数据库，这份数据库在所有域控制器内都是同步的。

3. 实验内容和要求

(1) 了解 HOSTS、WINS 和 DNS 的工作特点。

(2) 了解 DNS 的分层结构。

(3) 熟悉 DNS 的工作原理。

(4) 了解 Windows Server 2016 中 DNS 的特点。

(5) 掌握 Windows Server 2016 中 DNS 的安装和配置方法。

5.1.2 实验规划

1. 实验设备

(1) VMware Workstation 软件虚拟平台。

(2) 虚拟服务器(1 台,名称为 Server1,安装 Windows Server 2016 操作系统)。

(3) 测试用 PC(2 台,安装 Windows 10 操作系统)。

(4) 实体计算机(1 台,安装 VMware Workstation 软件)。

2. 实验拓扑

实验所使用的网络拓扑如图 5-2 所示。其中,本域的域名服务器为 Server1,域名为 a****test.com,IP 地址为 192.168.1.10;PC1 的 IP 地址为 192.168.1.11;PC2 的 IP 地址为 192.168.1.12。

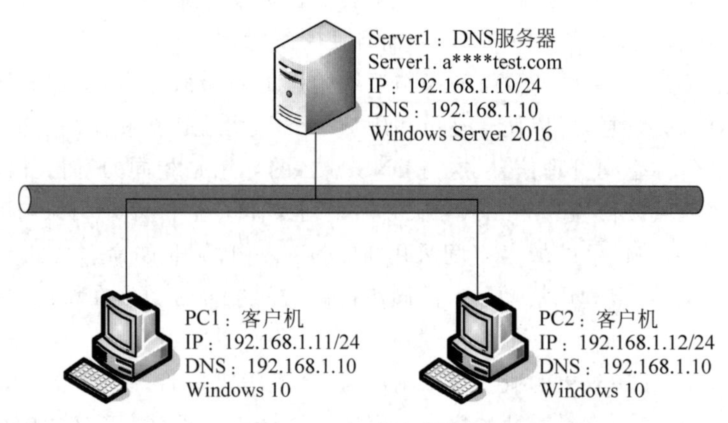

图 5-2 DNS 服务器规划

5.1.3 实验步骤

当在网络中创建第 1 个域控制器时,同时也创建了第 1 个域、第 1 个林、第 1 个站点。下面以图 5-2 为例,详细介绍第 1 台域控制器的创建方法。

1. 构建虚拟网络环境

(1) 分别为 Server1 和 PC1、PC2 安装 Windows Server 2016 和 Windows 10 操作系统。在准备好以上操作系统的 ISO 文件以及相应的 Windows 产品密钥之后,单击 VMware Workstation 的主页上的"创建新的虚拟机"选项,如图 5-3 所示。随后采用一系列的默认设置,并选择所需要安装的 ISO 文件后,就可进入安装流程,安装过程与通常情况类似,不再赘述。注意,要确保安装的操作系统已经激活。

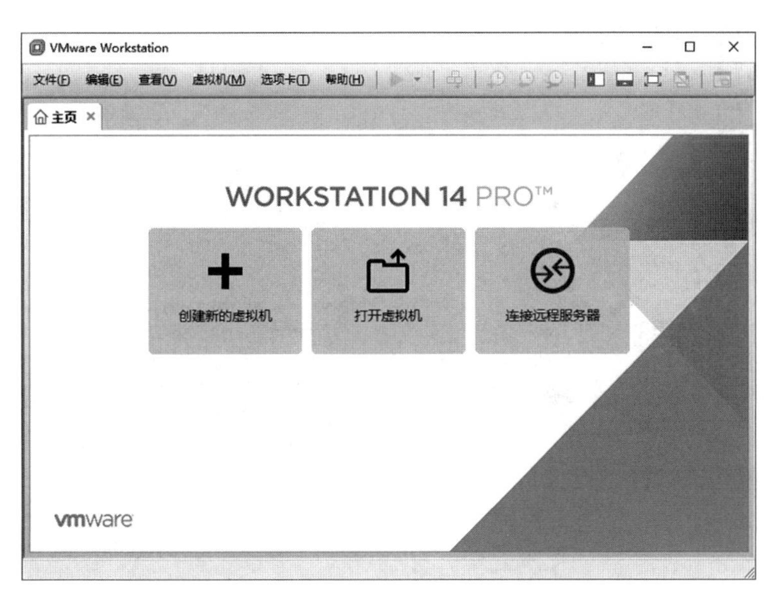

图 5-3　使用 VMware Workstation 创建新的虚拟机

（2）在仅主机模式（Host Only）下构建局域网。由于只需要创建一个内部互通的网络环境，所以在 Host Only 模式下构建局域网。

首先，在 VMware Workstation 菜单栏的“编辑”菜单中选择“虚拟网络编辑器”，在弹出的对话框中选择 VMnet1，这代表 Host Only 模式下的虚拟交换机，取消勾选默认选中的“使用本地 DHCP 服务将 IP 地址分配给虚拟机”，便于后续手动配置 IP 地址，如图 5-4 所示。

图 5-4　Host Only 模式的配置

需要注意的是，上述配置需要具备管理员特权才能修改网络配置，此时，上述对话框右下角会出现“更改配置”按钮，单击此按钮即可进行配置。

然后,在相应虚拟机的页面上选择“编辑虚拟机设置”,将虚拟机的网络适配器属性“网络连接”设置为 Host Only 模式,如图 5-5 所示。

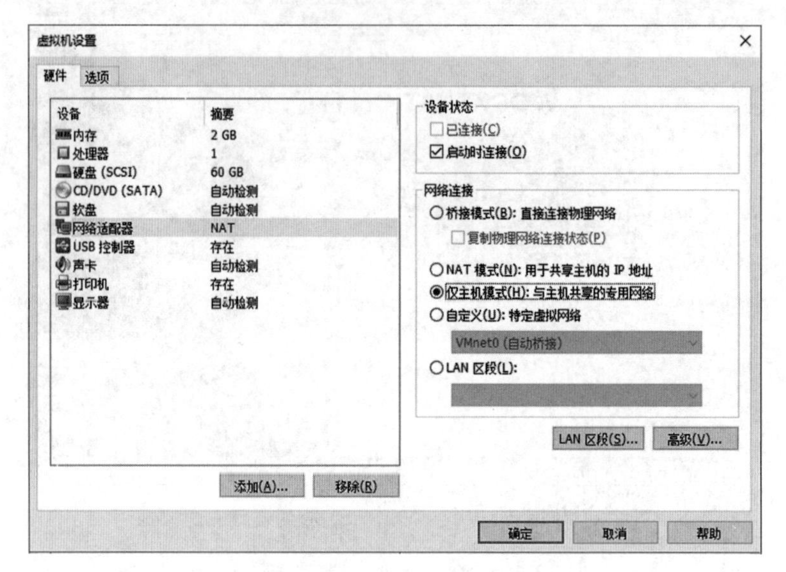

图 5-5 将虚拟机的“网络连接”设置为 Host Only 模式

进入每台虚拟机操作系统中的控制面板,选择“网络和 Internet”→“网络和共享中心”→“更改适配器设置”,右击 Ethernet0,在弹出的快捷菜单中选择“属性”,按图 5-2 的网络参数对每台虚拟机进行网络配置。图 5-6 所示为 Server1 的网络参数配置情况。

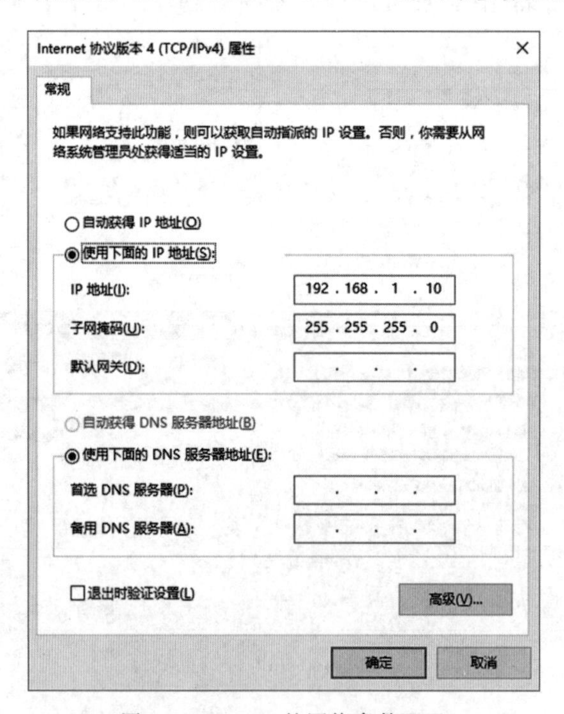

图 5-6 Server1 的网络参数配置

PC1 和 PC2 的网络参数配置类似。

(3) 联通性测试。在每台虚拟机中运行 ping 命令，互相测试联通性。需要注意的是，先要保证每台虚拟机都启用文件和打印机共享，这可以在"网络设置"→"更改高级共享设置"中实现，如图 5-7 所示。

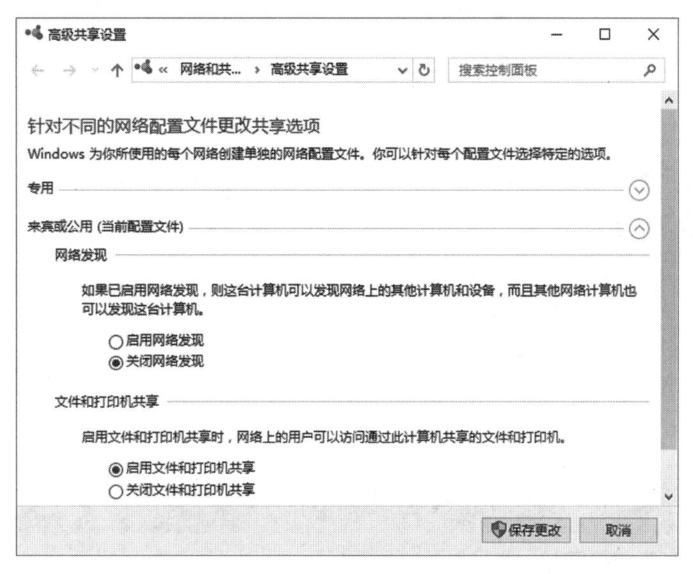

图 5-7　启用文件和打印机共享

设置完成后，就可以相互 ping 通了。

2. 通过建立网络中第 1 台域控制器的方式安装 DNS 服务器

(1) 配置服务器的完整计算机名称和 DNS 指向。由于本实验使用的域名是 a****test. com，那么在设置服务器的计算机名称之后，其完整计算机名称就是 Server1. a****test. com。设置方法为：单击"开始"菜单按钮，选择"管理工具"→"服务器管理器"，进入服务器管理器。单击界面左侧列表中的"本地服务器"，选择"计算机名"右侧的计算机名称，单击"更改"按钮，弹出"计算机名/域更改"对话框。在该对话框中单击"其他…"按钮，在弹出对话框中的"此计算机的主 DNS 后缀"文本框中输入 a****test. com。单击"确定"按钮，将计算机名改为 Server1，确定后按提示重启计算机，如图 5-8 所示。

然后，在 Server1 的网络参数配置中，把首选 DNS 服务器的 IP 地址配置为自己的 IP 地址，使 Server1 中的其他应用程序可通过自己这台 DNS 服务器查询 IP 地址，如图 5-9 所示。

(2) 通过添加服务器角色的方式，将 Server1 升级为网络中第 1 台域控制器的同时安装 DNS 服务器。

首先，进入服务器管理器，单击界面左侧列表中的"仪表板"，在右侧选择"添加角色和功能"，如图 5-10 所示。

然后，在"添加角色和功能向导"对话框中，"开始之前""安装类型""服务器选择"步骤都默认单击"下一步"按钮后，勾选"服务器角色"步骤中的"Active Directory 域服务"，然后在弹出的对话框中单击"添加功能"按钮，如图 5-11 所示，随后在"功能""确认"步骤中均默认单击"下一步"按钮，直到"确认"步骤中单击"安装"按钮。

图 5-8 配置服务器的完整计算机名称

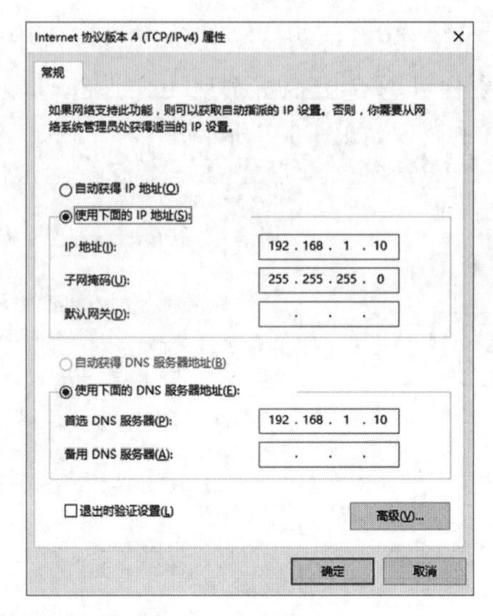

图 5-9 将 Server1 的 DNS 指向自身

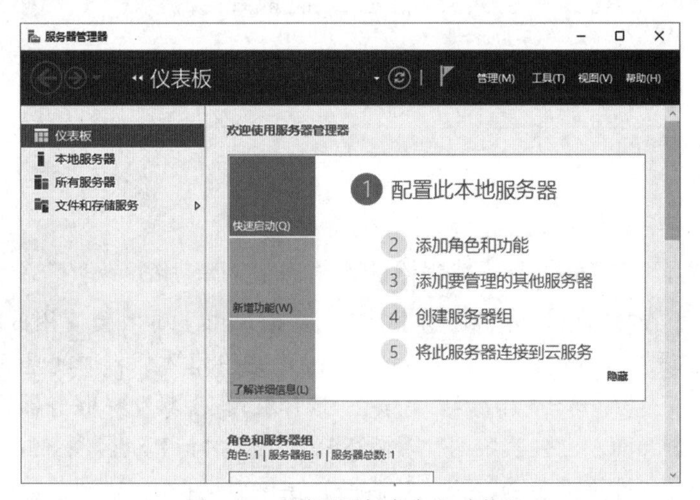

图 5-10 选择“添加角色和功能”

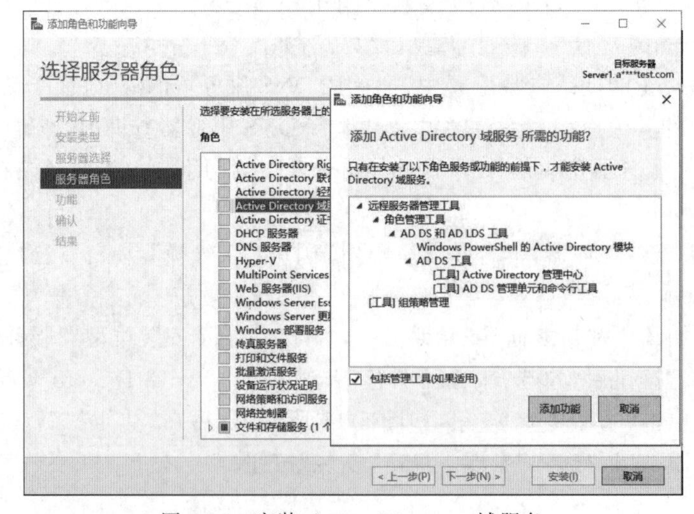

图 5-11 安装 Active Directory 域服务

在完成安装后的界面上，选择“将此服务器提升为域控制器”，如图 5-12 所示。

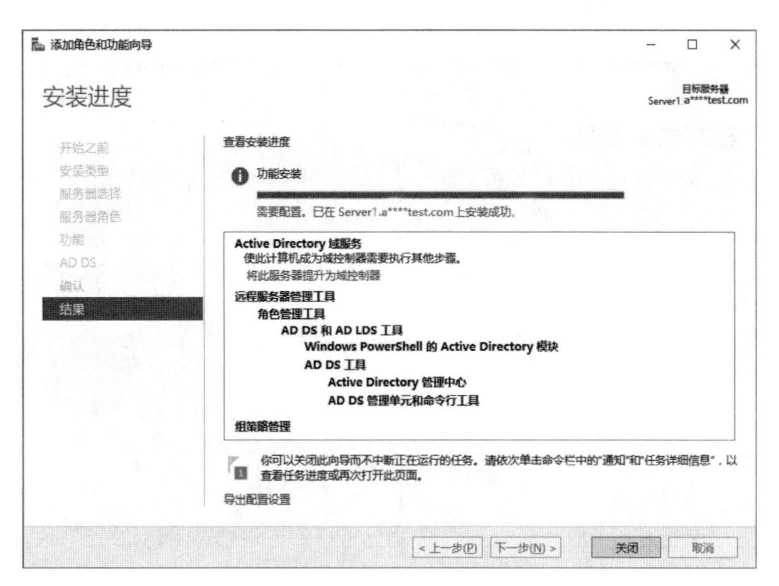

图 5-12 将服务器提升为域控制器

接下来，在“部署配置”页面中选择“添加新林”，并设置根域名为 a **** test. com，如图 5-13 所示。

图 5-13 添加新林，并设置根域名

然后，在“域控制器选项”页面中设置“输入目录服务还原模式(DSRM)密码”，如图 5-14 所示。需要注意的是，密码必须至少 7 个字符，至少包含 A～Z、a～z、0～9、非字母字符等 4 组字符中的 3 组。

忽略“DNS 选项”中出现的警告(当前不会有影响)并单击“下一步”按钮，在“其他选项”中会自动设置一个 NetBIOS 域名(当前应该为 a **** test，有时可能会等待一会儿才会出

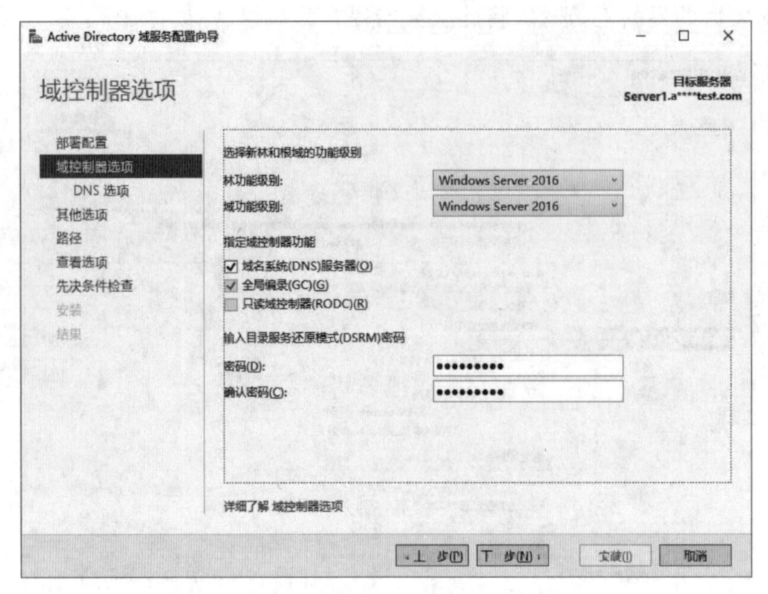

图 5-14　设置“输入目录服务还原模式(DSRM)密码”

现),然后单击“下一步”按钮设置数据库文件夹(用来存储活动目录数据库)、日志文件夹(用于存储活动目录的变化日志)、SYSVOL 文件夹(用于存储域共享文件)的路径。若计算机内有多块硬盘,可将数据库与日志文件夹分别设置到不同硬盘上,在保证工作效率的同时,提高活动目录数据库的修复能力。这里使用默认位置,如图 5-15 所示。

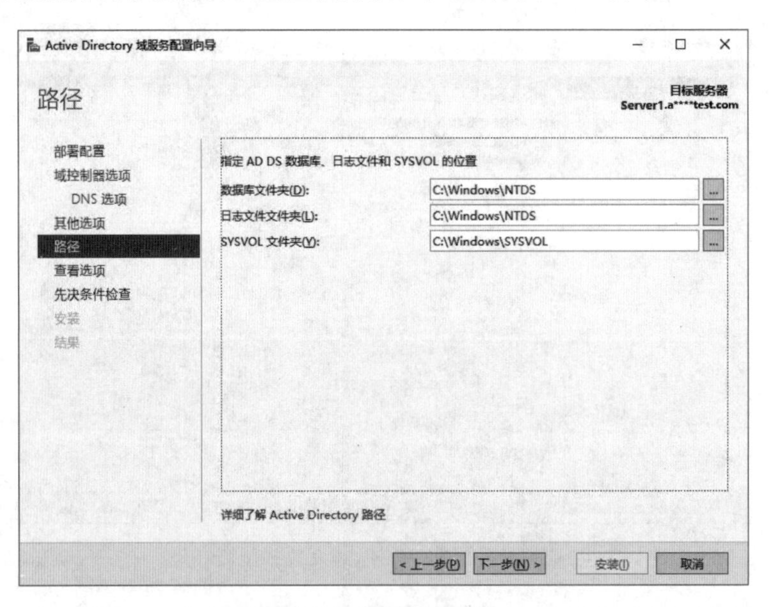

图 5-15　配置相关路径

单击“下一步”按钮,就可在“查看选项”中检查前面的配置情况,然后进入“先决条件检查”。在此检查过程中,最容易出现的问题是本地 administrator 账户密码不符合要求,这是因为相应账户的密码没有设置,或者设置不符合要求,这时需要为本地 administrator 账户设置或修改密码,然后单击“重新运行先决条件检查”再次执行检查即可,如图 5-16 所示,然后单击“安装”按钮。

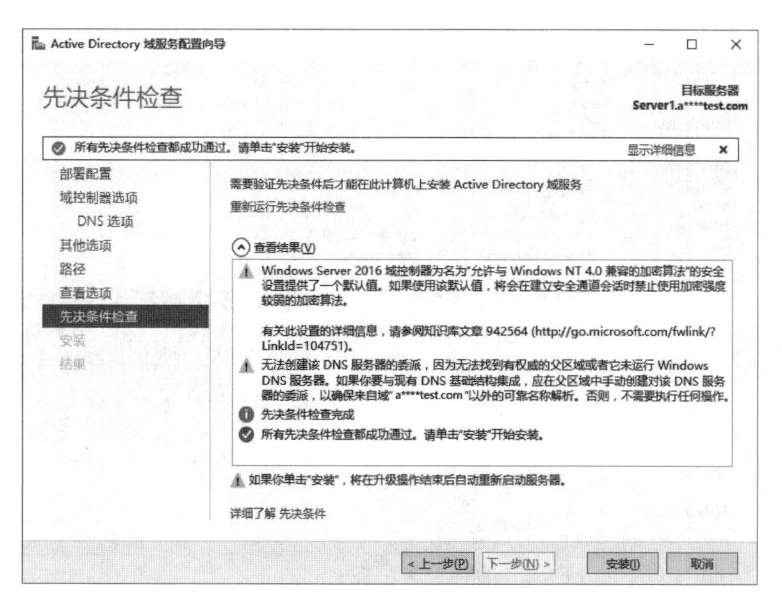

图 5-16 先决条件检查

安装完成后，就会自动重启计算机，此后活动目录和 DNS 就会开始工作。

5.1.4 结果验证

在安装和配置完 Windows Server 2016 域服务器后，需要对域服务器的各项设置和运行情况进行检查。

1. 检查 DNS 服务器内的记录

在 Windows Server 2016 上安装了活动目录后，域控制器会将自己登记到 DNS 服务器内，这样其他的计算机就可以通过 DNS 服务器查找这个域控制器。所以，当 Windows Server 2016 升级为域控制器后，首先要检查 DNS 服务器内是否已经有这些域控制器的数据。

单击“开始”菜单→“Windows 管理工具”→DNS，打开如图 5-17 所示的“DNS 管理器”对话框。

其中，在“正向查找区域”下方应该有一个已经创建的名为 a **** test. com 的区域，它可以让 Windows Server 2016 域 a **** test. com 中的成员将其数据登记到本区域中。右侧列表框显示了域控制器 Server1. a **** test. com 已经将其主机名称(Server1)与 IP 地址(192. 168. 1. 10)登记到 DNS 服务器中。

另外，图 5-17 右侧列表框中还有_tcp、_udp 等记录，这说明域控制器已经将其与活动目录有关的数据登记到 DNS 服务器内。例如，单击_tcp 记录，将打开如图 5-18 所示的对话框。其中，数据类型为 SRV 的_ldap 记录表示 Server1. a **** test. com 已将其扮演域控制器角色的信息登记到 DNS 服务器中。从_gc 记录可以看出，“全局编录”的角色由 Server1. a **** test. com 来扮演。

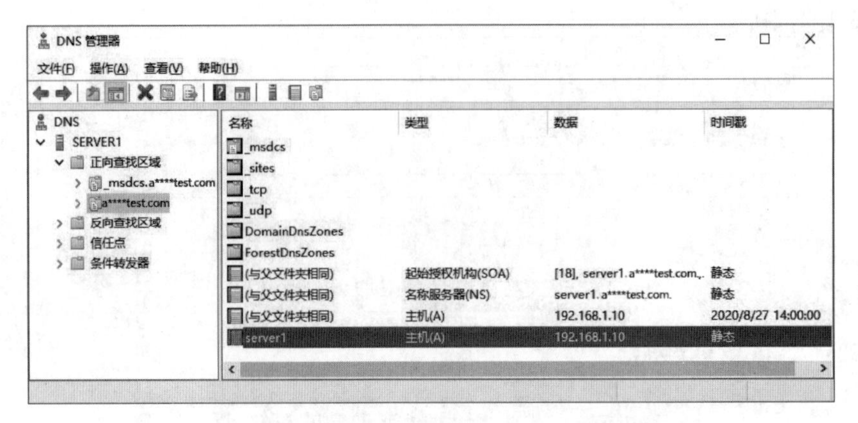

图 5-17 DNS 中已经登记的域控制器信息

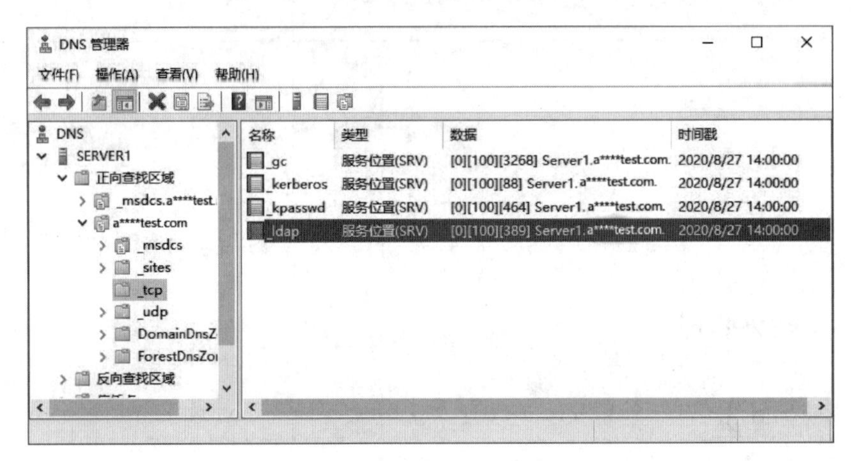

图 5-18 查看_tcp 记录的相关信息

2. 检查 DNS 解析功能

通过 DNS 进行域名解析时,在 DNS 客户端必须指定 DNS 服务器的 IP 地址,以便告诉 DNS 客户端在何处去完成域名解析过程。下面以 Windows 10 客户端为例介绍其设置方法。

(1) 在 PC1 或 PC2 进入“控制面板”,单击“网络和 Internet”→“网络连接”,打开如图 5-19 所示窗口。

(2) 右击 Ethernet0 图标,在弹出的快捷菜单中选择“属性”,打开“本地连接属性”对话框。

(3) 在对话框“此连接使用下列选定的组件”列表框中选择已安装的“Internet 协议(TCP/IP)”选项,然后单击“属性”按钮,出现如图 5-20 所示的对话框。在“首选 DNS 服务器”文本框中输入 DNS 服务器的 IP 地址,如果网络中还有其他的 DNS 服务器,在“备用 DNS 服务器”文本框中输入这台备用 DNS 服务器的 IP 地址。

(4) 通过以上的设置后,DNS 客户端会依次向 DNS 服务器进行查询。这时可以在命令行窗口中 ping 服务器的完全限定域名 FQDN(如 Server1. a **** test. com),如果 DNS 服务器和客户端的配置正确,将出现如图 5-21 所示的结果。

图 5-19 “网络连接”窗口

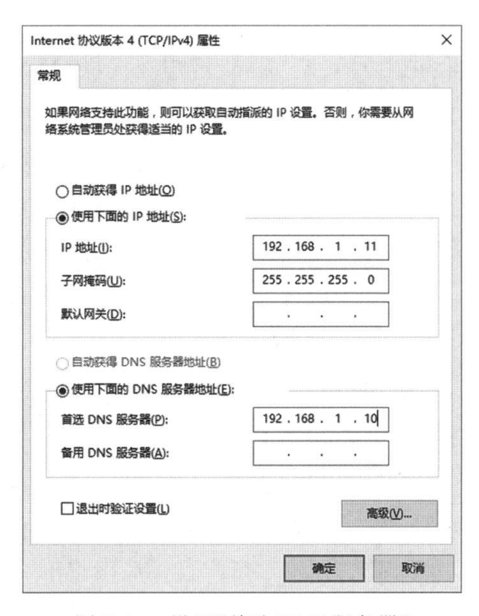

图 5-20 设置“首选 DNS 服务器”

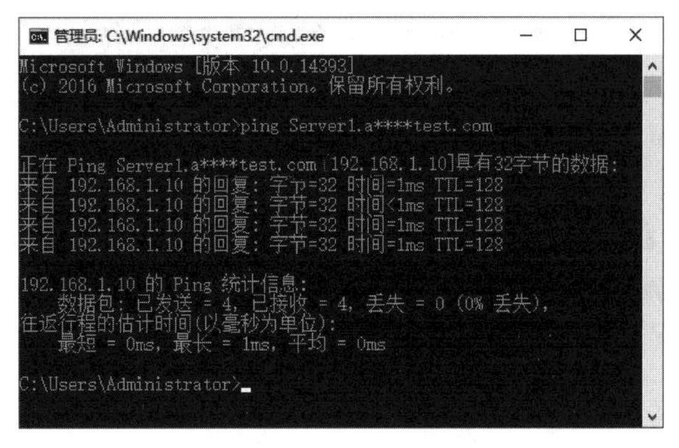

图 5-21 ping Server1. a **** test. com 的返回结果

5.2 实验 2 配置基于活动目录的其他 DNS 服务器

在本章实验 1 中，介绍了网络中第 1 台 DNS 服务器的安装和配置方法。出于安全考虑，对于实际运行的 DNS 服务器，一般需要提供至少一台备份 DNS 服务器，当一台 DNS 服务器出现故障时，其他的 DNS 服务器可以继续提供域名解析服务。在 Windows Server 2016 中，为同一域名创建的多台 DNS 服务器之间没有主次之分，所有 DNS 服务器中的数据都是同步更新的。本实验介绍第 2 台域名服务器的安装和配置方法。

5.2.1 实验概述

基于活动目录，一个域内可以有多台域控制器，共同分担审核用户登录身份(就是验证账户和密码)的负担,这可以提高登录效率,而且还能在某台域控制器发生故障时,继续由其他正常的域控制器为客户端提供DNS域名解析等服务。

1. 实验目的

在掌握了网络中第1台基于活动目录的域名服务器安装方法的基础上,以第2台域名服务器的安装为例,学习其他域名服务器的安装和配置方法。通过本实验,在掌握多域名服务器具体组建方法的同时,熟悉网络域名系统的安全配置措施和策略。

2. 实验原理

活动目录是Windows Server系列操作系统使用的目录服务,它存放着有关网络对象的数据,使管理员和用户可以十分方便地进行查找和使用域中的网络对象的信息。活动目录使用DNS,两者具有相同的层次结构和存储区域。

早期的DNS数据文件是一个平面结构的文本文件,很容易被编辑(如WINS和HOSTS),但它却不能被复制。这既不便于安全管理,也无法用其他代理方式来控制。在创建了活动目录后,所有这些局限将不会存在。活动目录会将所有的DNS区域的数据保存在自身的数据库中,这样不但增加了安全性,而且便于复制。

当网络中同时安装和配置了多台域名服务器时,各域名服务器之间会通过活动目录实现DNS数据同步,这样就保证了当其中一台域名服务器出现故障时不影响域名的解析服务。

3. 实验内容和要求

(1) 了解多DNS服务器的工作特点。

(2) 了解Windows Server 2016活动目录中DNS数据库的同步方法。

(3) 在安装和配置第1台DNS服务器的基础上掌握其他DNS服务器的安装和配置方法。

5.2.2 实验规划

1. 实验设备

(1) VMware Workstation软件虚拟平台。

(2) 虚拟服务器(2台,名称分别为Server1和Server2,安装Windows Server 2016操作系统)。

(3) 测试用PC(2台,安装Windows 10操作系统)。

(4) 实体计算机(1台,安装VMware Workstation软件)。

2. 实验拓扑

实验所使用的网络拓扑是在实验1的基础上,添加一台虚拟服务器,如图5-22所示。其中,本域名服务器Server1的域名为a****test.com,IP地址为192.168.1.10,Server2的IP地址为192.168.1.20,PC1的IP地址为192.168.1.11,PC2的IP地址为192.168.1.12。

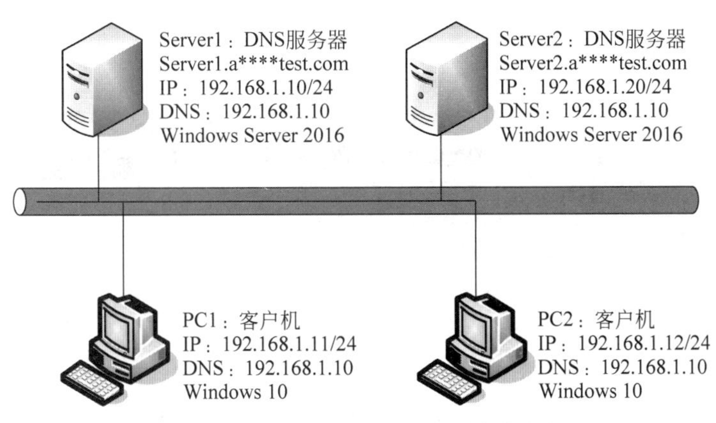

图 5-22 多 DNS 服务器的实验网络拓扑

5.2.3 实验步骤

下面首先将一台运行 Windows Server 2016 的计算机(Server2)加入实验 1 的网络拓扑中,然后再将其升级为域控制器,并加到现有域中。

1. 新建一台 Windows Server 2016 虚拟机并将其加入网络拓扑中

创建新虚拟机,并配置其网络参数,并加入现有网络中,其过程与本章实验 1 相同,不再赘述。

2. 将新加入的虚拟机升级为域控制器并加入现有域

(1) 配置服务器的完整计算机名称和 DNS 指向。由于本实验使用的域名是 a****test.com,那么在设置服务器的计算机名称之后,其完整计算机名称就是 Server2.a****test.com。设置方法与本章实验 1 相同(只是将计算机名改为 Server2),然后,将此虚拟机的网络设置的 DNS 也设置为 192.168.1.10。这部分与实验 1 的内容一样。

(2) 通过添加服务器角色的方式,将 Server2 升级为网络中域控制器,同时也就安装了 DNS 服务器。

首先,进入服务器管理器,单击"仪表板"→"添加角色和功能"。然后,在"添加角色和功能向导"对话框中,"开始之前""安装类型""服务器选择"步骤都默认单击"下一步"按钮,在"服务器角色"步骤中勾选"Active Directory 域服务",然后在弹出的对话框中单击"添加功能"按钮。随后在"功能""确认"步骤中均默认单击"下一步"按钮,直到"确认"步骤中单击"安装"按钮。在完成安装后的界面上,选择"将此服务器提升为域控制器"。

接下来,需要将当前的域控制器添加到现有域,这一步是与本章实验 1 中不同的地方,如图 5-23 所示。在选择"将域控制器添加到现有域"后,填写为本章实验 1 中建立的域 a****test.com。此处也可单击"选择"按钮,以选择已有的域,如图 5-23 所示。但这要保证前一台 DNS 服务器正常工作,否则就会出现无法连接到相应域的 Active Directory 控制器的问题。

确定后,单击"更改"按钮,输入实验 1 中的建立的域控制器 Server1 的管理员账户和密码,如图 5-24 所示。

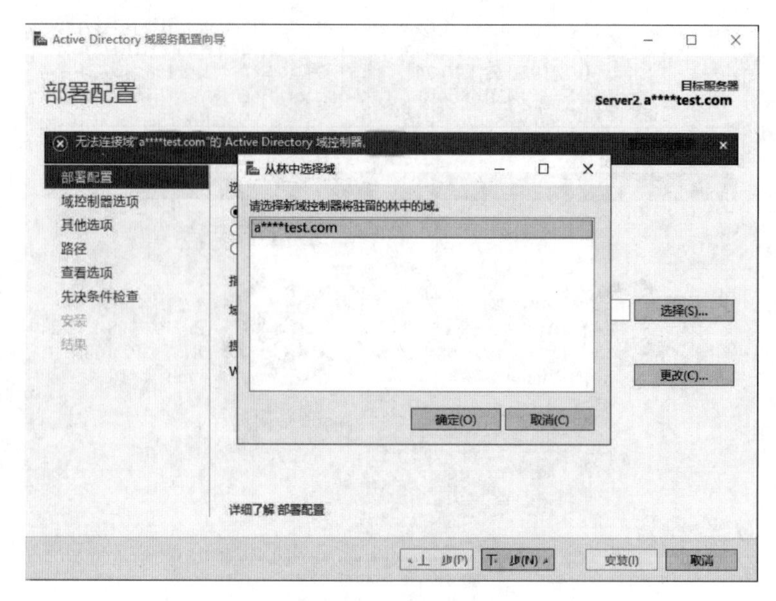

图 5-23　选择现有域

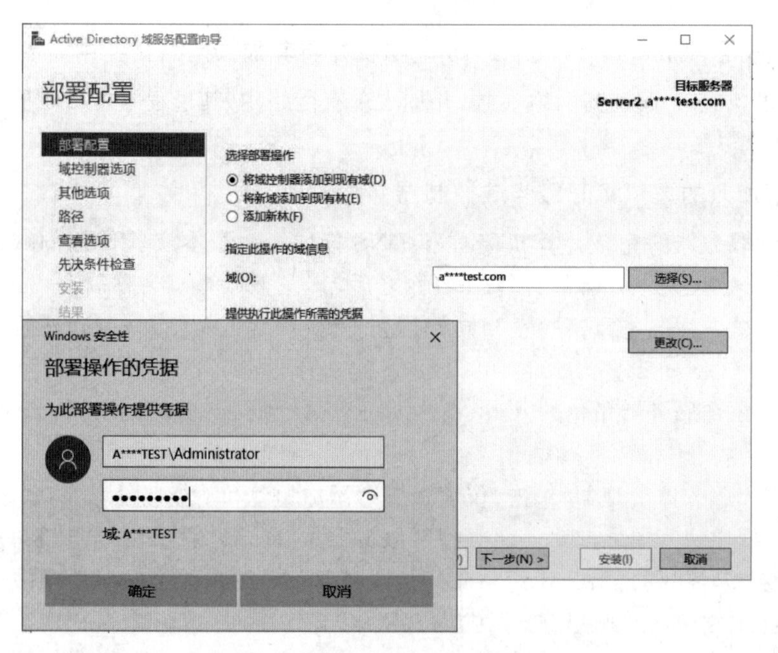

图 5-24　将域控制器添加到现有域

然后，在“域控制器选项”中设置目录服务还原模式(DSRM)密码，如图 5-25 所示。需要注意的是，密码必须至少有 7 个字符，至少包含 A～Z、a～z、0～9、非字母字符等 4 组字符中的 3 组。

忽略“DNS 选项”中出现的警告(当前不会有影响)后，在“其他选项”中会要求选择复制 Active Directory 的域控制器，这里可以选择“任何域控制器”，也可以选择 Server1. a **** test. com，如图 5-26 所示。

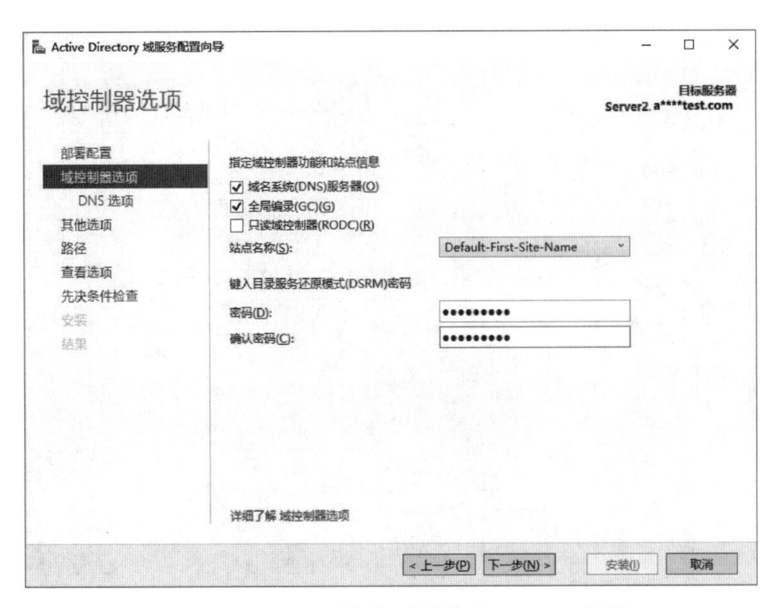

图 5-25　设置目录服务还原模式(DSRM)密码

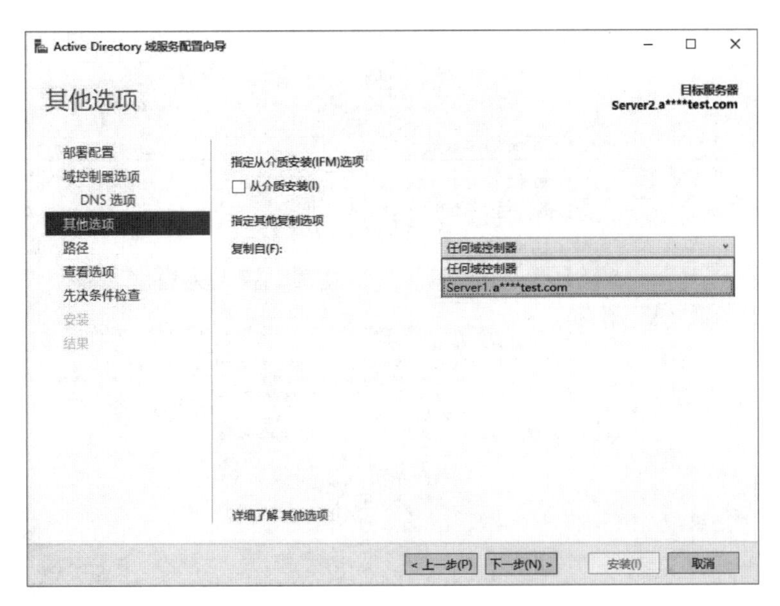

图 5-26　选择复制 Active Directory 的域控制器

然后单击“下一步”按钮，设置数据库文件夹、日志文件夹、SYSVOL 文件夹的路径。若计算机内有多块硬盘，可将数据库与日志文件夹分别设置到不同硬盘上，如图 5-27 所示。

在“查看选项”中，可检查前面的配置情况，然后进入“先决条件检查”，若顺利通过检查，如图 5-28 所示，就可单击“安装”按钮。系统开始安装 Active Directory，并与第 1 台域控制器进行数据同步。

安装完成后，必须重新启动计算机。当重新启动计算机后，该服务器将成为已有域(a **** test. com)中的一员。而且，Windows Server 2016 域控制器没有主域和备份域之分，凡加入同一域的计算机，不管加入顺序的先后，在身份和功能上都是平等的。

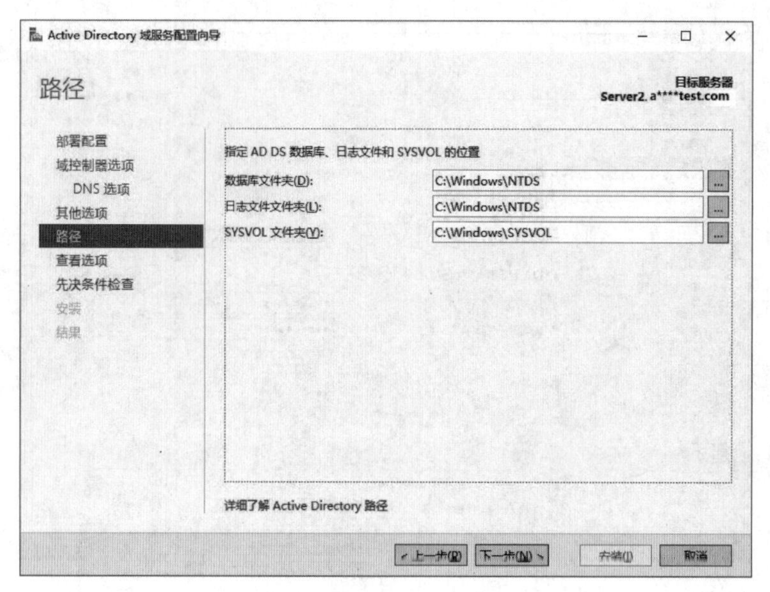

图 5-27　配置相关路径

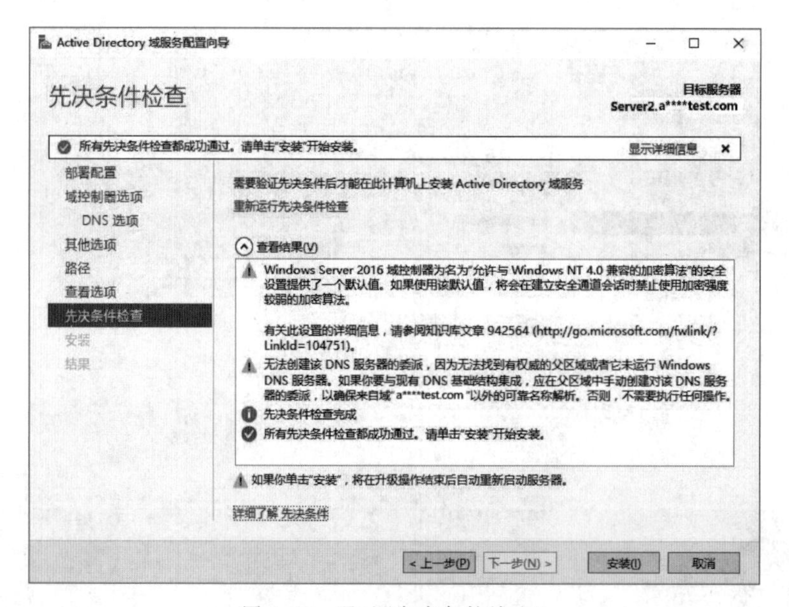

图 5-28　通过"先决条件检查"

5.2.4　结果验证

首先，检查 Server2 的 DNS 服务器内的记录。单击"开始"菜单→"Windows 管理工具"→DNS，进入 DNS 管理器，如图 5-29 所示。

其中，在"正向查找区域"下应该有一个已经创建的名为 a **** test. com 的区域，它可以让 Windows Server 2016 域 a **** test. com 中的成员将其数据登记到本区域中。右侧列表框显示域控制器 Server1. a **** test. com 已经将其主机名称(Server1)与 IP 地址(192.

图 5-29 DNS 中已经登记的域控制器信息

168.1.10)登记到 DNS 服务器中。同时,域控制器 Server2.a****test.com 也已经将其主机名称(Server2)与 IP 地址(192.168.1.20)登记到 DNS 服务器中。

然后,检查 Server1 的 DNS 服务器内的记录,也是如此。

由于网络中已同时具有两台 DNS 服务器,这时可在客户端 PC 上将“首选 DNS 服务器”设置为第 1 台 DNS 服务器的 IP 地址 192.168.1.10,将“备用 DNS 服务器”设置为第 2 台 DNS 服务器的 IP 地址 192.168.1.20。这样,当其中任何一台 DNS 服务器出现故障(可人为断开网线进行测试)时,网络同样能够提供域名解析。具体的验证方法在随后的实验中将进一步证实。

5.3 实验 3 配置 DNS 服务器的反向查找区域

视频讲解

DNS 是计算机网络中解决主机名称与 IP 地址之间映射的一种方式。在本章前面的实验中,当在 Windows Server 2016 中安装了 DNS 后,系统会自动创建“正向查找”,即通过 DNS 域名查找 IP 地址。在实际应用中,还需要通过 IP 地址查找 DNS 域名,此方式称为反向查找。本实验将介绍反向查找的实现方法。

5.3.1 实验概述

通常使用的 DNS 解析是一种正向查找方式,即通过 DNS 域名查找 IP 地址。而反向查找(Reverse Lookup)可以让 DNS 客户端利用 IP 地址查找主机名称。例如,当用户已经知道一个 IP 地址时,可以通过反向查找发现该地址对应的主机名称。

1. 实验目的

通过前面的实验,已经掌握了 DNS 的工作原理和安装方法。在此基础上,通过本实验,将了解 DNS 正向查找和反向查找的功能,并掌握反向查找的配置方法。

2. 实验原理

实验1中,在将 Windows Server 2016 升级为域控制器并安装了 DNS(a **** test.com)后,可以单击“开始”菜单→“Windows 管理工具”→DNS,在弹出的如图5-30所示的对话框中,在“正向查找区域”下有一项名为 a **** test.com 的区域,在该区域中显示了 DNS 服务器的名称和对应的 IP 地址等信息。

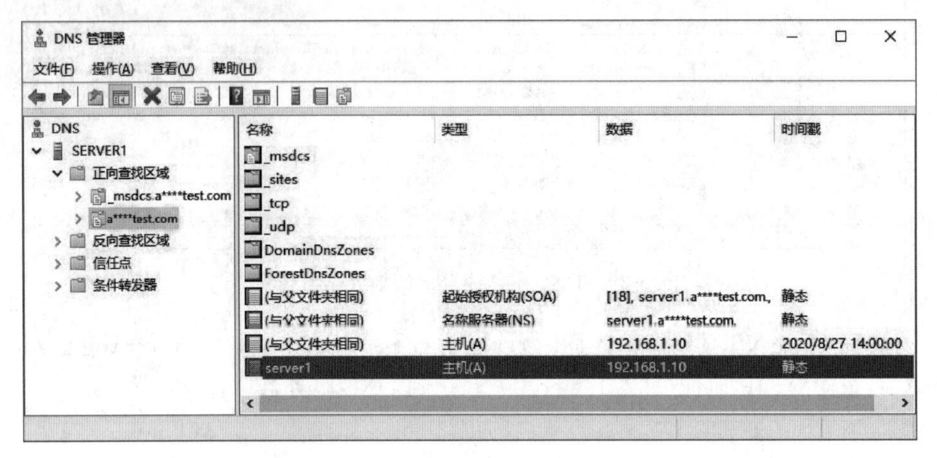

图5-30 正向查找区域与 DNS 域名之间的对应关系

需要说明的是,一个 DNS“区域”对应一个 DNS 域名,所以可以通过在 DNS 中创建新的“区域”记录添加新的 DNS 域名,如 b **** test.net 等。这也是一台 DNS 服务器可以同时提供多个 DNS 域名解析的一个重要原因。

在安装和配置了 DNS 域名后,在默认情况下系统不会自动设置反向查找功能。为了网络管理的需要,可以通过设置反向查找,实现通过 IP 地址查找 DNS 域名的功能。

3. 实验内容和要求

(1) 深入掌握 DNS 的工作原理。

(2) 掌握正向查找和反向查找的应用功能。

(3) 掌握反向查找的配置方法。

5.3.2 实验规划

1. 实验设备

(1) VMware Workstation 软件虚拟平台。

(2) 虚拟服务器(2台,名称分别为 Server1 和 Server2,安装 Windows Server 2016 操作系统)。

(3) 测试用 PC(2台,安装 Windows 10 操作系统)。

(4) 实体计算机(1台,安装 VMware Workstation 软件)。

2. 实验拓扑

本实验的 DNS 服务器域名为 a **** test.com。如果是一台 DNS 服务器(见本章实验1),

Server1 的 IP 地址为 192.168.1.10；如果是两台 DNS 服务器(见本章实验 2)，另一台 DNS 服务器 Server2 的 IP 地址为 192.168.1.20，网络拓扑分别与实验 1 和实验 2 中一样。

需要说明的是，在同时具有两台 DNS 服务器的网络中，由于 DNS 是建立在 Windows Server 2016 活动目录数据库中，所以当其中任意一台 DNS 服务器进行了相关设置后，其结果都会被系统自动同步到另一台 DNS 服务器上。所以，具体的配置操作过程与 DNS 服务器的数目没有直接的关系。

5.3.3 实验步骤

(1) 在任意一台 DNS 服务器上，单击"开始"菜单→"Windows 管理工具"→DNS，打开"DNS 管理器"对话框。选择"反向查找区域"，显示如图 5-31 所示的信息，说明在安装 DNS 服务器后，默认情况下不会设置反向查找功能。

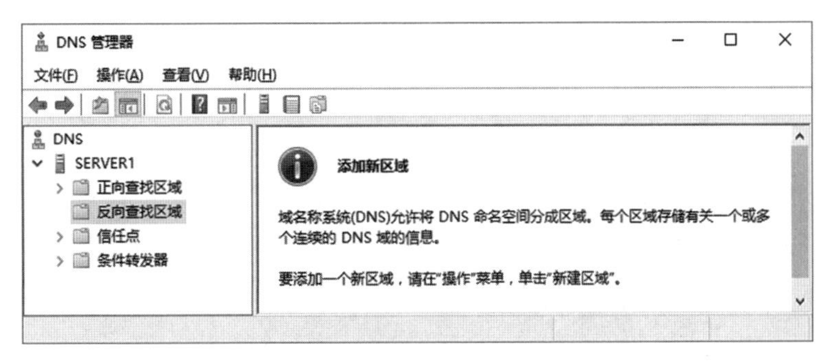

图 5-31 设置反向查找功能

(2) 右击"反向查找区域"，在弹出的快捷菜单中选择"新建区域"，弹出"欢迎使用新建区域向导"对话框。单击"下一步"按钮，弹出如图 5-32 所示的对话框。各选项的说明如下。

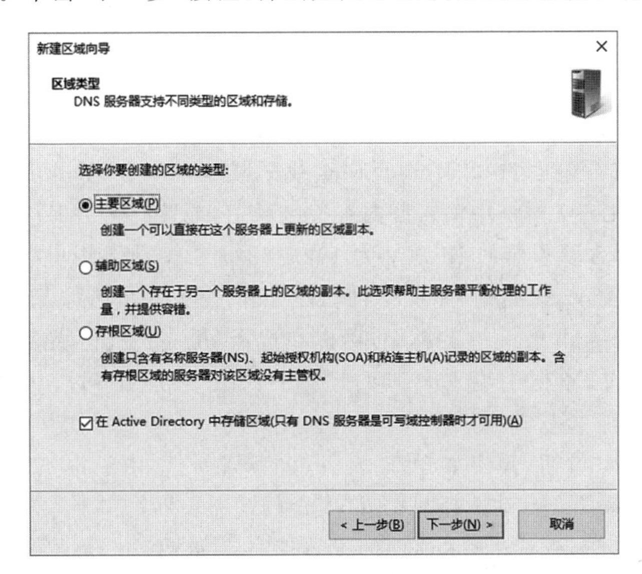

图 5-32 选择反向区域的类型

- 主要区域：用于创建一个直接在本地计算机上运行和更新的区域文件。
- 辅助区域：将反向查找区域文件存储在另一台计算机上，主要用于 DNS 反向查找的容错和多台服务器的负载均衡。
- 存根区域：在功能上与“主要区域”类似，但只包含少数的记录，如 NS(Name Server)、SOA(Start of Authority)等。

在具体实现中，如没有特殊要求，则一般选择“主要区域”。另外，由于区域记录会被存储在区域文件中，但是 DNS 服务器本身是域控制器(多数情况是这样)，即在这台 DNS 服务器上安装了活动目录。这时，为了将 DNS 记录与活动目录进行有机整合，可以勾选“在 Active Directory 中存储区域”，这样区域记录就会被存储到活动目录数据库中。

(3) 单击“下一步”按钮，弹出如图 5-33 所示的对话框。由于本实验在上一步中选择了“在 Active Directory 中存储区域”，即将 DNS 记录与活动目录进行整合，所以需要选择“至此域中的所有域控制器(为了与 Windows 2000 兼容)：a **** test. com”。

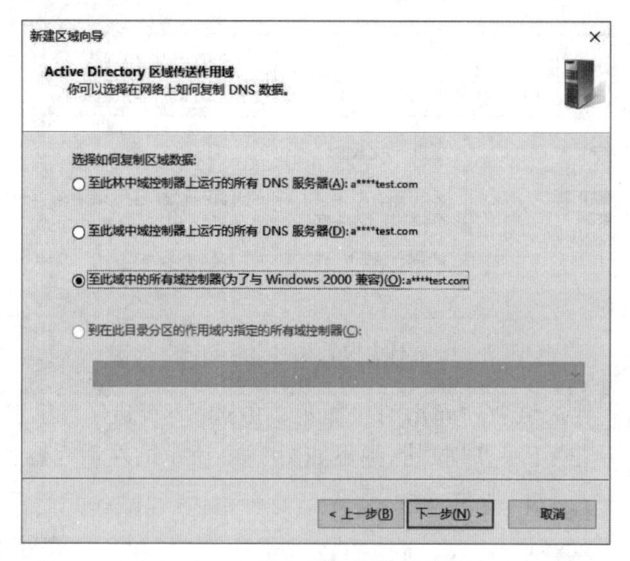

图 5-33　选择复制区域数据的方式

(4) 单击“下一步”按钮，选择“IPv4 反向查找区域”，再单击“下一步”按钮，在如图 5-34 所示对话框的“网络 ID”文本框中输入反向查找区域 IP 地址的网络 ID。

其中，由于该 DNS 服务器的 IP 地址为 192. 168. 1. 10，子网掩码为 255. 255. 255. 0，所以网络 ID 应为 192. 168. 1。这时，系统会自动在“反向查找区域名称”下面显示反向查找区域名称 1. 168. 192. in-addr. arpa。当然，也可以在选择“反向查找区域名称”选项后，直接在“反向查找区域名称”文本框中输入 1. 168. 192. in-addr. arpa。不过，从设置的方便性和可靠性考虑，建议使用前一种方法。

(5) 单击“下一步”按钮，弹出如图 5-35 所示的对话框。由于本实验将 DNS 记录集成到活动目录中，所以系统会自动选择“只允许安全的动态更新”。

(6) 单击“下一步”按钮，会显示前面的设置信息。如果设置无误，单击“确定”按钮，完成反向查找区域的设置。

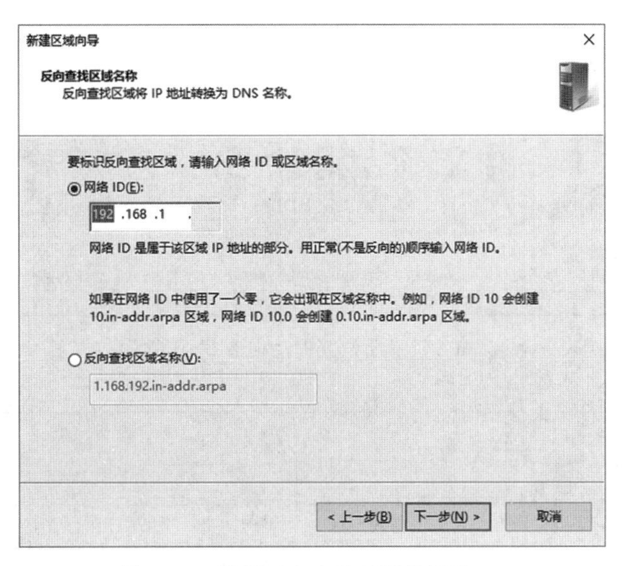

图 5-34 设置反向查找区域的网络 ID

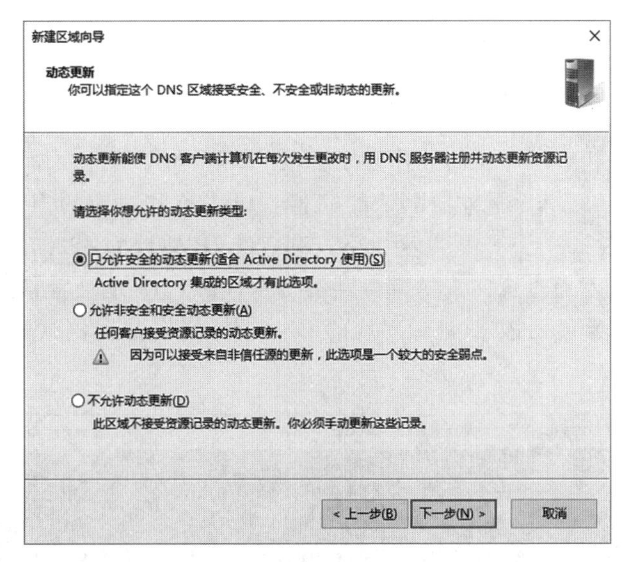

图 5-35 选择动态更新方式

5.3.4 结果验证

单击“开始”菜单→“Windows 管理工具”→DNS，在弹出的如图 5-36 所示的对话框中，在“反向查找区域”下有一项名为 1.168.192.in-addr.arpa 的区域，在该区域中显示了 DNS 服务器的名称和对应的 IP 地址等信息。

进一步，如果本实验采用本章实验 2 的配置，此时，在 Server2 上进入 DNS 管理器，如图 5-37 所示，在刷新后，“反向查找区域”下有一项名为 1.168.192.in-addr.arpa 的区域，可以看出，Server2 已经把反向查找区域同步过来了。

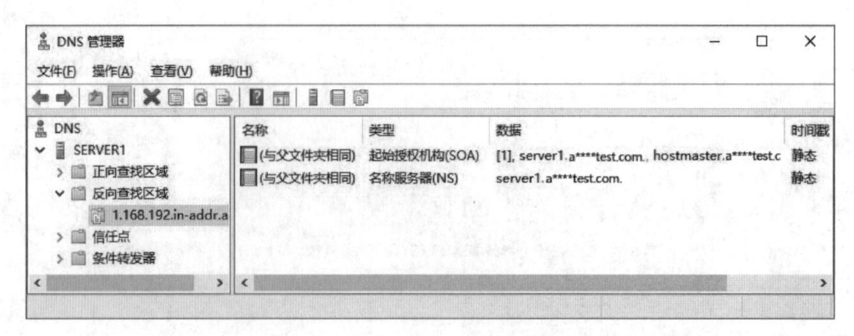

图 5-36 显示已设置的反向查找区域信息

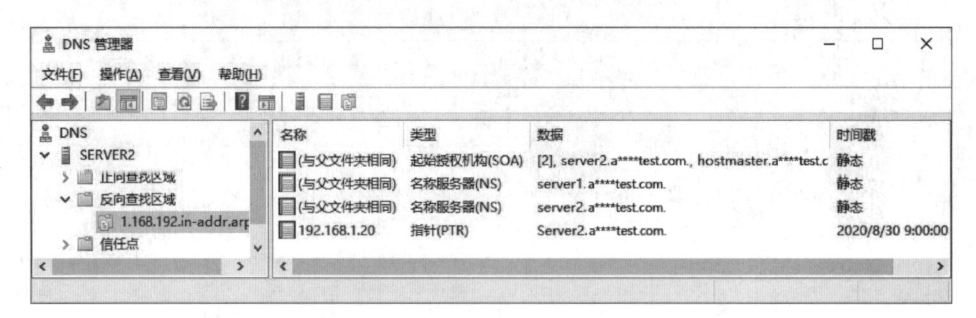

图 5-37 在 Server2 中同步了反向查找区域信息

在设置了正向查找区域和反向查找区域后，在 DNS 客户端进入命令提示符窗口，输入 nslookup 命令，将显示 DNS 服务器默认的完整主机名称和对应的 IP 地址。本实验中的 DNS 服务器域名为 Server1. a **** test. com，对应的 IP 地址为 192. 168. 1. 10。这时输入 a **** test. com 将显示通过正向查找所得到的 DNS 域名、IP 地址等信息；如果输入 DNS 服务器的 IP 地址，则会显示该 IP 地址对应的 DNS 域名等信息。测试过程和结果如图 5-38 所示。

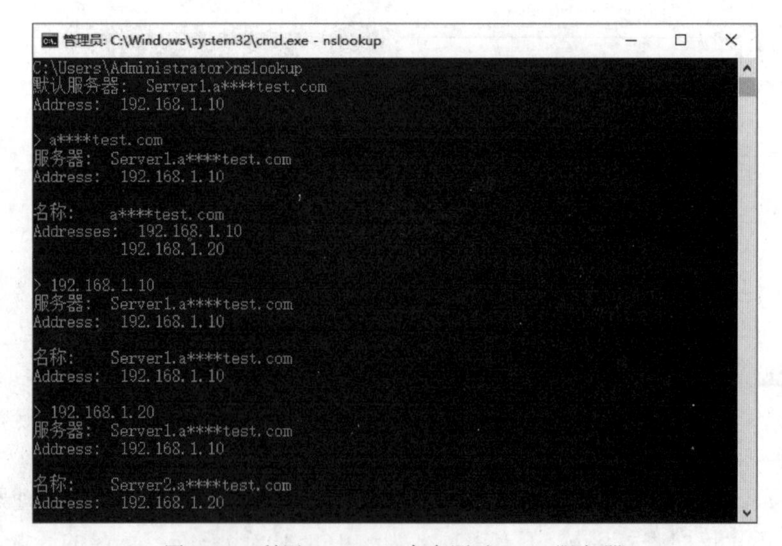

图 5-38 利用 nslookup 命令测试 DNS 服务器

需要注意的是，如果想要执行 nslookup 命令后默认服务器不是 Unknown，这需要回到 DNS 服务器的正向查找区域中，找到此服务器对应的主机记录，在其属性中勾选“更新相关的指针(PTR)记录”才能实现。

5.4 实验4 使 DNS 提供 WWW、Mail、FTP 等解析服务

不管是 Intranet(企业内部网络)还是 Internet，在访问相关的资源时一般使用 HTTP 或 FTP 方式。例如，通过 http://www.a****test.com 访问 WWW 服务，通过 ftp://ftp.a****test.com 访问 FTP 网站，通过 http://mail.a****test.com 访问邮件服务器等。本实验将在已创建的 DNS 域名服务器上，介绍针对各种具体应用的域名的 DNS 解析实现方法。

5.4.1 实验概述

在本章前面的实验中已经介绍了域名 a****test.com 的创建方法，为了实现通过 DNS 的解析访问不同的资源，还需要在 DNS 上配置相应的资源记录。

1. 实验目的

在安装 DNS 时，直接创建的是没有具体资源记录的域名，如 a****test.com。但是，在具体访问某类资源(如 WWW、FTP、Mail 等)时，还需要在已有的域名上添加相应的资源记录，形成完整的统一资源定位符(Uniform Resource Locator，URL)(如 http://www.a****test.com、ftp://ftp.a****test.com 等)，用户通过 URL 访问具体的网站。通过本实验的练习就能够掌握资源记录的规则和创建方法。

2. 实验原理

每个区域文件(区域文件指存放区域数据的文件，该文件是一个数据库文件)都由一些资源记录(Resource Record，RR)组成，每个资源记录包含一些网络上的资源信息，如 IP 地址等。掌握这些资源记录，是有效地配置和管理 DNS 服务器的基础。

1) 管理者起始记录

管理者起始(SOA)记录用于记录该区域内主要名称服务器(即保存该区域数据正本的 DNS 服务器)与此区域管理者的电子邮件账号。当新建一个区域后，SOA 就会被自动创建，所以 SOA 是区域内的第 1 个记录文件。SOA 记录的格式如下。

```
@ IN SOA <source host> <contact e-mail> <ser.no.>
<refresh time>
<retry time> <expiration time> <TTL>
```

SOA 定义了 DNS 区域的一般参数，包括谁是管理该区域的认证服务器。表 5-1 所示为存放在 SOA 记录中的属性。

表 5-1 SOA 记录结构

字　段	含　义
source host	对该文件进行维护的主机名
contact e-mail	此区域管理者的电子邮件地址
ser. no. (serial number)	数据库文件的版本号，每次改变时都要增加
refresh time	标准辅助服务器等待检查主机的数据库文件是否改变的时间间隔(以 s 为单位)，如果改变将发出区域传输请求
retry time	标准辅助服务器在发生一次传输失败后，等待重发的时间间隔(以 s 为单位)
expiration time	标准辅助服务器保持尝试下载一个区域信息的持续时间。这个时间超过预计的值后，旧的区域信息将被抹去
TTL(Time to Live)	允许 DNS 服务器缓存来自该数据库文件的资源记录的时间间隔(以 s 为单位)，当单个的资源记录没有优先值时，这个值将与所有来自该区域文件的查询响应一起发送

2) 名字服务器记录

名字服务器(Name Server，NS)记录用于记录管辖此区域的名称服务器，包括主要名称服务器和辅助名称服务器，这样就允许其他名字服务器到该域查找名字。一个区域文件可能有多个名字服务器记录，这些记录的格式如下。

```
<domain> @ IN NS <nameserver host>
```

其中，domain 是该域的域名；nameserver host 是名字服务器在该域的完全限定域名(FQDN)。

3) 主机记录

主机(A Host)记录也叫作 A 记录，它是用来静态地建立主机名与 IP 地址之间的对应关系，以便提供正向查询的服务。主机记录的格式比较简单，下面是一个例子。

```
ftp IN A 172.16.1.10
vod IN A 172.16.1.10
```

主机记录将主机名(如 ftp、vod)与一个特定的 IP 地址联系起来。

4) 指针记录

在 DNS 数据库中，主机记录可能是使用率最高且最容易被用户接受的记录，因为在 Internet 中，用户可以依据这些记录将 www. a **** test. com 和 ftp. a **** test. com 这样的 FQDN 转换成对应的 IP 地址，以便让浏览器和其他程序能够找到。其中，在主机记录中还有一个与它很相似的记录：指针(PRT)记录。主机记录将一个主机名映射到一个 IP 地址上；而指针记录则正好相反，它是将一个 IP 地址映射到一个主机上。指针记录为反向查询提供了条件，用户有时要求 DNS 服务器找出与一个特定地址相对应的 FQDN，这是一个很有用的功能，它可以防止某些非法用户用伪装的或不合法的域名使用 E-mail 或 FTP 服务。

5) 别名记录

别名(Canonical Name 或 CNAME)记录用来记录某台主机的别名。别名记录在平时有广泛的应用，它可以给一台主机设置多个别名，每个别名代表一个应用。例如，有一台名为 wq. a **** test. com 的主机,它同时可以有两个别名,一个为 mail. a **** test. com,用于邮件服务;另一个为 ftp. a **** test. com,用于 FTP 服务。也就是说,这 3 个不同名称的主机返回的 IP 地址完全相同。下面是实现 FTP 别名的命令。

```
ftp IN CNAME wq
wq IN A 172.16.1.18
```

6) 邮件交换记录

邮件交换(Mail Exchanger,MX)记录可以告诉用户,哪些服务器可以为该域接收邮件。接收邮件的服务器一般是专用的邮件服务器,也可以是一台用来转送邮件的主机。每个 MX 记录有两个参数:preference 和 mailserver,格式如下。

```
<domain> IN MX <preference> <mailserver host>
```

为什么要使用 MX 记录呢?例如,已创建的域名为 a **** test. com 的局域网,在这个局域网内部,所有的用户使用 someone@ab * . net 的方式(如 wq@ab * . net、lfj@ab * . net 等)收发邮件,不过,这样只能实现用户在局域网内部进行邮件的交换。如果局域网接入 Internet 后,局域网中的用户还要与 Internet 上的其他用户交换邮件,也就是说还需要一个指向 ISP 的邮件服务器(假如域名为 a **** test. com)。这样,当用户在局域网内部发送邮件时(邮件的后缀为@ab * . net),一般可由局域网内部的邮件服务器完成交换;当用户需要向局域网之外的 Internet 上的其他用户发送邮件时,则通过指向 ISP 的邮件服务器进行交换。下面是实现这一功能的两条 MX 记录。

```
ab * .net. IN MX 10 mail.ab * .net
ab * .net. IN MX 100 mail.a **** test.com
```

其中,两种记录中的 preference 字段的值各不相同,一个是 10,另一个是 100。当一个域中有两个以上的 MX 记录时,DNS 服务器首先使用 preference 值较小的一个邮件服务器,如果其中一个邮件服务器无法通信时,再依次试用 preference 值较大的其他邮件服务器,直到找到需要的邮件服务器为止。

7) 服务记录

服务(SRV)记录用来记录提供特殊服务的服务器的相关数据。例如,它可以记录域控制器的完整的计算机名与 IP 地址,使客户端登录时可以通过此记录寻找域控制器,以便审核登录者的身份。以下是一个 SRV 记录的例子,通过这个例子可以帮助了解 SRV 记录的功能。

```
ldap.tcp.a **** test.com SRV 10 100 389
wq.a **** test.com
ladp.tcp.a **** test.com SRV 20 50 389
lfj.a **** test.com
```

其中,第 1 行语句中 ldap. tcp. a **** test. com 是一个复合字段,它包括一个服务名 ldap(ldap 代表 LDAP 服务;如果是 Kerberos 服务,则该服务名应为 kerb)、一个传输协议

tcp(有时使用 udp)和一个提供该服务的域名 a **** test. com。所以,ldap. tcp. a **** test. com 表示这是一个关于 a **** test. com 域的一个 LDAP 服务器的记录; SRV 表示记录的类型,即服务记录; SRV 后面的 10 是优先级,类似于 MX 记录中的 preference 字段,DNS 服务器首先使用优先级低的记录; 优先级后面的数据 100 表示权重,与优先级不同的是,权重的值越大,被选中的概率越高。权重主要用于对优先级相同的记录,该首先使用哪一个。最后的数字 389 表示服务使用的端口号,其中 LDAP 服务使用的端口号是 389,而 Kerberos 服务使用的端口号则是 88。第 3 行的语句功能与第 1 行相似。

第 2 行的 wq. a **** test. com 和第 4 行的 lfj. a **** test. com 分别表示提供该服务的 DNS 服务器名。

以上介绍了 DNS 数据库中经常用到的几个资源记录类型的作用和功能,除此之外,还有用来记录主机的相关数据(如 CPU 的类型、操作系统的类型等)的 HINFO 记录等。在后面的相关操作中,将具体介绍这些记录是如何使用的。

3. 实验内容和要求

(1) 熟悉 DNS 的工作原理和过程。

(2) 熟悉资源记录的功能和应用特点。

(3) 掌握资源记录的创建和应用方法。

5.4.2 实验规划

1. 实验设备

(1) VMware Workstation 软件虚拟平台。

(2) 虚拟服务器(2 台,名称分别为 Server1 和 Server2,安装 Windows Server 2016 操作系统)。

(3) 测试用 PC(2 台,安装 Windows 10 操作系统)。

(4) 实体计算机(1 台,安装 VMware Workstation 软件)。

2. 实验拓扑

网络拓扑可参见本章实验 2 的图 5-22。a **** test. com 是在前面实验中已创建的域名,本实验将在该域名上提供 Web 浏览、FTP 下载、电子邮件、视频点播等服务,具体规划如表 5-2 所示,域名结构如图 5-39 所示。

表 5-2 在 a ** test. com 上创建主机名**

主机名称	功能	服务器 IP 地址
www. a **** test. com	Web 浏览	192. 168. 1. 10
ftp. a **** test. com	FTP 下载	192. 168. 1. 10
vod. a **** test. com	视频点播	192. 168. 1. 10
mail. a **** test. com	电子邮件	192. 168. 1. 20
english. a **** test. com	英语学习站点解析	192. 168. 1. 20
card. a **** test. com	校园一卡通站点解析	192. 168. 1. 20
…	…	…

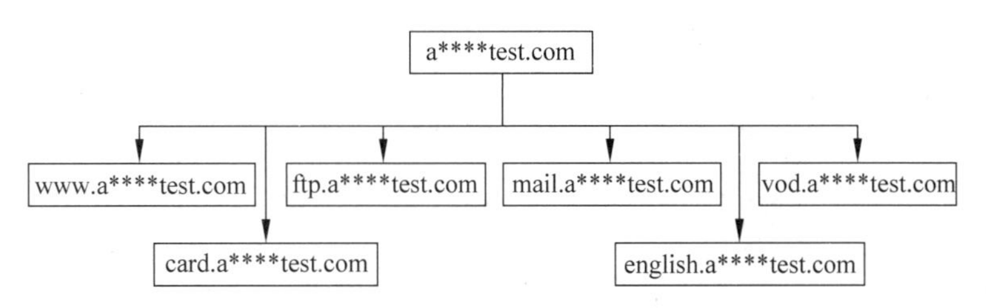

图 5-39　规划的域名结构

5.4.3　实验步骤

本实验根据图 5-39 的规划，分别以 www. a **** test. com 和 mail. a **** test. com 为例，介绍其实现方法。

1. www. a ** test. com 的实现步骤**

打开 DNS 管理器，在“正向查找区域”中右击要添加主机记录的域名(本实验为 a **** test. com)，在弹出的快捷菜单中选择“新建主机(A 或 AAAA)”，在“新建主机”对话框的“名称”文本框中输入新建主机的名称(本实验为 www)，然后在“IP 地址”文本框中输入该 DNS 服务器的 IP 地址(本实验为 192. 168. 1. 10)。由于 A 记录是将 DNS 名称映射到 IP 地址，而 PTR 资源记录是将 IP 地址映射到 DNS 名称，所以如果要将 IP 地址映射到 DNS 名称时，可以勾选“创建相关的指针(PTR)记录”。然后单击“添加主机”按钮，如图 5-40 所示。

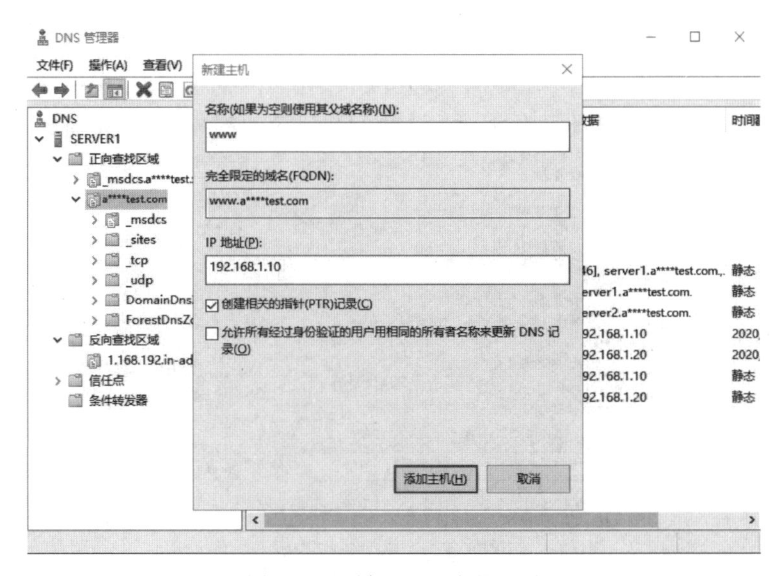

图 5-40　添加 www 主机记录

根据应用需求，通过相同的方法，用户可以在域名中添加 ftp、vod 等各种主机记录，如图 5-41 所示。

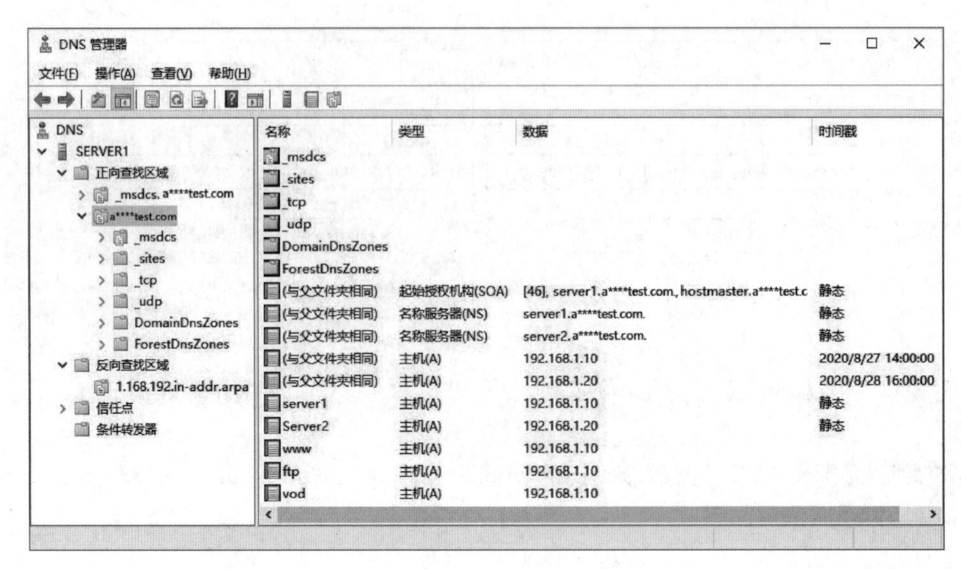

图 5-41 显示在 a **** test. com 中添加的主机记录

2. mail. a **** test. com 的实现步骤

对于邮件系统的域名解析必须同时具有两个记录：一个是主机记录(即 A 记录，本实验为 mail)，该主机记录的 IP 地址即邮件服务器的 IP 地址，这样邮件服务器的 FQDN 将为 mail. a **** test. com；另外，还要创建一个 MX 记录，对邮件进行传递或转发，当用户要发送邮件时，首先将邮件传递到本地邮件交换服务器(SMTP Server)，本地邮件交换服务器在接收到邮件后再将其转发到目的地的邮件交换服务器。

A 记录 mail 的创建方法与 www 相同，下面介绍 MX 记录的创建方法。在 DNS 管理器中右击要添加 MX 记录的域名(本实验为 a **** test. com)，在弹出的快捷菜单中选择"新建邮件交换器(MX)"，如图 5-42 所示，设置 MX 记录的相关参数，具体说明如下。

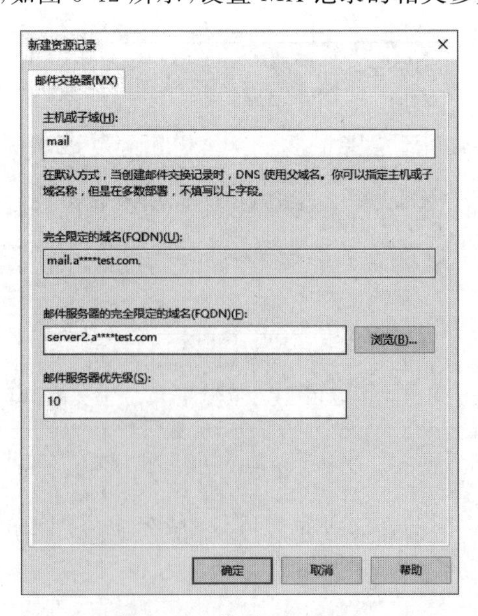

图 5-42 设置 MX 记录

(1) 主机或子域。输入邮件交换服务器(SMTP 服务器)所负责的域名,现在习惯于使用 mail 作为邮件的主机记录,即通过类似于 http://mail. a **** test. com 登录基于 Web 方式的邮件服务器,所以可以在"主机或子域"文本框中输入主机名 mail。

(2) 邮件服务器的 FQDN。指上述域邮件传递工作的邮件服务器的 FQDN。例如,在本实验中,可将邮件服务器放置在 a **** test. com 域中的 Server2 服务器上,其 FQDN 名称为 server2. a **** test. com。

(3) 邮件服务器优先级。用于同一域中存在多台邮件服务器的情况,用于创建多个 MX 资源记录,并给不同的邮件服务器设置不同的优先级,其中 0 最高。这样,当其他的邮件交换服务器要传递邮件到该域中的邮件交换服务器时,它会先将邮件传递到优先级较高的邮件交换服务器,如果传递失败,则选择优先级较低的邮件交换服务器。如果两台邮件交换服务器具有相同的优先级,便会随机选择一台。

通过以上设置,负责域 mail. a **** test. com 邮件传递的邮件交换服务器是主机名称为 server2. a **** test. com 的主机,其优先级为 10,该本地邮件交换服务器的 IP 地址为 192. 168. 1. 20。设置为 MX 记录和邮件交换服务器主机记录后的显示如图 5-43 所示。需要注意的是,在图 5-41 中应同时显示 MX 记录和邮件交换服务器的主机记录。

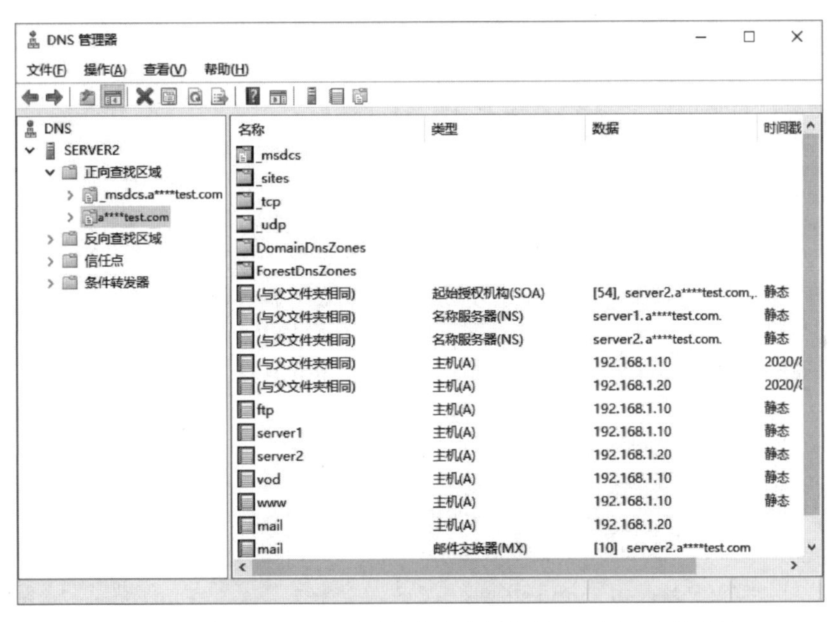

图 5-43 设置了 MX 记录和邮件交换服务器主机记录后的显示

5.4.4 结果验证

将测试用的 PC 的首选 DNS 服务器和备用 DNS 服务器的 IP 地址分别设置为 192. 168. 1. 10 和 192. 168. 1. 20,然后在命令提示符窗口执行 ping www. a **** test. com 命令,将返回 192. 168. 1. 10 这个 IP 地址,并且网络是畅通的,这说明 DNS 服务器的解析是正常的。另外,还可以执行 nslookup 命令进行测试,也可以在测试用的 PC 上打开 IE 浏览器,在地址栏中输入 http://www. a **** test. com,当在 192. 168. 1. 10 的服务器上安装了

Internet 信息服务时,将显示相应的页面内容。这些内容将在本书第 6 章中专门进行介绍。对于邮件服务器的完整测试,由于需要安装和配置邮件服务器,所以在这里不再进行专门介绍。

本章小结

本章介绍了 DNS 的配置和应用过程,从基于活动目录的第 1 台 DNS 服务器的配置开始,对其他备份 DNS 服务器配置、DNS 服务器的反向查找区域的配置,以及典型主机资源记录的配置等进行了实验。

第6章

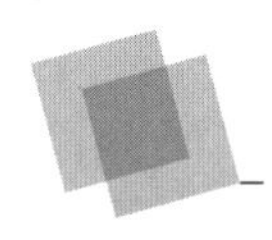

Web服务器的配置和应用

Web 网站就是利用互联网技术，把相关信息在 Intranet 或 Internet 上通过 Web 页面发布出去，供访问者查询和浏览。目前，Web 应用是互联网信息系统的基础和重要形式，所以 Web 站点的创建和管理将显得尤为重要。需要说明的是，访问 Web 站点既可以通过 IP 地址，也可以通过域名，但在实际使用中更倾向于后者，所以 DNS 是 Web 应用的重要基础。为此，本章大部分实验将建立在第 5 章的基础之上，将 Web 发布与 DNS 进行有机结合，仍然基于 Windows Server 2016 操作系统来完成。

6.1 实验 1 IIS 的安装和配置

视频讲解

Internet 信息服务（Internet Information Services，IIS）是 Windows 操作系统内嵌的 Web 服务系统，主要用于提供 Web 站点的发布、使用和管理等功能，Windows Server 2016 提供了更易搭建、更安全的模块化网站设计途径。

6.1.1 实验概述

Windows Server 2016 采用了 IIS 10.0 版本，其中增加了对 HTTP 2.0 的支持，这是对 HTTP 1.1 的巨大增强，能够实现连接的高效重用，并减小延迟。IIS 10.0 在 Windows Server 2016 中作为核心模式设备驱动 HTTP.SYS 的一部分进行实现，具有内置的响应请求缓存和队列功能，能够将应用程序请求直接路由到工作进程，从而提供更高的安全性和更好的运行性能。

1. 实验目的

通过本实验，在熟悉 Web 工作原理的基础上，学习并掌握基于 Windows Server 2016 的 IIS 服务安装和基本配置方法，为后面的相关实验奠定基础。

2. 实验原理

Web 服务的实现采用 B/S(Browser/Server)模型,其中将信息提供者称为 Web 服务器,信息的需要者或获取者称为 Web 客户端。作为 Web 服务器的计算机中安装有 Web 程序(如 Microsoft Internet Information Server、Apache 等),并且保存有大量的公用信息,随时等待用户的访问。作为 Web 客户端的计算机中则安装有 Web 客户端程序,即 Web 浏览器(如 Microsoft Internet Explorer、Google Chrome、Opera 等),可通过网络从 Web 服务器浏览或获取所需要的信息。

Web 服务器是如何响应 Web 客户端的请求的呢? Web 页面处理大致可分为 3 个步骤,如图 6-1 所示。

第 1 步,Web 浏览器向一个特定的服务器发出 Web 页面请求。

第 2 步,Web 服务器接收到 Web 页面请求后,寻找所请求的 Web 页面,并将所请求的 Web 页面传送给 Web 浏览器。

第 3 步,Web 浏览器接收到所请求的 Web 页面,并将其显示出来。

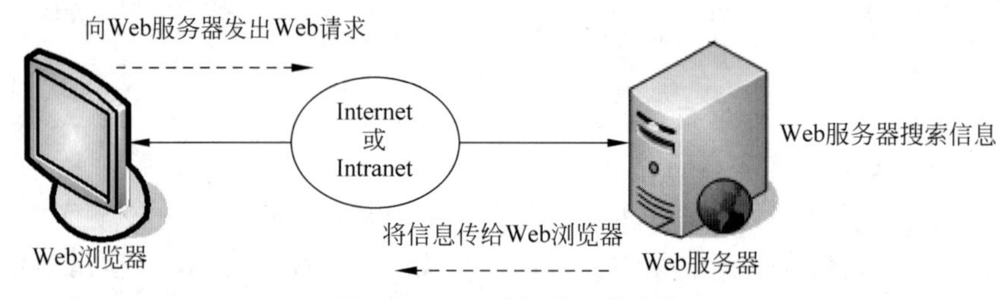

图 6-1 Web 功能的实现过程

另外,在 Web 应用中读者还需要掌握两方面内容:HTTP 和 HTML。

1) HTTP

在 Web 上运行的协议是 HTTP。当要访问某个网站时,只需要在浏览器的地址栏中输入网站的地址,如 www. a **** test. com,这时浏览器会自动在前面加上 http://,即 http://www. a **** test. com。

在浏览器的地址栏中输入的网站地址叫作 URL,就像每户人家都有一个唯一的门牌号一样,每个网站都有一个唯一的 Internet 地址。当用户在浏览器的地址栏中输入一个 URL 或单击某个链接时,URL 就确定了要浏览的地址。浏览器通过 HTTP 将 Web 服务器上站点的代码提取出来,并翻译成最终的页面。下面,我们看一个 URL 的组成,如 http://www. a **** test. com/doc/chap1. asp,其中:

- http://代表超文本传输协议,通过 a **** test. com 服务器显示 Web 页面(http://一般可不用输入);
- www 指向一个 Web 服务器,称为一个主机记录;
- a **** test. com/是 Web 服务器的域名,或站点服务器的名称,如主机名。当然,还可以直接使用 IP 地址而不需要使用域名,但此方法在现代计算机网络中很不适合;
- doc/为该 Web 服务器上的一个子目录。
- chap1. asp 为 doc/目录下的一个网页文件。

HTTP 是用于从 WWW 服务器传输超文本到本地浏览器的传输协议。它可以使浏览器的工作更加高效，从而减轻网络的负担。它不仅保证计算机正确、快速地传输超文本文档，而且可确定传输文档中的那一部分，以及哪一部分内容首先显示等。

由于 HTTP 是基于"请求/响应"模式的，一个 Web 客户端与一个 Web 服务器建立连接后，Web 客户端将向 Web 服务器发送一个请求，此请求的格式包括 URL、协议版本号、请求修饰符、客户端信息和可能的内容等。Web 服务器在收到请求后，将给予相应的响应，其中包括协议的版本号、一个成功或错误的代码、服务器信息、实体信息和可能的内容等。

在 Internet 中，HTTP 建立在 TCP/IP 连接之上，所以 HTTP 是一个可靠的传输方式。在默认情况下 HTTP 使用 TCP 80 端口，如果需要，也可以使用其他端口。但当改变了 TCP 的端口号后，Web 客户端必须要知道此端口号。例如，在输入 http://www.a****test.com 时，HTTP 会自动将其指向 TCP 80 端口，如果在 Web 服务器端将 www.a****test.com 设置为 TCP 8060 端口，那么需在 Web 浏览器的地址栏中指出该端口号，即 http://www.a****test.com：8060。

2) HTML

超文本标记语言(Hypertext Markup Language，HTML)是用于创建 Web 文档或页面的标准语言，由一系列的标记符号或嵌入希望显示的文件代码组成，这些标记告诉浏览器应该如何显示文字和图形等内容。HTML 由 Netscape、Microsoft 和 W3C 在实践中共同开发完成。新的 HTML 标准 HTML 4 由 W3C 提出，已经作为一种更有效的标准使用。但是，Netscape 和 Microsoft 也提供一些非标准的功能扩展，因此许多动态功能并不能同时兼容于这两种浏览器，这也就需要开发者提供适宜于不同浏览器的不同版本的网页。

HTML 的模板文件形式如下。

```
<HTML>    //HTML 文件起始标志,表示以下为 HTML 文件
<HEAD>    //HTML 文件头开始标志
<TITLE>…</TITLE>    //之间是文件标题
</HEAD>   //HTML 文件头结束标志
<BODY> …</BODY>    //文件主体结束标志,表示文件主体到此结束
</HTML>   //HTML 文件结尾标志
```

在 HTML 中许多标签是成对出现的，<标签>表示开始某种格式，而</标签>表示停止该效果。不过，在通常情况下，无须直接输入代码，通过 Microsoft FrontPage 等制作工具，完全可以在所见即所得的用户界面下制作精美的 Web 页。

3. 实验内容和要求

(1) 熟悉 Web 应用的工作原理。

(2) 熟悉 HTTP 和 HTML 的工作原理和应用特点。

(3) 掌握 Windows Server 2016 中 IIS 组件的安装方法。

(4) 掌握 Windows Server 2016 中 IIS 服务的基本配置方法。

(5) 掌握 IIS 的基本测试方法。

6.1.2 实验规划

1. 实验设备

(1) VMware Workstation 软件虚拟平台。

(2) 虚拟服务器(1 台,名称为 Server1,安装 Windows Server 2016 操作系统)。

(3) 测试用 PC(2 台,安装 Windows 10 操作系统)。

(4) 实体计算机(1 台,安装 VMware Workstation 软件)。

2. 实验拓扑

为了使 Web 服务与 DNS 服务有机结合,并尽可能地利用现有计算机资源。在本实验中,可以将 Web 服务器和 DNS 服务器安装在同一台计算机上。所以,Web 服务器的计算机名为 Server1,IP 地址为 192.168.1.10。为便于测试,至少需要一台 PC,当服务器 Server1 上安装 IIS 后,可通过 PC 上的 IE 浏览器进行测试。网络拓扑如图 6-2 所示。

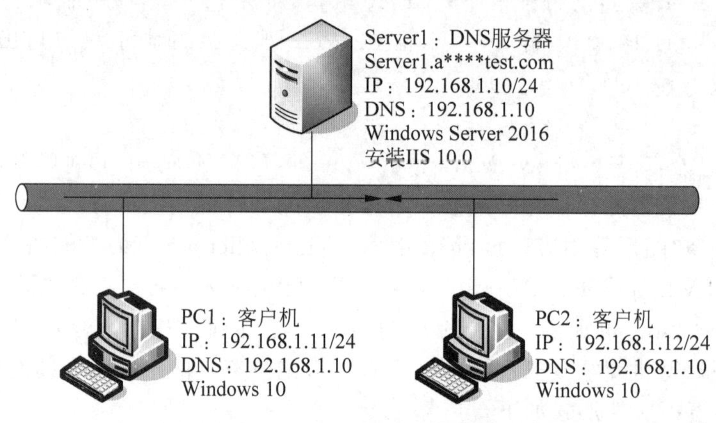

图 6-2 Web 服务器规划

6.1.3 实验步骤

在 Windows Server 2016 上安装 IIS 的方法很多,可以通过添加 Web 服务器(IIS)角色的方式安装 IIS。进入服务器管理器,单击“仪表板”→“添加角色和功能”,弹出“添加角色和功能向导”对话框,持续单击“下一步”按钮,直到“选择服务器角色”步骤,勾选“Web 服务器(IIS)”后,单击“添加功能”按钮,如图 6-3 所示。再一直单击“下一步”按钮,直到“确认安装所选内容”步骤单击“安装”按钮。

需要注意的是,上述步骤需要在 DNS 的配置完成之后进行,具体见第 5 章相关实验。

6.1.4 结果验证

在安装好 IIS 后,单击“开始”菜单→“Windows 管理工具”→“Internet Information Services(IIS)管理器”,进入 IIS 管理器。另外,也可以单击“开始”菜单→“运行”,在弹出的对话框中输入 inetmgr 命令打开 IIS 管理器,如图 6-4 所示。

由于在安装 IIS 之前已经设置了 DNS 域名(见第 5 章的实验),所以可以在任意一台与该 Web 服务器连接的计算机上,通过以下方法之一测试 IIS 是否已经正常运行。

(1) 利用 DNS 网址测试。在测试计算机上打开 IE 浏览器,在地址栏中输入 Web 服务

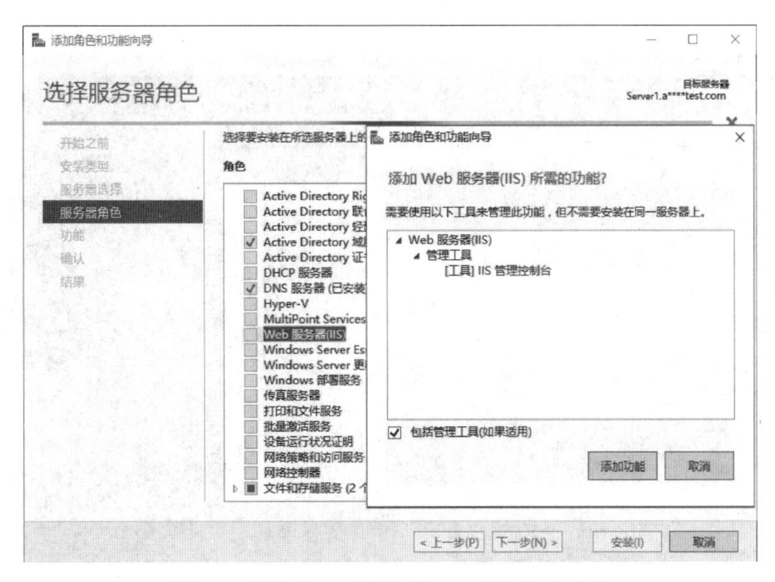

图 6-3　添加“Web 服务器(IIS)”角色和功能

图 6-4　IIS 管理器

器的域名地址 http://www.a **** test.com，如果 IIS 安装和 DNS 配置正确，就会出现如图 6-5 所示页面(可能需要等待一小段时间)。

需要说明的是，要进行该测试的前提条件是根据第 5 章的实验要求，在该 Web 服务器上已安装并配置了 DNS 服务，DNS 服务器的域名为 a **** test.com，同时在该域名下创建了一个 www 的主机记录。另外，如果 Web 服务器和 DNS 服务器位于不同的计算机，在创建 www 记录时将 IP 地址必须指向该 Web 服务器。

(2) 利用 IP 地址连接网站。可以在浏览器中直接输入 http://192.168.1.10，如果 IIS 工作正常，同样会打开如图 6-5 所示的页面。

(3) 利用计算机名称测试。在测试计算机上打开浏览器，在地址栏中输入 http://

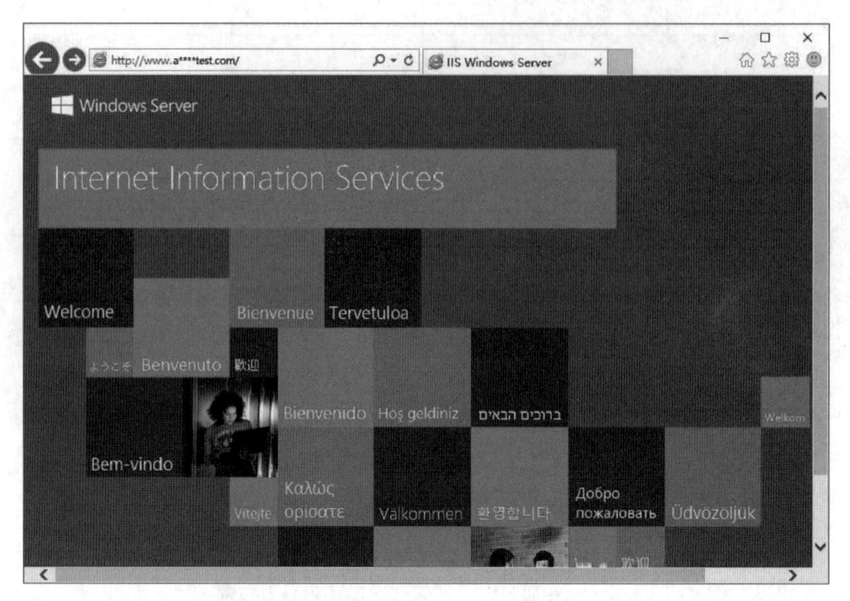

图 6-5　在 IE 中测试 IIS 是否安装正确

server1 测试 IIS,如果运行正常,也会出现如图 6-5 所示的页面。

如果测试失败,可以在 Web 服务器上进入 IIS 管理器,在打开的如图 6-6 所示的窗口中查看网站的运行状态是否为“已启动”。如果处于“停止”状态,可单击 Default Web Site,在右侧的操作列表中选择“启动”激活此网站。

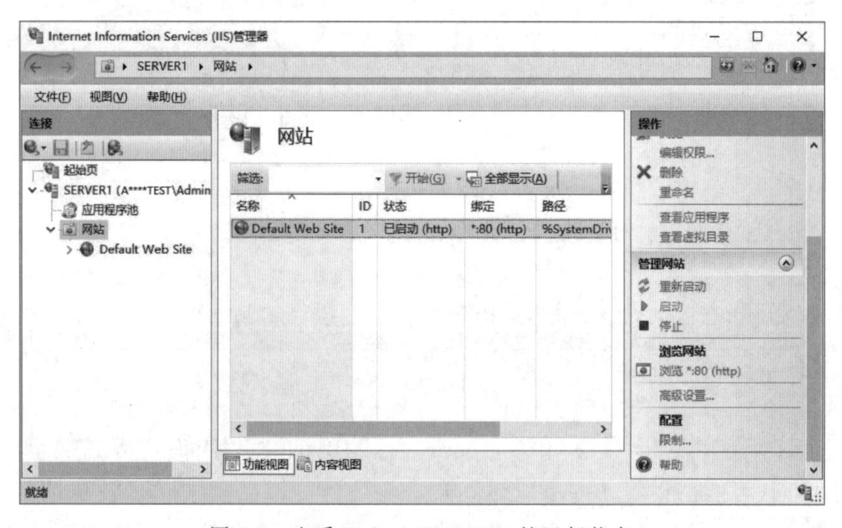

图 6-6　查看 Default Web Site 的运行状态

6.2　实验 2　发布第 1 个 Web 网站

这里所说的第 1 个 Web 站点是指在 Web 服务器上发布的第 1 个 Web 应用网站,该 Web 网站一般称为主站点。在安装了 IIS 后,系统默认的主站点便是其下的 Default Web

Site(默认站点)。本实验将结合 DNS 的应用,介绍 Web 主站点的发布和使用方法。

6.2.1　实验概述

在一台运行 Windows Server 2016 的计算机上安装了 IIS 服务组件后,该计算机将成为一台 Web 服务器,同时在 IIS 管理器中,系统会自动创建一个用于对 IIS 进行测试的 Default Web Site。主站点的功能和设置与 Default Web Site 相同。

1. 实验目的

通过本实验,在熟悉 IIS 基本配置方法的基础上,了解 Default Web Site 的特点及其功能。在此基础上,通过与 DNS 的结合,掌握 IIS 中第 1 个 Web 站点(www.a**** test.com)的特点和发布方法。

2. 实验原理

为了学习第 1 个 Web 站点的发布方法,需要先了解 Default Web Site 的特点,如图 6-7 所示。

图 6-7　Default Web Site 的配置界面

1) 网页存储位置的设置

当在客户端的浏览器利用 http://www.a **** test.com 连接 Default Web Site 时,存储在网站主目录内的首页就会被发送给客户端的浏览器。这个主目录就是网页存储的位置。通过单击图 6-7 右边栏的"基本设置",可以在弹出的对话框中看到"物理路径"文本框,如图 6-8 所示,其值默认为 %SystemDrive%\inetpub\wwwroot,其中,%SystemDrive% 就是安装 Windows Server 2016 的系统盘。

通过"编辑网站"对话框,也可以将主目录的物理路径更改到其他文件夹。

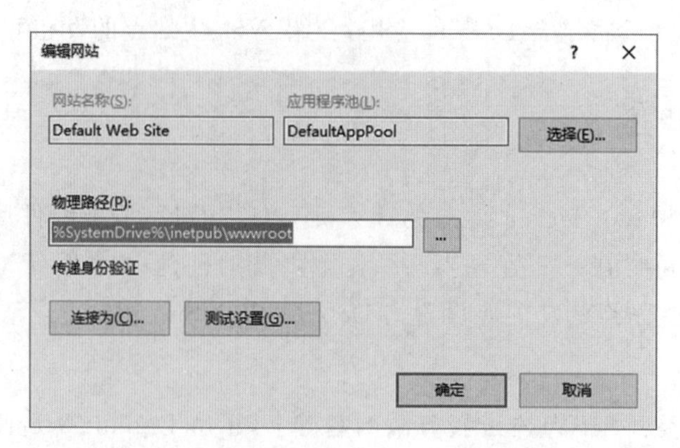

图 6-8 Default Web Site 的基本设置

2) Default Web Site 的首页文件

Default Web Site 的首页文件可以通过双击图 6-7 中的"默认文档"图标进行查看与设置,如图 6-9 所示。

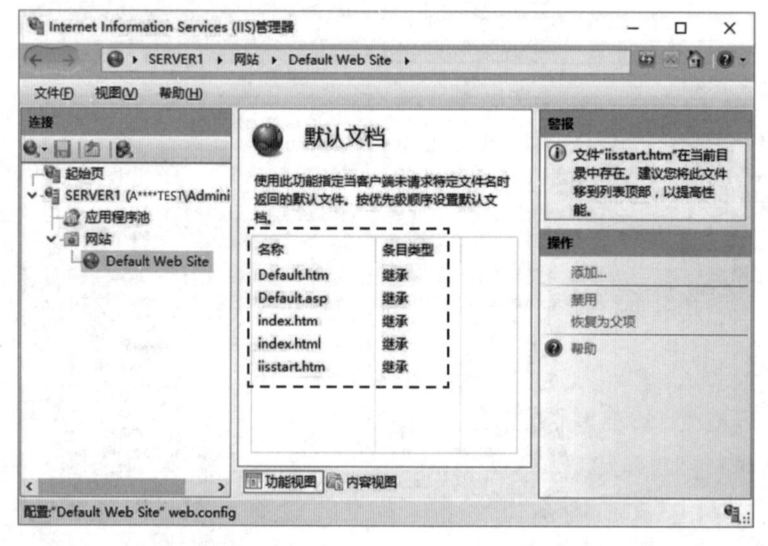

图 6-9 Default Web Site 的首页文件

其中,在响应客户请求时,网站会依次从 Default Web Site 的主目录中读取图 6-9 虚框中的文件,而目前这个目录中只有 iisstart. htm 网页,这就是图 6-5 中显示的网页。

通过以上分析可以看出,当客户端访问 Web 服务器上的网站时,如果没有对该网站进行特别的限制(如绑定 IP 地址、设置端口号、使用虚拟目录等),Web 服务器会将客户端的 Web 请求指向 Default Web Site,客户端所看到的是 Default Web Site 的内容。

发布 Web 主站点,其方法是在 IIS 管理器中停止或删除 Default Web Site 后,发布一个与 Default Web Site 具有相同属性的 Web 站点。

3. 实验内容和要求

(1) 熟悉 IIS 的基本配置和测试方法。

(2) 了解 IIS 默认网站的特点。

(3) 掌握 IIS 中第 1 个 Web 站点的发布方法。

6.2.2　实验规划

1. 实验设备

(1) VMware Workstation 软件虚拟平台。

(2) 虚拟服务器(1 台，名称为 Server1，安装 Windows Server 2016 操作系统)。

(3) 测试用 PC(2 台，安装 Windows 10 操作系统)。

(4) 实体计算机(1 台，安装 VMware Workstation 软件)。

2. 实验拓扑

本实验的物理拓扑与本章实验 1 相同，如图 6-10 所示。一般情况下，根据应用习惯，如果 DNS 的主域名为 a**** test. com(在一台 DNS 服务器上可以实现多个域名的解析，但在安装活动目录时创建的域名称为主域名，其他域名可以在 DNS 中通过“新建区域”实现)，那么在该域名下创建的 www 记录对应的网站称为主站点，a**** test. com 域中主站点的域名为 www. a**** test. com。当然，这只是目前的应用习惯。

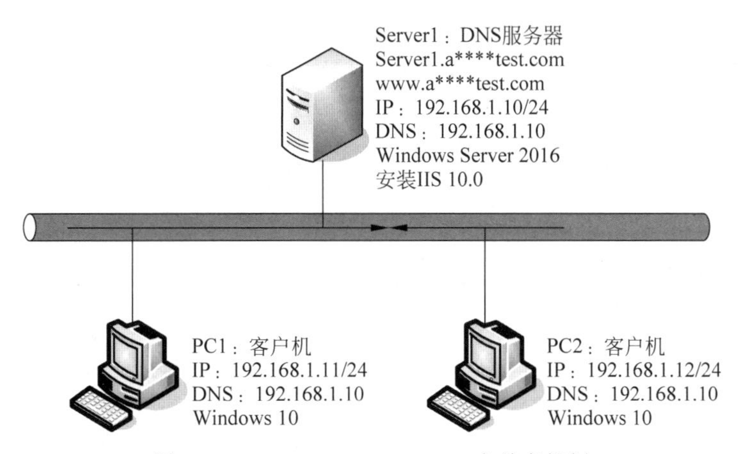

图 6-10　www. a**** test. com 主站点规划

另外，可以事先编写一个简单的网页文件，将其保存在 Web 服务器的一个目录(如 c:\web\web1)下，该网页将作为 Web 主站点的主页。

为便于实验，这里介绍一种简单的编写网页的方法。首先在 Word 中编辑一个文档，然后将其保存为网页格式，文件名为该网页的主文件名，一般为 default. htm 或 index. htm。最后，将保存的所有文件复制到要发布的目录(如 c:\web\web1)下即可。

6.2.3　实验步骤

首先，在 DNS 服务器的 a**** test. com 域名下创建一个 www 主机记录，并将 IP 地址指向 Web 服务器 192. 168. 1. 10(本实验中，DNS 和 Web 位于同一台服务器)，具体方法参见第 5 章的相关实验内容。之后，通过以下方法发布 Web 站点。

Web 主站点的发布有两种方法：一种方法是直接将要发布的网站内容复制到 Default Web Site 的主目录下，这样不需要做太多的设置就可以完成 Web 主站点的发布；另一种方法是单独发布。在实际应用中，由于 Default Web Site 的主目录位于 Windows Server 2016 安装目录的\inetpub\wwwroot 目录下，所以出于安全和磁盘管理的需要一般不采取这样方式。

下面，将要发布的网站内容首先复制到 c:\web\web1 目录，然后停止 IIS 中的 Default Web Site(选择 Default Web Site 后，在右侧的操作页面中选择“停止”选项即可，此时，在客户端浏览器上已无法打开此网站)，再根据以下步骤进行发布。

(1) 在服务器上进入 IIS 管理器。

(2) 在确保已经停止了 Default Web Site 的情况下，右击左侧的“网站”，在弹出的快捷菜单中选择“添加网站”，并按图 6-11 进行配置。

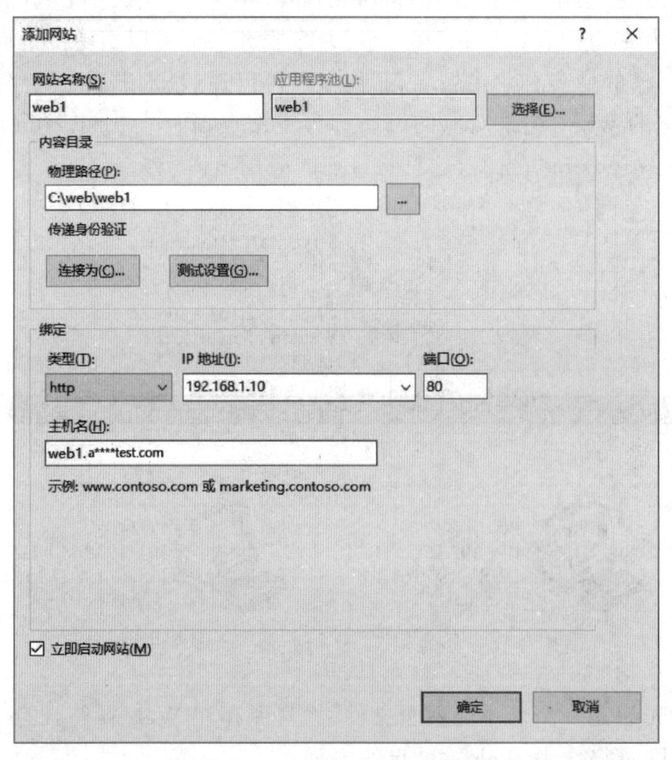

图 6-11　添加网站并进行配置

(3) 在 DNS 管理器中的 a **** test. com 下新建 web1. a **** test. com 的主机记录。

6.2.4　结果验证

在任意一台与该 Web 服务器连接的测试用 PC(如 PC1)上的浏览器中输入 www. a **** test. com，如果 Web 站点的发布正常，同样会显示该网站的内容，这与本章实验 1 一样。然后，在浏览器中输入 http://web1. a **** test. com/，就会显示我们制作的第 1 个网站的网页了，如图 6-12 所示。

图 6-12 第 1 个网站网页的显示

6.3 实验 3 使用虚拟目录或 TCP 端口发布 Web 站点

在本实验中,我们将学习两种不同类型网站的发布方法。其中一类网站通过虚拟目录发布,不需要创建域名,因为虚拟目录网站是以某个已发布的网站作为父网站来发布的,在本实验中我们将"Web 主站点"作为要发布的虚拟目录网站的父网站;另一类网站通过 TCP 端口号发布,以已有的网站为基础,加上不同的 TCP 端口号发布。

6.3.1 实验概述

在 URL 中,可以通过不同的 IP 地址、DNS 名称、TCP 端口等区分不同的资源,在实际应用中多通过虚拟目录或 TCP 端口发布不同的 Web 站点。

1. 实验目的

通过本章实验 2 的练习,在掌握了主 Web 站点发布和访问方法的基础上,继续学习通过虚拟目录或 TCP 端口发布及访问 Web 站点的具体方法。

2. 实验原理

对于已发布的 Web 站点,利用虚拟目录可以提供基于该网站的物理文件夹层次结构的内容发布和访问。在具体应用中,可将虚拟目录视为指向文件实际位置的指针。Windows Server 2016 中的 IIS 提供了基于虚拟目录的资源管理功能。

Web 网站的访问需要 TCP,而且系统默认的 TCP 端口为 80。从 URL 的组成来看,不同的 Web 网站可以通过不同的 TCP 端口区分。例如,www.a****test.com(系统默认的端口为 TCP 80)、www.a****test.com:8080 和 www.a****test.com:8060 应该分别代表不同的网站,因为这 3 个 URL 的 TCP 端口地址各不相同。

在安装 IIS 时,创建的第 1 个网站(默认网站)将使用 TCP 的 80 端口。实际上,还可以使用其他的端口(通常为 1024～65535,一般 1024 以下的 TCP 端口不推荐使用)发布新的 Web 站点。需要注意的是,如果是通过匿名方式访问的网站,一般不建议利用其他的 TCP 端口号发布。目前,绝大多数 Internet 上的 Web 网站(尤其是具有宣传性质的网站)都是使用系统默认的 80 端口发布的。

3. 实验内容和要求

(1) 熟悉 Web 网站发布和访问中虚拟目录的特点。

(2) 熟悉 Web 网站访问中 TCP 端口的功能和作用。

(3) 掌握在 IIS 中通过虚拟目录发布 Web 网站的方法。

(4) 掌握在 IIS 中通过不同的 TCP 端口发布 Web 网站的方法。

6.3.2 实验规划

1. 实验设备

(1) VMware Workstation 软件虚拟平台。

(2) 虚拟服务器(1 台,名称为 Server1,安装 Windows Server 2016 操作系统)。

(3) 测试用虚拟 PC(2 台,安装 Windows 10 操作系统)。

(4) 实体计算机(1 台,安装 VMware Workstation 软件)。

2. 实验拓扑

本实验的物理拓扑与本章实验 1 相同。在进行本实验之前,要求已根据第 5 章的内容要求,完成了 a**** test. com 域名的创建,并安装了 DNS 服务器,且已创建了 www 主机记录。并根据本章实验 2 的要求,完成了 www. a **** test. com 对应的 Web 主站点的发布。在此基础上,本实验将完成两项任务:一是发布 www. a **** test. com/test1 虚拟目录 Web 站点;二是发布 www. a **** test. com:8060 站点。网络拓扑如图 6-13 所示。

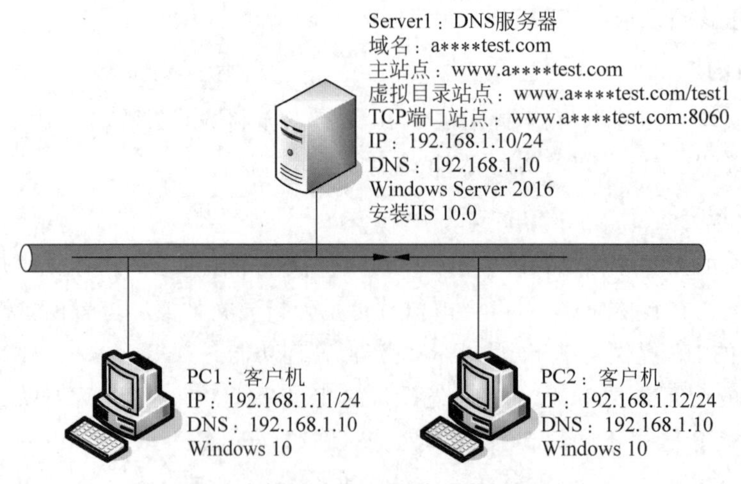

图 6-13 虚拟目录和 TCP 端口站点实验拓扑

6.3.3 实验步骤

1. 发布虚拟目录 www.a**test.com/test1 站点**

由于虚拟目录 Web 站点必须依赖其父站点(如 www.a****test.com),所以其发布和访问方式与其父站点紧密相关。例如,在父站点 www.a****test.com 下发布一个名为 test1 的虚拟目录站点,那么该虚拟目录网站的访问方式应用为 www.a****test.com/test1。该虚拟目录站点的具体发布方法如下所示。

(1) 在 C:\web\下建立一个名称为 test1 的文件夹,然后在此文件中建立一个名称为 default.htm 的首页文件,下面将网站的虚拟目录映射到此文件夹。

(2) 在 Web 服务器上进入 IIS 管理器。

(3) 依次选择 SERVER1(就是本地计算机名)→"网站"→Default Web Site(本例为 Web 主站点,其域名为 www.a****test.com),右击,在弹出的快捷菜单中选择"添加虚拟目录",在弹出的"添加虚拟目录"对话框中的"别名"文本框中填写 test1,在"物理路径"文本框中浏览到 C:\web\test1 文件夹,然后单击"确定"按钮。

(4) 此时,在 Default Web Site 站点内多了一个虚拟目录 test1,单击下方的"内容视图"标签后,就可以在其中看到此目录内的文件 default.htm,这说明虚拟目录网站已建立成功,如图 6-14 所示。

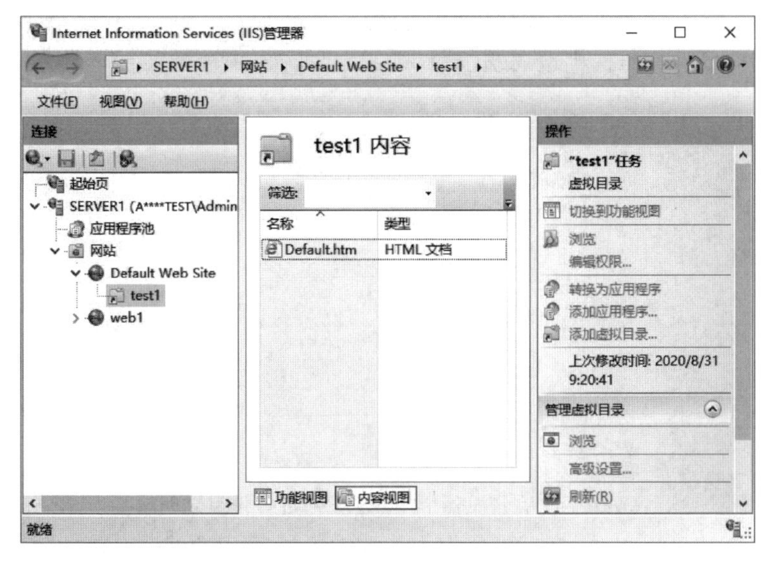

图 6-14 虚拟目录网站建立成功

2. 利用 TCP 端口发布 www.a**test.com:8060 站点**

这里主要是利用本章实验 2 中已经建立的 web1 网站进行设置。在 IIS 管理器中,依次选择左边栏中"网站"→web1,然后选择右边"操作"栏中的"绑定",选择列表中的 http 项目,然后单击"编辑"按钮,在"编辑网站绑定"对话框中,修改"IP 地址"为 192.168.1.10,修改"端口"为 8060,同时清除"主机名"文本框中的内容,最后单击"确定"按钮即可,如图 6-15 所示。

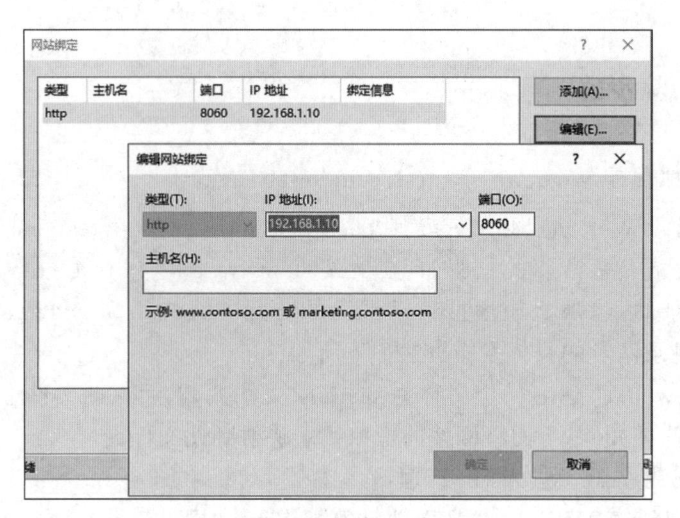

图 6-15 修改网站的端口

6.3.4 结果验证

1. www.a****test.com/test1 站点的测试

完成虚拟目录站点的发布后,在任意一台与该 Web 服务器连接的测试用 PC 上打开浏览器,在地址栏中输入该虚拟目录网站的完整域名 http://www.a****test.com/test1 或 http://192.168.1.10/test1,则会打开该虚拟目录网站(有时会需要等待一小段时间),如图 6-16 所示。

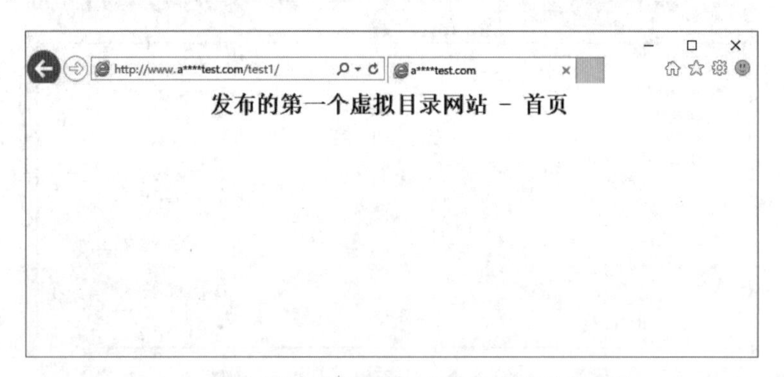

图 6-16 在浏览器中打开已发布的虚拟目录网站

2. www.a****test.com:8060 站点的测试

完成以 8060 为 TCP 端口的站点发布后,在任意一台与该 Web 服务器连接的测试用 PC 的浏览器中输入该网站的完整 DNS 名称和 TCP 端口 http://www.a****test.com:8060(或 http://192.168.1.10:8060),则会打开该网站的内容,如图 6-17 所示。

需要注意的是,由于使用了别的端口,因此需要在服务器上打开 8060 端口。这需要在"控制面板"→"Windows 防火墙"→"高级设置"→"入站规则"→"新建规则"中打开 8060 端口,如图 6-18 所示,其余都使用默认设置。

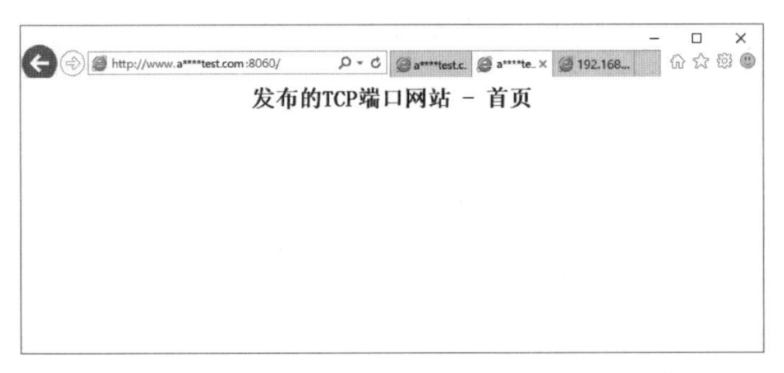

图 6-17　在浏览器中打开已发布的 TCP 端口网站

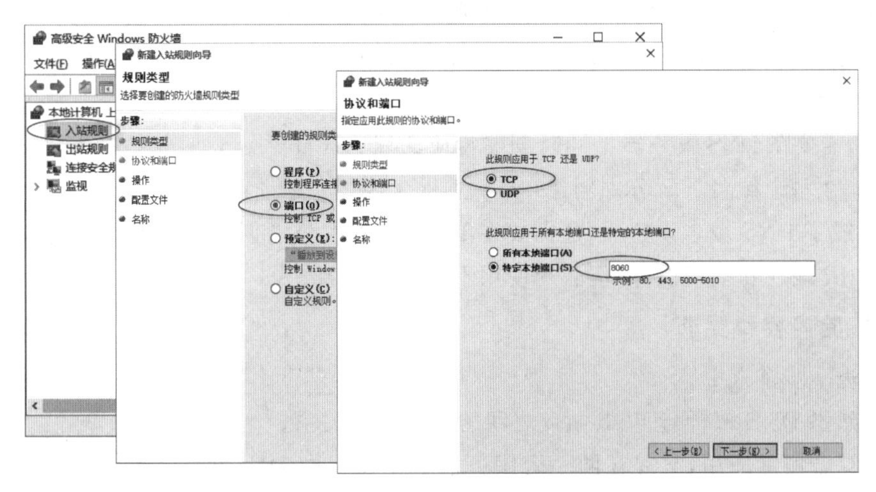

图 6-18　打开服务器防火墙端口

通过以上介绍可以看出，Web 主站点 www.a****test.com 与利用 8060 端口的站点 www.a****test.com:8060 之间仅仅是 TCP 端口号不同，Web 主站点使用的是系统默认的 80 端口。在 Internet 中，由于一个域名（如 a****test.com）中同时能够提供的主机名一般是有限的，所以为了在 Internet 上发布更多的网站，可以采用不同的 TCP 端口来实现。但是，当用户要访问这些网站时，必须知道其 TCP 端口号，否则无法正确访问。

6.4　实验 4　使用不同的主机名发布不同的 Web 站点

Windows Server 2016 中的 DNS 支持多域名操作，即在同一台 Windows Server 2016 服务器上可以同时提供多个 DNS 域名的解析服务。当同一台服务器提供多个 DNS 域名解析时，不同域名之间以主机名进行区分。本实验将介绍在一台运行 Windows Server 2016 的 Web 服务器上同时发布多个不同域名站点的方法。

6.4.1　实验概述

目前，许多 Internet 网站服务提供商（Internet Service Provider，ISP）一般利用为数不多的服务器提供大量的 Web 服务，以尽可能地利用现有的网络资源。在同一台 Web 服务器上,针对不同DNS解析的Web站点是通过不同的“主机名”实现的。

1. 实验目的

本实验是一个综合实验,综合应用了在同一台服务器上创建多个域名和发布多个Web站点的知识。通过本实验的练习,使大家掌握在同一台DNS服务器上创建多个域名以及在同一台Web服务器上发布多个针对不同DNS解析的Web站点的方法,并熟练掌握DNS记录与Web站点之间的一一对应关系。

2. 实验原理

使用主机名发布网站时,需要使用DNS名称和IIS的主机名。举例来说,某Internet空间服务提供商有一台服务器放在ISP机房,并拥有一个合法的IP地址(如111.222.123.234)。现在,需要把www. * abc.com、www. * def.net、www. * xyz.cn等网站全部存放在111.222.123.234这台服务器上。

这时,需要在DNS服务器上同时创建相应的域名 * abc.com、* def.net和 * xyz.cn。同时,还需要在每个域名下面分别创建www主机名,使IP地址都为指向111.222.123.234。

在完成了DNS域名设置后,还需要在IIS管理器中分别创建新的站点。这些站点都使用相同的IP地址和端口设置,但必须使用不同的主机名。

3. 实验内容和要求

(1) 进一步掌握DNS的工作原理。

(2) 熟悉DNS解析与Web站点之间的一一对应关系。

(3) 综合实际应用,掌握在同一台服务器上创建不同DNS的方法。同时,掌握在同一台服务器上通过不同的主机名发布不同Web站点的方法。

6.4.2 实验规划

1. 实验设备

(1) VMware Workstation软件虚拟平台。

(2) 虚拟服务器(1台,名称为Server1,安装Windows Server 2016操作系统)。

(3) 测试用虚拟PC(2台,安装Windows 10操作系统)。

(4) 实体计算机(1台,安装VMware Workstation软件)。

2. 实验拓扑

本实验在同一台服务器(IP地址为192.168.1.10)上同时提供DNS解析和Web发布服务,即这台服务器既是DNS服务器也是Web服务器。如果条件允许,也可以将DNS解析和Web发布使用不同的服务器,这时需要注意DNS记录与Web服务器上Web站点之间的一一对应关系。

在本实验中,在同一台DNS服务器上创建了a **** test.com和b **** test.net两个域名,并分别在这两个域名下创建了www主机记录。同时,要在同一台Web服务器上以不同的主机头名发布两个站点,这两个站点分布用www.a **** test.com和www.b **** test.net 来访问,网络规划如图 6-19 所示。

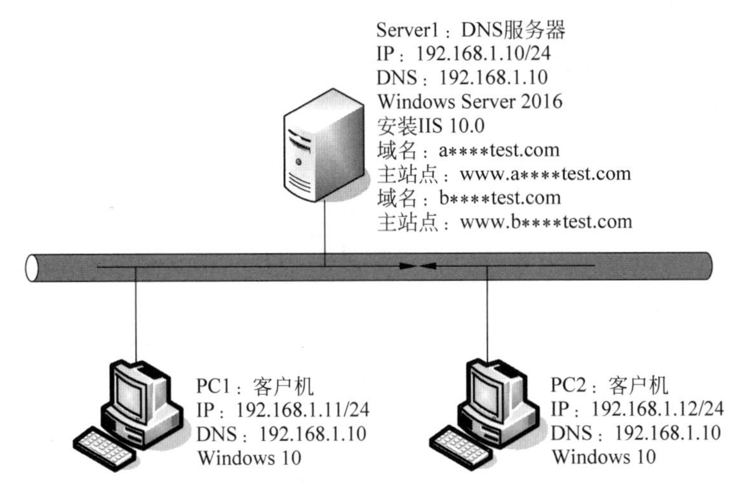

图 6-19 利用主机头名发布不同 Web 站点的规划

需要说明的是,在本章实验 2 中,我们已经掌握了第 1 个域名 a **** test.com 及其下 www 等主机记录的创建方法,也学习了主站点 www.a **** test.com 的发布方法。本实验将在此基础上,学习在同一台 Windows Server 2016 服务器上第 2 个域名 b **** test.net 和第 2 个主站点 www.b **** test.net 的创建和发布方法。

6.4.3 实验步骤

1. 创建第 2 个域名 b **** test.net

DNS 通过区域(Zone)管理域名空间中的每个区段。区域是指域名空间树形结构中的一个连续部分,为了加强对域名的管理,在 DNS 中可将域名空间分割成较小的连续区段。使用区域具有以下几点好处:首先是便于管理,由于区域内的主机信息存放在 DNS 服务器内的区域文件或活动目录数据库中,同时一台 DNS 服务器内可以存储一个或多个区域的信息,将一个 DNS 域划分为多个区域可以分散网络管理的工作压力;其次,区域还可以在同一台计算机上创建不同的 DNS 解析,例如,我们已经在一台 Windows Server 2016 计算机上创建了域名 a **** test.com,同时还可以再创建其他的域名,如 b **** test.net 等。在本章实验 2 的基础上,下面介绍在这台 Windows Server 2016 域名服务器上创建第 2 个域名 etongtv.net 的具体方法。

(1) 单击“开始”菜单→“Windows 管理工具”→DNS,进入 DNS 管理器。

(2) 选择左边栏中的服务器名(如 SERVER1)或“正向查找区域”,然后右击,在出现的快捷菜单中选择“新建区域”,打开“新建区域向导”对话框,如图 6-20 所示。

(3) 在“新建区域向导”对话框中,单击“下一步”按钮,进入如图 6-21 所示的页面。由于该 DNS 服务器也是一台域名控制器,所以选择“主要区域”和“在 Active Directory 中存储区域”两项。

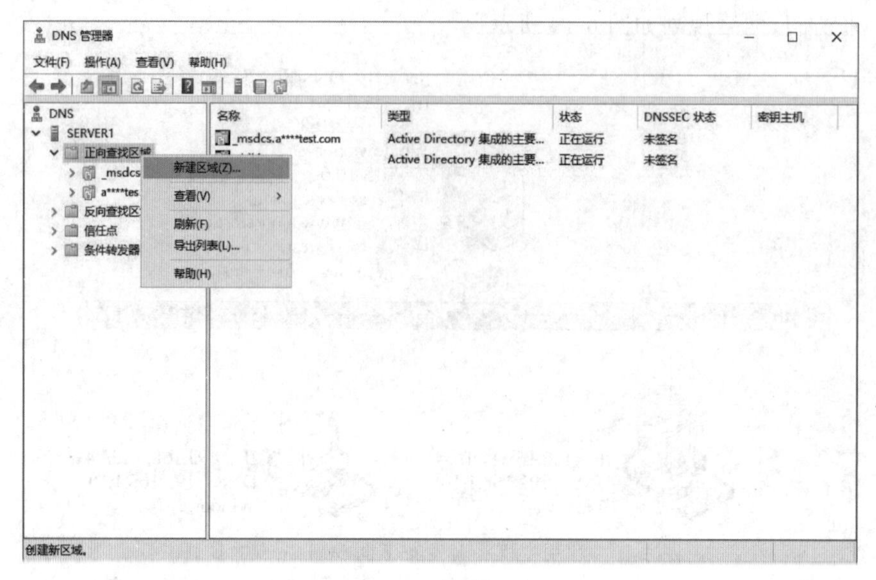

图 6-20　新建区域

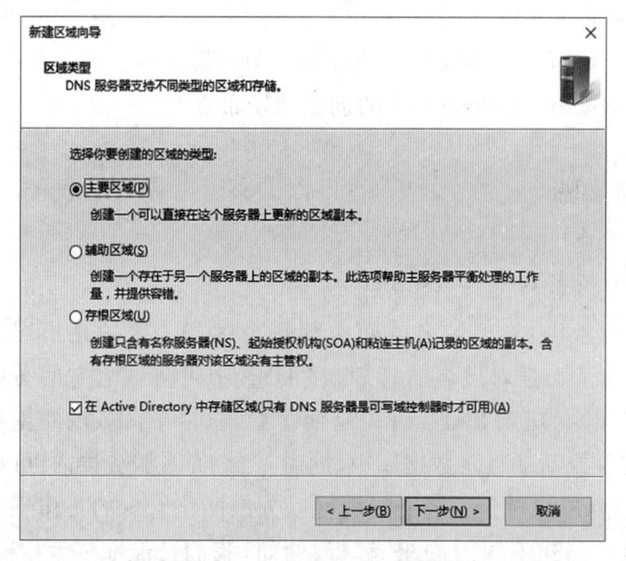

图 6-21　选择区域的类型

(4) 单击“下一步”按钮，进入如图 6-22 所示的页面。由于本实验选择了“在 Active Directory 中存储区域”这一项，即将 DNS 记录与活动目录进行整合，所以需要选择“至此域中的所有域控制器(为了与 Windows 2000 兼容)：a **** test. com”这一项。

(5) 单击“下一步”按钮，在“区域名称”文本框中输入要新建的 DNS 域名(本实验为 b **** test. net)，如图 6-23 所示。

(6) 单击“下一步”按钮，进入如图 6-24 所示的页面。由于本实验中的 DNS 服务器本身也是一台域控制器，而且在前面的操作中选择了“在 Active Directory 中存储区域”，所以可选择系统默认的“只允许安全地动态更新”这一项。这时，区域记录会被存储到活动目录数据库中，将区域记录与活动目录进行整合。

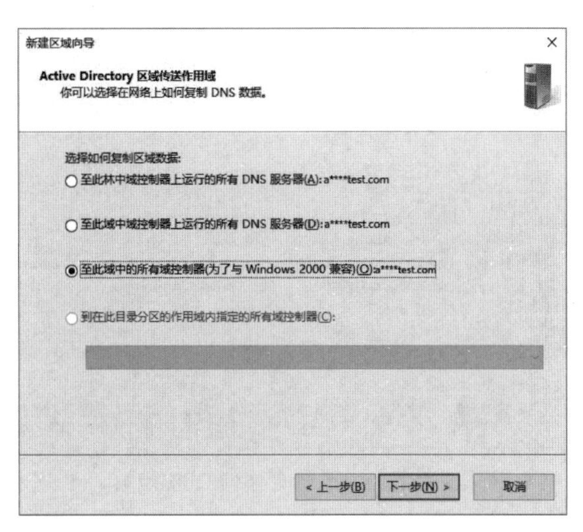

图 6-22 选择复制区域数据的方式

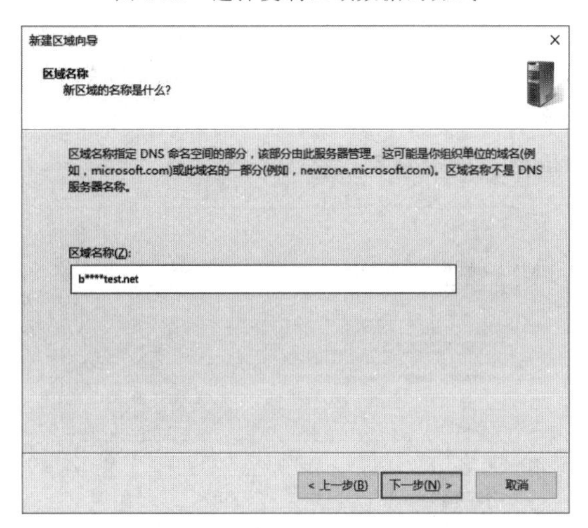

图 6-23 输入新建的 DNS 域名

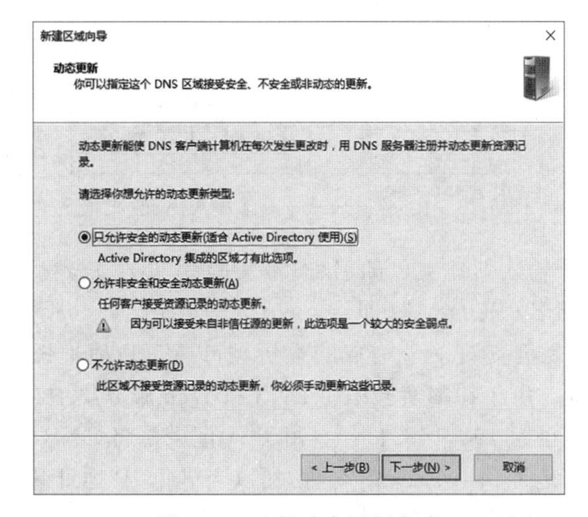

图 6-24 选择动态更新方式

(7) 单击“下一步”按钮,显示前面的设置信息。如果设置无误,单击“确定”按钮,完成 etongtv. net 域名的创建,结果如图 6-25 所示。

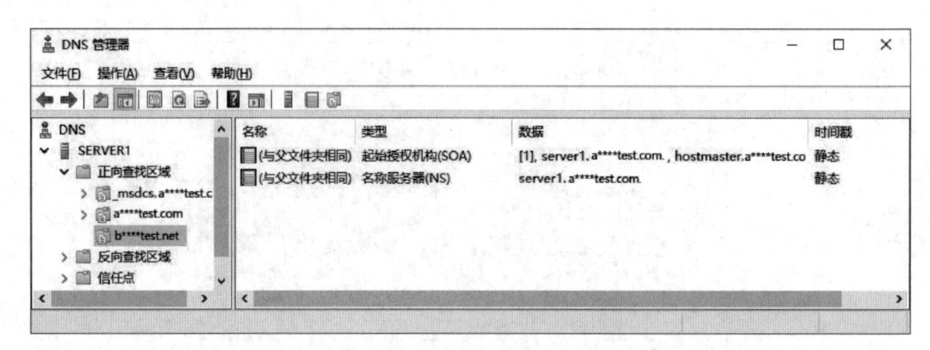

图 6-25 显示已创建的 DNS 域名

通过以上设置,目前在这台 DNS 服务器上已同时创建了 a **** test. com 和 b **** test. net 两个域名服务。此功能在实际的应用中非常有用,如许多 Internet 上的服务器都同时提供了多个 DNS 域名的解析服务。如果需要,还可以使用相同的方法,再创建其他的域名。

(8) 右击已创建的域名 b **** test. net,在弹出的快捷菜单中选择“新建主机(A 或 AAAA)”,弹出如图 6-26 所示的对话框。

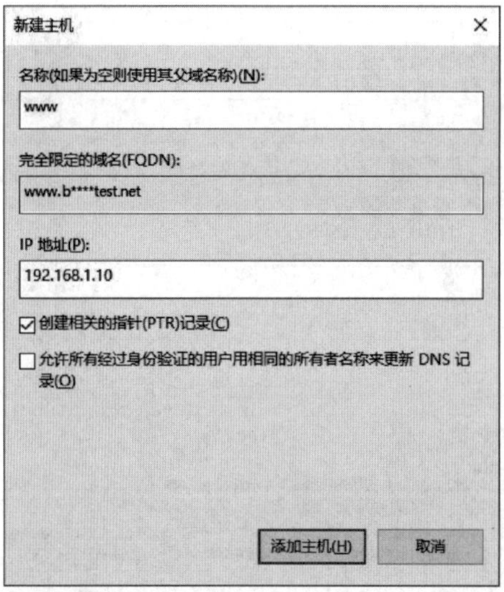

新建主机

名称(如果为空则使用其父域名称)(N):

www

完全限定的域名(FQDN):

www.b****test.net

IP 地址(P):

192.168.1.10

☑ 创建相关的指针(PTR)记录(C)

☐ 允许所有经过身份验证的用户用相同的所有者名称来更新 DNS 记录(O)

添加主机(H) 取消

图 6-26 在 etongtv. net 下添加 www 主机记录

在“名称”文本框中输入新建主机的名称(本实验为 www),然后在“IP 地址”文本框中输入该“完全限定的域名(FQDN)”(即 www. b **** test. net)所对应的 IP 地址。由于 www. b **** test. net 是负责对一个站点的解析,所以该 IP 地址即为发布该 Web 站点的 Web 服务器的 IP 地址。由于在本实验中将 DNS 和 Web 服务集中在同一台服务器上,所以 Web 服务器的 IP 地址也为 192. 168. 1. 10。由于 A 记录是将 DNS 名称映射到 IP 地址,而 PTR 资源记录是将 IP 地址映射到 DNS 名称,所以当进行 IP 地址映射到 DNS 名称的操作时,可以选择“创建相关的指针(PTR)记录”一项。然后单击“添加主机”按钮,完成 www 主机记录的添加操作。

2. 发布第 2 个 Web 站点 www. b ** test. net**

在本章实验 2 中,我们已经在一台 Web 服务器上发布了 www. a **** test. com 站点。下面,介绍利用另一个域名 b **** test. net 发布 www. b **** test. net 的方法。其中,要发布的站点内容存放在 Web 服务器的 C:\web\etong 目录下。

(1) 在 Web 服务器上单击"开始"菜单→"Windows 管理工具"→"Internet 信息服务(IIS)管理器",进入 IIS 管理器。

(2) 右击左边栏中的服务器名(如 SERVER1),在弹出的快捷菜单中选择"添加网站",弹出"添加网站"对话框,如图 6-27 所示。

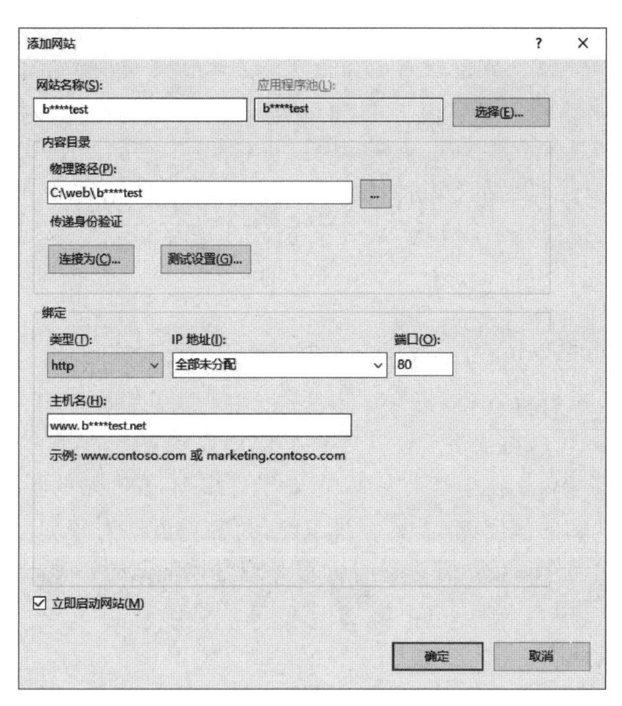

图 6-27　添加 b **** test 网站

其中,在"网站名称"文本框中输入要发布网站的说明,在"物理路径"文本框中浏览选择站点的目录 C:\web\b **** test,在"主机名"文本框中输入 www. b **** test. net。由于 www. a **** test. com 和 www. b **** test. net 都指向了 IP 地址为 192. 168. 1. 10 的同一台 Web 服务器,所以当这台 Web 服务器接收到 Web 客户端的请求时,将根据主机名决定访问站点 www. a **** test. com 还是站点 www. b **** test. net。

(3) 单击"确定"按钮,完成配置。

6.4.4　结果验证

在任意一台与该 Web 服务器连接的 PC(DNS 地址必须设置为 192. 168. 1. 10)的浏览器地址栏中输入 http://www. b **** test. net,如果设置无误,则会打开该网站的正确页面,如图 6-28 所示。

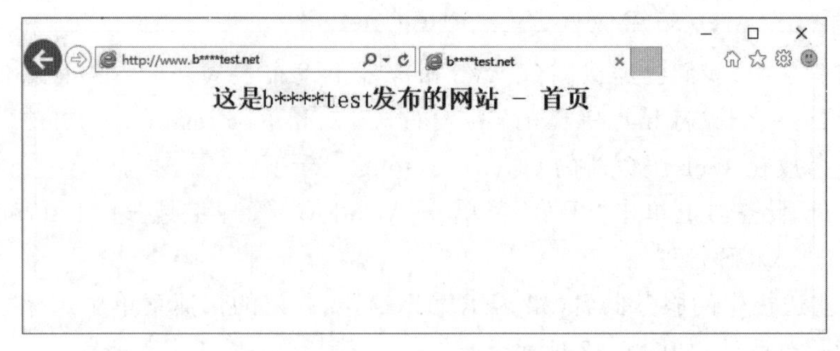

图 6-28 打开第 2 个域名发布的网站

在前面的操作中,图 6-27 中的设置最为重要。如果在这一步操作中未输入正确的主机名,则该站点由于与前一个站点(www.a****test.com)设置冲突,所以无法正确运行(将显示为"停止"发布状态)。

请读者想想并进行测试:如果这时在测试用 PC 的浏览器地址栏中输入 http://192.168.1.10(其中,192.168.1.10 为 Web 服务器的 IP 地址),将返回 www.a****test.com 网站的内容还是返回 www.b****test.net 网站的内容?

视频讲解

6.5 实验 5 通过 WebDAV 管理网站资源

对于大量的 Web 站点,在创建后还需要根据应用要求进行内容的更新、结构的调整等操作。这些操作都要在 Web 服务器上完成,但对于许多 Web 网站的管理者,让他们直接操作 Web 服务器是不现实的。因此,需要一种安全、可靠的方式对 Web 站点进行远程管理,其中通过 Web 分布式创作和版本管理进行远程管理是较常见的一种。

6.5.1 实验概述

Web 分布式创作和版本管理(Web Distributed Authoring and Versioning,WebDAV)扩展了现在广泛使用的 HTTP 1.1 的功能,它让具备一定权限的用户直接通过浏览器、网上邻居或 Microsoft Office 管理远程网站的 WebDAV 文件夹中的文件。

1. 实验目的

通过本实验,掌握利用 Windows Server 2016 提供的 WebDAV 对 IIS 中发布的 Web 站点进行远程管理的方法。

2. 实验原理

WebDAV 扩展了 HTTP 1.1,允许客户端发布、锁定和管理 Web 上的资源。与 IIS 集成后,WebDAV 允许客户端进行下列操作。

(1) 处理 Web 服务器上 WebDAV 发布目录中的资源。例如,使用此功能,具有正确权限的用户可以在 WebDAV 目录中复制和移动文件。

(2) 修改与某些资源相关联的属性。例如,用户可写入并检索文件的属性信息。

(3) 锁定或解除锁定资源,以便多个用户可同时读取同一个文件。但每次只能有一个人修改文件。

(4) 搜索 WebDAV 目录中的文件的内容和属性。

由于 WebDAV 已与 Windows 系列操作系统和 IIS 集成,因此 WebDAV 具有两者所提供的安全特性,包括 Internet 信息服务管理单元中指定的 IIS 权限和新技术文件系统(New Technology File System,NTFS)中的自由选择访问控制列表(Discretionary Access Control List,DACL)等。

由于具有一定权限的客户端可以对 WebDAV 目录进行写入操作,因此可以通过 IIS 内置的 Kerberos 5 协议对访问者身份进行验证。与 IIS 的安全管理技术结合,WebDAV 还支持摘要式身份验证和高级摘要式身份验证,为密码和通过 Internet 传输信息提供了更严格的安全措施。

3. 实验内容和要求

(1) 了解 WebDAV 的功能及应用特点。

(2) 掌握通过 WebDAV 远程管理 Web 网站的方法。

(3) 结合实际应用,了解各种 Web 网站的远程管理方法和特点。

6.5.2 实验规划

1. 实验设备

(1) VMware Workstation 软件虚拟平台。

(2) 虚拟服务器(1 台,名称为 Server1,安装 Windows Server 2016 操作系统)。

(3) 测试用虚拟 PC(2 台,安装 Windows 10 操作系统)。

(4) 实体计算机(1 台,安装 VMware Workstation 软件)。

2. 实验拓扑

假设有一个 Web 站点(也可能是 FTP 站点或一个可共享的文件夹)的内容位于 Web 服务器(IP 地址为 192.168.1.10)的 C:\webdav 目录下,现在要通过网络对其进行远程管理,包括文件的复制、删除、内容和属性修改,以及创建或删除下层文件夹等。我们可以借助已发布的 www.a****test.com 站点,将 C:\webdav 以虚拟目录进行发布,让管理者在浏览器中通过输入 http://www.a****test.com/webdav 进行管理,如图 6-29 所示。

6.5.3 实验步骤

在利用 WebDAV 管理远程的 Web 站点(或文件夹)时,需要在 Web 服务器上进行 3 项操作:安装"WebDAV 发布"角色服务、建立 WebDAV 虚拟目录和设置访问权限,下面分别进行介绍。

1. 安装"WebDAV 发布"角色服务

出于安全考虑,在 Windows Server 2016 上安装 IIS 时系统默认是不会启用 WebDAV 功能的,而必须通过手工方式安装"WebDAV 发布"角色服务。进入服务器管理器,单击"仪表板"→"添加角色和功能",在弹出的"添加角色和功能向导"对话框中持续单击"下一步"按

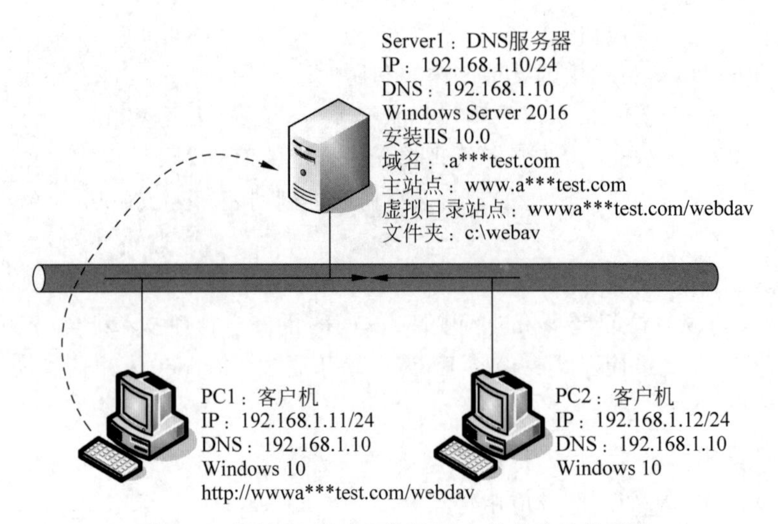

图 6-29　通过 WebDAV 进行 Web 站点的远程管理

钮直到“服务器角色”步骤。展开“角色”列表中的“Web 服务器”，勾选“安全性”下的“URL 授权”(如果没有安装 Windows 身份验证，还要勾选“Windows 身份验证”；如果要求客户端使用 HTTPS 连接 WebDAV，还要勾选“基本身份验证”)，勾选“常见 HTTP 功能”下的“WebDAV 发布”，如图 6-30 所示。这里后续由于要启用身份验证，因此需要勾选“Windows 身份验证”选项。

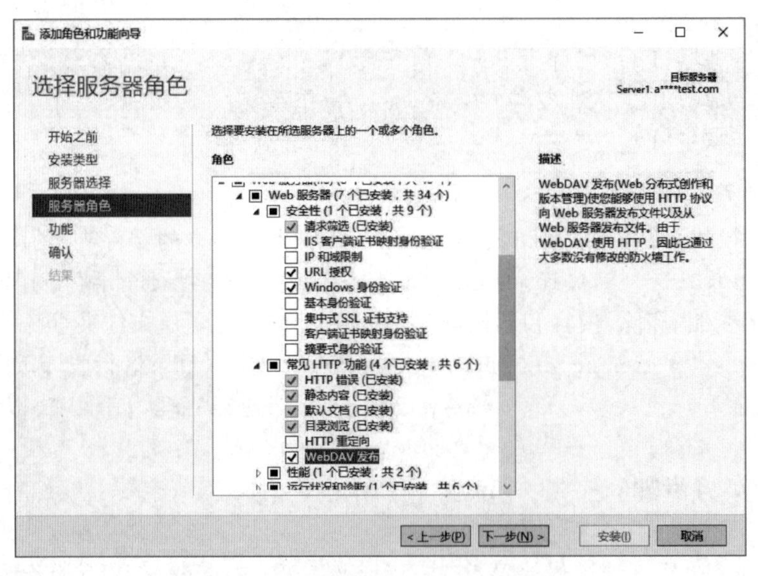

图 6-30　安装“WebDAV 发布”角色服务

之后，单击“下一步”按钮，直到出现“确认安装所选内容”界面，再单击“安装”按钮进行安装。

2. 启用与设置 WebDAV

在重启 IIS 管理器之后，双击 Default Web Site 窗口中的“WebDAV 创作规则”图标，如图 6-31 所示。

图 6-31　WebDAV 创作规则

然后,单击右边“操作”栏中的“启用 WebDAV”,再单击“添加创作规则”,如图 6-32 所示。

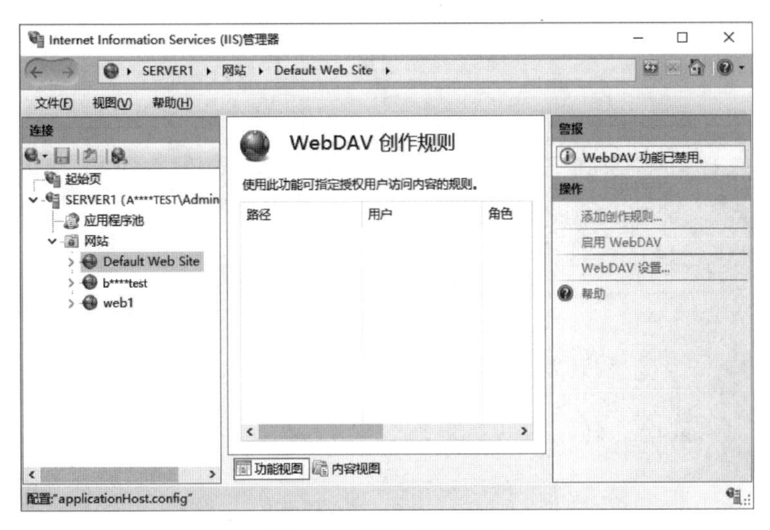

图 6-32　添加创建规则

在“添加创作规则”对话框的“允许访问此内容”区域选择“所有用户”,并勾选下面“权限”区域中的“读取”“源”(可允许客户端访问 ASP.NET、PHP 等程序的源代码)、“写入”,单击“确定”按钮,如图 6-33 所示。

双击 Default Web Site 窗口中的“身份验证”图标,确认已启用“Windows 身份验证”(如未启用,在右边“操作”栏可以进行启用),如图 6-34 所示。

3. 创建 WebDAV 虚拟目录

如果要通过 WebDAV 管理 IIS 服务器上一个文件夹(如 C:\web\webdav)中的内容,这时就需要将该文件夹以虚拟目录的形式发布。下面,我们要启用 WebDAV 的站点为在本章实验 2 中创建的 www.a****test.com,虚拟目录名称为 webdav,该虚拟站点的全名

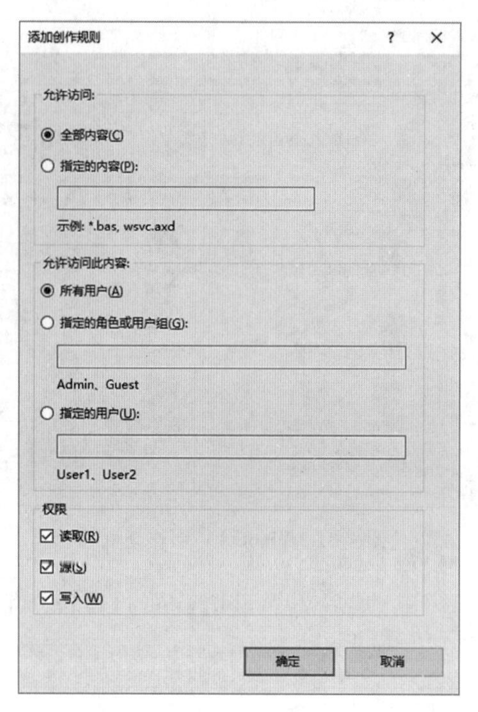

图 6-33 指定创作规则的权限

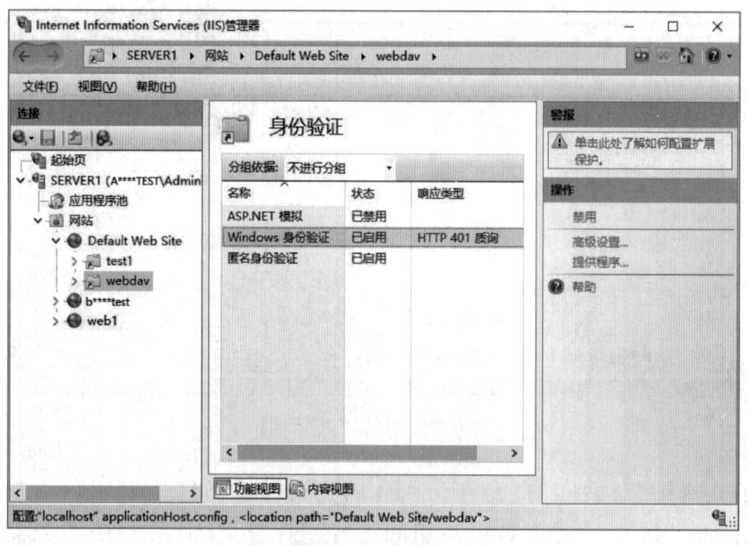

图 6-34 确认已启用"Windows 身份验证"

则为 www.a****test.com/webdav。具体实现方法如下所示。

(1) 进入 IIS 管理器。

(2) 选择"本地计算机"→"网站",右击 Default Web Site(其中,Default Web Site 代表 www.a****test.com 网站),在弹出的快捷菜单中选择"添加虚拟目录",在弹出的对话框中的"别名"文本框中输入该虚拟目录网站的别名(如 webdav),在"物理路径"文本框中输入要发布的虚拟目录的路径(本实验为 C:\web\webdav),如图 6-35 所示。

图 6-35　添加虚拟目录

（3）单击 Default Web Site→webdav，双击“目录浏览”，在右边“操作”栏中选择“启用”。

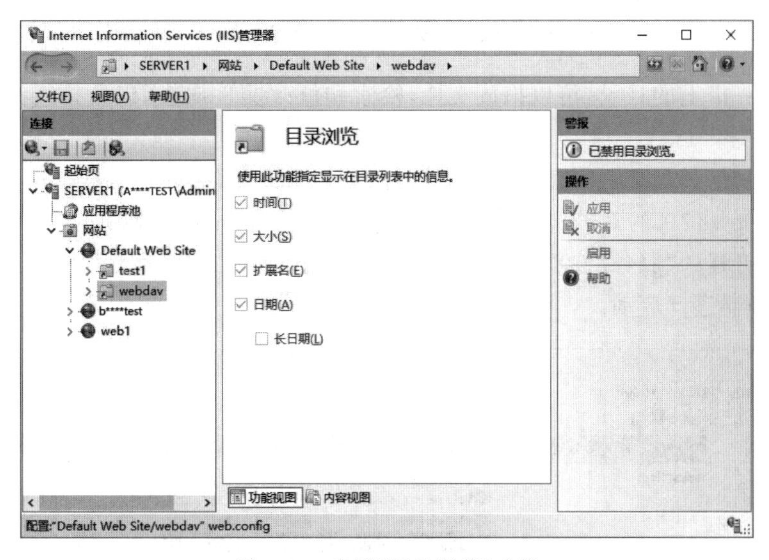

图 6-36　启用“目录浏览”功能

（4）右击 Default Web Site，在弹出的快捷菜单中选择“管理网站”→“重新启动”。

4. 确认安装 WebDAV Redirector

进入服务器管理器，单击“仪表板”→“添加角色和功能”，弹出“添加角色和功能向导”对话框，持续单击“下一步”按钮，直到“选择服务器角色”步骤，确认“WebDAV 发布”已勾选，如图 6-37 所示，如未勾选，需要一直单击“下一步”按钮，直到“确认安装所选内容”步骤单击“安装”按钮进行安装；如已勾选，单击“取消”退出。

6.5.4　结果验证

远程管理或访问者可以通过 Windows 10 的文件资源管理器与 WebDAV 服务器连接，访问或管理 WebDAV 发布的目录，并显示 WebDAV 目录中的内容，将远程的 WebDAV 目

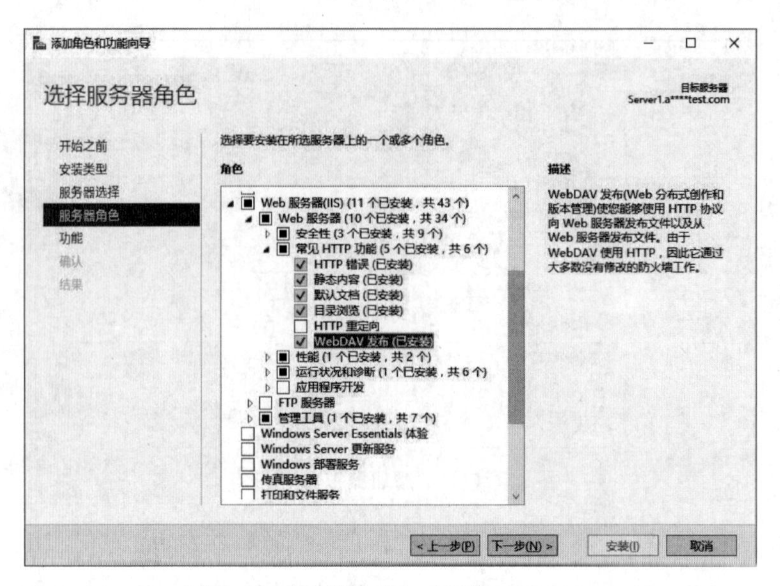

图 6-37　确认服务器上已安装 WebDAV

录视为本地计算机上的目录，可以拖放文件，检索和修改文件属性，以及执行许多其他文件系统任务。

需要注意的是，WebDAV 客户端必须运行 WebClient 服务才能与 WebDAV 服务器连接。对于 Windows 10 的客户端，单击“开始”菜单→“Windows 管理工具”→“服务”→WebClient，在打开的“服务”选项中查看此服务的状态，如图 6-38 所示，如果需要启动此服务，可右击服务器进行启动。

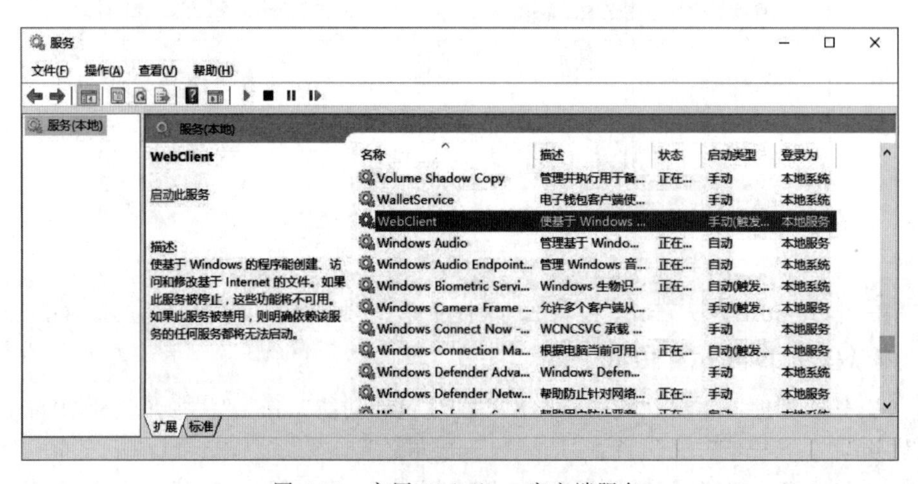

图 6-38　启用 WebClient 客户端服务

下面，就可以在一台与 WebDAV 服务器连接的客户端(本实验中，该客户端的 DNS 服务器地址必须设置为 192.168.1.10)上利用文件资源管理器打开 WebDAV 文件夹中的内容。

从任务栏或“开始”菜单中打开“文件资源管理器”，或者按 Windows 徽标键＋E 组合键，启动文件资源管理器。从左侧窗格中选择“此电脑”，然后在“计算机”选项卡上选择“映射网络驱动器”，弹出如图 6-39 所示的对话框。然后在“文件夹”文本框中输入 http://www.a****test.com/webdav/。

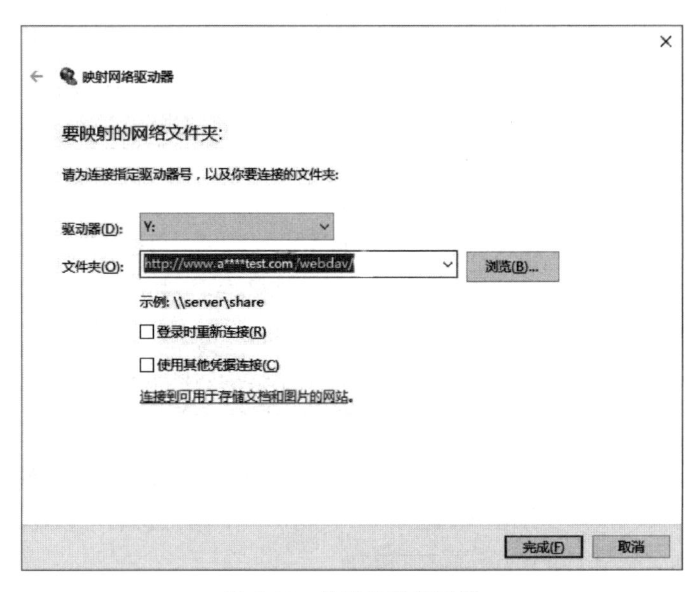

图 6-39 设置映射驱动器

单击“完成”按钮，会尝试与网站进行连接，若连接成功，会要求输入用户名/密码(即用于服务器登录的用户名/密码)，然后就可以在文件资源管理器中的“此电脑”中发现有网络位置，如图 6-40 所示。

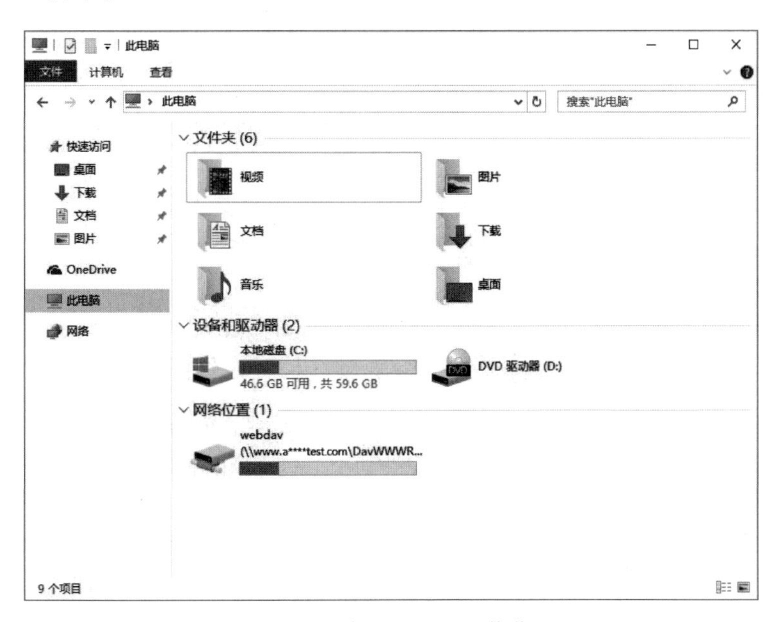

图 6-40 映射驱动器为网络位置

双击 webdav 就可远程进入网站的目录进行管理，实现对 WebDAV 文件夹中的资源进行访问，如图 6-41 所示。

图 6-41 使用 WebDAV 进行远程管理

本章小结

本章介绍了 Web 服务器的配置和应用过程,在展示如何完成 IIS 安装和配置的实验之后,介绍了发布 Web 网站、使用虚拟目录或 TCP 端口、不同主机名等发布站点的方法,最后介绍了使用 WebDAV 管理网站资源的方法。

第7章

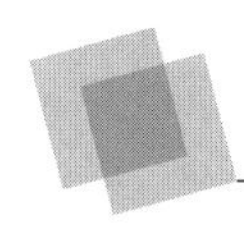

FTP服务器的配置和应用

在 Internet 和 Intranet 中，FTP 是除 Web 之外最为广泛的一种应用，大量的软件和音视频等大容量文件的上传和下载多使用 FTP 方式。与 Web 的工作原理一样，FTP 也使用专用的通信协议，以保证数据传输的质量。结合实际应用，本章将通过两个实验，分别介绍基于 Windows Server 2016 中 IIS 10.0 和 Serv-U 15.0 的 FTP 系统组建方法。

7.1 实验1 基于IIS的FTP系统的配置和应用

视频讲解

Windows Server 2016 将 IIS 10.0 与内建的 FTP 服务器充分集成，可通过 IIS 管理接口管理 FTP 服务器，并同时提供 Web 和 FTP 服务功能。本实验将以 IIS 10.0 为平台，介绍 FTP 系统的创建和使用方法。

7.1.1 实验概述

作为目前广泛应用的一种网络服务，文件传输协议(FTP)的主要作用是让用户连接远程计算机(这些计算机上运行着 FTP 服务器端程序)，并查看远程计算机上有哪些文件，然后把自己需要的文件从远程计算机上下载到本地计算机，或把本地计算机的文件上传到远程计算机上。

1. 实验目的

通过本实验，在了解 FTP 工作原理和 IIS 操作特点的基础上，以 Windows Server 2016 操作系统为服务平台，掌握在 IIS 中创建和管理 FTP 站点的具体方法。通过本实验的操作，熟悉 FTP 客户端的使用方法。

2. 实验原理

要使用 FTP 在两台计算机之间传输文件，两台计算机必须各自扮演不同的角色，其中一台为FTP客户端，另一台为FTP服务器。客户端与服务器之间的区别只在于在不同的计算机上所运行的软件不同：安装FTP服务端软件的计算机称为FTP服务器；安装FTP客户端软件(如CuteFTP、IE)的计算机则为FTP客户端。FTP客户端向服务器发出下载和上传文件，以及创建和更改服务器文件的命令，而这些操作的运行全部在服务器端实现。下面以图7-1为例，简要介绍FTP通信的建立和工作过程。

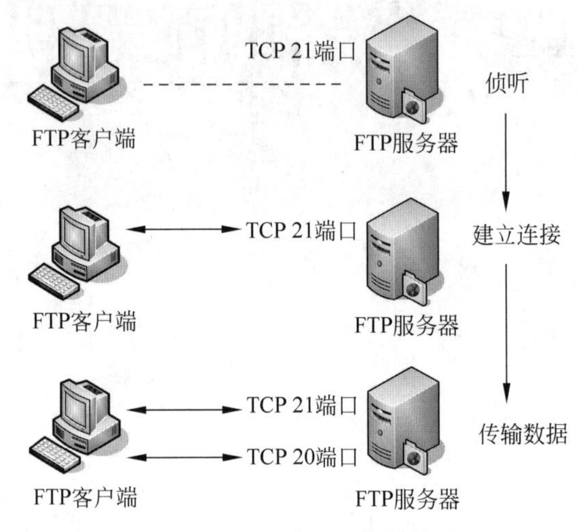

图7-1　FTP建立通信的过程

因为FTP服务建立在可靠的TCP之上，所以必须经过3次握手才能建立相互之间的连接。为了建立一个TCP连接，FTP客户端和服务器必须打开一个TCP端口。FTP服务器有两个预分配的端口，分别为21和20端口。其中，21端口用于发送和接收FTP的控制信息，FTP服务器通过侦听这个端口，侦听请求连接到服务器的FTP客户。一个FTP会话建立后，21端口的连接在会话期间将始终保持打开状态。20端口用于发送和接收FTP数据(ASCII或二进制文件)，该数据端口只在传输数据时打开，并在传输结束时关闭。

FTP客户端程序在建立了与FTP服务器的会话后，可动态分配一个端口号传输数据，此端口的选择范围为1024～65535。当一个FTP会话开始后，客户端程序打开一个控制端口，该端口连接到服务器的21端口上。

需要传输数据时，FTP客户端再打开连接到服务器20端口的第2个端口。每当开始传输文件时，客户端程序都会打开一个新的数据端口，在文件传输结束后，再自动释放该端口。

FTP使用TCP在客户端和服务器之间传送所有控制信息和数据。TCP是一个面向连接的协议，也就是说，在传输数据前，需要在客户端和服务器之间建立通信会话，而且在整个FTP会话期间，该连接将一直保持。面向连接会话的主要特点是其可靠性和错误恢复能力，对于文件传输，这两点无疑都是非常重要的。因此，与通过Windows自带的“网络”拖动文件相比，FTP的工作效率、可靠性和错误恢复能力都要更高。

3. 实验内容和要求

(1) 熟悉FTP的工作原理。

(2) 了解FTP的应用特点。

(3) 掌握 IIS 中 FTP 服务器的安装和配置方法。

(4) 掌握 FTP 客户端的使用方法。

7.1.2　实验规划

1. 实验设备

(1) VMware Workstation 软件虚拟平台。

(2) 虚拟服务器(1 台,名称为 Server1,安装 Windows Server 2016 操作系统)。

(3) 测试用 PC(2 台,安装 Windows 10 操作系统)。

(4) 实体计算机(1 台,安装 VMware Workstation 软件)。

2. 实验拓扑

与 Web 应用一样,FTP 的应用也多通过 DNS 解析实现(当然,也可以直接使用 IP 地址进行访问)。为了使 FTP 服务与 DNS 解析有机结合,并尽可能地利用现有计算机资源,本实验将在第 6 章的基础上进行,将 FTP 服务器和 DNS 服务器(包括第 6 章介绍的 Web 服务)安装在同一台服务器计算机上,该计算机的名称为 Server1,IP 地址为 192.168.1.10。同时,为便于测试,至少需要一台 PC,其网络配置中 DNS 服务器地址必须指向已创建的 DNS 服务器 192.168.1.10,这样 FTP 客户端就可以在浏览器中通过输入 ftp://ftp.a****test.com 与 FTP 服务器进行通信。网络拓扑如图 7-2 所示。

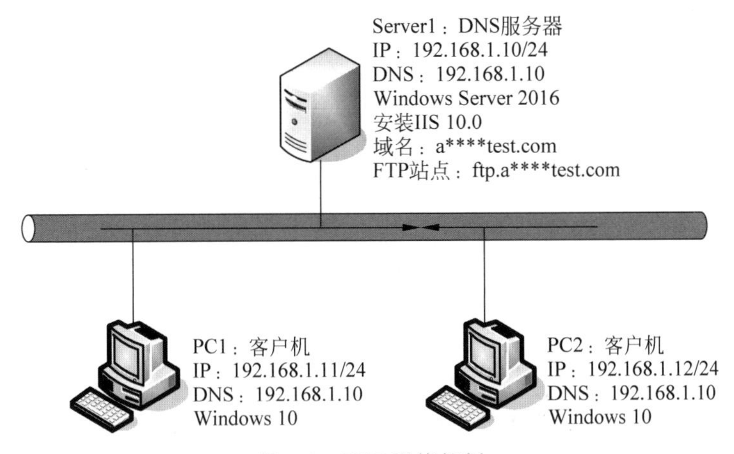

图 7-2　FTP 系统规划

7.1.3　实验步骤

由于本实验是通过 DNS 解析访问 FTP 服务器上的指定资源,所以在安装和配置 FTP 服务组件之前,需要先创建 DNS 解析记录。

1. 创建 ftp 主机记录

本实验在本书第 5 章和第 6 章相关实验的基础上进行。首先,根据第 5 章的实验方法,创建域名 a****test.com,并在该域名下添加用于进行 DNS 解析的主机记录 ftp(当然也可以使用其他的名称,只是 ftp 便于记忆),该 ftp 记录指向 FTP 服务器的 IP 地址 192.168.1.10,如图 7-3 所示。

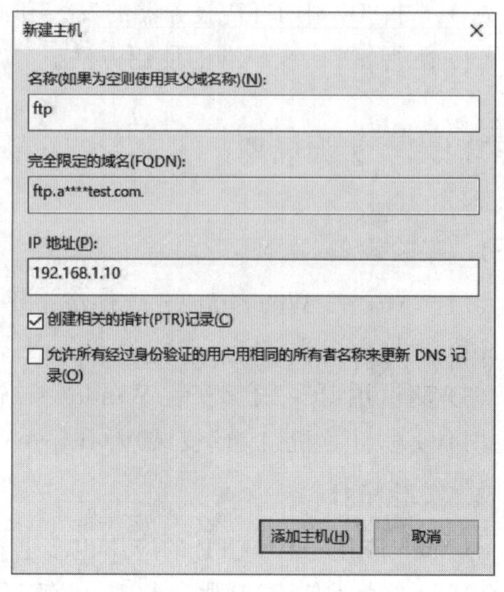

图 7-3 添加 ftp.a **** test.com 主机记录

通过以上操作,该 FTP 服务器使用的域名 ftp.a **** test.com 已被创建。当然,如果不需要域名解析,也可以直接通过 IP 地址访问,而不需要进行以上的操作。

2. 安装“FTP 服务器”角色服务

在 Windows Server 2016 中,FTP 服务是通过为 IIS 选择角色服务来实现的。在安装 IIS 时,系统默认是不会安装“FTP 服务器”角色服务的,需要时必须单独安装。由于在第 6 章的实验中已经安装了 IIS,这里就直接安装“FTP 服务器”角色服务。

在 Windows Server 2016 上进入服务器管理器,单击“仪表板”→“添加角色和功能”,弹出“添加角色和功能向导”对话框,持续单击“下一步”按钮,直到“选择服务器角色”步骤,在“Web 服务器(IIS)”下勾选“FTP 服务器”选项,如图 7-4 所示。再一直单击“下一步”按钮,直到“确认安装所选内容”步骤单击“安装”按钮。

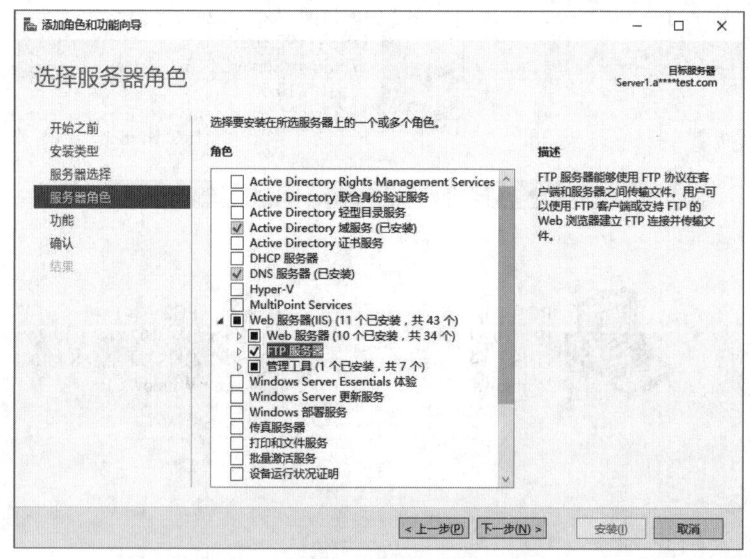

图 7-4 安装“FTP 服务器”角色服务

完成 FTP 角色服务的安装后,该服务器已经成为一台能够提供文件传输服务的 FTP 服务器。

3. 建立 FTP 站点

在 Windows Server 2016 中安装了“FTP 服务器”角色服务后,与 www.a **** test.

com 主 Web 站点的发布一样，ftp. a **** test. com 站点的发布方法一般也有两种：一种方法是将要发布的内容复制到默认主目录下，即 C:\inetpub\ftproot；另一种方法是通过其他主目录发布该 FTP 站点。

建立 FTP 站点时，进入 IIS 管理器，在主界面右边“操作”栏中，选择“添加 FTP 站点”，如图 7-5 所示。

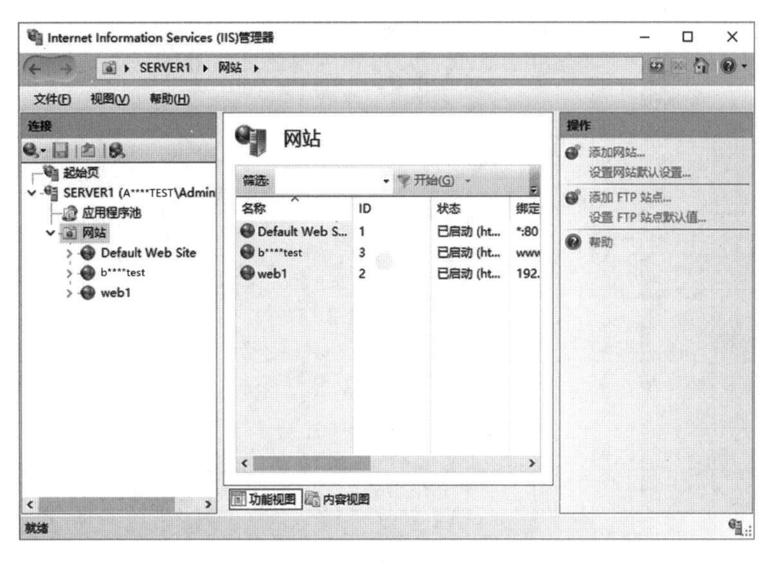

图 7-5　添加 FTP 站点

在弹出的对话框中，填写 FTP 站点名称，并输入 FTP 主目录的文件夹（C:\inetpub\ftproot，如果是其他目录，则在这里选择其他目录），单击“下一步”按钮，如图 7-6 所示。

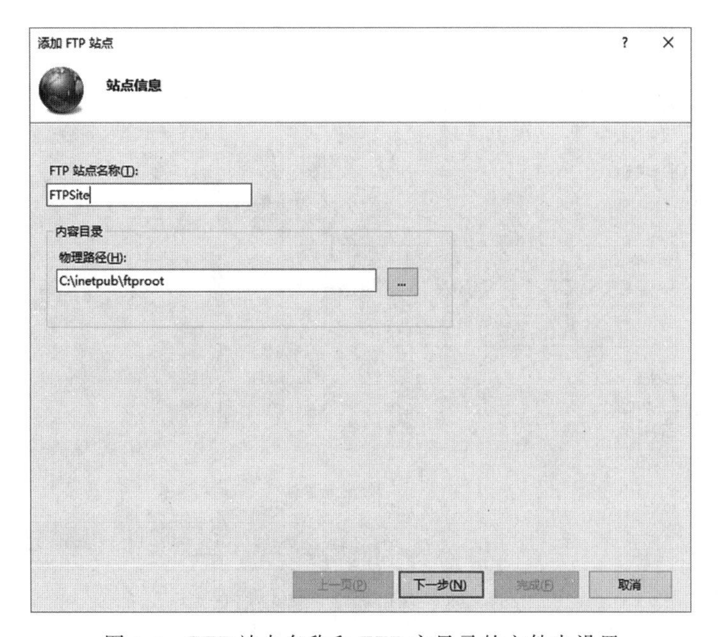

图 7-6　FTP 站点名称和 FTP 主目录的文件夹设置

在下一步的对话框中,将最下方的 SSL 选项修改为选择"无 SSL"(因为此时 FTP 站点还不具有 SSL 证书),如图 7-7 所示。

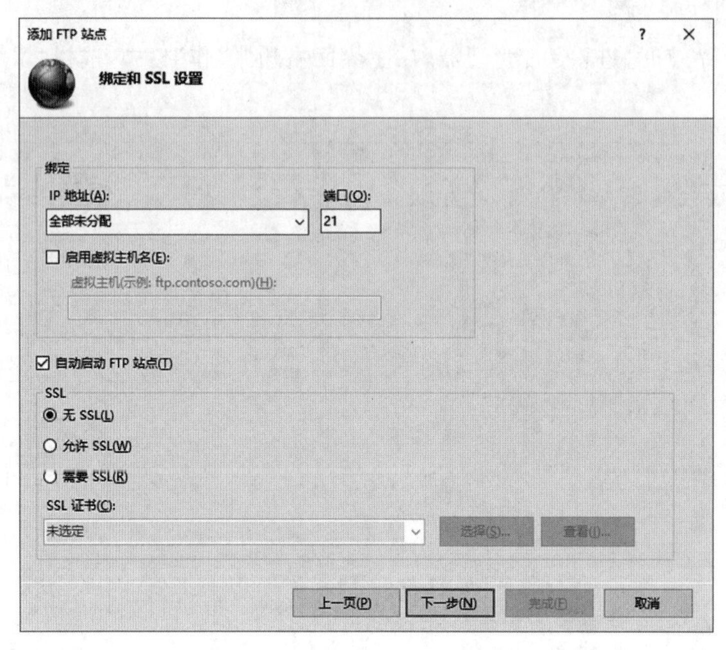

图 7-7　修改 SSL 选项

单击"下一步"按钮之后,在"身份验证和授权信息"页面中的"身份验证"区域勾选"匿名"和"基本",并开放所有用户的"读取"权限,单击"完成"按钮,如图 7-8 所示。

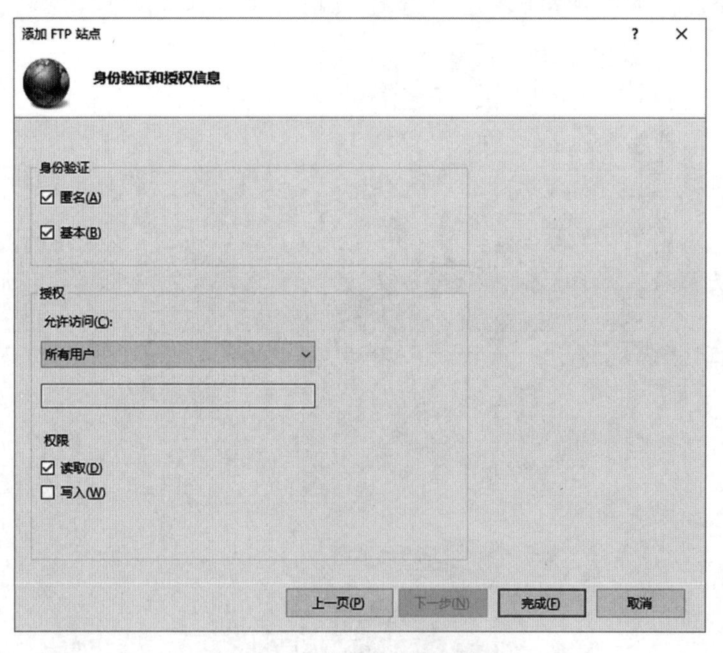

图 7-8　身份验证和授权信息

4. 了解用户身份验证

对于已创建的FTP站点，既可以通过匿名方式访问，也可以对访问者的身份和权限进行验证。在IIS管理器中选取要设置的FTP站点名称，然后在FTPSite主页中双击“FTP身份验证”图标，可以选择“匿名身份验证”和“基本身份验证”，如图7-9所示。

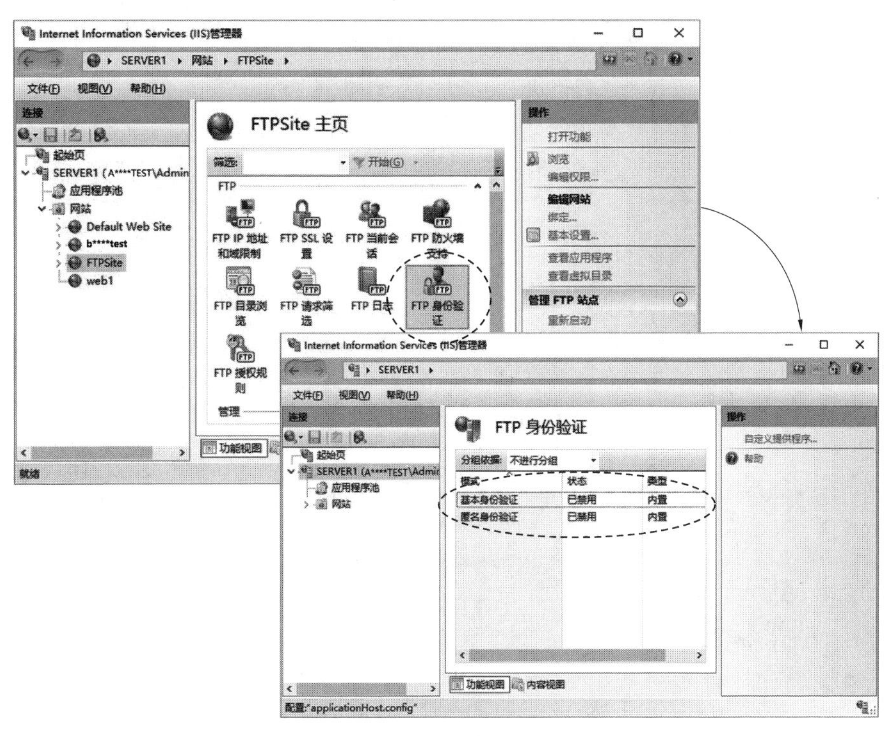

图7-9　FTP的身份验证

1）匿名身份验证

若FTP站点启用匿名身份验证，则任何用户都不需要输入账户名与密码，可直接匿名地登录此FTP站点。虽然在安装IIS角色服务时，系统并没有创建名称为anonymous的匿名账户，却自动创建了一个名为“IUSR-计算机名称”的用户账户，并默认用此账户作为匿名连接时的账户。例如，在名称为Server1的计算机上安装了IIS后，系统默认的匿名账户名称为IUSR_SERVER1。

2）基本身份验证

基本身份验证要求客户端必须利用已设置的用户账户和密码登录FTP站点。但需要说明的是，该用户账户和密码在网络中是通过明文传输的，并不会被加密，存在一定的安全隐患，所以如果要使用基本身份验证，要附加SSL连接等其他可确保数据传送安全的措施。

5. 利用IP限制客户端的FTP站点连接

如果需要，管理员可以通过设置允许或拒绝某一台或某一组计算机访问FTP站点。如果要对某个FTP站点进行连接限制，则在IIS管理器中选择要设置的FTP站点名称，然后在FTPSite主页中双击“FTP IP地址和域限制”图标，在右边“操作”栏中可设置相关项目，如图7-10所示。

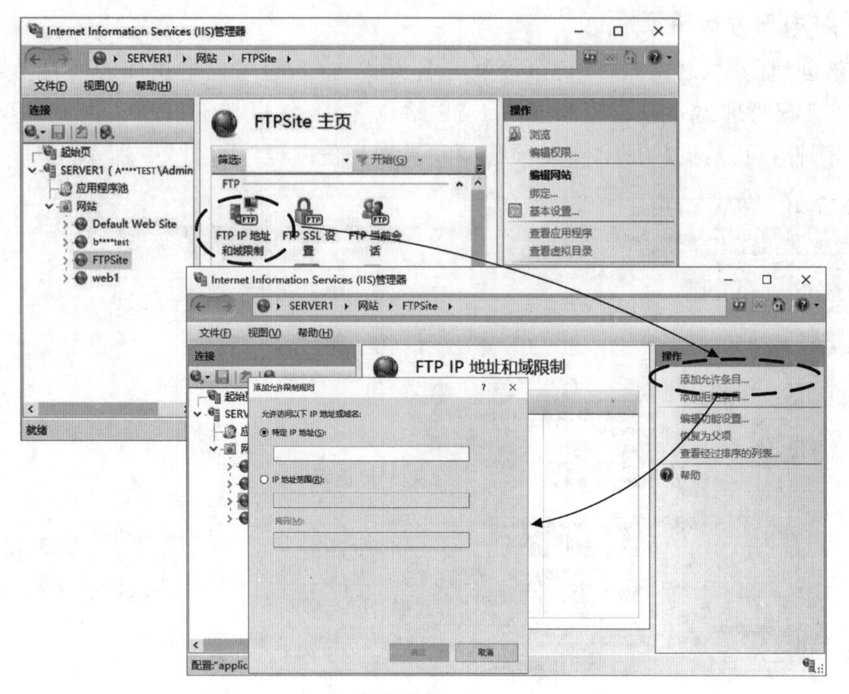

图 7-10　设置 FTP 站点的 IP 地址和域限制

7.1.4　结果验证

在通过以上方法安装好 FTP 组件后,我们还需要对 FTP 站点进行测试,以确保 FTP 服务已经正常运行。具体方法如下。

在 IIS 管理器中选择要设置的 FTP 站点名称,然后在右边“操作”栏中可看到“管理 FTP 站点”的“启动”项处在灰色状态,表明 FTP 站点已经启动,如图 7-11 所示。

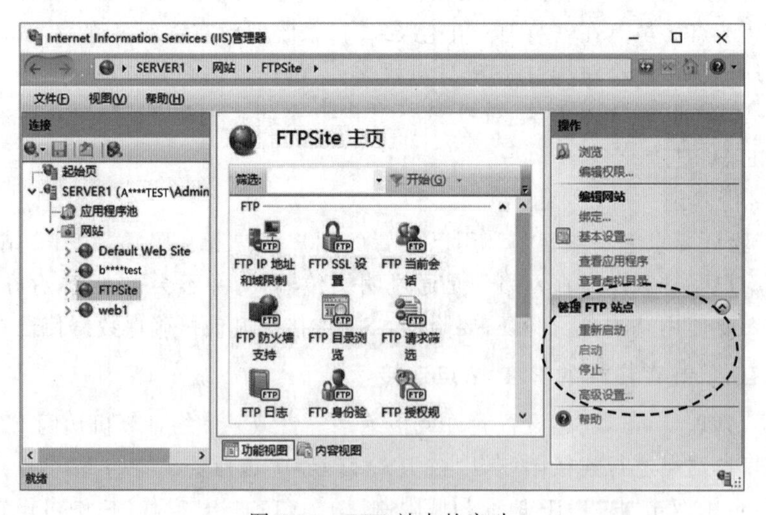

图 7-11　FTP 站点的启动

接下来，可以先把服务器重启，然后在任何一台客户端计算机上测试 FTP 站点的运行情况，一般有两种方法。一种方法是利用命令行进行测试。在客户端的“命令提示符”窗口中，输入“ftp 服务器域名或 IP 地址”，本例为 ftp ftp.a****test.com 或 ftp 192.168.1.10，用户名为 anonymous，密码为空(直接按 Enter 键)。如果 FTP 连接正常，则出现登录成功的提示符(ftp>)，操作过程如图 7-12 所示。

```
管理员: C:\Windows\system32\cmd.exe - ftp  ftp.a****test.com
Microsoft Windows [版本 10.0.14393]
(c) 2016 Microsoft Corporation。保留所有权利。

C:\Users\Administrator>ftp ftp.a****test.com
连接到 ftp.a****test.com。
220 Microsoft FTP Service
200 OPTS UTF8 command successful - UTF8 encoding now ON.
用户(ftp.a****test.com:(none)): anonymous
331 Anonymous access allowed, send identity (e-mail name) as password.
密码:
230 User logged in.
ftp>
```

图 7-12　通过命令行测试 FTP 服务器的连接情况

另一种方法是通过浏览器进行测试。在任意一台与 FTP 服务器连接的客户端的浏览器地址栏中输入“ftp://服务器域名或 IP 地址”，本例为 ftp://ftp.a****test.com 或 ftp://192.168.1.10，并以匿名(anonymous)方式登录，如果 FTP 运行正常，则会出现如图 7-13 所示的连接窗口。

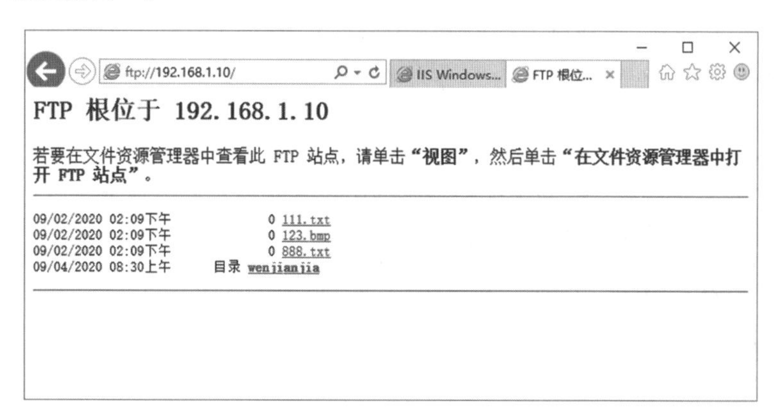

图 7-13　客户端登录 FTP 站点后的显示内容

随着 FTP 的广泛应用，目前有许多专业的 FTP 客户端软件，如 CuteFTP 等。与 IE 和命令提示符环境下的使用相比，这些专业软件的功能要强大许多，但受篇幅所限，这些软件的应用方法在此不再介绍。另外，也可以使用不同的 TCP 端口或通过虚拟目录发布 FTP 站点，此方法与 Web 站点的发布相同，请参照本书第 6 章相关实验中介绍的方法进行，不再赘述。

7.2　实验 2　基于 Serv-U 的 FTP 系统的配置和应用

视频讲解

本章实验 1 介绍了基于 Windows Server 2016 集成的 IIS 组建 FTP 站点的方法，虽然实现过程比较简单，但功能却比较有限，而且由于 IIS 中用户的管理必须与 Windows 的用户和组数据库相结合使用，所以 FTP 站点的管理和维护比较困难。因此，本实验将介绍通过第三方软件组建 FTP 系统的方法。其中,在众多的第三方 FTP 专业软件中,Serv-U FTP Server 的使用较为广泛,利用 Server-U FTP Server 可以组建功能强大的 FTP 服务器。

7.2.1 实验概述

Serv-U 除了拥有其他同类软件所具有的重要功能外,还具有断点续传、带宽限制、远程管理、远程打印、虚拟主机等特点,且管理界面友好、运行稳定。本实验将以 Serv-U 15.0 为例进行介绍。

1. 实验目的

通过本章实验 1 的学习,读者已经熟悉了 FTP 的工作原理以及利用 Windows Server 2016 提供的 IIS 组建 FTP 站点的方法。通过本实验,以 Serv-U 15.0 的安装、配置和应用为例,掌握利用第三方 FTP 专业软件组建 FTP 系统的方法。

2. 实验原理

FTP 系统和其他 TCP/IP 应用一样,也与具体平台无关。也就是说,无论是什么体系结构的计算机,无论使用什么操作系统,只要该计算机运行有 TCP/IP,那么这些计算机之间就可以实现通信。这一特性对于在不同类型的计算机(如 PC 和 Macintosh)之间,以及安装不同操作系统(如 Windows、UNIX 和 Linux)的计算机之间实现数据传输具有非常重要的意义。

虽然 Windows 系列计算机之间可以通过资源共享的方式(如共享文件夹)实现数据的交换,但不同类型的计算机之间却无法通过类似的机制实现数据共享。所以,从工作原理和应用等方面综合分析,在计算机之间进行文件传输时,FTP 是最佳的选择。

3. 实验内容和要求

(1) 了解 FTP 与 Windows 系统资源共享方式之间的异同。

(2) 了解 Serv-U 等第三方 FTP 软件的功能特点。

(3) 掌握基于 Serv-U 15.0 的 FTP 系统的组建和使用方法。

7.2.2 实验规划

1. 实验设备

(1) VMware Workstation 软件虚拟平台。

(2) 虚拟服务器(1 台,名称为 Server1,安装 Windows Server 2016 操作系统)。

(3) 测试用虚拟 PC(2 台,安装 Windows 10 操作系统)。

(4) Serv-U FTP Server 15.0 软件。

(5) 实体计算机(1 台,安装 VMware Workstation 软件)。

2. 实验拓扑

在本实验中,FTP 服务器的 IP 地址为 192.168.1.10,服务器名为 Server1,同时该服务器也是一台 DNS 服务器，已创建的域名为 a **** test. com，并在 a **** test. com 下为 FTP 站点的访问添加了一个名为 ftp 的主机记录，还安装了 Serv-U FTP Server 15. 0 软件。FTP 客户端可以通过 ftp. a **** test. com(或 192. 168. 1. 10)访问该 FTP 站点。网络拓扑如图 7-14 所示。

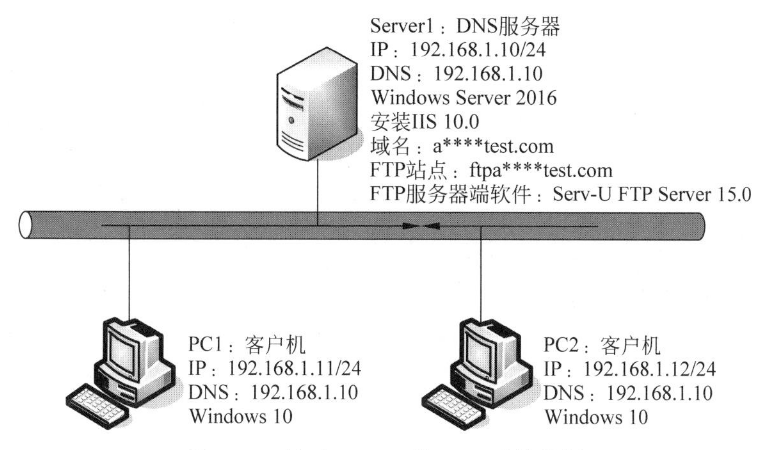

图 7-14　基于 Serv-U 的 FTP 系统规划

7. 2. 3　实验步骤

像 IIS 一样，Serv-U 也同时支持 IP 地址和 DNS 解析两种访问方式。本实验以通过 DNS 解析为例进行介绍。

1. 向 DNS 中添加 ftp 记录

在运行 Windows Server 2016 操作系统的 DNS 服务器中，单击“开始”菜单→“Windows 管理工具”→DNS，打开 DNS 管理器，在“正向查找区域”中选择要添加主机记录的域名(本实验为 a **** test. com)，右击该域名，在弹出的快捷菜单中选择“新建主机(A 或 AAAA)”，在弹出的对话框中创建一个名为 ftp 的主机记录，该记录的 IP 地址为 192. 168. 1. 10，结果如图 7-15 所示。

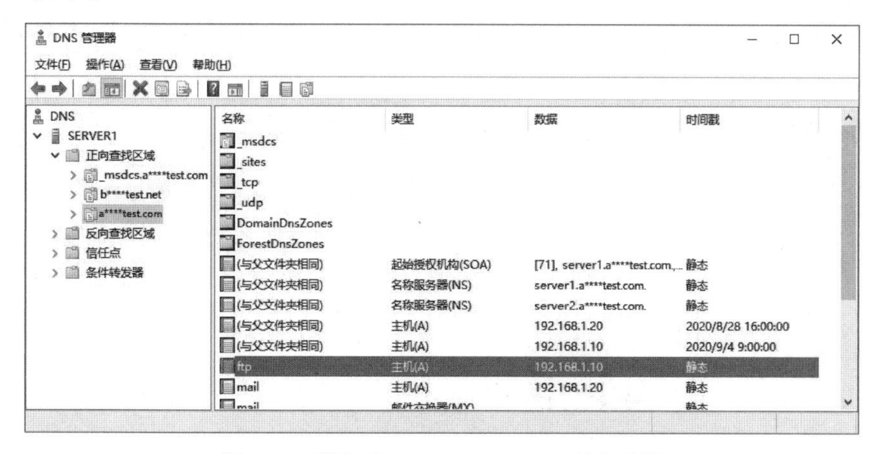

图 7-15　添加 ftp. a **** test. com 域名地址

2. Server-U FTP Server 的安装

Server-U FTP Server 的安装比较简单,与其他软件的安装相似,一般使用系统默认的方式即可。但在安装前,还需要对服务器进行必要的调整。

如果在 Windows Server 2016 服务器中已安装了"FTP 服务器"角色服务(见本章实验 1),在安装 Server-U FTP Server 之前必须停止自带的 FTP 服务,以免造成冲突。具体方法为:进入 IIS 管理器,选择要设置的 FTP 站点名称,在右边"操作"栏中可看到"管理 FTP 站点"的"启动"项处于灰色状态,表明 FTP 站点已经启动,然后单击"停止",即可停止 FTP 服务,如图 7-16 所示。

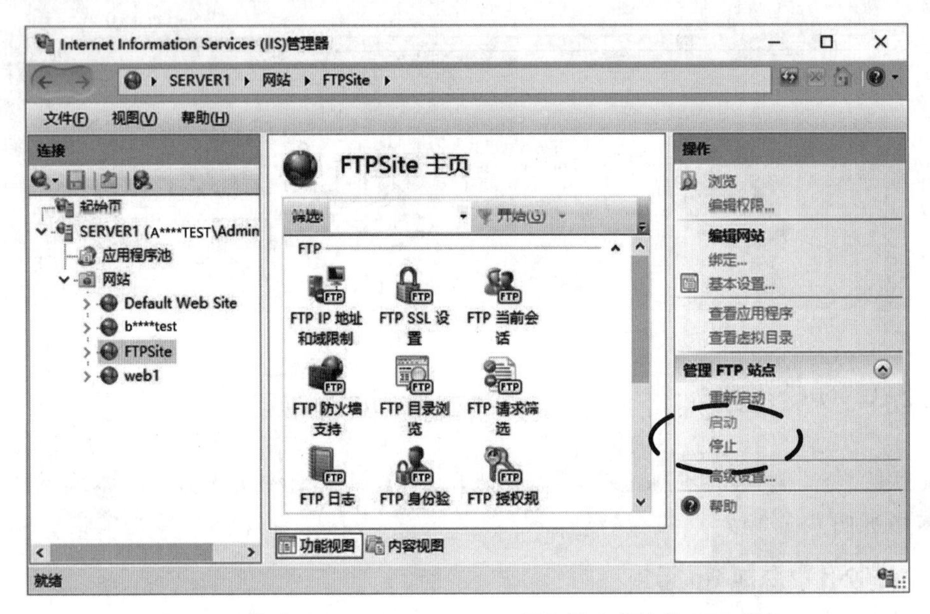

图 7-16 停止 Windows Server 2016 服务器已安装的 FTP 服务

在确认 Windows Server 2016 服务器自带的 FTP 服务已停止后,便可以安装 Serv-U FTP Server,主要步骤如下。

(1) 运行 Serv-U 安装程序,出现 Serv-U 安装向导,如图 7-17 所示。

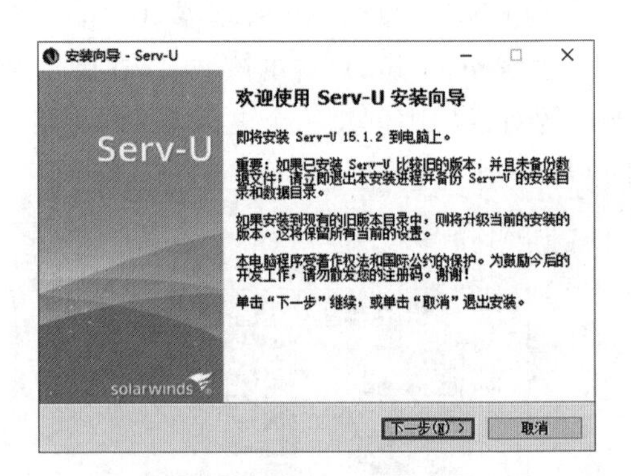

图 7-17 Serv-U 安装向导

(2) 单击"下一步"按钮,在"许可协议"页面中勾选"我接受协议",在安装路径、"开始"菜单文件夹、选择附加任务等页面中都使用默认设置,然后进行安装。安装过程中,默认勾选"添加 Serv-U 到 Windows 防火墙的例外列表中",直到完成安装。

3. 配置 Serv-U 服务器的域名

在本实验中,在 Serv-U 服务器(IP 地址为 192.168.1.10)上发布的第 1 个 FTP 站点的域名为 ftp.a****test.com,对应的主目录为 C:\ftp-servU。主要操作步骤如下。

(1) 首先,需要定义 FTP 对应的域,这里使用与前面一致的域 www.a****test.com。

第 1 次启动 Serv-U 控制台后,也会询问是否要定义新域,单击"是"按钮,如图 7-18 所示。

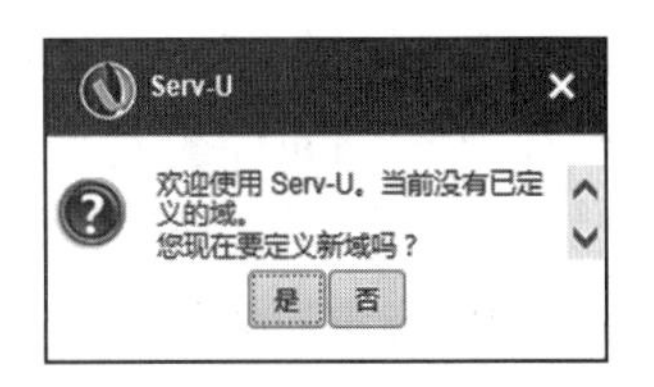

图 7-18　第 1 次登录询问是否定义新域

然后,会启动新建域的向导,名称可自由决定,如图 7-19 所示。

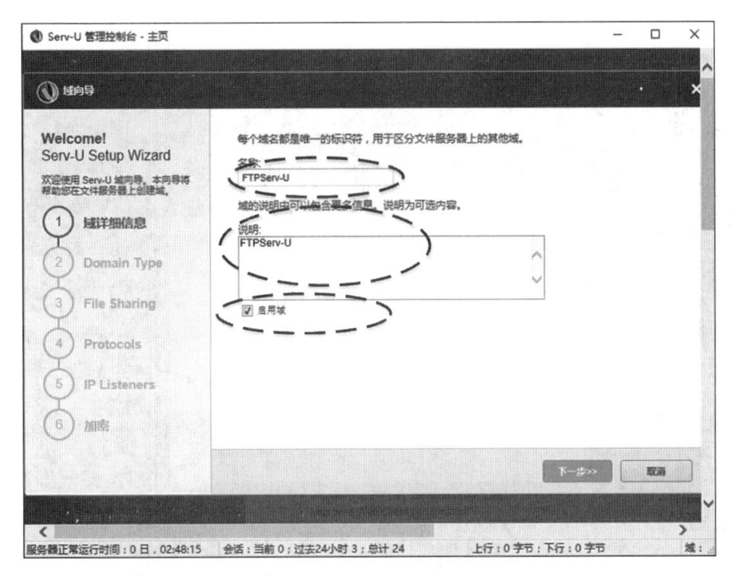

图 7-19　启动新建域的向导

在 Domain Type 中选择默认设置后,单击"下一步"按钮进入 File Sharing 向导,在 Domain URL 文本框中输入 www.a****test.com,在 File Sharing Repository 文本框中选择 FTP 的目录,如图 7-20 所示。

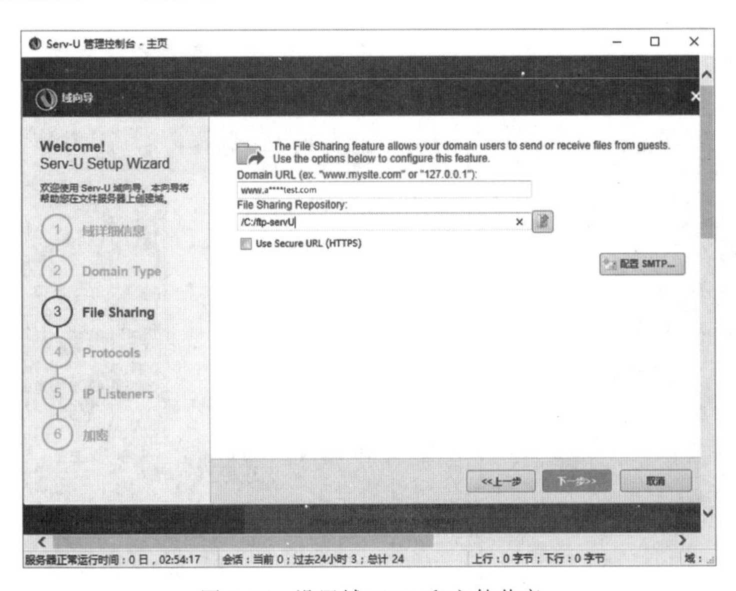

图 7-20　设置域 URL 和文件共享

随后，在 Protocols、IP Listeners、“加密”等向导中都选择默认设置，就可完成域的新建。

(2) 创建域中的用户账户。创建域后，若域中无用户账户，会询问是否需要使用向导创建用户账户，如图 7-21 所示。

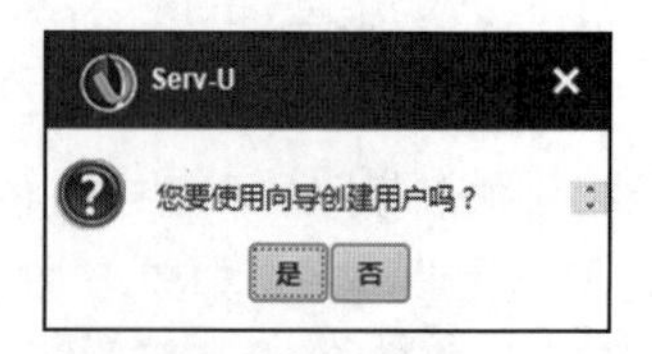

图 7-21 创建域中的用户账户

单击“是”按钮，创建用户账户的登录 ID 和密码，如图 7-22 所示。

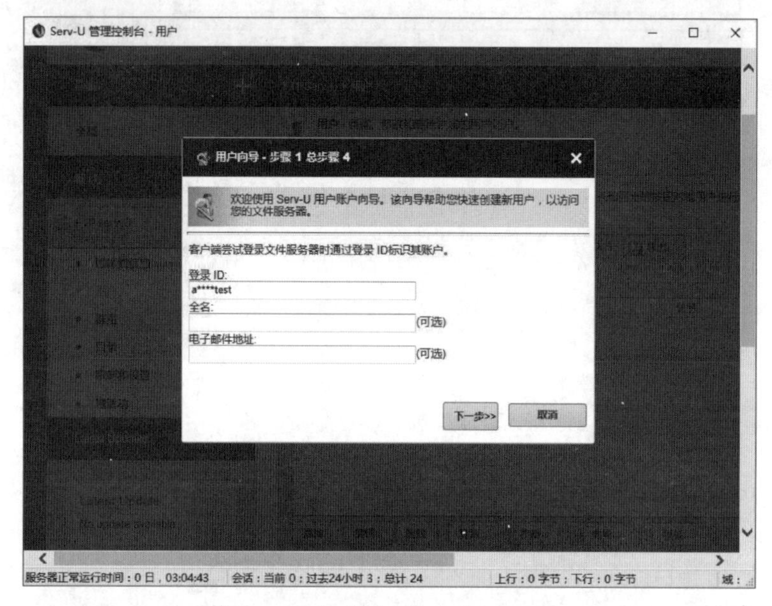

图 7-22 创建用户账户的登录 ID

设置根目录为所需要的目录位置，如图 7-23 所示。

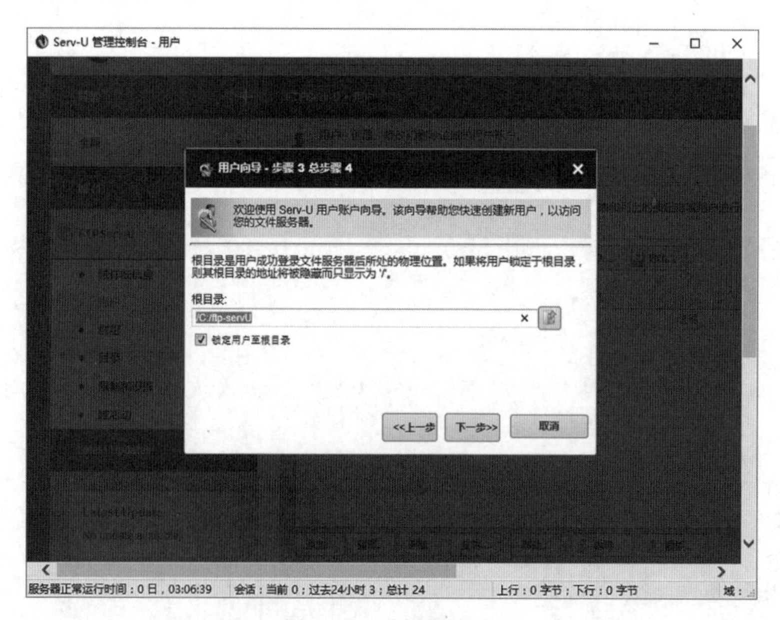

图 7-23 设置根目录

随后可以设置访问权限，如图 7-24 所示，设置完成后账户创建成功。

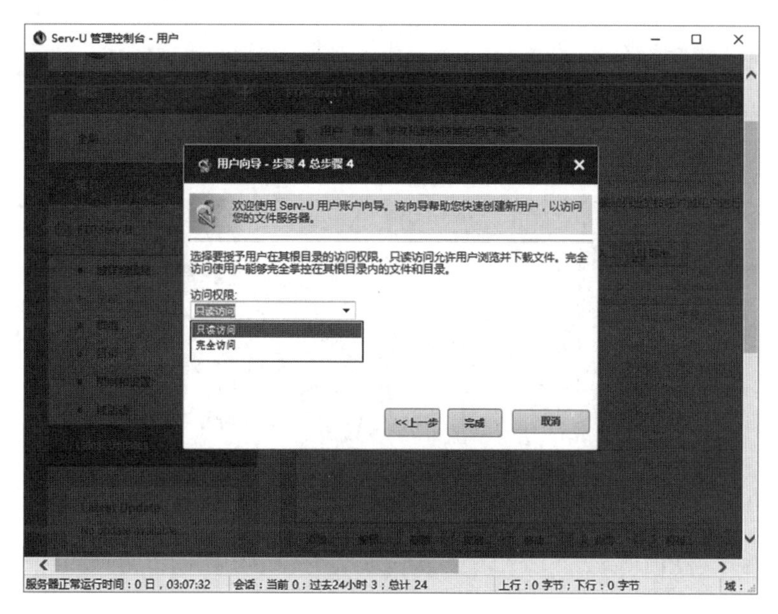

图 7-24　设置访问权限

7.2.4　结果验证

与基于 IIS 的 FTP 的使用一样，Serv-U 也支持命令提示符环境和图形操作界面两种操作方式。

1. 命令提示符环境下 FTP 的使用

在任意一台与 FTP 服务器连接的测试用 PC（首选 DNS 服务器或备用 DNS 服务器的 IP 地址必须为 192.168.1.10）上进入命令提示符环境，并输入 ftp ftp.a****test.com（也可以输入 ftp 192.168.1.10）命令。然后输入用户名（本例为 wldhj，该用户必须已创建）和对应的密码，操作步骤如图 7-25 所示。

```
管理员: C:\Windows\system32\cmd.exe - ftp  ftp.a****test.com
Microsoft Windows [版本 10.0.14393]
(c) 2016 Microsoft Corporation。保留所有权利。

C:\Users\Administrator>ftp ftp.a****test.com
连接到 ftp.a****test.com。
220 Serv-U FTP Server v15.1 ready...
200 OPTS UTF8 is set to ON.
用户(ftp.a****test.com:(none)): a****test
331 User name okay, need password.
密码:
230 User logged in, proceed.
ftp>
```

图 7-25　FTP 服务器的登录过程

正确登录后，就可以通过 dir 命令显示当前目录下的内容。如果要进入下一个子目录，则可以输入以下命令。

```
cd <目录名称>
```

如果要退出当前目录,则需要输入以下命令。

```
cd ..
```

具体操作如图 7-26 所示。

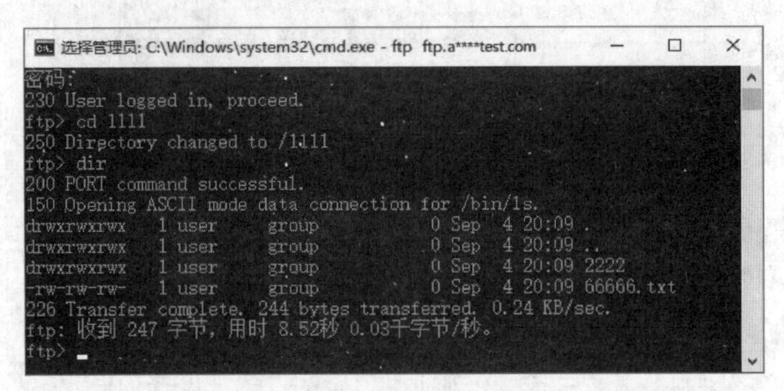

图 7-26 通过命令方式与 FTP 服务器之间进行通信

关于其他命令,用户可通过输入? 或 help 命令来显示。如果要查看某个命令的功能和操作方式,可通过输入"help 操作命令"来显示,如输入 help send 命令,将显示 send 命令的功能和使用方法。具体操作如图 7-27 所示。

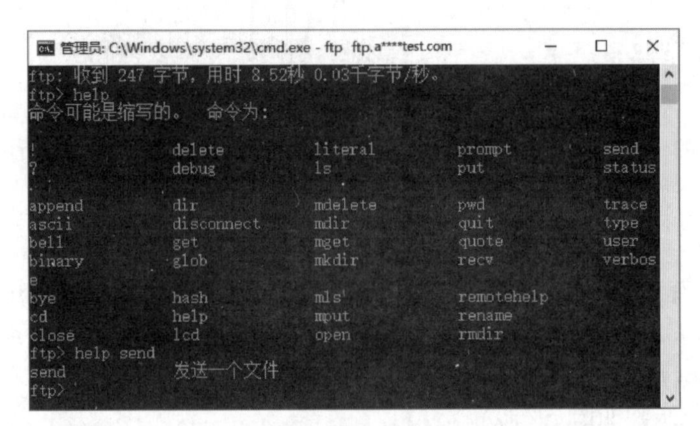

图 7-27 获得 FTP 服务的帮助

2. 图形界面下 FTP 的使用

对于 Windows 界面下的客户软件,一般来说是比较容易使用的。这类软件中,大部分软件的可操作性较好,直观、易懂,且有预设自己经常要连接的 FTP 站点的功能,以图标或其他方式改变下载的本地目录,成批定义下载/上传文件,自动识别文件类型,增加了使用的灵活性,因此深受 Windows 用户的喜爱。目前使用的 FTP 客户端软件非常多,如 CuteFTP 等,这类软件的使用方法,读者可参看相关软件的操作说明,在此不再赘述。另外,也可以在 IE 浏览器地址栏中输入 ftp://ftp.a****test.com 访问 ftp.a****test.com 站点的内容,此方法已在本章实验 1 中进行了介绍,读者可参看前面的内容。需要注意的是,使用 IE 登录时需要输入用户名和密码,如图 7-28 所示。

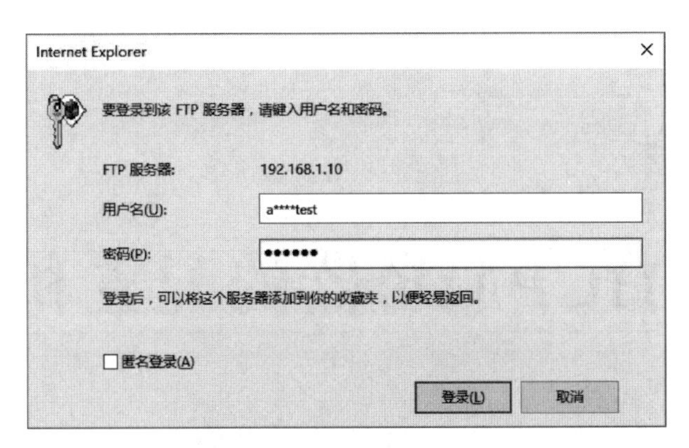

图 7-28　输入 FTP 的用户名和密码

本章小结

本章介绍了 FTP 服务器的配置和应用过程，首先基于 IIS 完成了 FTP 系统的配置和使用，然后介绍了基于 Serv-U 的 FTP 系统的配置和应用方法。

第8章

DHCP服务器的配置和应用

在TCP/IP网络中，设备之间通过IP地址进行通信，所以必须为每个设备分配一个唯一的IP地址。IP地址的分配一般有两种方式：静态分配和动态分配。其中，当采用动态分配IP地址方案时，在网络中需要一台能够提供DHCP服务的网络设备。这种设备一般是交换机或运行服务器操作系统的计算机，本章将分别进行介绍。

视频讲解

8.1 实验1 基于Windows Server 2016的DHCP的实现和应用

DHCP（动态主机配置协议）是一种简化主机IP和相关参数配置管理的TCP/IP标准，该标准为DHCP服务器的使用提供了一种有效的方法，即管理IP地址的动态分配和在网络上启用DHCP客户端的其他相关配置信息。

8.1.1 实验概述

Windows Server 2016提供了DHCP服务，可以将安装了Windows Server 2016的计算机配置为DHCP服务器，实现对网络中客户端IP地址等网络参数的自动分配。

1. 实验目的

通过本实验，了解TCP/IP网络中IP地址的分配和管理方式，熟悉DHCP的工作原理，掌握Windows Server 2016操作系统中DHCP的安装、配置和管理方法。

2. 实验原理

网络中每台主机的IP地址和相关参数的配置，一般可以使用两种方式：自动获取和静态分配。其中，自动获取是指用户不需要手工分配IP地址等相关参数，而是由网络中的DHCP服务器动态分配给客户端。这种方式可以减少手工输入所产生的错误，并减轻网络管理人员的工作量；静态分配是一种手工输入方式，它要求网络管理人员根据本网络的 IP 地址规划，为每个接入网络的客户端分配一个固定的 IP 地址，并手工配置网关、DNS 服务器等相关的参数，静态分配虽然便于对用户的管理，却增加了网络管理人员的工作量，并容易产生 IP 地址冲突。

使用 DHCP 向客户端动态分配 IP 地址时，网络中至少需要一台 DHCP 服务器，而客户端也必须支持自动获取 IP 地址的功能，这些客户端称为 DHCP 客户端。

其实，DHCP 服务器只是负责将某个 IP 地址租用给 DHCP 客户端使用一段时间，这一段时间称为一个"租约"。当租约到期后，如果 DHCP 客户端没有及时更新租约，DHCP 服务器将收回该 IP 地址，并放回 DHCP 服务器的 IP 地址池中，供其他 DHCP 客户端租用。

当 DHCP 客户端启动时，它会自动向 DHCP 服务器发送一个请求信息，请求 DHCP 服务器分配一个 IP 地址给它。而 DHCP 服务器在收到 DHCP 客户端的请求后，会根据 DHCP 服务器的配置，决定如何提供 IP 地址给提出请求的 DHCP 客户端，一般有以下两种方式。

(1) 永久租用。当 DHCP 服务器给 DHCP 客户端分配了一个 IP 地址后，会将该 IP 地址长期提供给 DHCP 客户端使用，而不设置租期。这种方式仅适用于 IP 地址非常充足的情况，如单位内部的网络就可以使用这种方法。

(2) 限定租用。当 DHCP 客户端从 DHCP 服务器租用到一个 IP 地址后，DHCP 客户端只是暂时使用该 IP 地址一段时间。如果 DHCP 客户端在租约到期之前未更新租约，DHCP 服务器则会收回此 IP 地址，并会将它分配给其他的 DHCP 客户端使用。如果原 DHCP 客户端还需要租用 IP 地址，DHCP 服务器会重新分配一个其他的 IP 地址。

限定租用可以让 DHCP 客户端动态获取 IP 地址，可以解决 IP 地址不够使用时的困扰。例如，电信部门在某小区仅提供了 254 个可用的 IP 地址，但当现实上网的用户数超过 254 时，就可以通过限定租用方式解决 IP 地址不够用的问题。

DHCP 服务器不但能够为 DHCP 客户端提供 IP 地址，还可以提供子网掩码、默认网关、WINS 服务器的 IP 地址、DNS 服务器的 IP 地址等配置参数。

DHCP 为管理基于 TCP/IP 的网络提供了以下好处。

(1)安全而可靠的配置。DHCP 避免了由于需要手工在每台计算机上输入 IP 地址等相关参数所引起的配置错误，DHCP 还有助于防止由于在网络上配置新的计算机时重用以前指派的 IP 地址而引起的 IP 地址冲突。

(2)减少配置管理。使用 DHCP 可以大大减少用于配置和重新配置网络中计算机的时间，可以对 DHCP 服务器进行配置，规定 DHCP 服务器给客户端提供的 IP 地址的范围。

(3) DHCP 租约续订过程还有助于确保客户端配置需要经常更新的情况。

(4) 使用移动或便携式计算机频繁更改位置的用户，通过与 DHCP 服务器通信可以高效自动地进行 IP 地址和相关参数的改变。

3. 实验内容和要求

(1) 了解 TCP/IP 网络中 IP 地址的分配方式和特点。

(2) 熟悉 DHCP 的工作原理。

(3) 熟悉 DHCP 中 IP 地址的租用方式。

(4) 掌握 Windows Server 2016 中 DHCP 服务器的安装和配置方法。

8.1.2 实验规划

1. 实验设备

(1) VMware Workstation 软件虚拟平台。

(2) 虚拟服务器(1 台,名称为 Server1,安装 Windows Server 2016 操作系统)。

(3) 测试用 PC(2 台,安装 Windows 10 操作系统)。

(4) 实体计算机(1 台,安装 VMware Workstation 软件)。

2. 实验拓扑

在本实验中,需要一台运行 Windows Server 2016 的服务器,该服务器的 IP 地址为 192.168.1.10,服务器名称为 Server1。在该服务器上安装并配置 DHCP 组件,为 DHCP 客户端提供 192.168.1.201～192.168.1.250 地址段中的 IP 地址,子网掩码为 255.255.255.0,网关为 192.168.1.1,网络拓扑如图 8-1 所示。

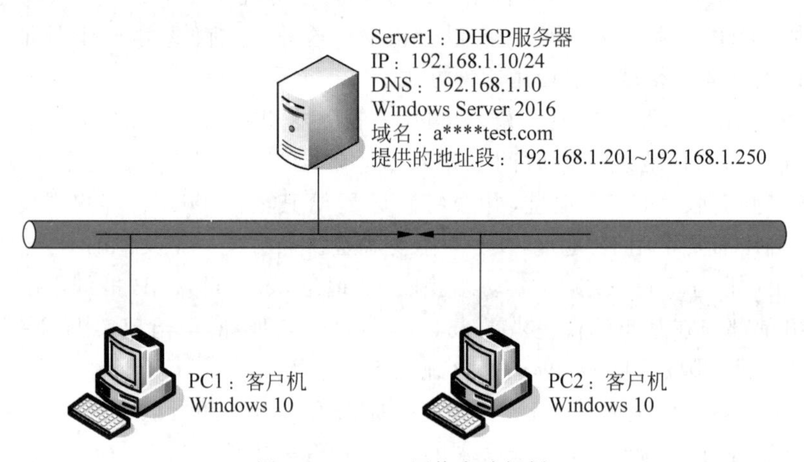

图 8-1 DHCP 网络实验规划

考虑到本实验的完整性,并尽可能地贴近实际应用,本实验在本书第 5 章相关实验的基础上进行。在本实验中,这台 DHCP 服务器也是一台域名服务器,域名为 a **** test.com。

8.1.3 实验步骤

Windows Server 2016 上的 DHCP 服务器的安装和配置需要 3 个过程：安装“DHCP 服务器”角色、DHCP 服务器的授权和建立 IP 作用域,下面分别进行介绍。

1. 安装“DHCP 服务器”角色

在 Windows Server 2016 上安装“DHCP 服务器”角色之前需要注意两点：一是 DHCP 服务器本身的 IP 地址必须是静态的,即 IP 地址、子网掩码、默认网关、DNS 服务器的 IP 地址等信息必须静态分配；二是需要事先规划好提供给 DHCP 客户端的 IP 地址范围,即 IP 地址池或 IP 作用域(本实验为 192.168.1.201～192.168.1.250),因为 DHCP 服务器只能将 IP 地址池中的 IP 地址分配给 DHCP 客户端使用。

在具备以上两个条件后，就可以通过以下的方法安装“DHCP 服务器”角色。

(1) 在 Windows Server 2016 上进入服务器管理器，单击“仪表板”→“添加角色和功能”，弹出“添加角色和功能向导”对话框，持续单击“下一步”按钮，直到“选择服务器角色”步骤，勾选“DHCP 服务器”，如图 8-2 所示，在弹出的对话框中单击“添加功能”按钮。再一直单击“下一步”按钮，直到“确认安装所选内容”步骤单击“安装”按钮。

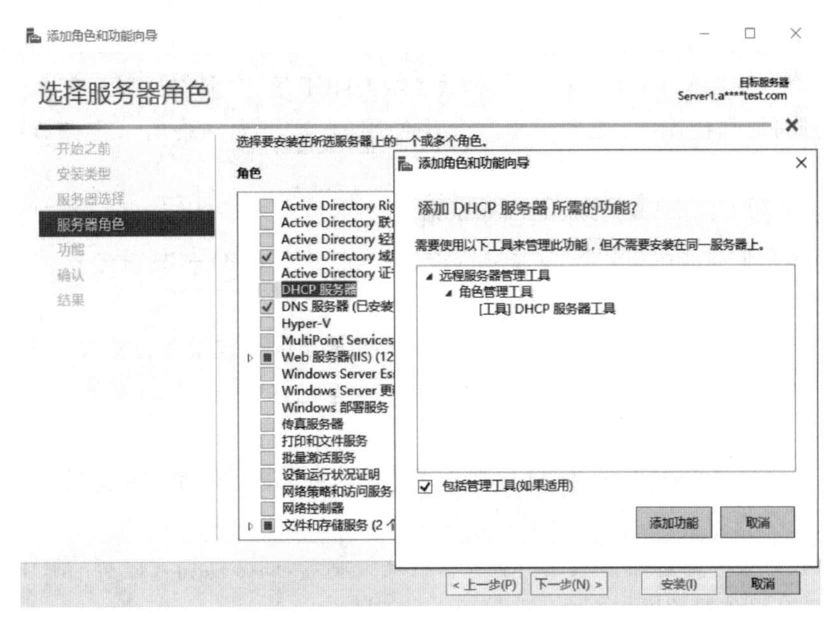

图 8-2　添加“DHCP 服务器”角色

(2) 安装完毕后还不能直接使用，需要在最后的对话框中单击“完成 DHCP 配置”选项，如图 8-3 所示。单击“下一步”按钮后，进行 DHCP 的初步配置。

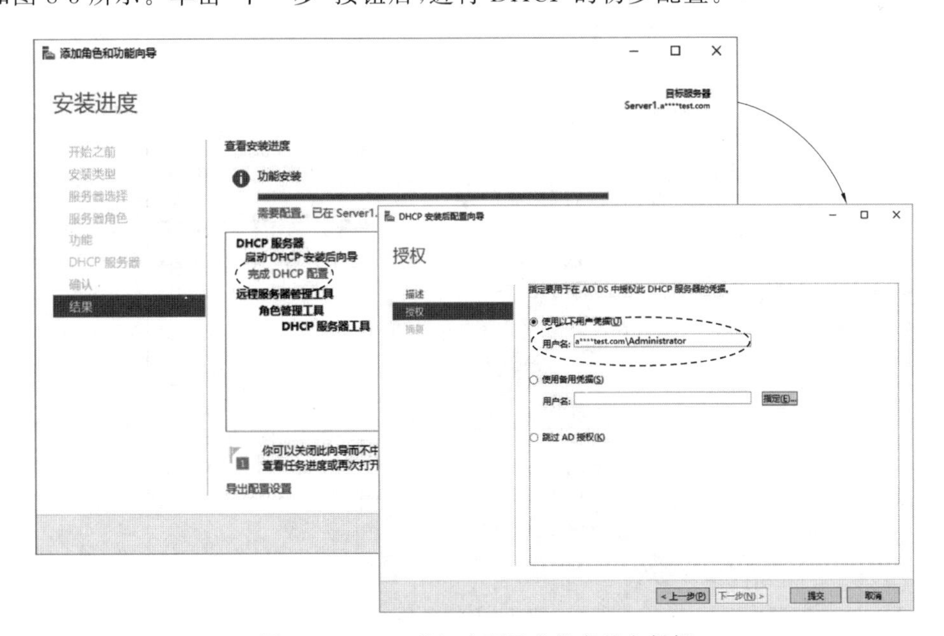

图 8-3　DHCP 的初步配置中指定用户凭据

图 8-3 是对此服务器授权的用户账户，接受默认值，单击“提交”按钮。之后就可以在服务器管理器中单击“工具”菜单→DHCP，或者通过单击“开始”菜单→“Windows 管理工具”→DHCP，对 DHCP 服务器进行管理。

2. DHCP 服务器的授权

为了使 DHCP 服务器能够为 DHCP 客户端提供租用 IP 地址的服务功能，在安装了 DHCP 服务器后还需要进行授权(Authorize)操作。如果不对 DHCP 服务器进行授权，当网络中有人私自安装了 DHCP 服务器后，就会给 DHCP 客户端提供出租 IP 地址的服务，但这些 IP 地址可能是错误的，或者是根本无法使用的，这将为网络的管理和维护带来许多问题。

1) DHCP 服务器的授权功能及注意事项

(1) DHCP 服务器在安装后必须进行授权，未经授权的 DHCP 服务器是无法提供 IP 地址出租功能的。

(2) 只有企业管理组(Enterprise Admins)内的成员才有权限执行授权操作。

(3) 已被授权的 DHCP 服务器的 IP 地址等记录全部存储在活动目录(Active Directory)数据库中。

(4) 当每次启动 DHCP 服务器时，都会通过活动目录数据库中的信息检查该 DHCP 服务器是否进行了授权。

(5) DHCP 服务器必须是域成员服务器或域控制器，即必须加入已有的域中。

2) DHCP 服务器的授权方法

若在安装“DHCP 服务器”角色时，未对此 DHCP 服务器授权，也就是在图 8-3 中选择了“跳过 AD 授权”，那么可以在“DHCP 服务器”角色安装完成后，单击“开始”菜单→“Windows 管理工具”→DHCP，打开 DHCP 管理控制台，完成授权操作，此时服务器名上出现一个红色向下的箭头，表示 DHCP 服务器无法提供租用 IP 地址的服务，如图 8-4 所示。

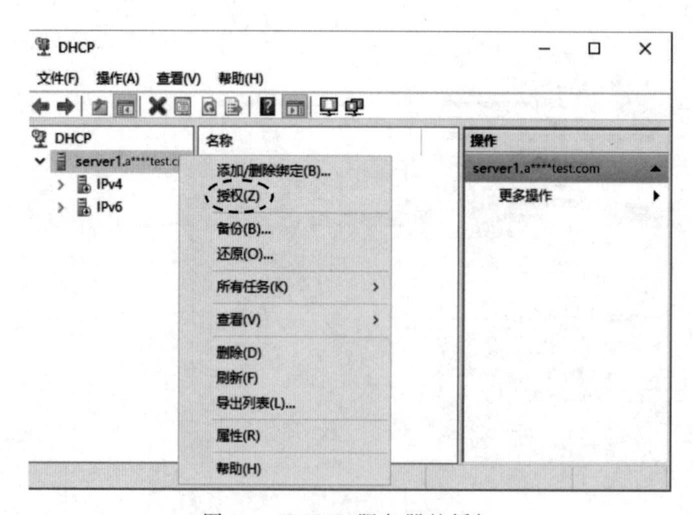

图 8-4 DHCP 服务器的授权

右击服务器名称，在弹出的快捷菜单中选择“授权”，完成授权操作。这时再按 F5 键更新操作，会发现服务器名上的箭头变为绿色，表示 DHCP 服务器授权成功，如图 8-5 所示。

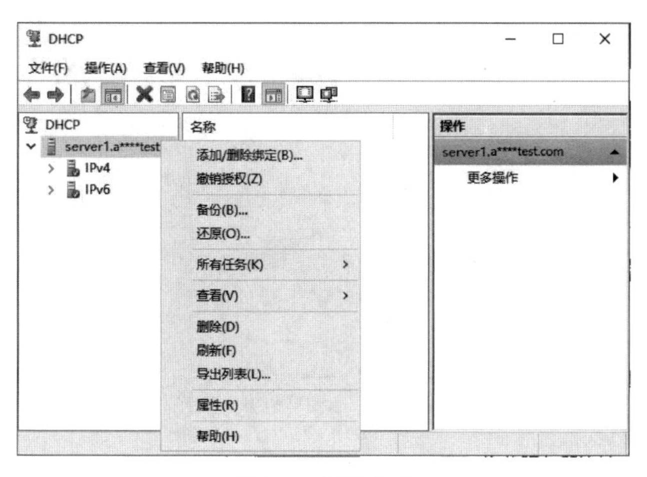

图 8-5　授权成功

在已经有授权的情况下，可以撤销授权。

3. 建立 IP 作用域

在 Windows Server 2016 中，使用 IP 作用域这一概念定义 DHCP 服务器可以向 DHCP 客户提供的 IP 地址的范围，这其实就是 IP 地址池。

在对 DHCP 服务器进行了授权操作后，由于尚未告诉 DHCP 服务器可以给 DHCP 客户端提供哪些 IP 地址，所以此时的 DHCP 还不能向 DHCP 客户端提供 IP 地址出租服务。因此，需要在 DHCP 服务器上建立一个或多个 IP 地址段(地址池)，建立 IP 地址池的具体方法如下。

(1) 通过“开始”菜单中的“Windows 管理工具”打开 DHCP 管理控制台，右击 DHCP 服务器名称下的 IPv4 节点，在弹出的快捷菜单中选择“新建作用域”，如图 8-6 所示。

图 8-6　新建 DHCP 的 IP 作用域

(2) 在弹出的“新建作用域向导”对话框中按需要为作用域填写一个作用域名称，如A **** TEST-Scope，单击“下一步”按钮。在“IP 地址范围”向导页面填写起始 IP 地址(192.168.1.201)、结束 IP 地址(192.168.1.250)和子网掩码等，如图 8-7 所示。

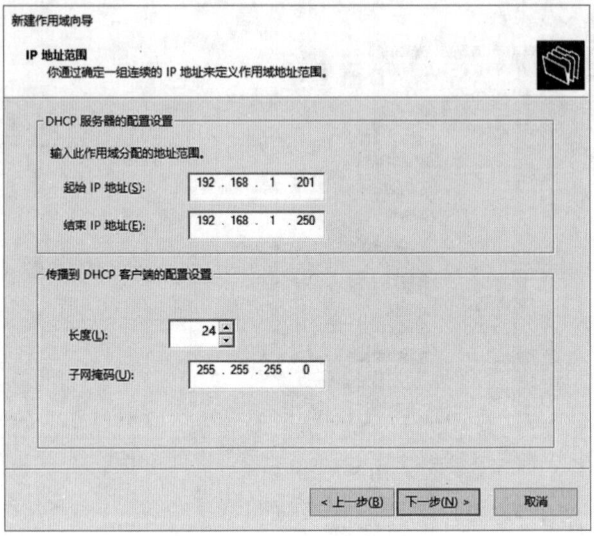

新建作用域向导
IP 地址范围
你通过确定一组连续的 IP 地址来定义作用域地址范围。
DHCP 服务器的配置设置
输入此作用域分配的地址范围。
起始 IP 地址(S): 192 . 168 . 1 . 201
结束 IP 地址(E): 192 . 168 . 1 . 250
传播到 DHCP 客户端的配置设置
长度(L): 24
子网掩码(U): 255 . 255 . 255 . 0
< 上一步(B) 下一步(N) > 取消

图 8-7 IP 地址范围的设置

(3) 如果有留作他用的 IP 地址，需要将这些 IP 地址进行排除，如图 8-8 所示。

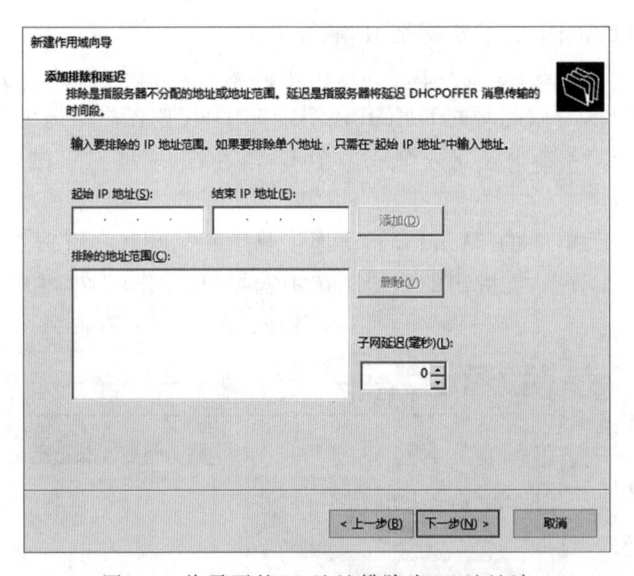

图 8-8 将需要的 IP 地址排除出 IP 地址池

(4) 单击“下一步”按钮，设置 IP 地址的租用期限，默认为 8 天，如图 8-9 所示。用户可根据实际需要设置。一般的设置原则：如果 IP 地址紧缺，则租用期设置得短一些；如果 IP 地址充足，则可以设置得长一些。

(5) 单击“下一步”按钮，进入“配置 DHCP 选项”向导页面，如图 8-10 所示。因为 DHCP 客户端需要的不仅仅是 IP 地址，还需要配置子网掩码、DNS 服务器的 IP 地址、网关

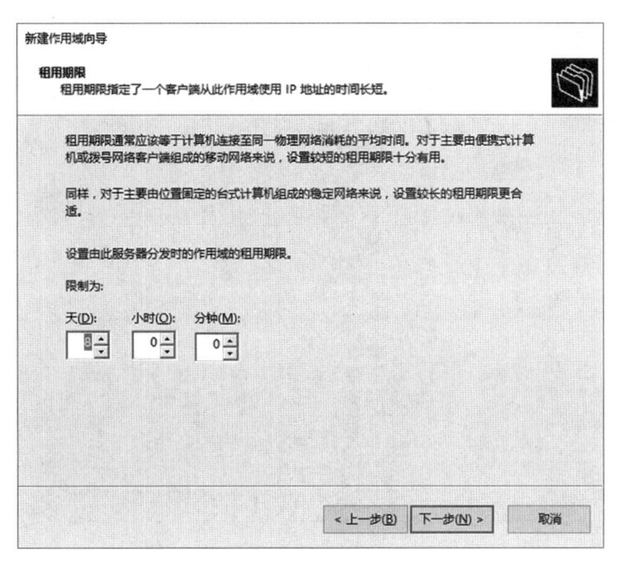

图 8-9　设置 IP 地址的租用期限

的 IP 地址等参数，所以，在这里选择“是，我想现在配置这些选项”。

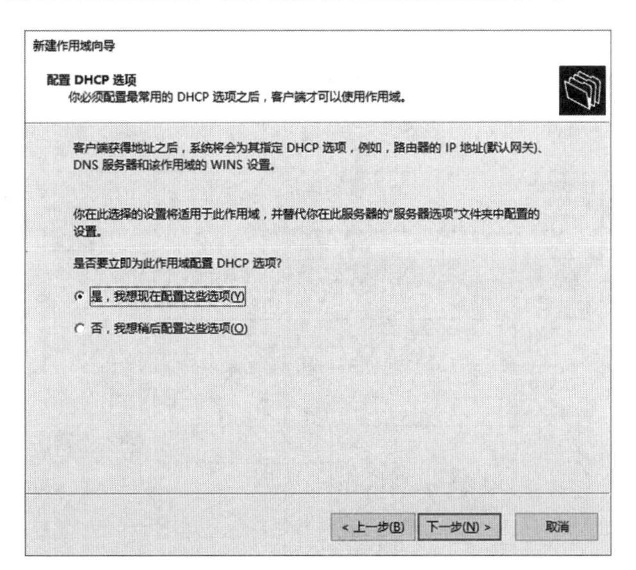

图 8-10　配置 DHCP 选项

单击“下一步”按钮，进入“路由器(默认网关)”向导页面，如图 8-11 所示。在“IP 地址”文本框中输入该 IP 地址网段的网关地址并单击“添加”按钮，本实验为 192.168.1.1。

需要说明的是，网关地址即该 IP 网段的用户的出口 IP 地址。网关地址由系统管理员设置，一般情况下，单位内部的每个网段都会指定一个网关地址。网关地址的设置与网络规模、所使用的设置、网络的管理等因素有关。例如，在单位网络中可以通过虚拟局域网(VLAN)管理用户，一个 VLAN 为一个网段，VLAN 的 IP 地址即为该 VLAN 的网关地址。有关这部分内容可参看本书前述的相关实验。如果一个内部网络只有一个 VLAN，这时设置网关是没有意义的。

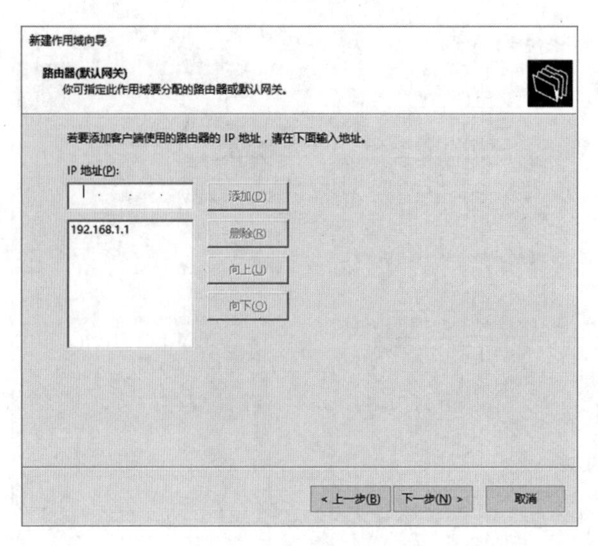

图 8-11 设置默认网关

(6) 单击“下一步”按钮，进入“域名称和 DNS 服务器”向导页面，如图 8-12 所示。在“父域”文本框中输入该网络中的 DNS 域名，本实验为 a **** test. com。在“服务器名”文本框中输入该 DNS 服务器的名称，本实验为 server1。这时单击“解析”按钮，如果输入的 DNS 服务器的名称无误，系统将会在“IP 地址”文本框中自动显示该 DNS 服务器的 IP 地址。单击“添加”按钮，将该 IP 地址加入列表框。

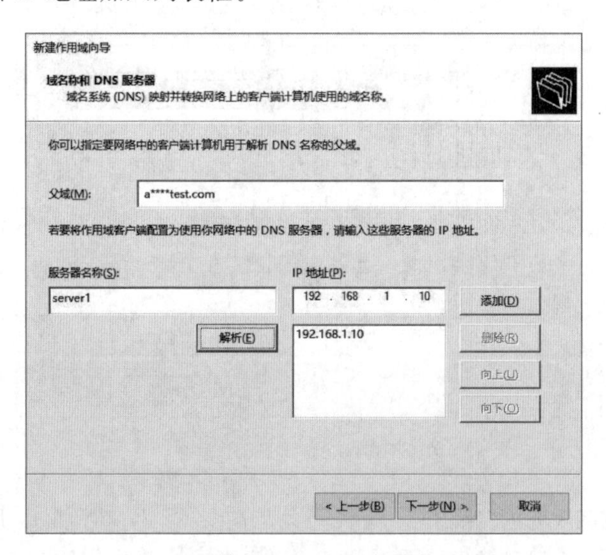

图 8-12 域名和 DNS 服务器的设置

如果该网络中有多个 DNS 服务器，可以通过以上操作将其他 DNS 服务器的 IP 地址添加到列表框中。

(7) 单击“下一步”按钮，进入“WINS 服务器”向导页面。由于目前大量的网络已不再使用 WINS 功能，所以该页面中的选项可以不进行设置。单击“下一步”按钮，进入“激活作用域”向导页面，如图 8-13 所示。为了使刚才的设置立即生效，选择“是，我想现在激活此作用域”。

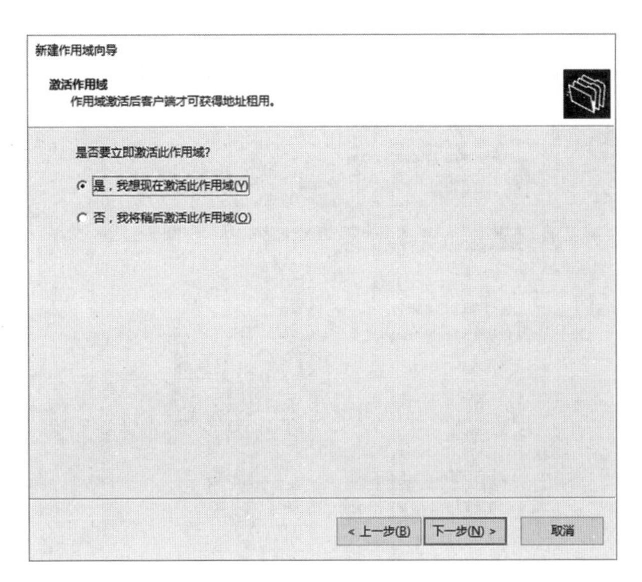

图 8-13　激活作用域

单击“下一步”按钮，如果前面的设置正确，可单击“确定”按钮，完成 DHCP 作用域的添加。

(8) 返回 DHCP 管理控制台，将显示如图 8-14 所示的信息。

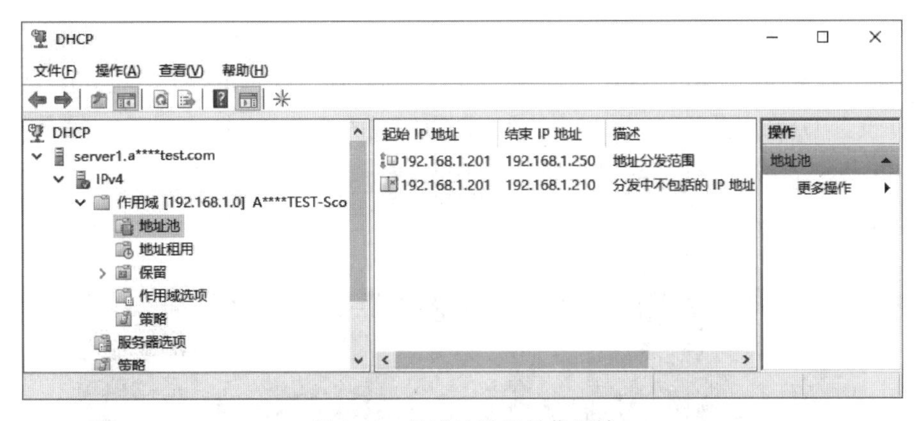

图 8-14　显示已设置的作用域

需要注意的是，在同一台 DHCP 服务器中，一个子网只能设置一个 IP 作用域。例如，建立了一个 IP 地址范围为 192.168.1.201～192.168.1.250 的作用域后，就不可以再建立一个范围为 192.168.1.100～192.168.1.200 的作用域，否则会出现“地址范围和掩码与现存作用域冲突”的提示信息。解决此问题的方法是先建立一个连续的作用域，然后从该作用域中排除不必要的 IP 地址范围。

8.1.4　结果验证

在配置了 DHCP 服务器后，DHCP 客户端可以不必通过静态方式设置 IP 地址，而是通过向 DHCP 服务器租用 IP 地址进行网络通信。下面以 Windows 10 客户端为例进行测试。

单击“开始”菜单→“设置”→“以太网”→“更改适配器选项”，打开网络连接，在“适配器属性”对话框中，选择“Internet 协议版本 4(TCP/IPv4)”，单击“属性”按钮，弹出如图 8-15 所示的对话框。

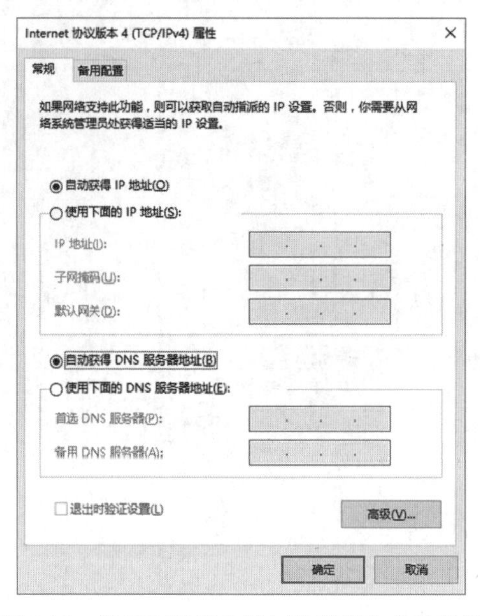

图 8-15　将 DHCP 客户端网络设置为自动获得

选择“自动获得 IP 地址”，由于在配置 DHCP 服务器时已经设置了 DNS 服务器的地址，所以同时选择“自动获得 DNS 服务器地址”。否则，需要选择“使用下面的 DNS 服务器地址”，并设置 DNS 服务器的 IP 地址。其他操作系统的设置与此基本相同，不再赘述。

这时，进入“命令提示符”窗口，输入 ipconfig/all 命令，将显示本地 IP 地址的租用情况，如图 8-16 所示。

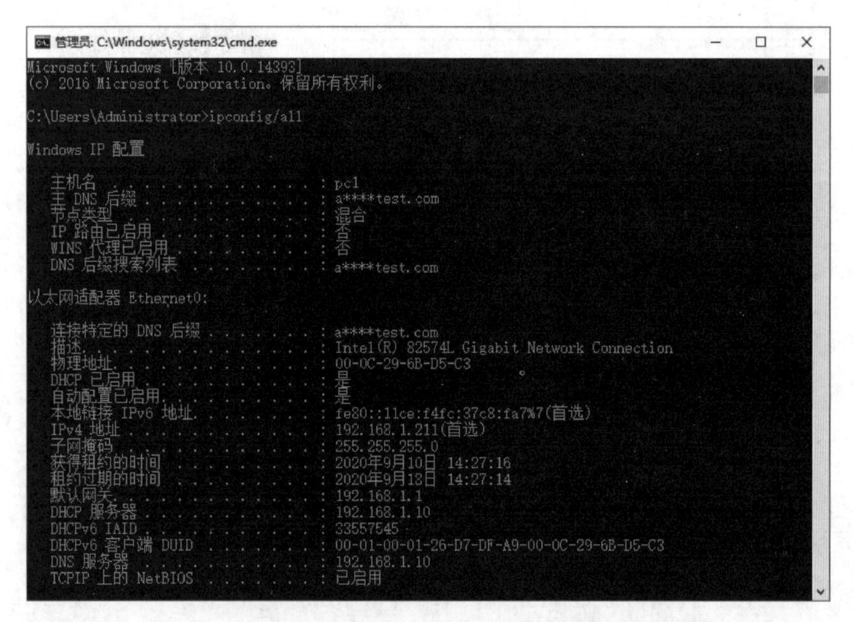

图 8-16　用 ipconfig/all 命令查看本地 IP 地址的租用情况

其中，可以详细地查看 DHCP 客户端租用 IP 地址的相关情况，包括 IP 地址、子网掩码、DNS 服务器的 IP 地址、租用时间等。至此，任意两台 DHCP 客户端之间便可以进行通信了。在另一台 DHCP 客户端，使用 ping 命令测试另一台 DHCP 客户端的 IP 地址，就会发现网络是连通的。

8.2　实验 2　DHCP 服务在多 IP 网段中的应用

视频讲解

因为 DHCP 客户端是通过广播方式发现 DHCP 服务器，并从 DHCP 服务器中获得 IP 地址，所以一般一台 DHCP 服务器只为一个 IP 网段提供租用 IP 地址的服务。那么，一台 DHCP 服务器能否为两个或两个以上 IP 网段提供租用 IP 地址的服务呢？本实验将解决这一问题。

8.2.1　实验概述

本实验是一个综合实验，需要综合考虑 DHCP 中的 IP 地址动态分配和不同子网之间的通信问题。

1. 实验目的

通过本实验，深入了解 DHCP 的工作原理，并回顾路由器（或三层交换机）对于广播信息的处理方式，然后在本章实验 1 的基础上，以 Windows Server 2016 操作系统为例，掌握同一台 DHCP 服务器为不同子网动态分配 IP 地址的实现方法。

2. 实验原理

一般情况下，一台 DHCP 服务器只能为位于本网段的 DHCP 客户端提供出租 IP 地址的服务，当网络中同时拥有多个子网（单位网络基本上都是如此）时，就需要分别在每个子网中设置一台 DHCP 服务器。这是因为 DHCP 客户端是通过广播方式发现 DHCP 服务器的，且不同子网之间的通信要用到路由器（或三层交换机），而路由器不支持广播信息的转发，所以当 DHCP 客户端与 DHCP 服务器位于不同的子网时，DHCP 客户端将无法从位于其他子网的 DHCP 服务器中获得 IP 地址。

而在每个子网中分别设置一台 DHCP 服务器，无论从成本还是从管理角度来看都是不太现实的，目前有两种方法可以解决此问题。

(1) 用于连接不同子网的路由器（或三层交换机）符合 RFC 1542 的 TCP/IP 标准。由于在 RFC 1542 标准中对 DHCP/BOOTP 转发功能进行了专门定义，所以符合 RFC 1542 标准的路由器（或三层交换机）就可以转发 DHCP 客户端的广播信息。图 8-17 显示了符合 RFC 1542 标准的路由器（或三层交换机）的工作过程。

① DHCP 客户端 A 在启动时利用广播信息（DHCPDISCOVER）寻找 DHCP 服务器。

② 路由器在接收到此广播信息后，将广播信息转发到另一个网段。

③ 另一个网段内的 DHCP 服务器在收到此广播信息后，直接响应一个应答信息（DHCPOFFER）给路由器。

④ 路由器将此应答信息广播给 DHCP 客户端 A。

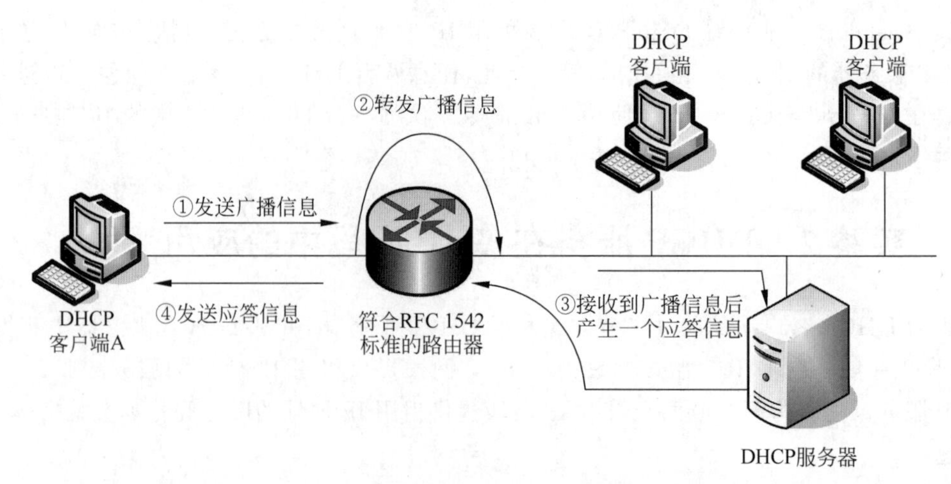

图 8-17 符合 RFC 1542 标准的路由器转发 DHCP 广播信息的过程

(2) 如果网络中的路由器(或三层交换机)不符合 RFC 1542 标准,则必须在每个子网中安装一台运行 Windows Server 2016 的计算机作为 DHCP 中继代理(DHCP Relay Agent), DHCP 中继代理具有将 DHCP 广播信息转发到其他网段的功能。

本实验将通过 DHCP 中继代理实现一台 DHCP 服务器为多个 IP 网段动态分配 IP 地址。

3. 实验内容和要求

(1) 回顾路由器和三层交换机的工作原理。

(2) 结合 DHCP 中继代理,了解代理服务器的功能和应用。

(3) 熟悉符合 RFC 1542 标准的路由器转发 DHCP 广播信息的过程。

(4) 在掌握 Windows Server 2016 中路由和远程访问配置方法的基础上,了解将 Windows Server 2016 作为路由器的特点和配置过程。

(5) 掌握在 Windows Server 2016 中配置 DHCP 中继代理的方法。

(6) 综合路由、代理和 DHCP 等知识,分析本实验的实现思路。

8.2.2 实验规划

1. 实验设备

(1) VMware Workstation 软件虚拟平台。

(2) 虚拟服务器(3 台,安装 Windows Server 2016 操作系统)。

(3) 测试用 PC(2 台,安装 Windows 10 操作系统)。

(4) 实体计算机(1 台,安装 VMware Workstation 软件)。

2. 实验拓扑

本实验需要通过 DHCP 服务器和 DHCP 中继代理分别提供 192.168.1.0/24 和 192.168.2.0/24 两个不同网段的 DHCP 服务,采用如图 8-18 所示的网络拓扑。其中, 192.168.1.0/24 和 192.168.2.0/24 两个网段通过中间的路由器连接,路由器是一台带两个网卡的 Windows Server 2016 服务器，两个网卡地址分别为 192.168.1.1/24 和 192.168.2.1/24，同时也分别作为两个网段的网关，分别连接不同的两个子网。DHCP 服务器位于 192.168.1.0/24 子网内，能够为 PC1 提供 DHCP 服务(可参考本章实验 1 完成其安装和配置)，而另一子网 192.168.2.0/24 中的客户机 PC2 需要向在同一子网中的 DHCP 中继代理根据 DHCP 协议租用 IP 地址。

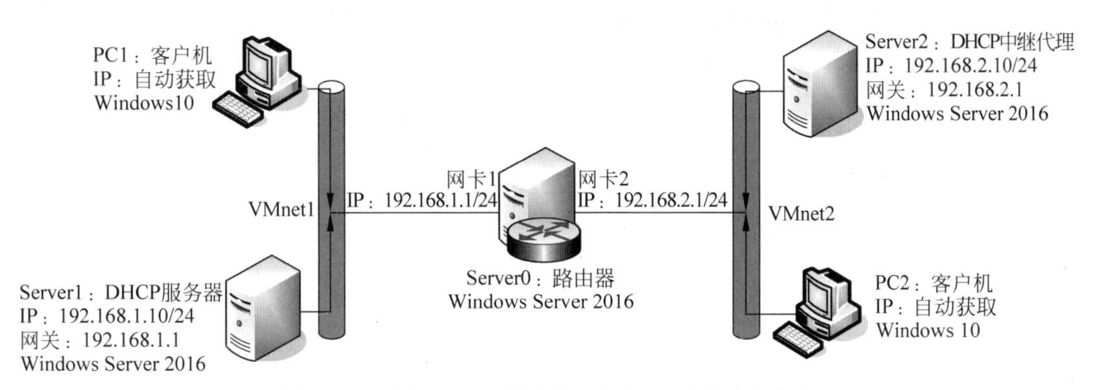

图 8-18　通过 DHCP 中继代理实现 IP 地址动态分配

8.2.3　实验步骤

本实验将在本章实验 1 的基础上进行，即 DHCP 服务器的安装和配置已完成。在此基础上，通过以下步骤完成相关的配置。

1. 将服务器 Server0 配置为双网卡，连接两个子网

本实验需要一台有两张网卡的安装 Windows Server 2016 的服务器，然后将此服务器配置为路由器，连接两个子网。

(1) 在 VMware 软件界面左侧的“我的计算机”列表中，右击想要配置的计算机 Server0，在弹出的快捷菜单中选择“设置”，弹出“虚拟机设置”对话框，可以看到其中已经有一张默认网卡了，选中它并在右侧的“网络连接”中选择“自定义：特定虚拟网络”，在下面的下拉列表中选择 VMnet1。然后单击左下方的“添加…”按钮新建一个网络适配器。同样，也选择“自定义：特定虚拟网络”，然后在下拉列表中选择 VMnet2 并单击“添加…”按钮，如图 8-19 所示。

(2) 进入该服务器虚拟机，可以看到其“网络连接”中已经有两个适配器，现在需要分别配置这两个适配器的网络参数，如图 8-20 所示。

把服务器 Server1 和 Server2 的网络适配器分别设置到 VMnet1 和 VMnet2 中(类似于图 8-19)，再把 IP 地址分别设置为 192.168.1.10/24 和 192.168.2.10/24，然后把默认网关分别设置为 192.168.1.1 和 192.168.2.1。此时，分别在服务器 Server1 和 Server2 上 ping 网关地址 192.168.1.1 和 192.168.2.1，已经能够连通，说明现在已经确保能在 VMnet1 和 VMnet2 两个子网内部畅通。

2. 配置 Server0 的路由功能

下面开始在扮演路由器角色的 Server0 上安装路由功能。

图 8-19 为服务器添加两个网络适配器

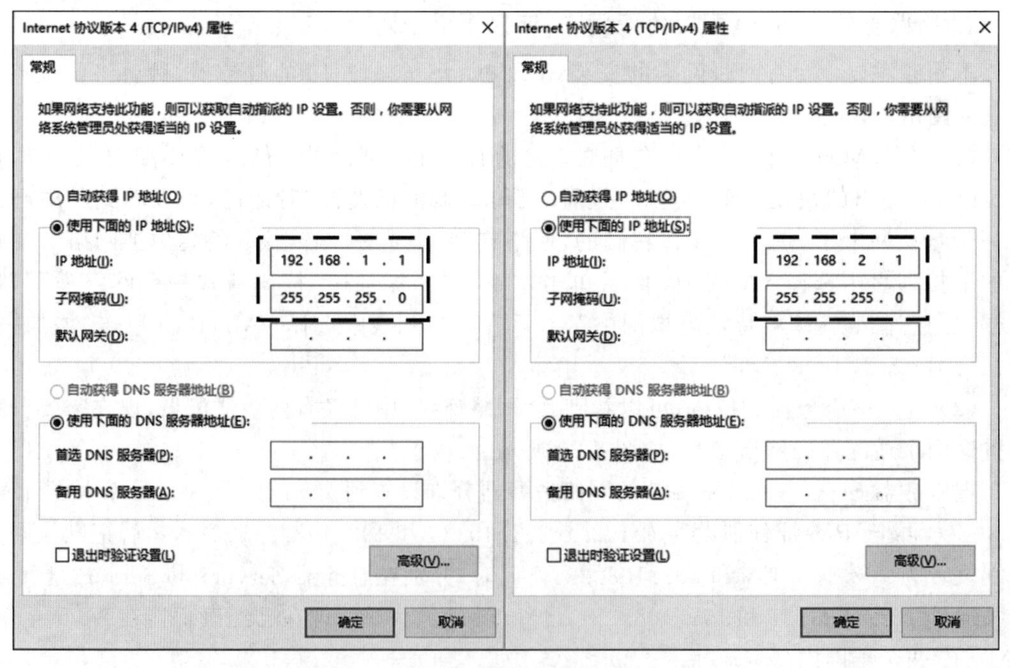

图 8-20 两个网络适配器的网络参数设置

(1) 在 Windows Server 2016 上进入服务器管理器,单击“仪表板”→“添加角色和功能”,弹出“添加角色和功能向导”对话框,持续单击“下一步”按钮,直到“选择服务器角色”步骤,勾选“远程访问”,单击“下一步”按钮,如图 8-21 所示。

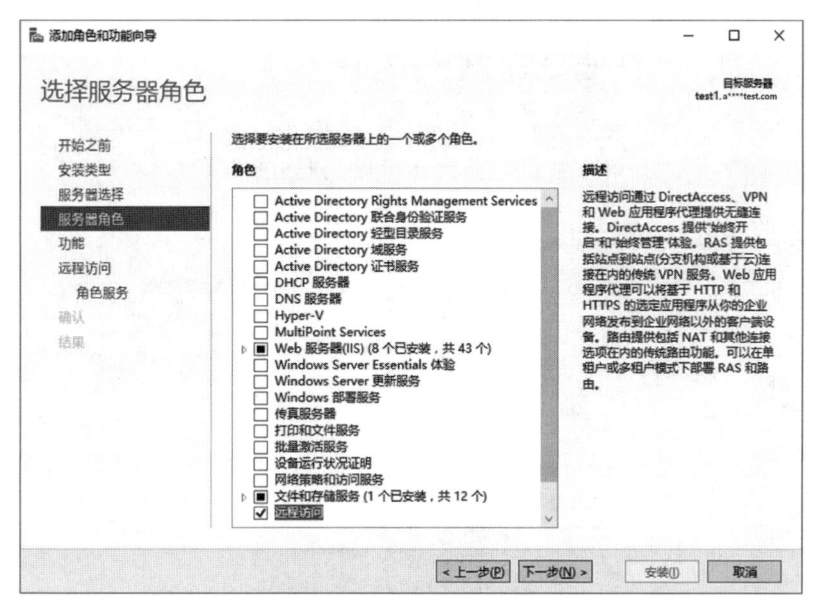

图 8-21　启动“远程访问”的服务器角色安装

(2) 在后续界面中单击“下一步”按钮,直到“选择角色服务”步骤,勾选“路由”,如图 8-22 所示,并在弹出的对话框中单击“添加功能”按钮,再一直单击“下一步”按钮,直到“确认安装所选内容”步骤,单击“安装”按钮,完成安装后,重启计算机,并以系统管理员身份登录。

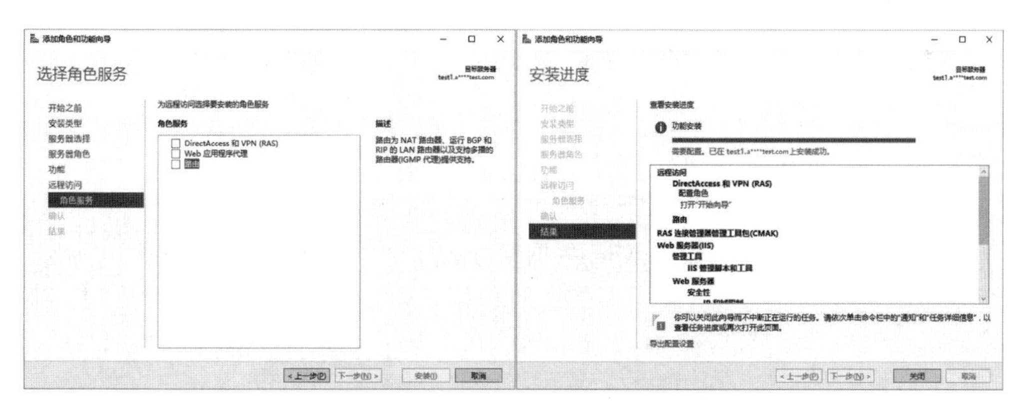

图 8-22　添加并安装完成“远程访问”的服务器角色

(3) 在 Windows Server 2016 上单击“开始”菜单→“Windows 管理工具”→“路由和远程访问”,在弹出的对话框中右击本地计算机名(这个名字与设置的计算机名相关,本例设置为 Router)后,开始配置并启用路由和远程访问功能,如图 8-23 所示。

(4) 在弹出的“路由和远程访问服务器安装向导”对话框中单击“下一步”按钮,按图 8-24 的步骤进行选择,最后进入“启动服务”向导页面,单击“启动服务”按钮。

此时,VMnet1 和 VMnet2 中的服务器 Server1 和 Server2 已经可以相互 ping 通,在

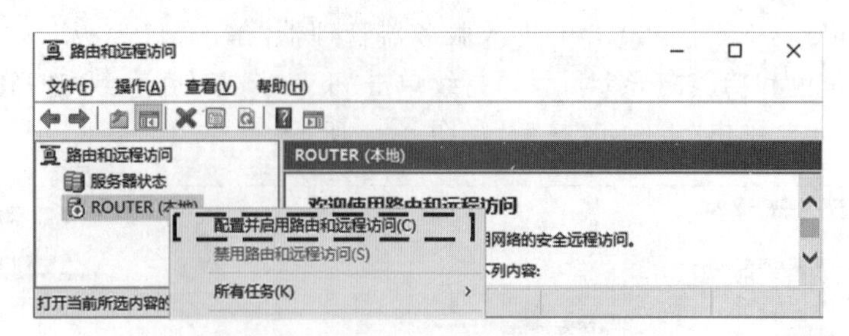

图 8-23 配置并启用路由和远程访问功能

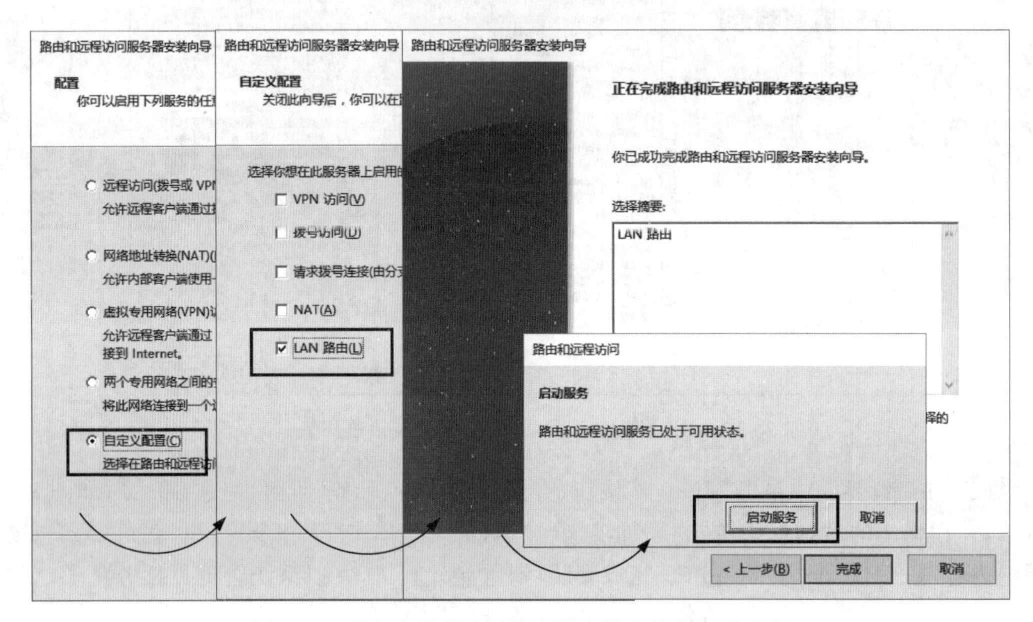

图 8-24 路由和远程访问服务器安装向导的配置过程

ping 之前需要手动配置后网络参数(可以使用第 1 步中的配置),并注意关闭防火墙。这说明 VMnet1 和 VMnet2 两个子网之间现在已经畅通。

3. 在 VMnet1 中的 DHCP 服务器 Server1 上添加地址池

在本章实验 1 中,已为子网 VMnet1(网络号为 192.168.1.0/24)配置了 IP 地址池,在此基础上还需要为子网 VMnet2(网络号为 192.168.2.0/24)配置 IP 地址池,本实验为 192.168.2.20～192.168.2.253。具体方法已在本章实验 1 中进行了介绍,配置结果如图 8-25 所示。

4. 将 VMnet2 中的 Server2 配置为 DHCP 中继代理

下面开始在扮演 DHCP 中继代理角色的 Server2 上启用远程访问功能。

(1) 在 Windows Server 2016 上进入服务器管理器,单击"仪表板"→"添加角色和功能",弹出"添加角色和功能向导"对话框,持续单击"下一步"按钮,直到"选择服务器角色"步骤,勾选"远程访问",这些步骤与前面为 Server0 配置路由功能类似,直到选择角色服务时,需要选择"DirectAccess 和 VPN",然后单击"添加功能"按钮,启动安装,如图 8-26 所示。

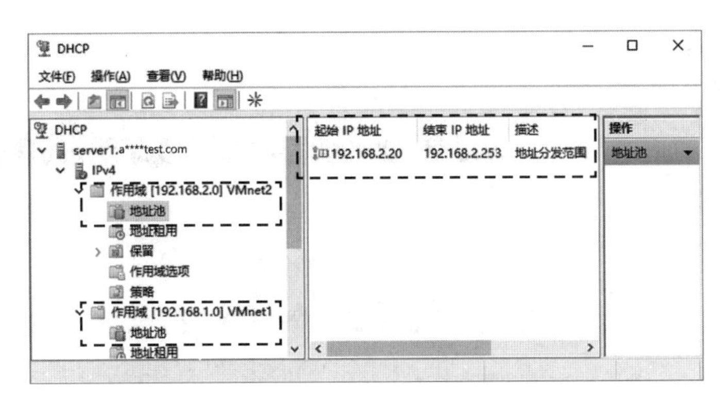

图 8-25　分别为两个不同的子网配置 IP 地址池

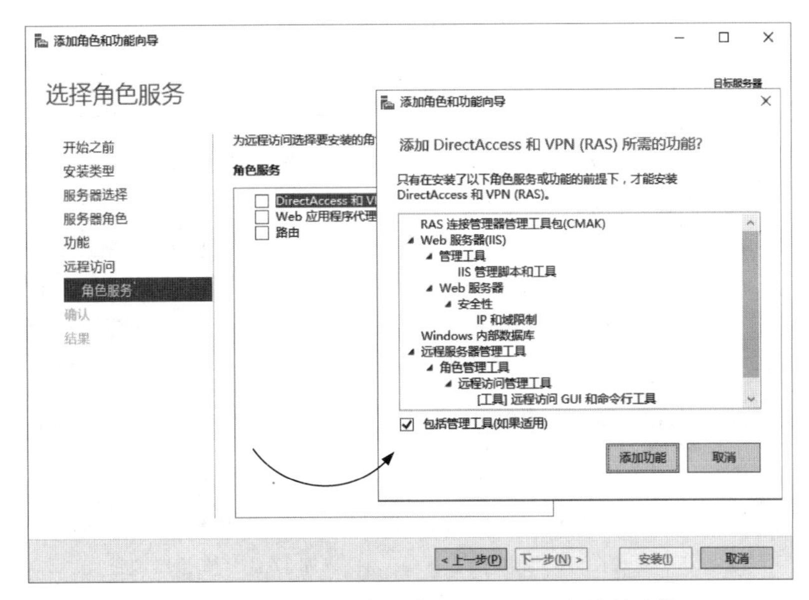

图 8-26　启动 DHCP 中继代理 Server2 远程访问功能

(2) 在后续的步骤中使用默认选项，持续单击“下一步”按钮，直到“确认安装所选内容”步骤，单击“安装”按钮。完成安装后，重启计算机，并以系统管理员身份登录。

(3) 在 Windows Server 2016 上单击“开始”菜单→“Windows 管理工具”→“路由和远程访问”，在弹出的对话框中右击本地计算机名，开始配置并启用路由和远程访问功能。本步骤与前面配置 Server0 的路由功能时一样，不再赘述。

(4) 继续在“路由和远程访问”对话框中右击 IPv4，选择“新增路由协议”，然后选择 DHCP Relay Agent，如图 8-27 所示。

(5) 为 DHCP 中继代理添加 DHCP 服务器 IP 地址。单击“路由和远程访问”对话框工具栏中的“属性”图标，弹出“DHCP 中继代理属性”对话框，将本实验中的 DHCP 服务器的地址 192.168.1.10 添加到其中，如图 8-28 所示。

(6) 然后，右击“DHCP 中继代理”，选择“新增接口”，选择 Ethernet0，如图 8-29 所示。最后，确定完成设置。

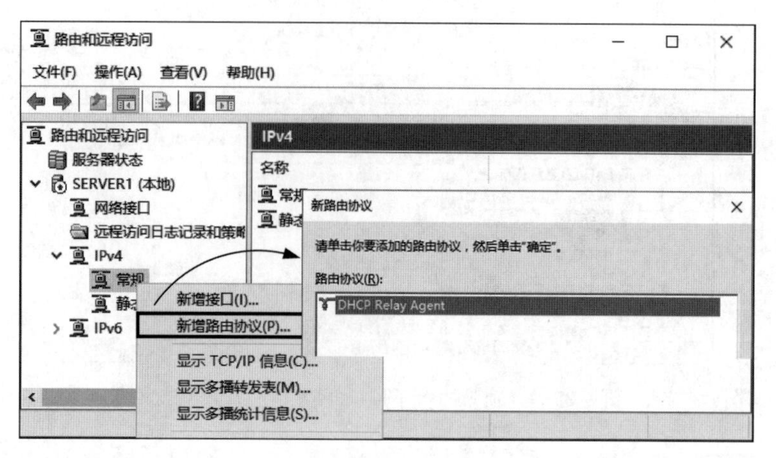

图 8-27　为 Server2 添加 DHCP 中继代理功能

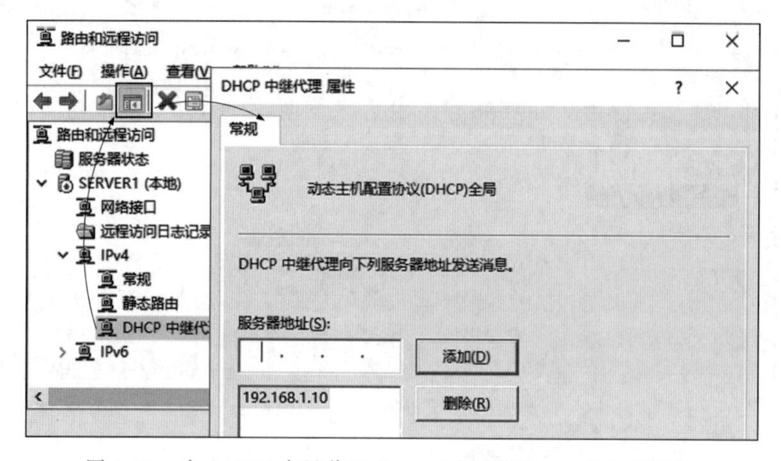

图 8-28　为 DHCP 中继代理 Server2 添加 DHCP 服务器地址

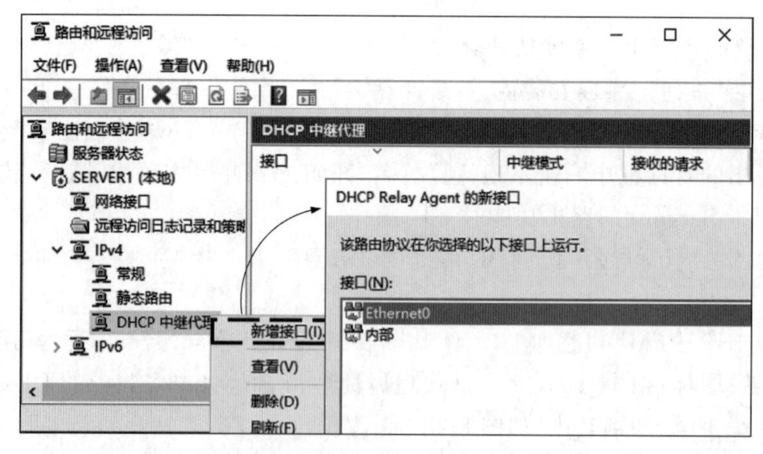

图 8-29　为 DHCP 中继代理添加接口

8.2.4　结果验证

这时，在 VMnet2 子网中的任何一台 DHCP 客户端的“命令提示符”窗口中运行 ipconfig/all 命令，将显示如图 8-30 所示的信息。其中，“IPv4 地址”后面显示为 192.168.2.20，“默认网关”为 192.168.2.1，“DHCP 服务器”为 192.168.1.10，等等。说明 DHCP 客户端已经成功地向另一子网中的 DHCP 服务器租用到了 IP 地址。

```
管理员: C:\Windows\system32\cmd.exe

以太网适配器 Ethernet0:

   连接特定的 DNS 后缀 . . . . . . . : a****test.com
   描述. . . . . . . . . . . . . . . : Intel(R) 82574L Gigabit Network Connection
   物理地址. . . . . . . . . . . . . : 00-0C-29-71-77-BD
   DHCP 已启用 . . . . . . . . . . . : 是
   自动配置已启用. . . . . . . . . . : 是
   本地链接 IPv6 地址. . . . . . . . : fe80::64c6:bac5:aada:1eeb%12(首选)
   IPv4 地址 . . . . . . . . . . . . : 192.168.2.20(首选)
   子网掩码  . . . . . . . . . . . . : 255.255.255.0
   获得租约的时间  . . . . . . . . . : 2021年2月15日 10:35:35
   租约过期的时间  . . . . . . . . . : 2021年2月23日 10:35:34
   默认网关. . . . . . . . . . . . . : 192.168.2.1
   DHCP 服务器 . . . . . . . . . . . : 192.168.1.10
   DHCPv6 IAID . . . . . . . . . . . : 50334761
   DHCPv6 客户端 DUID  . . . . . . . : 00-01-00-01-27-B3-D9-6A-00-0C-29-71-77-BD
   DNS 服务器  . . . . . . . . . . . : 192.168.1.10
   TCPIP 上的 NetBIOS  . . . . . . . : 已启用

隧道适配器 isatap.a****test.com:

   媒体状态  . . . . . . . . . . . . : 媒体已断开连接
   连接特定的 DNS 后缀 . . . . . . . : a****test.com
   描述. . . . . . . . . . . . . . . : Microsoft ISATAP Adapter
   物理地址. . . . . . . . . . . . . : 00-00-00-00-00-00-00-E0
```

图 8-30　在 DHCP 客户端利用 ipconfig/all 命令查看 IP 地址的获取情况

8.3　实验 3　DHCP 超级作用域的配置和应用

对于一个 C 类网络，在同一子网内最大只能容纳 254 台主机，当实际接入的主机数超过 254 台时就需要再划分不同的子网。但是，不同子网之间的通信需要路由器或三层交换机，这不但需要硬件的投入，而且需要进行较为复杂的配置。那么，能否让一台 DHCP 服务器在同一物理网段中提供多个 IP 子网的地址呢？Windows Server 2016 中的 DHCP 超级作用域提供了此服务。

8.3.1　实验概述

超级作用域(Superscope)是 Windows Server 2016 提供的一项 DHCP 服务，它弥补了标准 DHCP 仅能为本地的物理子网提供一个 IP 子网的地址租用的不足，在不增加路由器或三层交换机等设备的情况下，可以为本地网络提供更多的 IP 地址。

1. 实验目的

在熟悉 DHCP 工作原理的基础上，了解超级作用域的应用特点，并掌握 Windows Server 2016 操作系统中超级作用域的配置方法。

2. 实验原理

当物理网络中的客户端增多时,一个逻辑子网能够提供的 IP 地址数已无法满足客户需求时,有两个方法可以实现网络的扩展。第 1 种方法是使用一台路由器(或三层交换机)将物理网络分割为多个物理网段,每个网段使用独立的逻辑子网号,形成独立的逻辑子网,网段之间通过路由器(或三层交换机)通信,如图 8-31 所示。这种组网成本是比较昂贵的,而且要实现一台 DHCP 服务器服务全网的功能,需要路由器(或三层交换机)符合 RFC 1542 标准,或者使用 DHCP 中继代理(见本章实验 2),也不易管理。

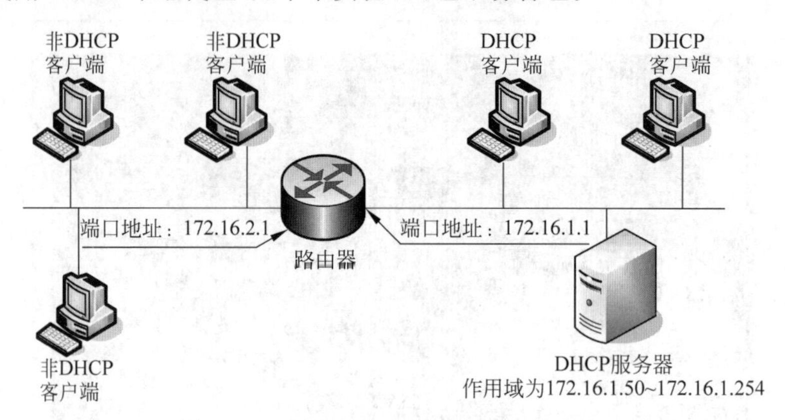

图 8-31 未使用超级作用域时的网络拓扑

第 2 种方法是使用超级作用域。超级作用域可以容纳多个逻辑子网,就可以满足数量众多的客户端 IP 地址分配要求,而且可以只设置一台 DHCP 服务器,在超级作用域中将 IP 地址出租给 DHCP 客户端。在使用了 DHCP 的超级作用域后,就可以将原来位于两个不同子网中的计算机集中在同一个物理子网中。同时,一个物理子网中可容纳的计算机数将由原来的 254 台增加到最大 508 台,而且在同一物理子网中将同时使用 172.16.1.0/24 和 172.16.2.0/24 两个子网的 IP 地址。图 8-32 是使用了 DHCP 超级作用域后的网络拓扑,当 DHCP 客户端向 DHCP 服务器申请租用 IP 地址时,DHCP 服务器将从 172.16.1.50～172.16.1.254 和 172.16.2.50～172.16.2.254 两个 IP 地址池中的任何一个随机向 DHCP 客户端提供 IP 地址。

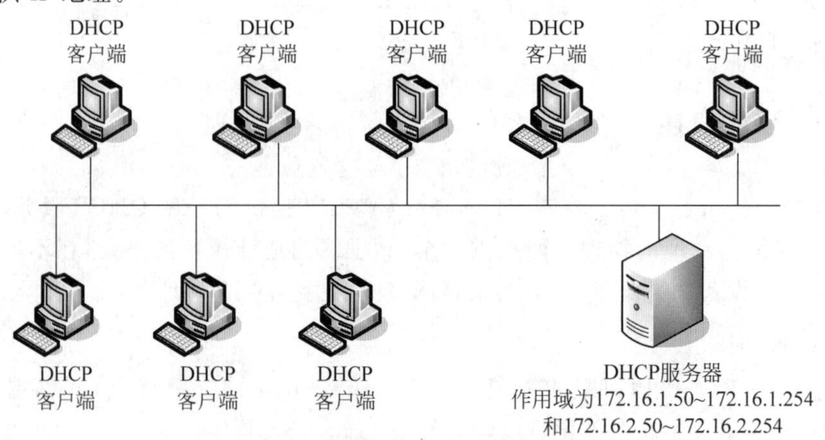

图 8-32 使用超级作用域时的网络拓扑

3. 实验内容和要求

(1) 了解 DHCP 超级作用域的功能特点。

(2) 掌握 DHCP 超级作用域的配置方法。

(3) 进一步了解 DHCP 在网络中的应用。

8.3.2 实验规划

1. 实验设备

(1) VMware Workstation 软件虚拟平台。

(2) 虚拟服务器(1 台,名称为 Server1,安装 Windows Server 2016 操作系统)。

(3) 测试用 PC(3 台,安装 Windows 10 操作系统)。

(4) 实体计算机(1 台,安装 VMware Workstation 软件)。

2. 实验拓扑

为了便于测试,在本实验中让 DHCP 服务器分别提供 192.168.1.50～192.168.1.51 和 192.168.2.50～192.168.2.51 两个不同子网的 4 个地址,其中 192.168.1.50～192.168.1.51 网段的网关地址为 192.168.1.1,192.168.2.50～192.168.2.51 网段的网关地址为 192.168.2.1,子网掩码为都为 255.255.255.0,网络拓扑如图 8-33 所示。

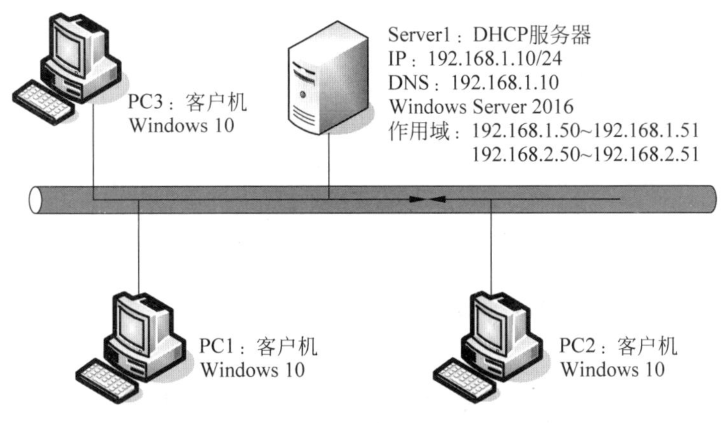

图 8-33 让 DHCP 服务器同时提供两个子网的 IP 地址租用服务

8.3.3 实验步骤

在配置 DHCP 超级作用域之前,根据本章实验 1 的操作方法,分别在 DHCP 服务器上创建 192.168.1.50～192.168.1.51(默认网关为 192.168.1.1)和 192.168.2.50～192.168.2.51(默认网关为 192.168.2.1)两个作用域。然后进行如下配置。

(1) 打开 DHCP 管理控制台。

(2) 选择 DHCP 服务器名后,在展开的树形列表中右击 IPv4,在弹出的快捷菜单中选择“新建超级作用域”,弹出“新建超级作用域向导”对话框,如图 8-34 所示。

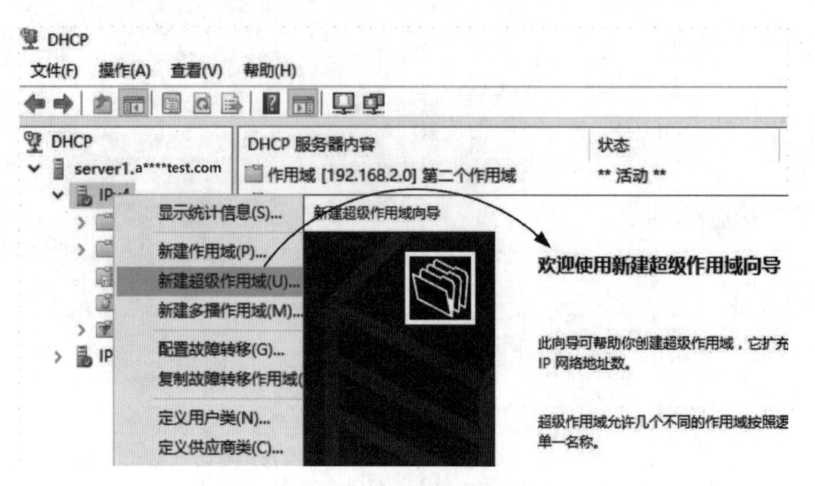

图 8-34 新建超级作用域

(3) 单击“下一步”按钮,在弹出的如图 8-35 所示的对话框中的“名称”文本框中输入超级作用域的名称。

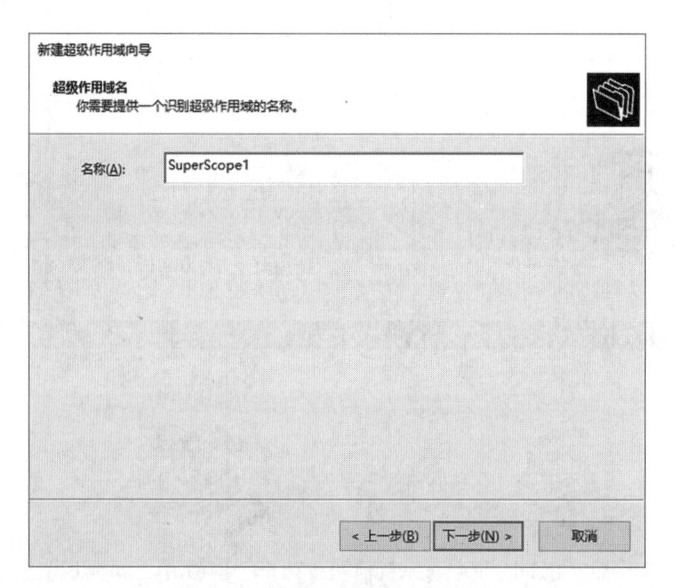

图 8-35 输入超级作用域的名称

(4) 单击“下一步”按钮,在弹出的如图 8-36 所示的对话框中同时选择需要创建超级作用域的两个子网,本实验为 192.168.1.0 和 192.168.2.0。

(5) 单击“下一步”按钮,弹出如图 8-37 所示的对话框,对前面的设置进行确认。

(6) 确认无误后,单击“下一步”按钮,完成设置并返回 DHCP 控制台。其中,已创建的超级作用域中已包含了两个所选择的作用域,如图 8-38 所示。

通过以上的设置,该 DHCP 服务器就可以为 DHCP 客户端提供不同逻辑子网的 IP 地址租用了。

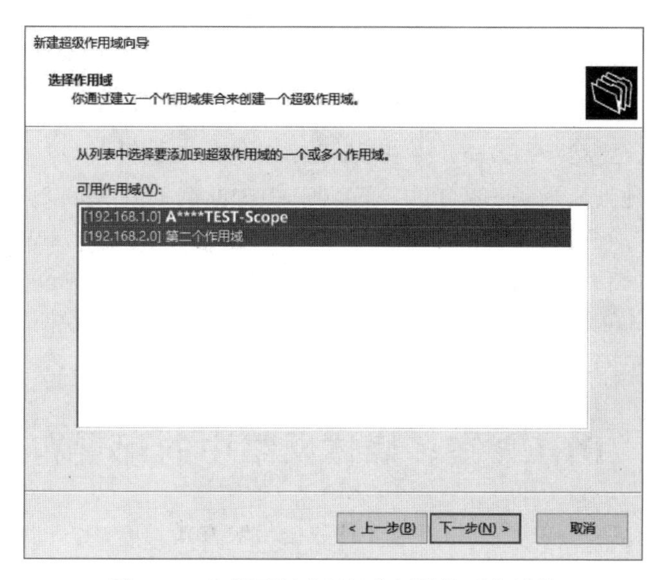

图 8-36　选择要创建超级作用域的两个网段

图 8-37　确认已选择的两个作用域

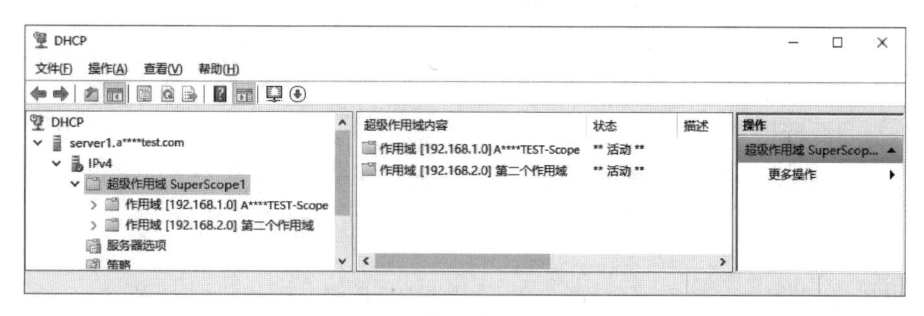

图 8-38　超级作用域中包含的作用域

8.3.4 结果验证

同时打开多台(至少3台)DHCP客户端,进入"命令提示符"窗口,分别运行ipconfig/all命令,会发现IP地址分别是192.168.1.50、192.168.1.51、192.168.2.50和192.168.2.51中的一个,其中192.168.1.50和192.168.1.51对应的Default Gateway(默认网关)为192.168.1.1,192.168.2.50和192.168.2.51对应的Default Gateway为192.168.2.1,子网掩码都为255.255.255.0,DHCP Server都为192.168.1.10。这说明DHCP客户端已分别成功获得了不同子网的IP地址。

8.4 实验4 DHCP在多媒体网络中的配置和应用

计算机网络中存在单播、广播和组播3种数据传输方式,其中组播主要应用于多媒体通信。不同网段之间的组播需要路由器或三层交换机的支持,而同一IP网段之间可通过使用组播(Broadcasting)地址实现。如何让DHCP实现组播地址的自动分配呢?本实验将进行具体介绍。

8.4.1 实验概述

随着计算机网络应用的日益普及,多媒体在网中的应用已非常广泛。组播在减小视频服务器工作压力的同时,还可以有效地减小网络带宽的占用。

1. 实验目的

通过本实验,了解组播和多媒体通信的特点,熟悉IPv4网络中组播的地址分类,然后通过在DHCP中配置组播地址组建一个多媒体应用网络。

2. 实验原理

组播也称为多播。在组播系统中,IP数据流量由单个IP地址发出,但由多个IP主机接收和处理,而不管这些主机在IP网络上所处的位置。一个主机侦听一个特定的IP组播地址,并接收发送到该IP地址的所有数据包。

对于一对多的数据传输,组播要比单播和广播更为高效。与单播不同,组播仅发送数据的一个副本;与广播不同,组播流量仅由正在侦听它的计算机进行接收和处理。

组播非常适合于多媒体网络。如果在一个网络中有一台提供音视频服务的服务器,这时可以为这台服务器分配一个组播地址(Multicast Group Address),并要求其他的计算机注册到该组播地址中。这时,该多媒体应用服务器就可以将音视频等实时数据流通过组播方式传送给这个组中的每台使用组播地址的计算机。利用组播方式传送实时数据,可以有效地降低网络的负担。

IP组播地址(也称为组地址)在224.0.0.0～239.255.255.255的D类地址范围内,这是通过将前4个高序位设置为1110来定义的。在网络前缀或无类别域间路由(Classless Inter-Domain Routing,CIDR)表示方法中,IP组播地址缩写为224.0.0.0/24。

其中，224.0.0.0～224.0.0.255(224.0.0.0/24)的组播地址保留用于本地子网，而 IP 报头中的生存时间(Time to Live，TTL)可忽略，它们都不会被 IP 路由器转发。下面是保留 IP 组播地址的一些例子。

- 224.0.0.1：该子网上的所有主机。
- 224.0.0.2：该子网上的所有路由器。
- 224.0.0.5：开放最短路径优先(OSPF)协议第 2 版，设计用于到达某个网络上的所有 OSPF 路由器。
- 224.0.0.6：OSPF 协议第 2 版，设计用于到达某个网络上的所有 OSPF 指定的路由器。
- 224.0.0.9：路由信息协议(Routing Information Protocol，RIP)第 2 版。
- 224.0.1.1：网络时间协议(Network Time Protocol)。

在选用组播地址时，其地址范围的选择建议如下。

管理地址：从 239.192.0.0 开始，子网掩码为 255.252.0.0，总共提供了 $2^{18}=262144$ 个组播地址。此范围的 IP 地址适合大型企业的内部网络使用。该地址类似于私有 IP 地址(Private IP)。

通用地址：从 233.0.0.0 开始，子网掩码为 255.255.255.0，可以提供 $2^{8}=256$ 个组播地址。该范围的 IP 地址适用于小型单位。

3. 实验内容和要求

(1) 了解多媒体通信的特点。

(2) 熟悉组播的概念和 IPv4 中组播地址的分配特点。

(3) 了解组播在多媒体通信中的应用特点。

(4) 掌握 DHCP 中组播的实现方法。

8.4.2 实验规划

1. 实验设备

(1) VMware Workstation 软件虚拟平台。

(2) 虚拟服务器(1 台，名称为 Server1，安装 Windows Server 2016 操作系统)。

(3) 测试用 PC(至少 1 台，安装 Windows 10 操作系统)。

(4) 实体计算机(1 台，安装 VMware Workstation 软件)。

2. 实验拓扑

本实验主要强调多播地址动态分配能力的配置，使用了 239.192.0.0～239.192.10.254 段的组播地址，子网掩码为 255.252.0.0，由 DHCP 服务器(Server1，作为 MADCAP 服务器)向流媒体服务器(Server2，作为 MADCAP 客户端)动态分配组播地址，客户机则使用此地址获取流媒体数据。网络拓扑如图 8-39 所示。

8.4.3 实验步骤

首先按照本章实验 1 中介绍的方法安装和注册 DHCP 服务器。同时，在了解了组播的

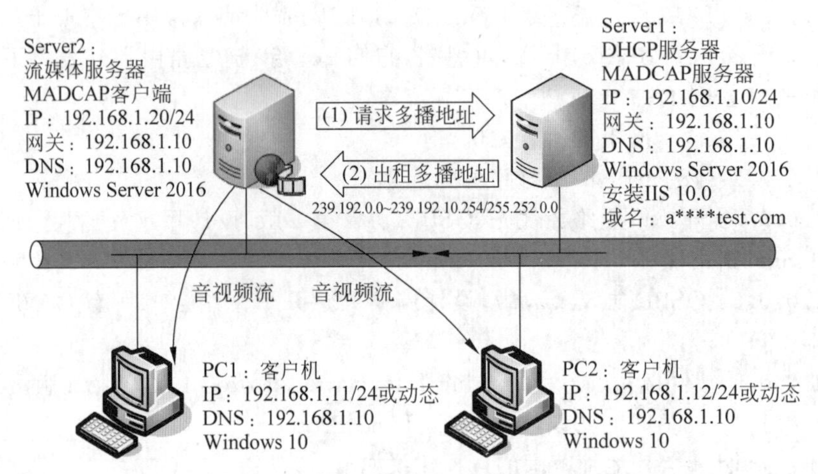

图 8-39　在 DHCP 网络中使用了组播地址的多媒体网络

功能和 IP 地址分配特点后，就可以配置 DHCP 服务器，让 DHCP 服务器为 DHCP 客户端分配组播地址。由于组播地址的租用是通过多播地址动态客户端分配协议(Multicast Dynamic Client Allocation Protocol，MADCAP)实现的，所以将提供组播地址的服务器称为 MADCAP 服务器，将使用组播地址的 DHCP 客户端称为 MADCAP 客户端。提供组播地址的 DHCP 服务器的配置如下所示。

(1) 打开 DHCP 管理控制台。

(2) 选择 DHCP 服务器名后，在展开的树形列表中右击 IPv4，在弹出的快捷菜单中选择“新建多播作用域”，弹出“新建多播作用域向导”对话框，如图 8-40 所示。

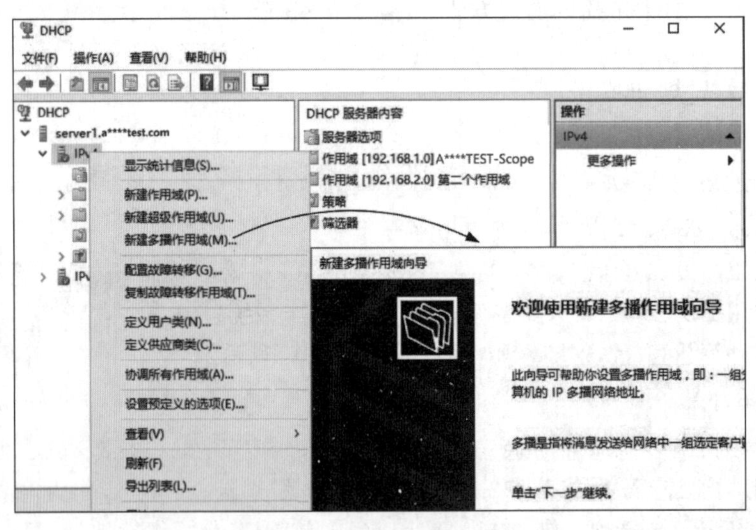

图 8-40　新建多播作用域

(3) 单击“下一步”按钮，在弹出的如图 8-41 所示的对话框中的“名称”文本框中输入多播作用域的名称(由用户自定)。

(4) 单击“下一步”按钮，弹出如图 8-42 所示的对话框。在该对话框中设置 DHCP 服务器需要提供的多播地址池，本实验为 239.192.0.0～239.192.10.250。

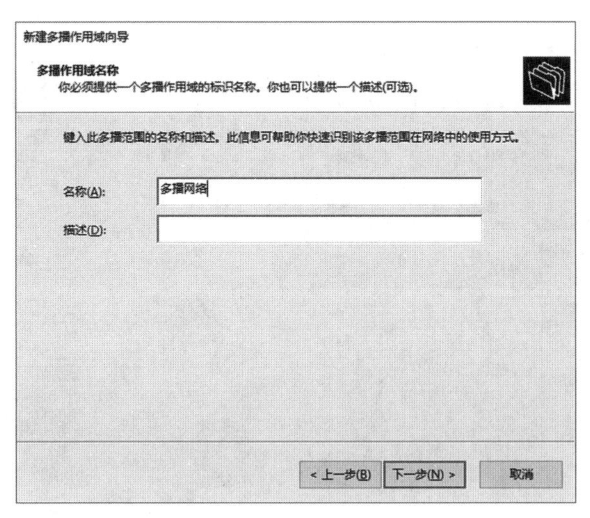

图 8-41　设置多播网络名称

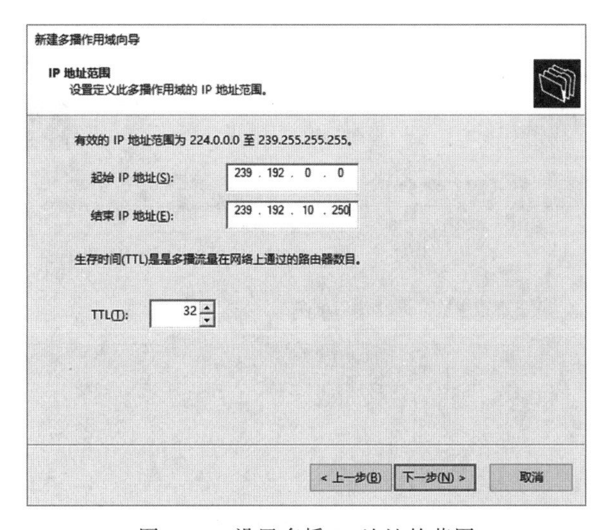

图 8-42　设置多播 IP 地址的范围

(5) 单击“下一步”按钮，在弹出的如图 8-43 所示的对话框中设置需要排除的 IP 地址段。本实验中没有需要排除的 IP 地址，所以不用填写。

(6) 单击“下一步”按钮，在弹出的如图 8-44 所示的对话框中设置 DHCP 服务器分配的多播作用域的租用期限。

(7) 单击“下一步”按钮，在弹出的对话框中选择激活多播作用域，完成配置。

通过以上的配置，该网络就可以很好地支持多媒体应用了。

要验证在多媒体网络中的多播地址的动态分配，除了要完成前述实验步骤外，还需要使用一个 MADCAP 客户端。此客户端能够根据 MADCAP 协议完成多播地址的请求、更新或释放等过程(相关说明可以到微软公司官方网站关于 DHCP 的说明 *Multicast Address Allocation*[①])。这个 MADCAP 客户端一般和多媒体服务器集成到一起，一方面向 MADCAP

① https://docs.microsoft.com/en-us/previous-versions/windows/it-pro/windows-server-2003/cc785276(v=ws.10)

新建多播作用域向导
添加排除
排除是指服务器不分配的地址或地址范围。
键入要排除的 IP 地址范围。如果要排除单个地址，只需在"起始 IP 地址"中键入地址。
起始 IP 地址(S):
结束 IP 地址(E):
添加(D)
排除的地址(C):
删除(V)
< 上一步(B)
下一步(N) >
取消

图 8-43　设置需要排除的 IP 地址段

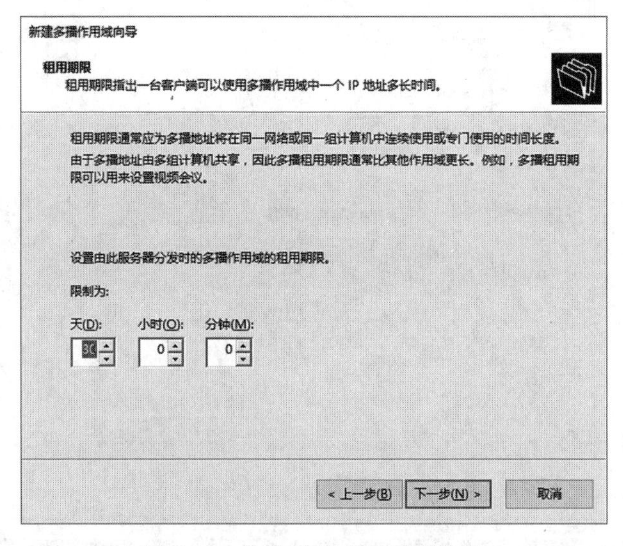

图 8-44　设置 IP 地址的租用期限

服务器注册、申请多播地址；另一方面向网络中的多媒体应用客户端提供多媒体流。具体操作过程读者可参看相关资料，在此不再赘述。如果网络中已经有一台多媒体服务器，当多台多媒体应用客户端在线访问这台服务器上的视频文件时，会发现多媒体服务器和网络带宽资源的占用率很小。读者可以利用 Windows Server 2016"管理工具"中的"性能监视器"和"资源监视器"等软件工具进行查看。

视频讲解

8.5　实验 5　在路由器或三层交换机上配置 DHCP

本章前面的实验，DHCP 服务都是通过 Windows Server 2016 实现的。当前，由于路由器和三层交换机的广泛应用，DHCP 服务也成为其必备功能。考虑到使用路由器或三层交

换机提供DHCP能力已成为当前网络架构的重要内容，本实验将介绍在路由器或三层交换机上配置DHCP的方法，同时完成在多个子网间通过DHCP中继提供DHCP服务。另外，Packet Tracer提供了基础的DHCP、DNS和WWW服务仿真能力，也将在本实验中综合介绍。

8.5.1　实验概述

当在路由器(或三层交换机)上配置了DHCP服务后，这台路由器就成为一台DHCP服务器，省去了在网络中单独配置一台DHCP服务器的需要。

1. 实验目的

本实验是一个综合实验，需要综合应用DHCP配置和路由器操作等方面的知识。通过本实验，在深入了解DHCP工作原理的基础上，掌握分别在路由器上和在仿真DHCP服务器上配置DHCP的方法。

2. 实验原理

如何让一台网络设备自动获得IP地址呢？目前一般有3种方法：RARP、BOOTP和DHCP。其中，反向地址解析协议(Reverse Address Resolution Protocol，RARP)主要实现由设备的物理地址(MAC地址)获得逻辑地址(IP地址)，它只是IP地址的一个服务功能，作为TCP/IP协议栈的一个子协议存在。

引导程序协议(Bootstrap Protocol，BOOTP)是一个通过UDP传输信息的协议，主要用于无盘工作站，可以让无盘工作站从一个中心服务器上获得IP地址。首先，由位于无盘工作站网卡芯片中的BOOTP启动代码启动客户端，由于这时客户端还没有IP地址，所以便向网络中广播一个0.0.0.0的IP地址，发出IP地址查询请求。接着，运行BOOTP的服务器在接收到这个请求后，会根据请求数据包中提供的MAC地址，在本地数据库中为其分配一个IP地址，同时还包括服务器IP地址和网关等信息。最后，客户端将获得一个IP地址，并通过简单文件传输协议(Trivial File Transfer Protocol，TFTP)从服务器下载启动镜像文件，模拟成磁盘进行系统启动。从以上的工作过程来看，如果客户端要成功获得IP地址，在服务器上事先必须要有该客户端MAC地址与IP地址之间的映射记录。很显然，BOOTP主要用于设备相对固定的网络环境，如果接入网络的设备是经常变动的，BOOTP将不适合。

为处理IP地址的动态分配，因特网工程任务组(Internet Engineering Task Force，IETF)在BOOTP的基础上开发了一个新的协议，即DHCP。DHCP从两种方式上扩充了BOOTP。首先，DHCP可使计算机通过一个报文获得所需要的全部配置信息，如IP地址、子网掩码、网关、DNS等；其次，DHCP允许客户端快速、动态地获得IP地址。同时，由于所有的DHCP客户端都需要通过DHCP服务器获得IP地址，所以网络管理员可以根据需要设置要分配的IP地址范围(IP地址池)。另外，DHCP也借鉴了BOOTP的一些优点，如在DHCP中可以为部分主机分配静态的IP地址，也可以将IP地址池中的某个地址指定给某台主机使用。

其中，动态地址分配是DHCP中最重要的一个功能。与BOOTP所使用的静态地址分配不同,动态地址分配不是MAC地址与IP地址之间一对一的映射,而且服务器不需要预先知道客户端的身份。

另外,对于运行Windows操作系统的DHCP客户端,当这些计算机无法从DHCP服务器获得IP地址(如DHCP服务器出现故障)时,为了不影响同一网段的计算机之间相互通信,它会自动产生一个网络号(Network ID)为169.254.0.0,子网掩码为255.255.0.0的16位私有IP地址(Private IP),并使用该IP地址与其他计算机进行通信。

其实,为了保证该私有IP地址的唯一性,当DHCP客户端在无法通过DHCP服务器获得IP地址时,它会先发送一个广播信息给网络上的其他计算机,检查该IP地址是否被其他计算机(该计算机同样未从DHCP服务器获得IP地址)使用,如果已被使用,则尝试其他的IP地址。之后,DHCP客户端会每隔5min发送一个请求信息给DHCP服务器,以便在DHCP服务器正常工作后能够为自己分配一个IP地址。

以上的操作就是自动分配私有IP地址(Automatic Private IP Addressing,APIPA),它让DHCP客户端在尚未向DHCP服务器租用到IP地址之前,仍然能够有一个临时的IP地址,并利用该IP地址与同一网段(169.254.0.0)中的其他计算机进行通信。

当前,网络规模不断扩大,DHCP必须能被应用到大型局域网多子网、多网段的环境中。但由于DHCP广播消息不能跨越子网,所以要求路由器和三层交换机能够提供DHCP中继功能,承担不同子网间DHCP和服务器之间的DHCP广播消息的转发任务。

3. 实验内容和要求

(1) 了解RARP、BOOTP和DHCP的工作原理,并掌握DHCP的优点。

(2) 掌握路由器的DHCP基本配置方法。

(3) 了解Packet Tracer的DHCP、DNS和WWW服务的配置方法。

8.5.2 实验规划

1. 实验设备

在Packet Tracer软件的设备类型库中选择以下设备。

(1) 路由器(3台):在设备类型库中选择Network Devices→Routers→2911。

(2) 交换机(4台):在设备类型库中选择Network Devices→Switches→2960。

(3) PC(4台):在设备类型库中选择End Devices→End Devices→PC。

(4) 服务器(3台):在设备类型库中选择End Devices→End Devices→Server。

(5) 笔记本电脑(2台):在设备类型库中选择End Devices→End Devices→Laptop。

(6) 直连双绞线(15根):在设备类型库中选择Connections→Connections→Copper Straight-Through。

2. 实验拓扑

在Packet Tracer软件的逻辑工作空间中,按图8-45构建实验网络拓扑。其中,网络被分为4个子网,即子网0(192.168.0.0/24)、子网1(192.168.11.0/24)、子网2(192.168.22.0/24)和子网3(192.168.12.0/24),子网的网关分别设置为连接的路由器接口的IP地址，路由器之间按图 8-45 进行连接，并设置 IP 地址。另外，在子网 0 中，设置 3 台服务器，分别提供 DHCP、WWW 和 DNS 服务能力。本实验要求，DHCP 服务器 Server0 为子网 0 和子网 2 提供 DHCP 服务，路由器 Router1 则为子网 1 和子网 3 提供 DHCP 服务。

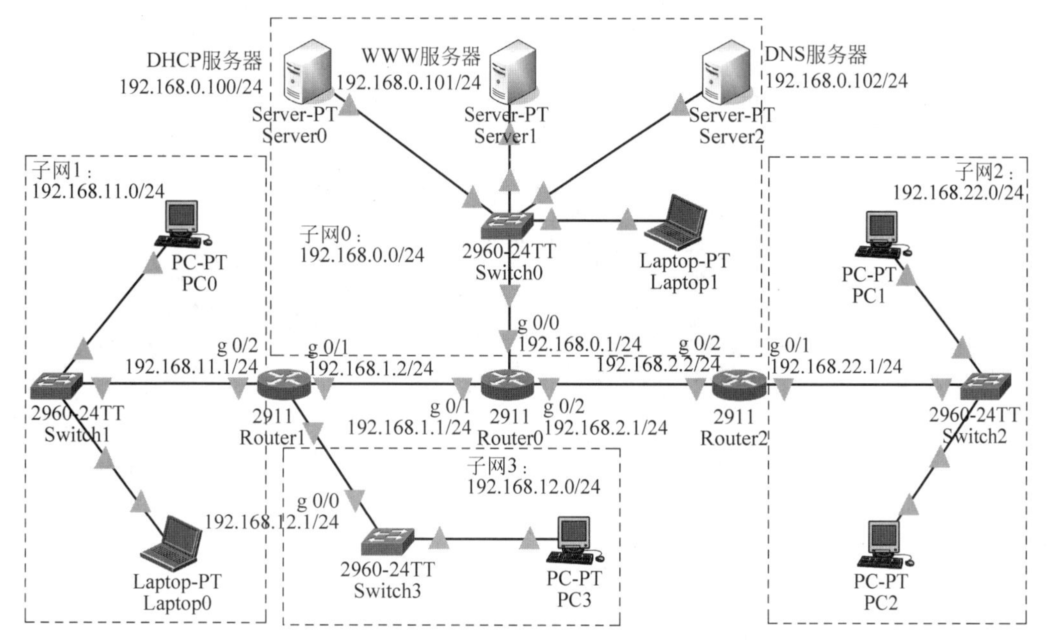

图 8-45　在 Packet Tracer 上完成 DHCP 配置实验的网络拓扑

需要注意的是，图 8-45 中，由于各个网络设备与计算机设备初步完成连接，没有做任何配置。所以，PC、笔记本电脑、服务器和连接的交换机是连通的，但交换机与路由器之间、3 个路由器之间的链路是不通的，相应的连接端口的小三角是红色的。

8.5.3　实验步骤

本实验综合了前面几章的实验过程，步骤较多。

(1) 激活路由器端口，完成路由配置，畅通网络。

① 配置路由器 Router0、Router1 和 Router2 的端口，并打开。

配置 Router0：

```
Router > enable
Router # configure terminal
Router(config) # hostname Router0
Router0(config) # interface g 0/0
Router0(config - if) # ip address 192.168.0.1 255.255.255.0
Router0(config - if) # no shutdown
Router0(config) # interface g 0/1
Router0(config - if) # ip address 192.168.1.1 255.255.255.0
Router0(config - if) # no shutdown
Router0(config) # interface g 0/2
```

```
Router0(config-if)#ip address 192.168.2.1 255.255.255.0
Router0(config-if)#no shutdown
Router0(config-if)#end
```

配置 Router1：

```
Router>enable
Router#configure terminal
Router(config)#hostname Router1
Router1(config)#interface g 0/0
Router1(config-if)#ip address 192.168.12.1 255.255.255.0
Router1(config-if)#no shutdown
Router1(config)#interface g 0/1
Router1(config-if)#ip address 192.168.1.2 255.255.255.0
Router1(config-if)#no shutdown
Router1(config)#interface g 0/2
Router1(config-if)#ip address 192.168.11.1 255.255.255.0
Router1(config-if)#no shutdown
Router1(config-if)#end
```

配置 Router2：

```
Router>enable
Router#configure terminal
Router(config)#hostname Router2
Router2(config)#interface g 0/2
Router2(config-if)#ip address 192.168.2.2 255.255.255.0
Router2(config-if)#no shutdown
Router2(config)#interface g 0/1
Router2(config-if)#ip address 192.168.22.1 255.255.255.0
Router2(config-if)#no shutdown
Router2(config-if)#end
```

配置完成后，网络拓扑图上所有端口的红色标记应该就会变成绿色了，这说明网络已经连通。

② 配置路由器 Router0、Router1 和 Router2 的路由功能。

配置 Router0：

```
Router0>enable
Router0#configure terminal
Router0(config)#ip routing
Router0(config)#router rip
Router0(config-router)#network 192.168.0.0
Router0(config-router)#network 192.168.1.0
Router0(config-router)#network 192.168.2.0
Router0(config-router)#version 2
Router0(config-router)#end
```

配置 Router1：

```
Router1 > enable
Router1 # configure terminal
Router1(config) # ip routing
Router1(config) # router rip
Router1(config - router) # network 192.168.1.0
Router1(config - router) # network 192.168.11.0
Router1(config - router) # network 192.168.12.0
Router1(config - router) # version 2
Router1(config - router) # end
```

配置 Router2：

```
Router2 > enable
Router2 # configure terminal
Router2(config) # ip routing
Router2(config) # router rip
Router2(config - router) # network 192.168.2.0
Router2(config - router) # network 192.168.22.0
Router2(config - router) # version 2
Router2(config - router) # end
```

经过以上配置，网络拓扑结构已完全畅通。此时，可以先为 Server0、Server1 和 Servers2 分别配置 IP 地址为 192.168.0.100、192.168.0.101 和 192.168.0.102，网关均为 192.168.0.1；然后再为其他终端配置所在子网的可用 IP 地址后，就可以 ping 通 3 台服务器。

(2) 配置路由器 Router1 的 DHCP 及其中继功能，使其能够为子网 1 和子网 3 提供 DHCP 服务。

```
Router1 > enable
Router1 # conf t
Router1(config) # ip dhcp pool network1pool
Router1(dhcp - config) # domain - name network1
Router1(dhcp - config) # network 192.168.11.0 255.255.255.0
Router1(dhcp - config) # default - router 192.168.11.1
Router1(dhcp - config) # dns - server 192.168.0.102
Router1(dhcp - config) # exit
Router1(config) # ip dhcp excluded - address 192.168.11.1 192.168.11.10
Router1(config) # ip dhcp pool network3pool
Router1(dhcp - config) # domain - name network3
Router1(dhcp - config) # network 192.168.12.0 255.255.255.0
Router1(dhcp - config) # default - router 192.168.12.1
Router1(dhcp - config) # dns - server 192.168.0.102
Router1(dhcp - config) # exit
Router1(config) # ip dhcp excluded - address 192.168.12.1 192.168.12.10
Router1(config) # int g 0/0
Router1(config - if) # ip helper - address 192.168.11.1   (为 g 0/0 连接的子网 3 提供 DHCP 中继)
Router1(config - if) # end
```

此时，子网 1 和子网 2 内的终端在配置 DHCP 后，能够得到网络参数。

对上面操作使用的命令解释如表 8-1 所示。

表 8-1　路由器上配置 DHCP 服务的命令说明

命　　令	说　　明
ip dhcp pool pool-name	定义地址池，pool-name 为地址池的名称，本实验中为 test
domain-name domain-name	定义 DHCP 作用域的域名，本实验中为 test(可选)
network network-number[mask|/prefix-length]	定义地址池中的 IP 地址范围，本实验中网络地址为 192. 168. 1. 0；子网掩码为 255. 255. 255. 0，也可以写为/24
default-router ip-address	定义客户端的默认网关，本实验中为 192. 168. 1. 254
dns-server ip-address	定义 DNS 服务器地址，本实验中为 192. 168. 2. 1
ip dhcp excluded-address low-address [high-address]	定义要从地址池中排除的 IP 地址范围，本实验中为 192. 168. 1. 250～192. 168. 1. 254

(3) 配置 DHCP 服务器 Server0，并在 Router2 上配置中继功能。

① 配置 DHCP 服务器 Server0 的 DHCP 能力。单击 Server0 图标，在弹出的 Server0 对话框中切换到 Services 标签页，然后打开服务器的 DHCP 功能，并配置子网 0 和子网 2 的 DHCP 参数，如图 8-46 所示。

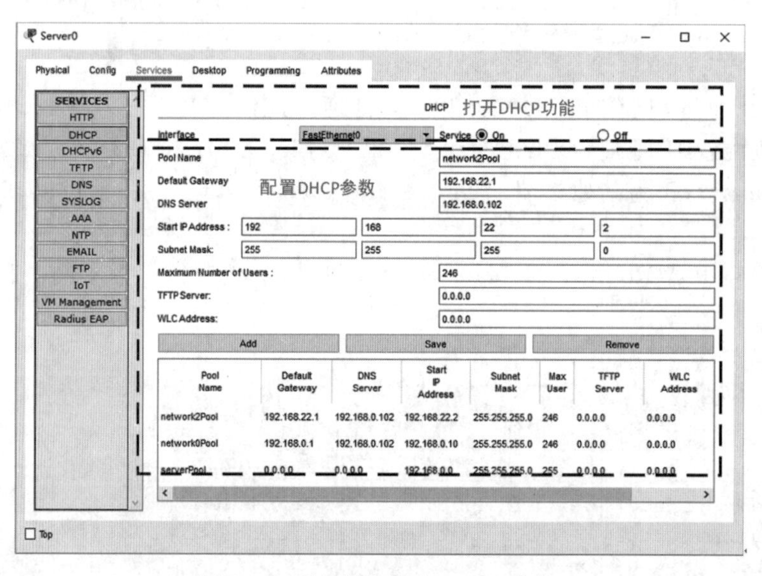

图 8-46　配置服务器的 DHCP 参数

此时，子网 0 中的终端在配置 DHCP 后，能够得到网络参数。

② 配置路由器 Router2 的 DHCP 中继功能，使其能够为子网 2 提供 DHCP 服务。

```
Router2 > enable
Router2 # configure terminal
Router2(config) # interface g 0/1
Router2(config - if) # ip helper - address 192.168.0.100
Router2(config - if) # end
Router2 # write
```

配置完成后，此时子网 2 中的终端开启 DHCP 后就能自动得到网络参数。需要注意的是，在没有对 Router2 进行 DHCP 中继配置前，子网 2 中的终端如果开启 DHCP，就会得到一个网络号为 169.254.0.0/16 的地址。

(4) 配置 WWW 服务器和 DNS 服务器。

配置 WWW 服务器比较简单，单击 Server1 图标，在弹出 Server1 对话框中切换到 Services 标签页，然后开启服务器的 HTTP 功能，如图 8-47 所示。

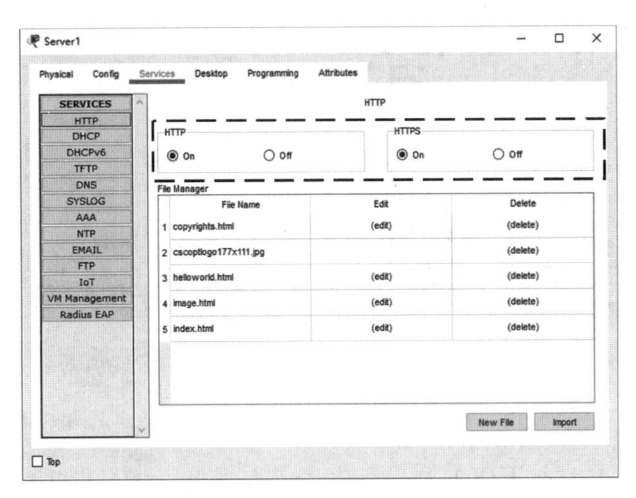

图 8-47　启动 WWW 服务器

配置 DNS 服务器，需要单击 Server2 图标，在弹出的 Server2 对话框中切换到 Services 标签页，然后开启服务器的 DNS 功能，如图 8-48 所示。

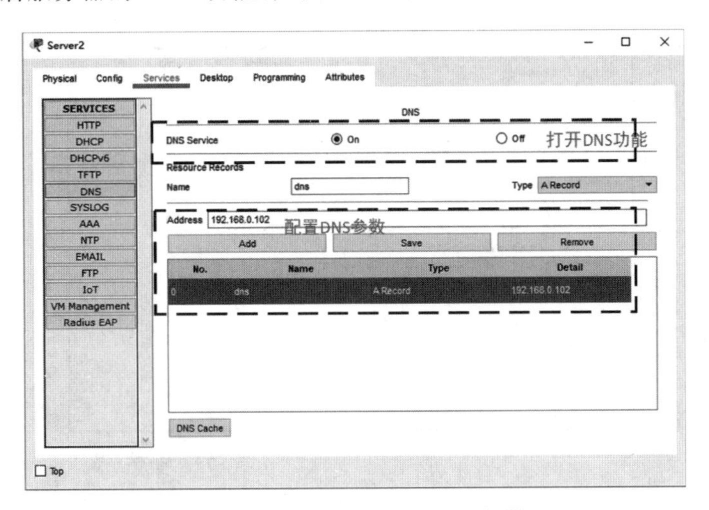

图 8-48　启动并配置 DNS 服务器

8.5.4　结果验证

(1) 在路由器 Router1 上使用 show ip dhcp pool 命令显示 DHCP 池的情况，如图 8-49 所示。

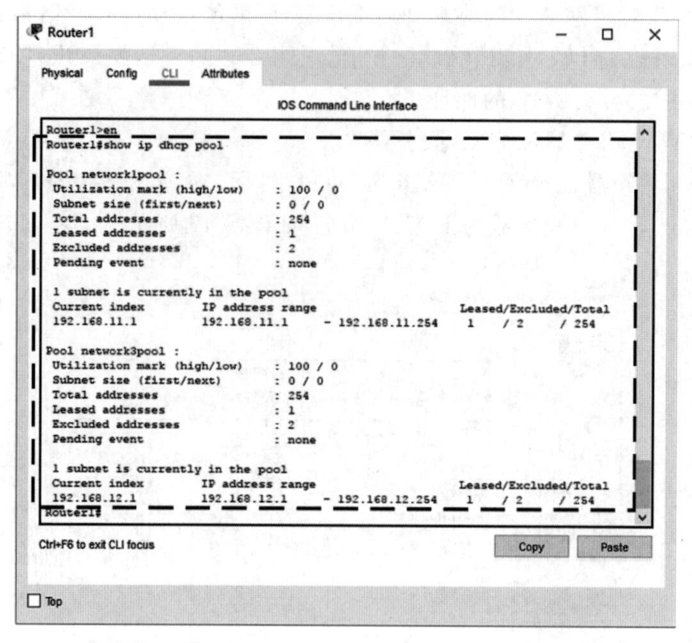

图 8-49 路由器 Router1 上的 DHCP 池的配置结果

(2) 在路由器 Router2 上使用 show run 命令显示其 g 0/1 端口上配置的 DHCP 中继的情况,如图 8-50 所示。

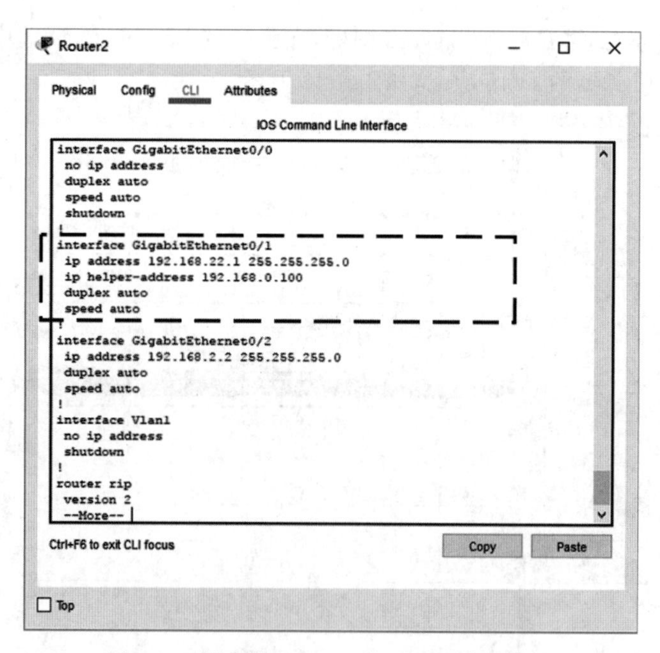

图 8-50 路由器 Router2 的 DHCP 中继情况

(3) 任选一台子网 1 中的终端,确认开启 DHCP 功能后,使用 ipconfig /all 命令查找其网络参数配置情况,可以看到已经得到正确的参数,如图 8-51 所示。

(4) 任选一台子网 2 中的终端,确认开启 DHCP 功能后,使用 ipconfig /all 命令查找其

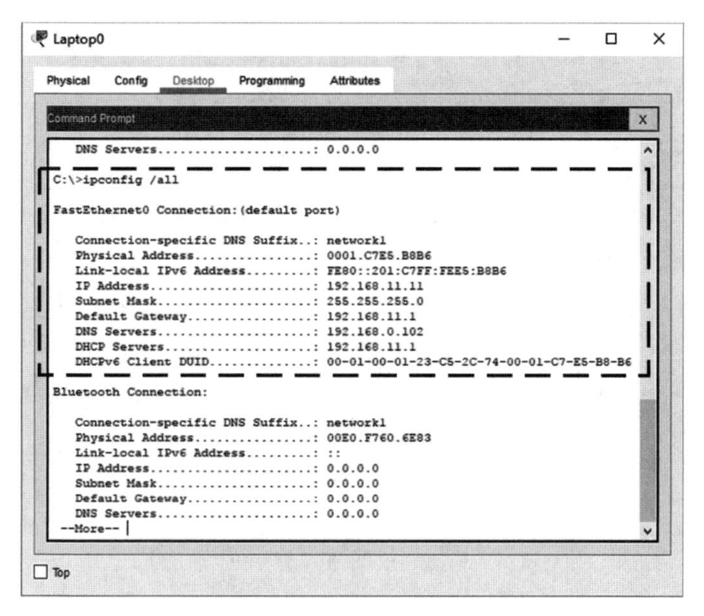

图 8-51　子网 1 中的终端已能自动得到网络参数

网络参数配置情况，可以看到已经得到正确的参数，如图 8-52 所示。

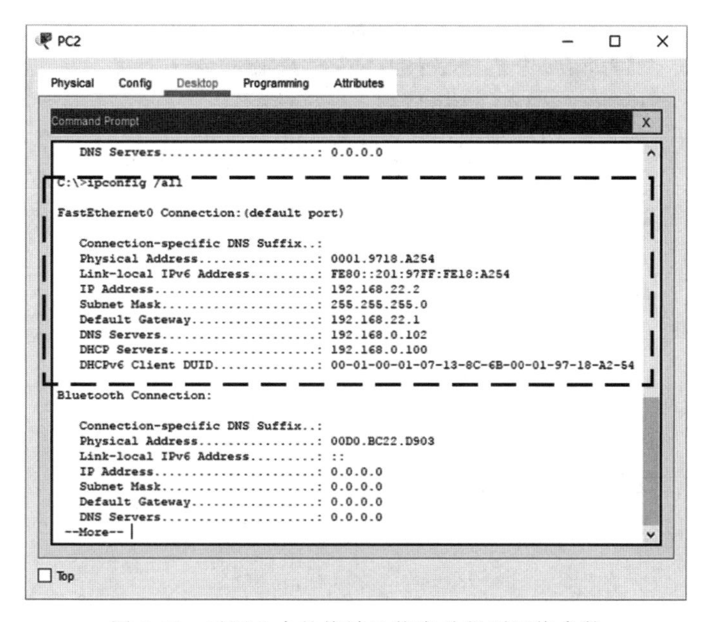

图 8-52　子网 2 中的终端已能自动得到网络参数

(5) 任选一台子网 3 中的终端，确认开启 DHCP 功能后，使用 ipconfig /all 命令查找其网络参数配置情况，可以看到已经得到正确的参数，如图 8-53 所示。

(6) 任选一台终端，单击其图标后，在弹出的对话框中切换到 Desktop 标签页，并选择其中的 Web Browser，在地址栏中输入 http://192.168.0.101，可以看到能够显示 Packet Tracer 的主页，如图 8-54 所示。

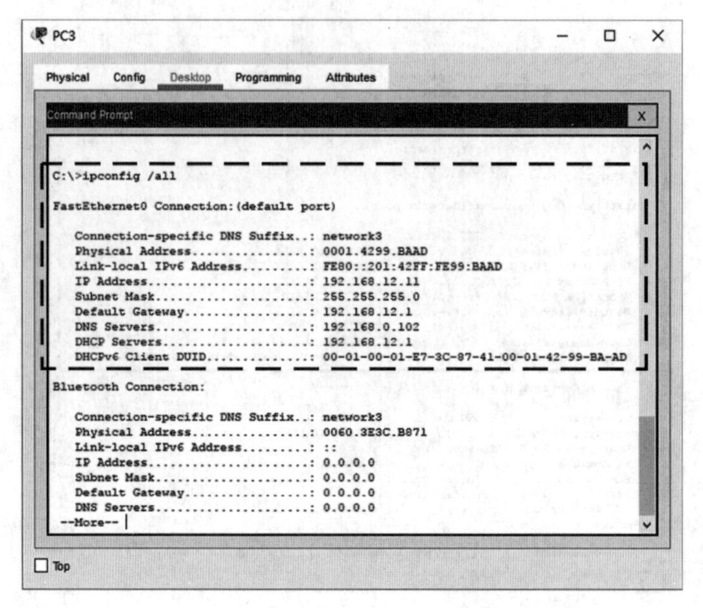

图 8-53　子网 3 中的终端已能自动得到网络参数

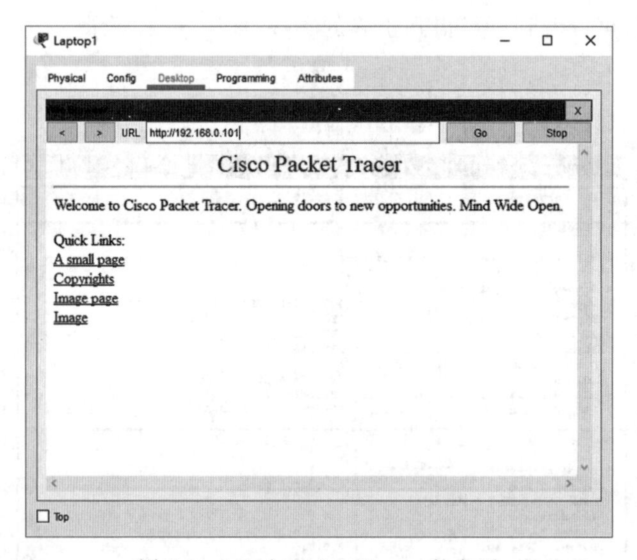

图 8-54　显示 Packet Tracer 的主页

本章小结

本章介绍了 DHCP 服务器的配置和应用过程，从基于 Windows Server 2016 的 DHCP 服务器的实现和应用开始，随后对 DHCP 在多 IP 网段中的应用、DHCP 超级作用域的配置和应用、DHCP 在多媒体网络中的配置和应用进行了介绍，最后在路由器上进行了配置 DHCP 的实验。

第9章

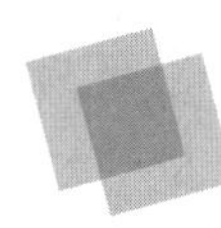

网络应用系统的安全配置和管理

随着计算机网络应用范围的逐步扩展和技术的不断发展，网络的安全问题也变得越来越突出。计算机网络的功能之一是资源共享，在提供了信息快速传递和处理的同时，大量在网络中存储和传输的数据的安全问题越来越引起了人们的关注。这些数据在存储和传输过程中，都有可能被盗用、暴露或篡改，这会给网络本身及其应用系统带来重大损失。在众多的安全管理技术中，本章精选了以下几个便于在实验室中进行的实验，供读者练习。

9.1 实验1 IPC$入侵方法及防范

视频讲解

IPC$(Internet Process Connection)是 Windows 操作系统为了方便用户进行远程管理而设置的一项功能。然而，在实际的应用中，IPC$并没有发挥太大的积极作用，却为各类入侵提供了后门。

9.1.1 实验概述

IPC$是共享"命名管道"的资源，它是为了让进程间通信而开放的命名管道，可以通过验证用户名和密码获得相应的权限，在远程管理计算机和查看计算机的共享资源时使用。其中，IPC$后面的$符号表示 Windows 操作系统中的隐藏符，即在 Windows 系统中设置共享时，如果在共享名后面加上$符号，表示该共享资源是隐藏的，用户将无法在"网上邻居"等窗口中查看到该共享资源，只有输入正确的共享路径和共享名后才能访问。

1. 实验目的

通过本实验，进一步了解 Windows 操作系统中资源共享的设置方法，尤其熟悉 Windows 操作系统提供的隐藏共享资源的设置特点和方法，掌握 IPC$的工作特点以及 IPC$所带来的不安全因素，从而发现 Windows 操作系统存在的安全隐患，并找到相应的解决方法。

2. 实验原理

使用 IPC$时，远程主机必须打开 IPC$共享，否则是无法进行连接的。在进行 IPC$入侵时，入侵者甚至可以与目标主机建立一个空的连接而不需要用户名和密码。直接利用这个空的连接，连接者还可以得到远程主机上的用户列表。

IPC$入侵是基于 IPC$漏洞实现的。其实，IPC$并不是真正意义上的漏洞，它是为了方便系统管理员对主机的远程管理而开放的远程网络登录功能，而且还打开了默认共享，即所有的逻辑盘(C$，D$，E$，…)和系统目录 WINNT 或 WINDOWS(admin$)。单击"开始"菜单→"Windows 管理工具"→"计算机管理"，在左边栏中展开"系统工具"下的"共享文件夹"，就可以看到如图 9-1 所示的 IPC$。

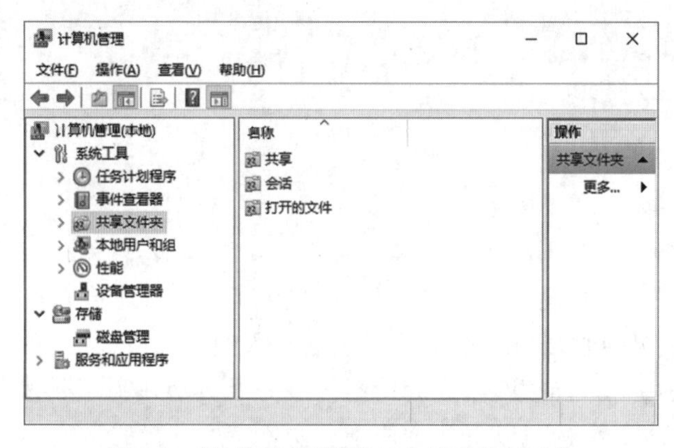

图 9-1 "计算机管理"窗口中显示的 IPC$

在"命令提示符"窗口中输入 net share 命令，也可以显示如图 9-2 所示的 IPC$。

```
管理员: C:\WINDOWS\system32\cmd.exe
Microsoft Windows [版本 10.0.18363.1082]
(c) 2019 Microsoft Corporation。保留所有权利。

C:\Users\Administrator>net share

共享名      资源                          注解

-------------------------------------------------------------
C$          C:\                           默认共享
D$          D:\                           默认共享
IPC$                                      远程 IPC
ADMIN$      C:\WINDOWS                    远程管理
命令成功完成。

C:\Users\Administrator>
```

图 9-2 使用 net share 命令显示的 IPC$

设置 IPC$的初衷是方便管理员的管理，但该功能却被大量地应用于网络入侵。入侵者可以访问主机的共享资源，可以导出用户列表，并可以使用一些工具进行密码破解。

需要说明的是，默认情况下，IPC 是已被共享的，除非手动删除了 IPC$。另外，IPC 连接是 Windows NT 及后续系统中特有的远程网络登录功能，相当于 UNIX 中的 TELNET。

3. 实验内容和要求

(1) 了解 Windows 操作系统的资源管理特点。

(2) 熟悉利用 IPC$ 进行远程入侵的条件和方法。
(3) 熟悉 IPC$ 入侵的过程。
(4) 掌握 IPC$ 入侵的安全管理措施。

9.1.2　实验规划

1. 实验设备

(1) VMware Workstation 软件虚拟平台。
(2) 虚拟服务器(1 台,安装 Windows Server 2016 操作系统)。
(3) 测试用 PC(1 台,安装 Windows 10 操作系统)。
(4) 实体计算机(1 台,安装 VMware Workstation 软件)。

2. 实验拓扑

在本实验中,假设通过本地主机 PC1 入侵远程主机 Server1。Server1 运行的操作系统为 Windows Server 2016,要保证远程主机和本地主机在同一 IP 地址范围内。不过,实现 IPC$ 入侵的前提是远程主机没有删除 IPC$,同时远程主机的防火墙没有打开(如果打开了防火墙,可以使用一些工具远程关闭,在本实验中不涉及此内容)。另外,要入侵的远程主机的 IP 地址为 192.168.1.10,系统管理员 Administrator 的密码为 jspi@202010。如果不知道远程主机的 IP 地址、管理员账号和密码,可以使用一些工具软件进行测试,如 X-Scan 等。这些内容在本实验中不再单独介绍。网络拓扑如图 9-3 所示。

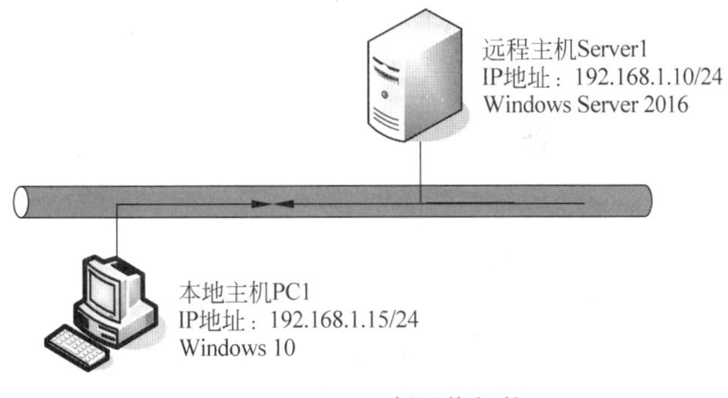

图 9-3　远程入侵网络拓扑

9.1.3　实验步骤

考虑网络入侵的完整性,在具体操作中首先介绍利用系统已提供的用户账号和密码进行入侵,然后介绍为后续入侵做好准备的具体方法。

1. 利用已知的系统账号和密码进行入侵

由于 IPC$ 在命令提示符下进行,所以在具体介绍 IPC$ 入侵之前,首先介绍一些有关 IPC$ 的操作命令。下面主要介绍 net 命令,另外还需要掌握 DOS 命令的基本操作,以及利用 at 命令创建计划任务和利用 netstat 命令查看网络连接状态信息的方法,这些命令的使用在随后的操作中进行介绍。net 命令用于查看、新建、删除用户账号或工作组,具体如下。

- net user:对当前系统中的用户账号进行操作。
- net localgroup:对当前系统中的工作组进行操作。
- net use:进行远程连接。
- net send:发送信息。
- net time:查看远程主机上的当前系统时间。

下面具体介绍 IPC$ 的入侵过程。

(1) 在本地计算机 PC1 上单击"开始"→"运行",在弹出的对话框中输入 cmd 命令,进入"命令提示符"窗口(注意,如果使用的不是管理员账户,需要使用非管理员的命令提示符,否则可能共享成功,但后续在"此电脑"中看不到共享的资源)。

(2) 建立与远程主机 Server1(IP 地址为 192.168.1.10)的 IPC$ 连接。命令格式为

```
net use\\192.168.1.10\ipc$ "jspi@202010" /user:"administrator"
```

连接成功后,将显示"命令成功完成"的提示信息,如图 9-4 所示。

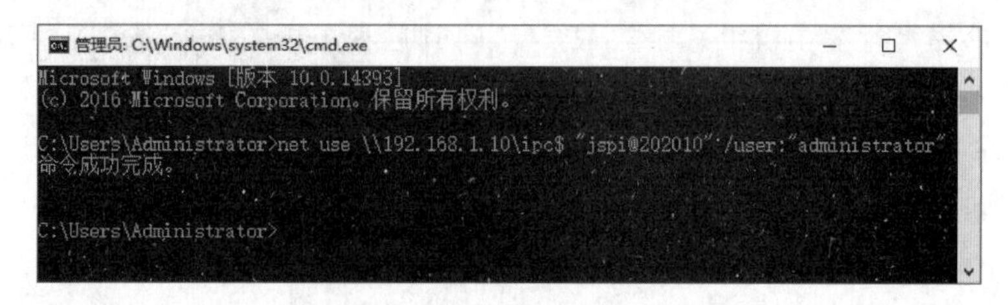

图 9-4 IPC$ 远程连接成功

(3) 进行网络驱动器映射。在成功建立了与远程主机的 IPC$ 连接后,可以使用 net use 命令进行网络驱动器的映射操作。下面将远程主机上的 c$(隐藏的 C 盘)映射为本地 Z 盘,命令为

```
net use Z: \\192.168.1.10\c$
```

连接成功后,将显示"命令成功完成"的提示信息,如图 9-5 所示。

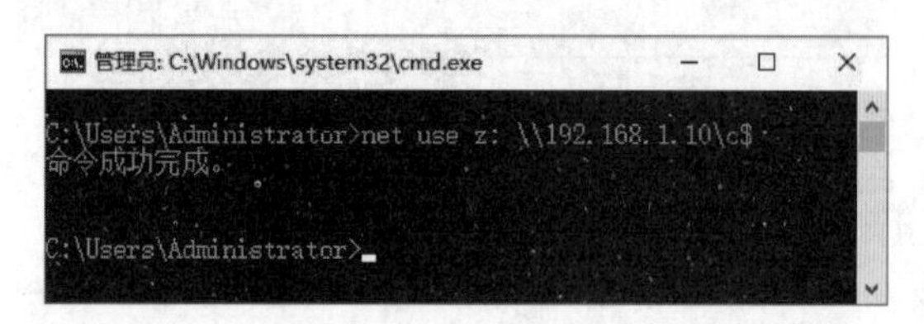

图 9-5 将远程主机的 c$ 映射为本地 Z 盘

这时,在本地计算机上双击"此电脑"图标,在"网络位置"下就会发现多了一个 Z 盘,如图 9-6 所示。其中,192.168.1.10 上的 c$(Z)表示该 Z 盘就是对远程主机(IP 地址为 192.168.1.10)上 c$ 驱动器的映射。双击该盘符,就可以显示远程主机上 C 盘中的所有文件和文件夹,如图 9-7 所示。这时,用户就可以对该驱动器进行各类操作,包括创建文件夹、复制文件、删除文件、修改文件的属性等,与对本地真实磁盘的操作没有什么区别。

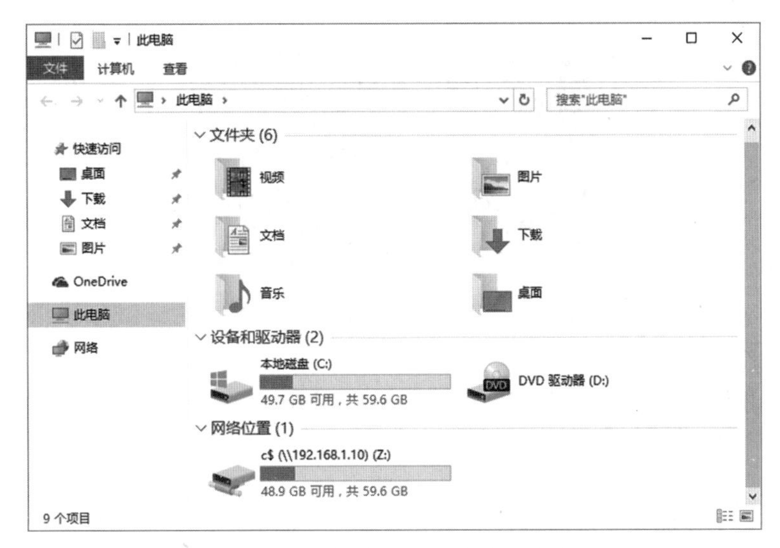

图 9-6　已创建的本地映射驱动器

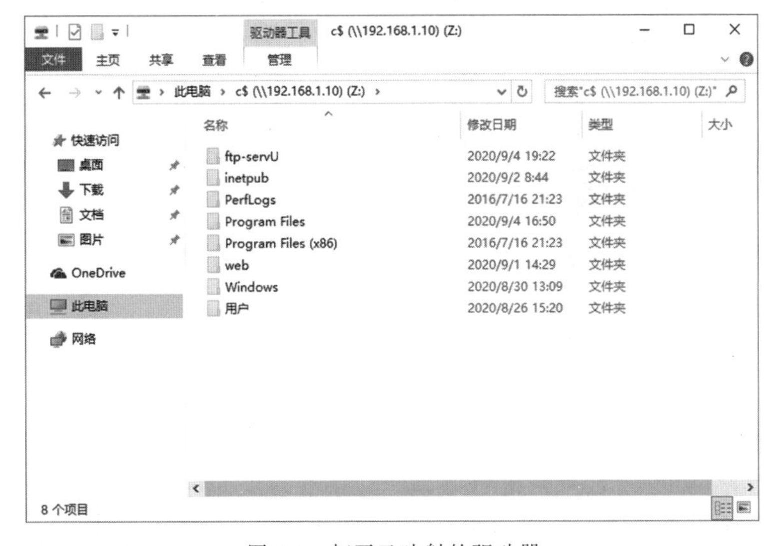

图 9-7　打开已映射的驱动器

(4) 删除网络连接。当完成入侵后，出于安全考虑，一定要删除已创建的 IPC $ 连接。具体命令为

```
net use * /del
```

该命令在删除当前的 IPC $ 连接时，如果有用户正在进行网络操作，系统会提示是否继续当前的操作。整个过程如图 9-8 所示。

之后，“此电脑”中的 Z 盘就会消失。

2. 为继续入侵作准备

当完成对一台远程主机的 IPC $ 入侵后，如果该远程主机对入侵者还有用，则可以在结

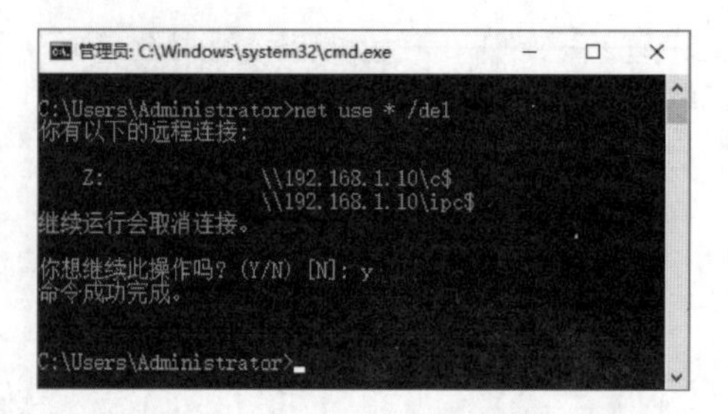

图 9-8 利用 net use * /del 命令删除 IPC$ 连接

束入侵时留下后门。

该操作的具体思路：在远程主机上创建一个后门账号以备将来登录时使用，然后编写一个可在远程主机上自动运行的文件，并将该文件复制到远程主机的某个文件夹中，再通过修改注册表项或利用 Windows 的计划任务功能实现远程入侵。下面主要介绍以 Windows 的计划任务功能实现远程入侵的过程。具体实现步骤如下。

(1) 在本地计算机上创建批处理文件。在这里我们创建一个批处理文件，主要用于创建后门账号，并将其添加到具有系统管理员功能的用户组中。在这里，我们假设要创建的后门账号名称为 sysdoor，密码为 jspi@123456，注意密码的长度和组成要符合系统要求。具体的命令格式为

```
net user sysdoor jspi@123456 /add
net localgroup administrators sysdoor /add
```

其中，前一条命令是创建一个名为 sysdoor 的用户账号，该用户账号的密码为 jspi@123456；后一条命令是将 sysdoor 用户账号添加到系统管理组中。在“记事本”等文本编辑器中输入以上两条命令，然后将其保存为. bat 文件(如 sysdoor. bat)。

(2) 建立本地计算机与远程主机的 IPC$ 连接。命令格式为

```
net use \\192.168.1.10\ipc$ "jspi@202010" /user:"administrator"
```

(3) 将已创建的批处理文件(sysdoor. bat，如在 C 盘下)复制到远程主机的某个目录下。该操作即可以通过映射驱动器的方法实现(见图 9-6 和图 9-7)，也可以使用以下命令完成。

```
copy C:\\sysdoor.bat \\192.168.1.10\c$
```

即将批处理文件 sysdoor. bat 复制到远程主机的 C 盘下，具体过程如图 9-9 所示。

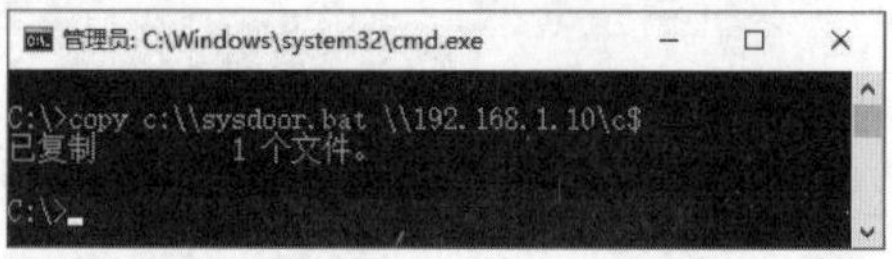

图 9-9 将本地计算机上的 sysdoor. bat 文件复制到远程主机的 C 盘下

(4) 通过 Windows 的计划任务功能使远程主机定期执行批处理文件。在介绍该功能的实现之前，我们首先介绍一些有关 Windows 计划任务的相关知识。计划任务是

Windows 操作系统自带的一个管理功能，它可对 Windows 操作系统中要执行的任务进行定制。例如，我们经常会设置在凌晨 1:00 开始进行系统的自动更新，这一设置就是通过 Windows 的计划任务功能完成的。具体过程如下。

首先输入 net time \\192.168.1.10 命令，用来显示远程主机上当前的系统时间，如图 9-10 所示。

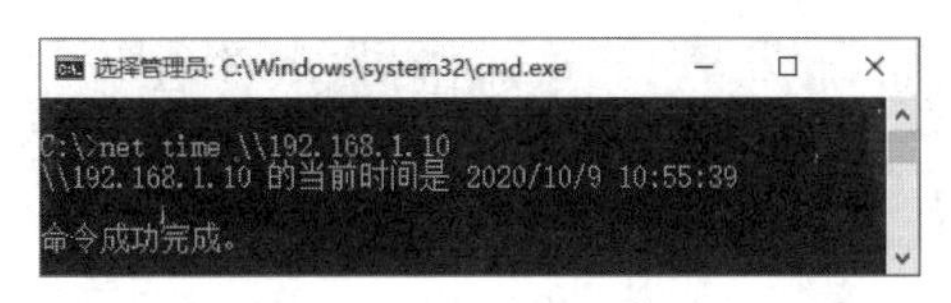

图 9-10　使用 net time \\192.168.1.10 命令显示远程主机上的系统时间

下面，输入 schtasks /create /tn "MyBat" /tr C:\sysdoor.bat /sc once /st 15:15 /s 192.168.1.10 /u administrator /p "jspi@202010"命令，让系统在 15:15 开始运行已复制到 C 盘下的批处理文件 sysdoor.bat，如图 9-11 所示。

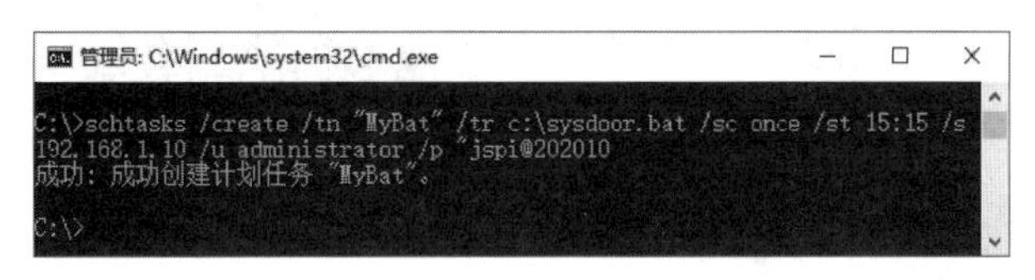

图 9-11　执行 schtasks 命令在远程主机上建立计划任务

(5) 通过以上操作，可以使用 net use * /del 命令断开与远程主机之间的 IPC$ 连接。在 15:15 以后，我们可以尝试使用 sysdoor 后门账号进行 IPC$ 连接，如果连接成功(见图 9-12)，说明后门账号的创建是正确的。

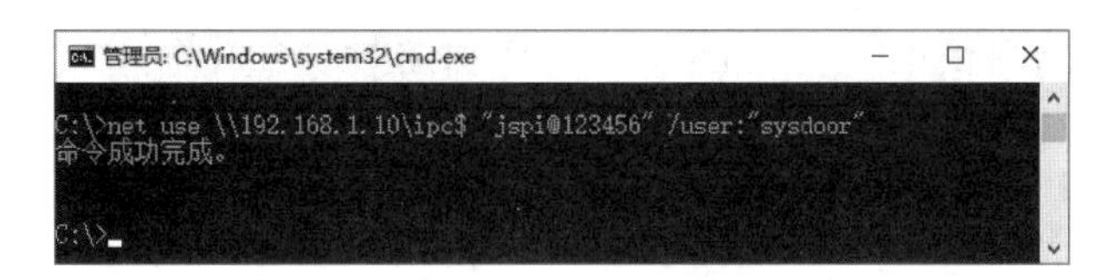

图 9-12　利用后门账号进行 IPC$ 连接

之后，入侵者就可以使用后门账号 sysdoor 进行远程登录，而不再使用系统管理员的账号，以免被发现。

3. IPC$ 空连接

在前面介绍的 IPC$ 入侵过程中，必须要知道远程主机的管理员账号和密码，否则无法进行 IPC$ 连接。其实，IPC$ 也允许客户端使用空用户名和空密码与远程主机进行连接，只是此类连接所能够探测到的远程主机的信息量很少。

不需要用户名和密码的 IPC$ 连接称为 IPC$ 空连接。可能有读者会问：既然可以进行 IPC$ 空连接，那为什么还要进行弱口令或暴力破解来获得远程主机的管理员账号和密码呢？原因是当用户以空连接方式登录时，不会拥有任何权限，无法执行相关的管理操作，如映射网络驱动器、复制文件、执行脚本等。使用空连接只能探测到远程主机的一些系统信息。

可以直接输入以下命令对远程主机(IP 地址为 192.168.1.10)进行 IPC$空连接,成功连接后显示如图 9-13 所示的信息。

```
net use \\192.168.1.10\ipc$ ""/user:""
```

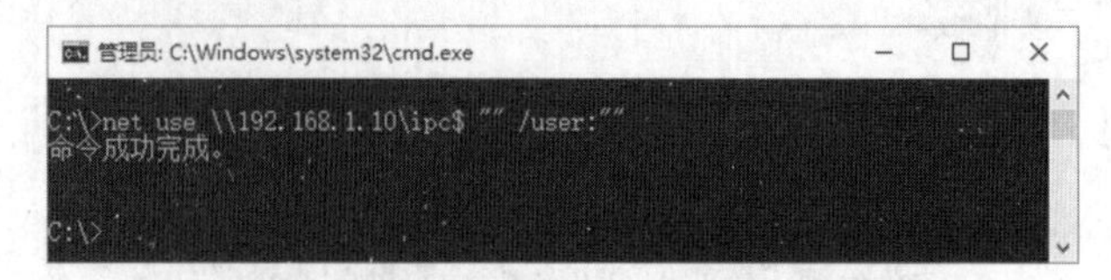

图 9-13 进行 IPC$空连接

4. IPC$入侵的故障处理

当使用 IPC$连接时,如果连接失败,首先建议考虑以下几点。

(1) 远程主机可能删除了 IPC$默认共享。

(2) 远程主机未开启 139 或 445 端口(或被防火墙屏蔽)。

(3) 命令输入有误,可输入 net use/? 命令查看帮助。

(4) 用户名或密码错误。

另外,入侵者也可以根据返回的错误号来分析原因,主要如下。

(1) 错误号 5,拒绝访问,很可能是用户使用的账号没有管理员权限。

(2) 错误号 51,Windows 无法找到网络路径,网络连接有故障。

(3) 错误号 53,找不到网络路径。输入的远程主机的 IP 地址错误,远程主机可能未开机,或远程主机的网络服务未启动,也可能是目标网络有防火墙,端口被过滤掉。

(4) 错误号 67,找不到网络名。远程主机删除了 IPC$。

(5) 错误号 1219,提供的凭据与已存在的凭据集冲突。已经和远程主机建立了一个 IPC$连接,请删除已有的连接后再创建。

(6) 错误号 1326,未知的用户名或错误密码。输入的用户名和密码有误。

(7) 错误号 1792,试图登录,但是网络登录服务没有启动。远程主机 Netlogon 服务未启动,如图 9-14 所示。单击"开始"菜单→"Windows 管理工具"→"服务",可启动服务管理程序。

(8) 错误号 2242,此用户的密码已经过期。在远程主机上已经设置了账号管理策略,强制定期要求更改密码。

另外,关于 IPC$无法连接的问题比较复杂,除了以上的原因外,还可能存在其他一些不确定因素,可根据网络连接的实际情况进行分析。

9.1.4 结果验证

为了便于对操作步骤进行说明,每个设置的结果验证已在前面的操作中进行了介绍,下面主要介绍对 IPC$入侵的安全防御方法。IPC$在方便了管理员的同时也为网络的安全带来了隐患,目前大量的网络入侵借助 IPC$完成。因此,对 IPC$的安全防范将显得非常重要。下面介绍几种常用的安全管理和防御方法。

图 9-14　Netlogon 被禁用

1. 禁止在连接中进行枚举攻击

在使用“net use \\远程主机 IP 地址\IPC $ ”命令进行 IPC $ 连接时，入侵者可以进行不断的连接尝试。另外，现在大量的入侵工具也可以使用枚举法进行账号和密码的探测，所以从原理上讲，在进行 IPC $ 连接时，由于系统没有对连接失败的次数进行限制，所以任何 Windows 主机的账号和密码都是可以被破解的，只是时间长短的问题。为防止利用枚举法进行攻击，可以使用以下方法。

运行注册表编辑命令 regedit，打开 Windows 注册表编辑器。找到[HKEY_LOCAL_MACHINE\SYSTEM\CurrentControlSet\Control\Lsa]组件，把 RestrictAnonymous = DWORD 的键值改为 00000001，如图 9-15 所示。

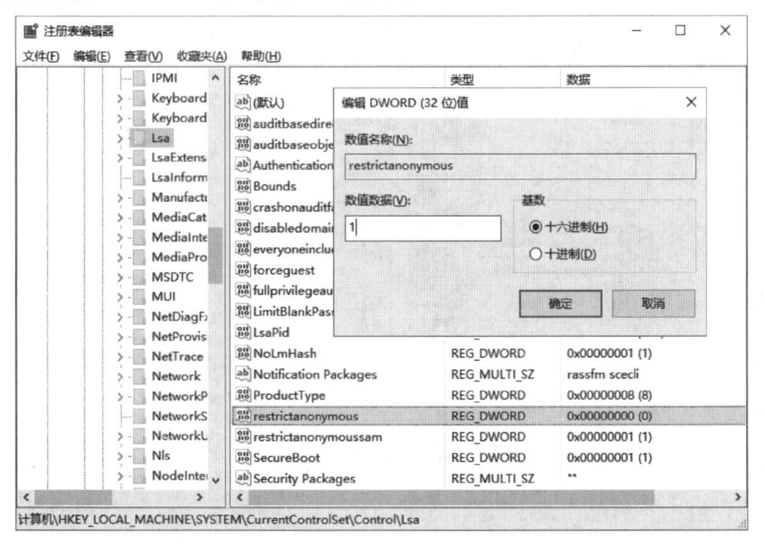

图 9-15　把 RestrictAnonymous = DWORD 的键值改为 00000001

当然,也可以设置为 00000002,不过如果设置为 00000002,有一些 Windows 的服务将无法正常工作。

2. 禁止默认共享

首先输入 net share 命令查看本机的共享资源,如图 9-16 所示。

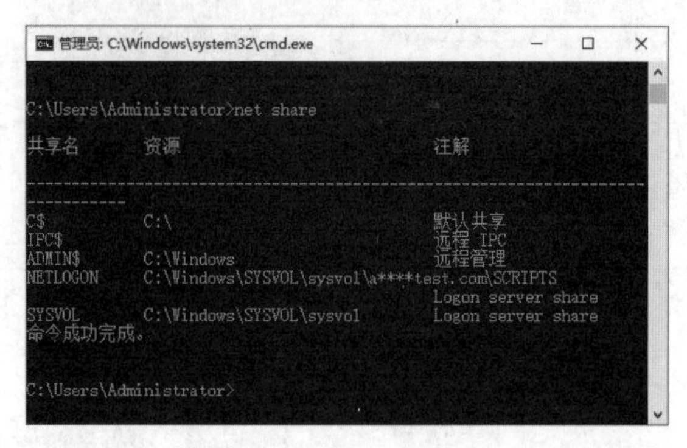

图 9-16 利用 net share 命令查看本机的共享资源

可以通过以下命令删除相关的共享。

- net share ipc$ /del:删除 IPC$ 共享。
- net share admin$ /del:删除对系统文件夹 WINDOWS(或 WINNT)的共享设置。
- net share d$ /del:删除对隐藏目录 d$ 的共享设置(使用相同的方法,删除其他盘符的隐藏共享设置)。

3. 禁用 Server 服务

Server 服务是 Windows 操作系统中提供 IPC$ 和默认共享的基本服务,所以停止 IPC$ 连接的最有效方法是在 Windows 操作系统的"服务"列表中禁用 Server 服务,如图 9-17 所示。也可以在"命令提示符"窗口中输入 net stop server /y 命令完成,但该命令只能生效一次,在计算机重新启动后 Server 服务将会自动开启。

图 9-17 禁用 Server 服务

不过,在禁用了Server服务后,服务器的许多服务功能也随即丧失。因此,不建议在服务器上执行此操作。

另外,对于单位用户,可以通过防火墙过滤IPC$入侵的端口139和445等。同时,建议为系统管理员设置复杂的密码,防止通过穷举法或暴力破解的方法取得系统管理员的账号和密码。

9.2　实验2　企业CA的部署

视频讲解

凡是使用过网上银行业务的读者都接触过数字证书。作为一种已经成熟的安全技术(也可称为安全产品),数字证书(Digital Certificate)或数据标识(Digital ID)无论从实现技术还是应用范围上都发展到了一个较高的技术水平,它将对现在和将来的网络应用,尤其是对网络安全产生深远的影响。数字证书由一个权威的证书认证机构(Certificate Authority,CA)发行,在网络中可以通过从CA中获得的数字证书识别对方的身份。本实验将介绍企业CA的部署方法。

9.2.1　实验概述

数字证书可以通过证书认证机构(CA)获得。有些证书认证机构是面向所有网络用户的,如网证通NETCA电子认证。对于单位用户,可以部署自己的CA。Windows Server 2016提供了功能完善的CA和数字证书管理功能。

1. 实验目的

本实验将介绍数字证书在网络安全中的功能和应用特点,以及数字证书与CA之间的关系,掌握通过CA管理数字证书的方法和特点。然后,以Windows Server 2016操作系统为平台,介绍CA的分类和应用,并掌握企业CA的安装和配置方法。

2. 实验原理

CA涉及数字加密技术和公钥基础设施等多方面的知识,为了让读者对数字证书、CA、公钥基础设施等知识有一个较为完善的认识,下面对相关内容分别进行介绍。

1) 公钥基础设施

公钥基础设施(Public Key Infrastructure,PKI)为网上信息的传输提供了加密(Encryption)和验证(Authentication)功能,在信息发送前对其进行加密处理,当对方接收到信息后,能够验证该信息是否确实是由发送方发送的,同时还可以确定信息的完整性(Integrity),即信息在发送过程中未被他人非法篡改。数字证书是PKI中最基本的元素,所有安全操作都主要通过证书来实现。PKI的组成除数字证书之外,还包括签署这些证书的认证、数字证书库、密钥备份及恢复系统、证书作废系统、应用程序接口(Application Programming Interface,API)等基本构成部分。

PKI根据公开密钥密码学(Public Key Cryptography)提供前面介绍的加密和验证功能,在此过程中需要公开密钥和私有密钥支持。

(1) 公开密钥(Public Key):用户的公开密钥在系统中是公开的,每个用户的公开密钥是唯一的。

(2) 私有密钥(Private Key):用户本人拥有的密钥,是私有的,它存在于用户自己的计算机中,也只有该用户自己才能访问和使用。

在信息的安全传输中,发送前可以使用接收方的公开密钥对信息进行加密,接收方在接收到信息后再利用自己的私有密钥进行解密。

2) 公开密钥加密法

未经过加密处理的信息称为明文,信息在经过加密处理后称为密文。解密是加密的逆过程,信息在经过加密后必须通过解密才能够还原为明文。PKI 使用公开密钥加密法将信息加密、解密。

公开密钥加密法是使用公开密钥和私有密钥一组密钥进行加密和解密处理,其中公开密钥用来加密,而私有密钥用来解密,这种加密和解密的处理方式也称为非对称(Asymmetric)加密法。另外,还有一种秘密密钥加密法(Secret Key Encryption),该算法也称为对称(Symmetric)加密法,这种方法在进行加密和解密的过程中都使用同一个密钥。

如图 9-18 所示,张三在发送信息前,先利用李四的公开密钥对其进行加密处理,形成密文。密文通过网络进行传输,当李四接收到密文后再利用自己的私有密钥进行解密,得到发送前的原文(明文)。在此过程中,由于张三是利用了李四的公开密钥进行加密,但李四是通过存放在自己计算机上的私有密钥进行解密的,这样,当其他人在网络中截取到该信息时,由于无法得到李四的私有密钥,所以其内容是无法看到的。

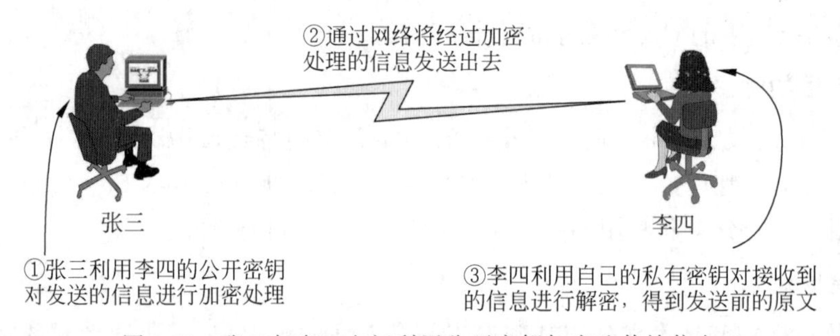

图 9-18 张三与李四之间利用公开密钥加密法传输信息

3) 公开密钥验证法

在数字签名技术出现之前,曾经出现过一种数字化签名技术,简单地说,就是在手写板上签名,然后将图像传输到电子文档中,这种数字化签名可以被剪切,然后粘贴到任意文档中,这样非法复制变得非常容易,所以这种签名的方式是不安全的。数字签名(Digital Signature)技术与数字化签名技术是两种截然不同的安全技术,数字签名与用户的姓名和手写签名形式毫无关系,它实际使用了信息发送者的私有密钥加密所需传输的信息。对于不同的文档信息,发送者的数字签名并不相同。没有私有密钥,任何人都无法完成非法复制。从这个意义上来说,数字签名是通过一个单向函数对要传送的报文进行处理得到的,用以认证信息来源并核实信息是否发生变化的一个字母数字串。

用户可以利用公开密钥验证法对要发送的信息进行数字签名,而对方在收到该信息后,能够通过此数字签名验证信息是否确实是由发送方发送来的,同时还可以确认信息在发送过程中是否被篡改。从实现原理来看,数字签名其实就是对加密、解密的应用。签名的过程为加密过程,查看签名的过程为解密过程。

在利用公开密钥验证法实现数字签名时,发送端利用自己的私有密钥进行签名(加密),而接收方利用发送方的公开密钥来验证此信息(解密)。如图 9-19 所示,张三在发送信息前首先利用自己的私有密钥进行签名,经签名后的信息(密文)通过网络进行传输,当李四接收到该信息后,再利用张三的公开密钥验证此信息。

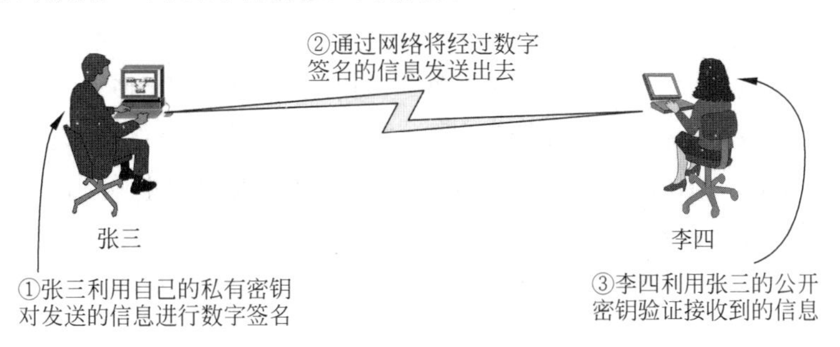
②通过网络将经过数字
签名的信息发送出去
张三
李四
①张三利用自己的私有密钥
对发送的信息进行数字签名
③李四利用张三的公开
密钥验证接收到的信息

图 9-19　数字签名的实现过程

可以看出,李四要看到张三经签名后的信息,就必须得到张三的公开密钥,才可以利用此密钥验证信息是否是由张三发送过来的,并确认信息在发送过程中是否被篡改过。同时,由于只有张三自己才拥有他的私有密钥,所以只有张三才能够对信息进行数字签名。有关数字签名的详细过程,由于要涉及大量的数学和密码学的知识,在此不再介绍,读者可查阅相关的资料。

4) 证书认证机构(CA)

在整个加密和解密过程中,仅拥有密钥(公开密钥和私有密钥)是不够的,还必须申请相应的数字证书或数据标识,这样才可能利用密钥执行信息加密和身份验证操作。在这里,密钥相当于“汽车”,数字证书相当于“驾驶证”,只有汽车而没有驾驶证是无法开车上路的。同样,只有驾驶证而没有汽车也无法使驾驶证发挥作用。所以,密钥和数字证书应该是构成该系统的必备条件。为了便于数字证书的管理,出现了一些专门的数字证书管理机构,负责发放和管理数字证书,将这一机构称为证书认证机构或认证中心。

当用户在申请证书时,必须输入申请者的详细资料,如姓名、地址、电子邮箱等,这些信息将被发送到一个称为加密服务提供者(Cryptographic Service Provider,CSP)的程序,由 CSP 负责创建密钥、吊销密钥,以及使用密钥执行各种加/解密操作。CSP 会自动建立一对密钥:一个公开密钥和一个私有密钥。CSP 会将私有密钥存储到用户(申请者)计算机的注册表中,然后将证书申请信息和公开密钥一并发送到 CA 进行管理。在进行加密、解密时,当用户需要某个用户的公开密钥时,就会向 CA 进行查询,并将得到的数字证书保存在自己的计算机中。

数字证书中包含了拥有证书者的姓名、地址、电子邮箱、公开密钥、证书有效期限、发放数字证书的 CA、CA 的数字签名等信息。

在这里,CA 的数字签名就像交通部门对驾驶证的年检,因为数字证书在申请后是有使用年限的,当现有数字证书的使用年限快到期时就需要继续申请(相当于年检),否则该数字证书就会被吊销。

5) CA 的种类

Windows Server 2016 通过其活动目录(Active Directory)证书服务(AD CS)功能提供CA 服务,该 CA 可以是以下 4 种角色之一。

(1) 企业根 CA(Enterprise Root CA)。企业 CA 需要活动目录(Active Directory)的支持,所以企业 CA 必须建立在 Windows Server 2016 的域系统中,用户可以将企业 CA 安装在 Windows Server 2016 的域控制器或成员服务器上,而不能安装在独立服务器(没有域或域信任关系)上。企业根 CA 发放证书的对象是域内的所有用户和计算机,非本域内的用户或计算机是无法向该企业根 CA 申请证书的。当域内的用户向企业根 CA 申请证书时,企业根 CA 将通过 Active Directory 进行身份验证(验证用户是否为本域中的用户或计算机),并根据验证结果决定是否发放证书。

(2) 企业从属 CA(Enterprise Subordinate CA)。其中,在大多数情况下,企业根 CA 主要用来为企业从属 CA 发放证书。而企业从属 CA 必须先向企业根 CA 取得证书,然后才可以向其域内的用户或计算机以及其下属的企业从属 CA 发放证书。企业从属 CA 主要用来发放保护电子邮件安全的证书、提供网站 SSL 安全传输的证书等。

(3) 独立根 CA(Standalone Root CA)。独立 CA 不需要 Active Directory 域,扮演独立 CA 的计算机既可以是运行 Windows Server 2016 的独立服务器,也可以是成员服务器或域控制器。无论用户和计算机是否是 Active Directory 域内的用户,都可以向独立 CA 申请证书。由于用户在向独立 CA 申请证书时,不像企业 CA 首先通过 Active Directory 验证其身份,所以用户需要自行输入申请者的详细信息和所要申请的证书类型。

(4) 独立从属 CA(Standalone Subordinate CA)两种类型。其中,在多数情况下,独立根 CA 主要用来发放证书给从属 CA。而独立从属 CA 必须先向其父 CA(既可以是独立根 CA,也可以是上层的独立从属 CA)取得证书,然后才可以发放证书。独立从属 CA 主要用来发放保护电子邮件安全的证书、提供网站 SSL 安全传输的证书。

3. 实验内容和要求

(1) 掌握 CA、PKI、数据加密、数字证书的概念及其之间的关系。

(2) 熟悉根 CA 和从属 CA 的应用特点。

(3) 熟悉企业 CA 和独立 CA 的应用特点。

(4) 掌握 Windows Server 2016 中证书服务的特点。

(5) 掌握 Windows Server 2016 中企业 CA 的安装和配置方法。

9.2.2 实验规划

1. 实验设备

(1) VMware Workstation 软件虚拟平台。

(2) 虚拟服务器(1 台,安装 Windows Server 2016 操作系统)。

(3) 虚拟主机(至少 1 台,安装 Windows 10 操作系统)。

(4) 实体计算机(1 台,安装 VMware Workstation 软件)。

2. 实验拓扑

本实验将利用 Windows Server 2016 提供的证书服务功能部署一台企业 CA 服务器,该服务器的 IP 地址为 192.168.1.10。由于企业 CA 需要 Windows Server 2016 活动目录(Active Directory)的支持,所以在安装证书服务之前,首先需要在该服务器上安装活动目录,具体方法已在本书第 5 章的实验 1 中进行了介绍(注意:在本实验中可不安装 DNS),请读者根据相关内容完成活动目录的安装。在此基础上,再进行本实验的相关操作。本实验的网络拓扑如图 9-20 所示。

图 9-20　企业 CA 的网络拓扑

9.2.3　实验步骤

由于企业 CA 是一个网络安全应用平台,所以在部署企业 CA 之前需要综合考虑网络的应用环境,如是否需要 DNS 解析。如果需要,还要在 DNS 服务器上为企业 CA 服务器添加主机记录,具体方法见本书第 5 章的实验 5,否则只能利用 IP 地址访问企业 CA 服务器。

1. 安装活动目录证书服务 AD CS

如果要让用户通过 Web 浏览器向 CA 申请证书,就需要在证书服务器上运行 Web 服务程序。对于 Windows Server 2016,需要安装 AD CS,同时将自动安装 Internet 信息服务(IIS)组件。具体方法如下。

(1) 首先,一定要使用本地 Administrators 组成员的身份登录服务器。

(2) 进入服务器管理器,单击"仪表板"→"添加角色和功能",在弹出的"添加角色和功能向导"对话框中一直单击"下一步"按钮,直到"选择服务器角色"向导步骤,勾选"Active Directory 证书服务",单击"添加功能"按钮,如图 9-21 所示。

(3) 继续单击"下一步"按钮,直到"选择角色服务"步骤,在其中勾选"证书颁发机构"和"证书颁发机构 Web 注册",特别是勾选"证书颁发机构 Web 注册"后,会弹出"添加角色和功能向导"对话框,注意其中要求安装 Web 服务器(IIS),这说明安装 AD CS 后,会自动安装 IIS,这一功能就保证了用户可以利用浏览器来申请证书,如图 9-22 所示。

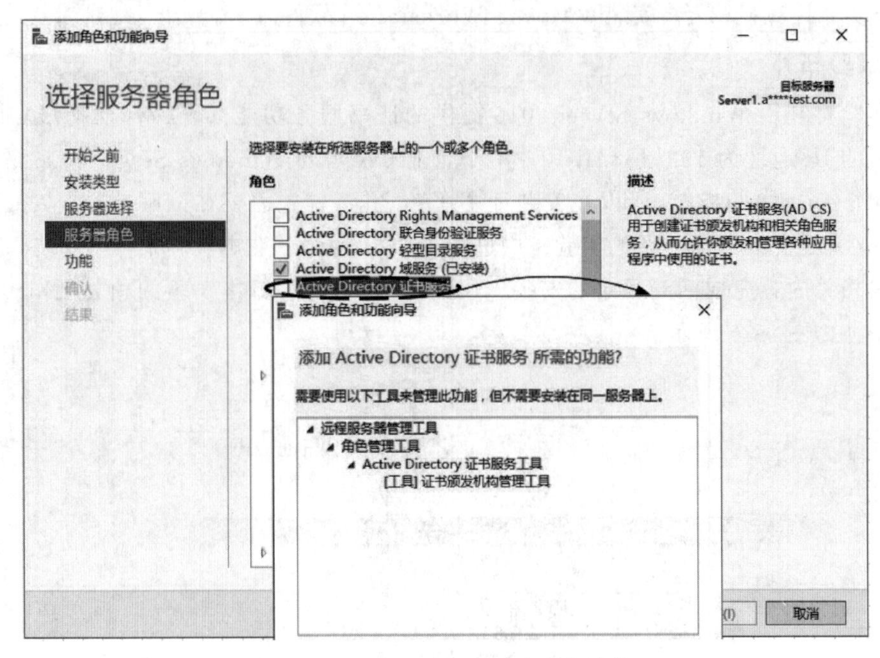

图 9-21　添加活动目录证书服务功能

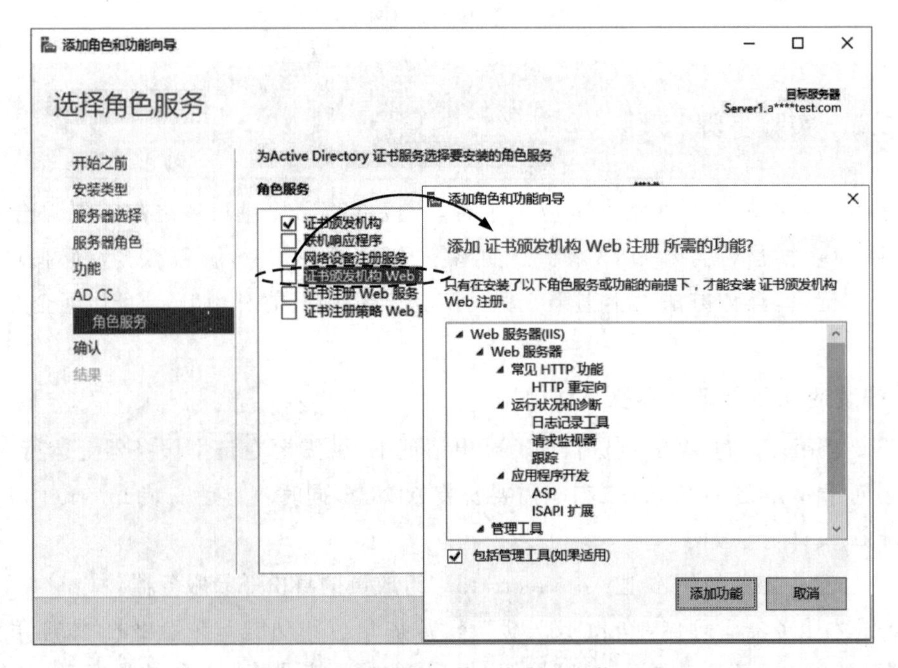

图 9-22　安装 AD CS 后会自动安装 IIS

(4) 在单击“添加功能”按钮后，继续单击“下一步”按钮，在“确认安装所选内容”向导页面中确认要安装的内容后，单击“安装”按钮，启动 AD CS 的安装，如图 9-23 所示。

(5) 安装结束时，在最后的“安装进度”向导页面中单击“配置目标服务器上的 Active Directory 证书服务”链接，指定凭据以配置角色服务，如图 9-24 所示。

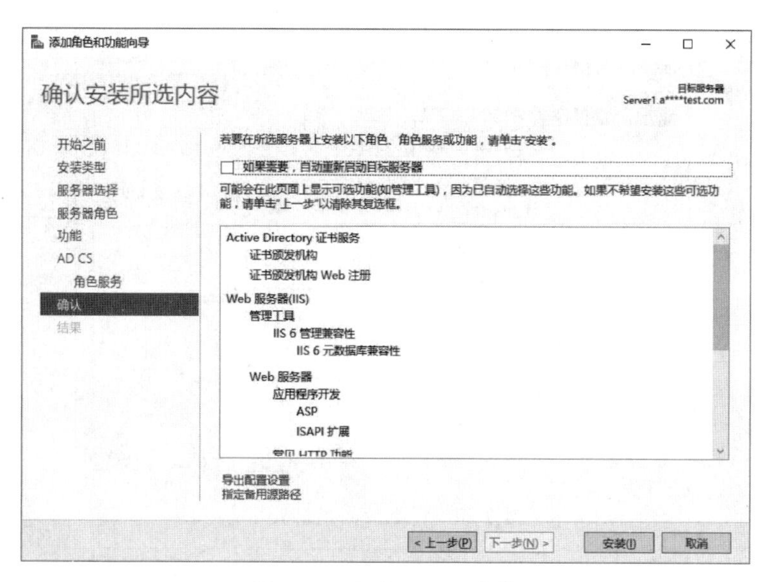

图 9-23　启动 AD CS 安装

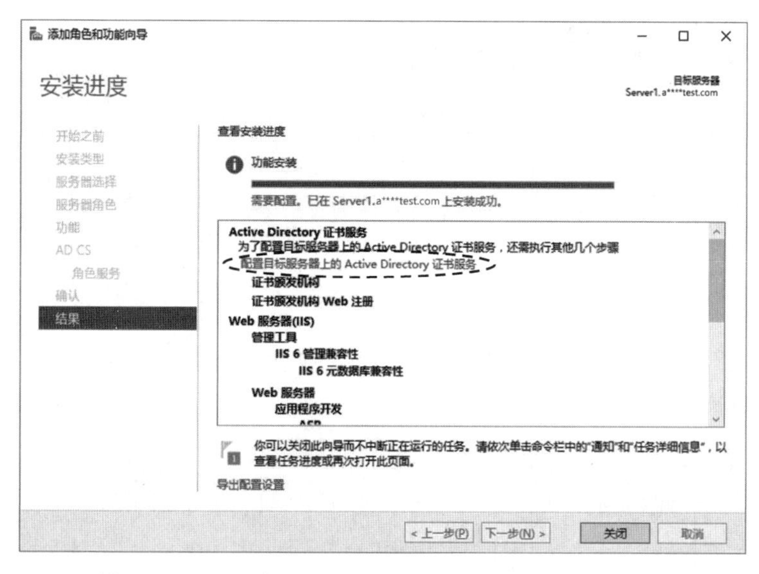

图 9-24　配置目标服务器上的 Active Directory 证书服务

2. 配置 CA 的 AD CS 服务

(1) 在指定凭据时，注意凭据要满足界面中要求的 Administrators 组或 Enterprise Admins 组，如图 9-25 所示，然后单击"下一步"按钮。

(2) 勾选"角色服务"界面中的"证书颁发机构""证书颁发机构 Web 注册"，如图 9-26 所示，然后单击"下一步"按钮。

(3) 由于是使用独立 CA，这里选择"独立 CA"，如图 9-27 所示。

(4) 由于这是第 1 台 CA 服务器，下面就选择"根 CA"，之后新加入的可选择"从属 CA"，如图 9-28 所示。

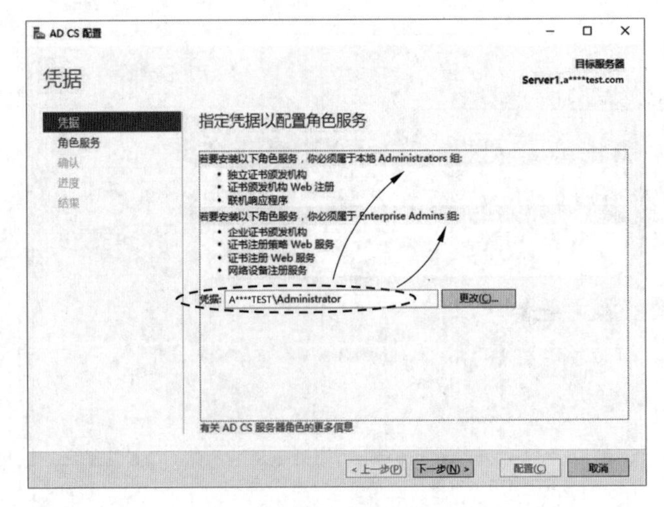

图 9-25 凭据要满足的要求

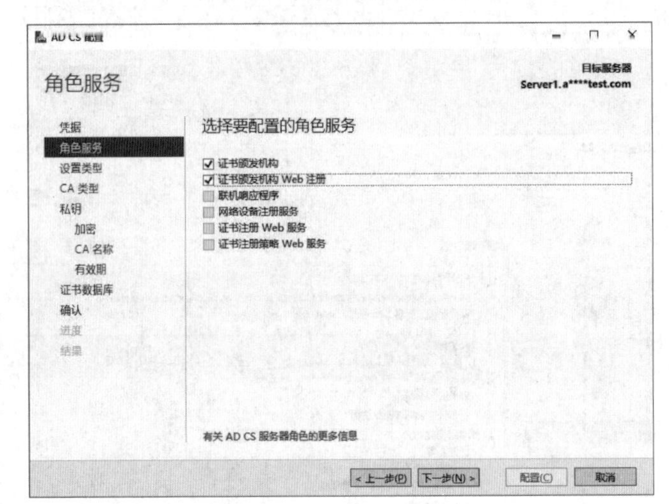

图 9-26 配置角色服务

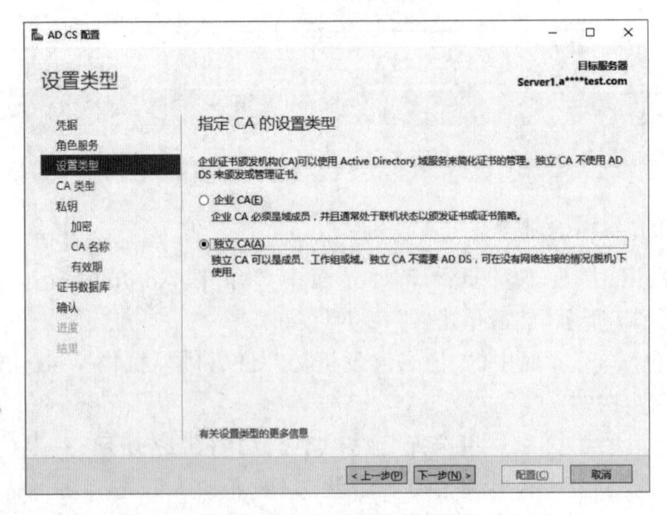

图 9-27 指定 CA 的设置类型为“独立 CA”

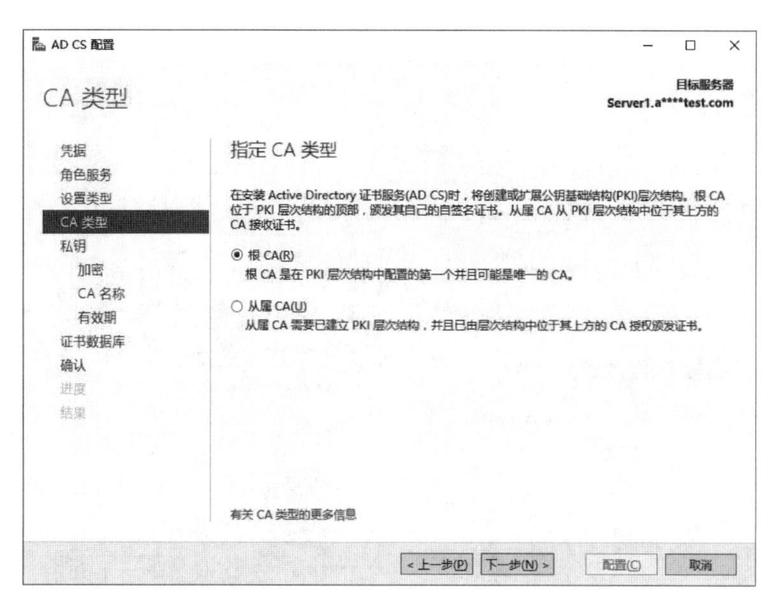

图 9-28 指定 CA 类型为“根 CA”

(5) 在“指定私钥类型”界面中选择“创建新的私钥”，CA 凭借此处创建的私钥为客户端发放证书，如图 9-29 所示。

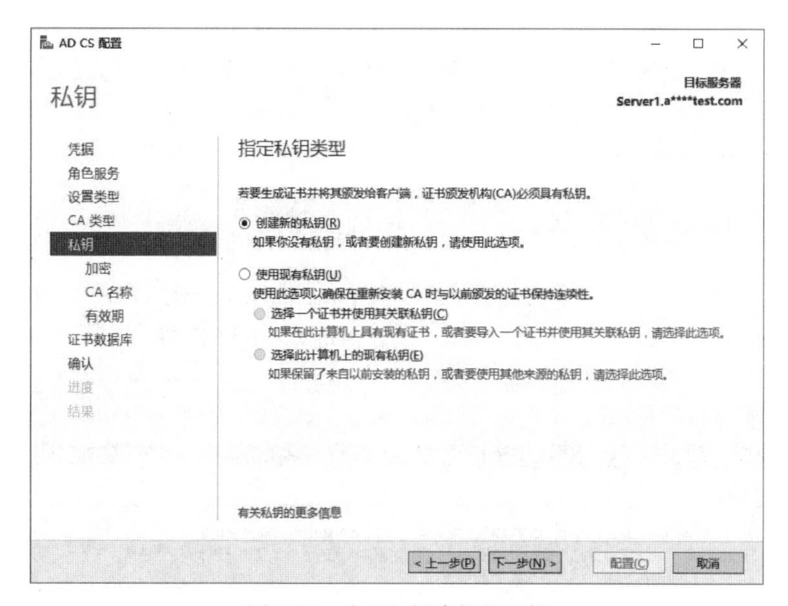

图 9-29 为 CA 创建新的私钥

(6) 然后，在“指定加密选项”“指定 CA 名称”“指定有效期”“指定证书数据库”等界面中，均采用默认的选项，最后的“确认”界面中会显示相关配置，单击“配置”按钮，等待完成，如图 9-30 所示。

安装完成后，可依次单击“开始”菜单→“Windows 管理工具”→“证书颁发机构”管理 CA。

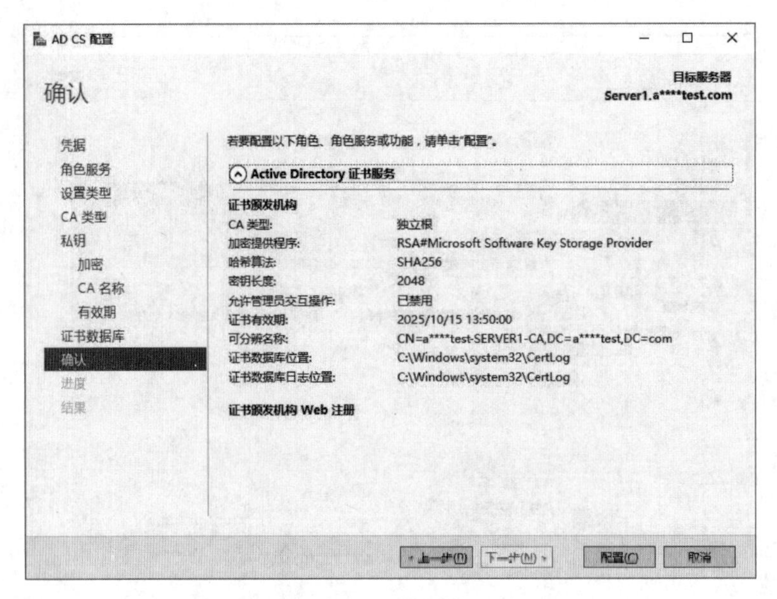

图 9-30 确认配置

9.2.4 结果验证

由于前面的实验过程是建立了一个独立的 CA，所以在别的计算机上需要通过手动的方式才能信任独立 CA。下面就是通过信任独立 CA 验证 CA 部署成功。

(1) 在测试 PC 上打开浏览器，在地址栏中输入以下格式的内容。

```
http://CA 的计算机名称或 IP 地址/certsrv/
```

本实验中所使用的 CA 计算机的 IP 地址为 192.168.1.10，显示证书申请“欢迎使用”窗口，如图 9-31 所示。然后单击“下载 CA 证书、证书链或 CRL”链接。

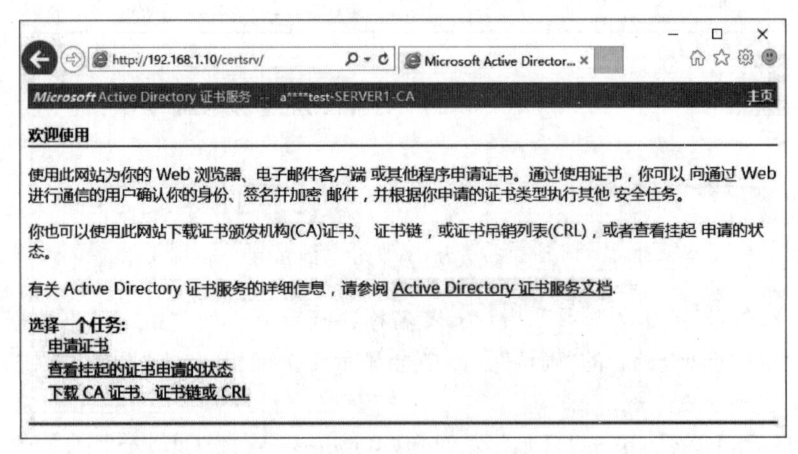

图 9-31 证书申请“欢迎使用”窗口

（2）在新的页面中，单击“下载 CA 证书”链接，并单击“保存”按钮，以保存证书，如图 9-32 所示。

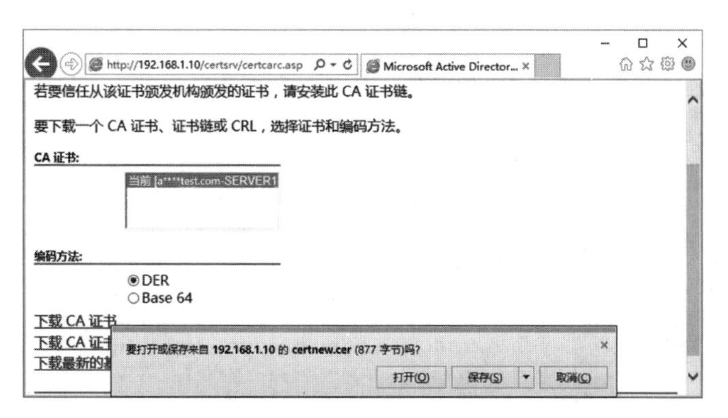

图 9-32　证书申请操作窗口

（3）打开“运行”窗口后，在其中输入 mmc 启动控制台，然后在“文件”菜单中选择“添加/删除管理单元”，并在弹出的对话框中选择“证书”并添加，然后在“证书管理单元”对话框中选择“计算机账户”，依次单击“下一步”“完成”按钮，如图 9-33 所示。

图 9-33　添加证书管理单元

（4）如图 9-34 所示，在控制台中，右击“受信任的根证书颁发机构”下的“证书”，选择“所有任务”→“导入”，弹出“证书导入向导”对话框。

（5）选择前述下载的 CA 证书链文件，单击“下一步”按钮，如图 9-35 所示。

图 9-34　导入证书

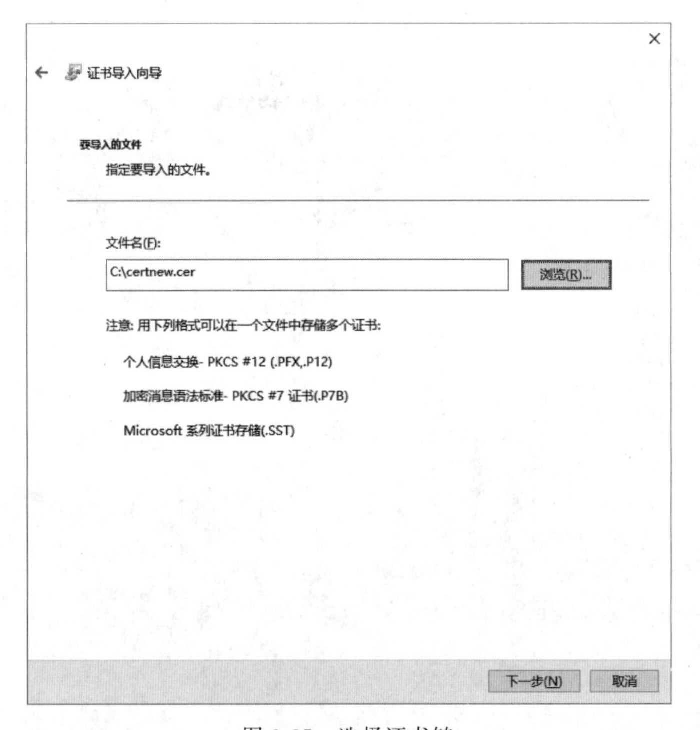

图 9-35　选择证书链

(6) 接下来,依次单击"下一步""完成""确定"等按钮,完成安装。

从图 9-36 中可以看到在部署企业独立 CA 时建立的证书链,就证明企业独立 CA 安装成功。

图 9-36　安装证书链

9.3　实验 3　数字证书在 Web 站点安全访问中的应用

企业 CA 为单位用户提供了颁发数字证书的服务，这些数字证书通过 PKI 进行管理，可以应用于 VPN 安全通信、电子邮件安全通信、Web 站点安全访问等多个应用领域。本实验将在本章实验 2 的基础上，介绍数字证书在 Web 站点安全访问中的具体应用。

9.3.1　实验概述

随着互联网应用的普及，电子商务、电子政务等应用的安全问题也越来越明显，各种形式的安全威胁越来越突出。利用数字证书可以为 Web 站点的安全访问提供服务。

1. 实验目的

在掌握数字证书应用特点的基础上，本实验将通过组建安全的 Web 网站这一应用实例，详细介绍数字证书在 Web 网站安全访问中的具体应用。本实验是数字证书在网络安全中的一个应用实例，除此之外，数字证书还广泛应用于 VPN、电子邮件等多个领域。

2. 实验原理

数字证书提供了一种在 Internet 等公共网络中进行身份验证的方式，是用来标识和证明网络通信双方身份的数字信息文件，其功能与驾驶员的驾照或公民日常生活中的身份证相似。数字证书由一个权威的证书认证机构(CA)发行，在网络中可以通过从 CA 中获得的数字证书识别对方的身份。

对数字证书的专业定义：数字证书是一个经证书授权中心数字签名的包含公开密钥拥有者信息和公开密钥的文件。最简单的证书包含一个公开密钥、名称和证书授权中心的数字签名。一般情况下,证书中还包括密钥的有效时间、发证机关(证书授权中心)的名称、该证书的序列号等信息,证书的格式遵循相关国际标准。通过数字证书就可以使信息传输的保密性、数据交换的完整性、发送信息的不可否认性和交易者身份的确定性这四大网络安全要素得到保障。

与普通的站点不同,使用数字证书的安全 Web 站点有以下特点。

(1) 安全 Web 站点需要证书服务,每个站点都需要申请一个证书。如果 Web 站点需要供 Internet 用户访问,必须从 Internet 上的 CA 服务器上申请证书。申请的证书只能供申请证书时提供信息的站点使用,即甲站点申请的证书不能供乙站点使用。

(2) 普通的 Web 站点,在一个 IIS 服务器上,可以用主机名的方法创建多个默认的站点(所有站点都使用 TCP80 端口)。而使用数字证书的安全 Web 站点,不能使用主机名的方法创建多个默认的站点(即 SSL 端口为 443),不管是使用 IP 地址还是使用主机名,只能创建一个默认的安全 Web 站点,要想创建多个 Web 站点,只能使用不同的 SSL 端口。

(3) 在相同网络环境下,由于访问安全 Web 站点首先要进行身份验证等操作,所以访问安全的 Web 站点比访问普通的 Web 站点速度要慢。

(4) 创建安全 Web 站点的方法与创建普通 Web 站点相同,并且同一个站点,既可以作为普通的 Web 站点,也可以作为安全的 Web 站点访问,只需要在 IIS 中进行设置即可。

(5) 访问普通的 Web 站点,其标识头为 http;访问安全的 Web 站点,其标识头为 https。

在进行 Web 站点的安全设置时,使用了 SSL 协议。SSL 是目前应用最为广泛的一种安全传输协议,它作为 Web 站点安全性解决方案,由 Netscape 公司于 1995 年提出。SSL 综合使用了数据加密和数字签名两项基本的网络安全技术,保证信息传输过程的安全性,同时进行用户身份的认证。

具体来说,SSL 结合公开密钥加密技术和常规密钥加密技术,在传输层提供安全的数据传递通道。SSL 的工作步骤如下。

(1) Web 客户端利用浏览器向 Web 服务器发出安全会话请求。

(2) Web 服务器将自己的公开密钥发给 Web 客户端的浏览器。

(3) Web 服务器与 Web 客户端浏览器协商密钥的位数,目前可以提供 40 位、128 位和 256 位多种位数的安全密钥。

(4) Web 客户端的浏览器产生会话使用的密钥(会话密钥),并用 Web 服务器的公开密钥进行加密处理,然后发给 Web 服务器。

(5) Web 服务器对从 Web 客户端接收到的信息利用私有密钥进行解密。

(6) Web 服务器和 Web 客户端的浏览器利用会话密钥加密和解密,实现数据的安全传输。

3. 实验内容和要求

(1) 了解数字证书与网络安全之间的关系。

(2) 了解 SSL 与 Web 安全之间的关系。

(3) 掌握利用数字证书建立 Web 安全站点的具体方法。

9.3.2 实验规划

1. 实验设备

(1) VMware Workstation 软件虚拟平台。

(2) 虚拟服务器(2 台,安装 Windows Server 2016 操作系统)。

(3) 虚拟主机(至少 1 台,安装 Windows 10 操作系统)。

(4) 实体计算机(1 台,安装 VMware Workstation 软件)。

2. 实验拓扑

本实验在本章实验 2 的基础上完成。其中,Server1 作为独立 CA 服务器,其 IP 地址为 192.168.1.10,它同时也作为 DNS 服务器,事先参照第 5 章实验 1 设置好正向查找区域 a****test.com,建立主机记录 www(IP 地址设置为 192.168.1.20); Server2 作为配置好 IIS 的 Web 服务器(参照第 6 章实验 1),其 IP 地址为 192.168.1.20,计算机名称为 test1.a****test.com,网址为 www.a****test.com,其网络参数的 DNS 地址设置为 Server1 的地址; PC1 作为可运行浏览器的客户机,IP 地址设置为 192.168.1.11,其网络参数的 DNS 地址设置为 Server1 的地址。网络拓扑如图 9-37 所示。

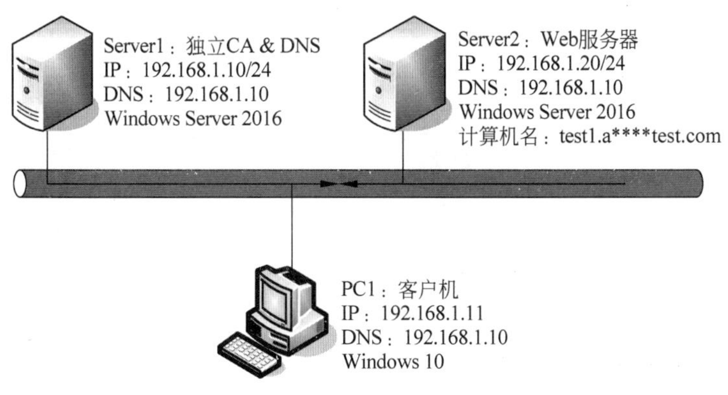

图 9-37　利用数字证书组建安全的 Web 站点

9.3.3 实验步骤

Web 站点要能够被安全访问,需要首先获得数字证书,这就有一个申请和安装的过程。具体步骤如下。

1. 在 Web 站点上建立证书申请文件

(1) 假设建立了名为 TEST1 的站点后,进入 IIS 管理器,单击左侧列表中的 TEST1,双击 TEST1 主页中的"服务器证书"图标,在右边"操作"栏中单击"创建证书申请…",如图 9-38 所示。

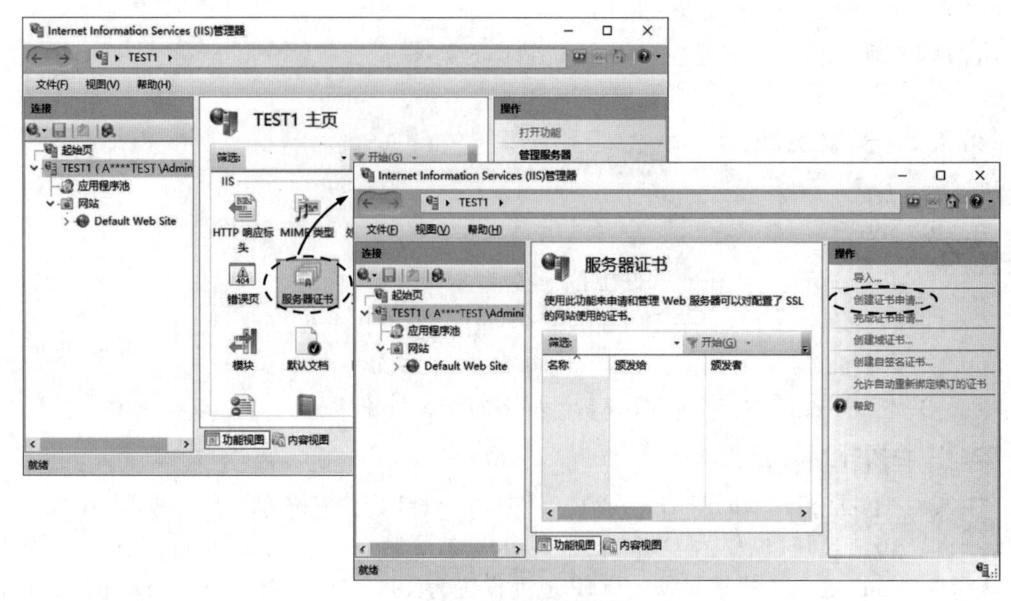

图 9-38　创建证书申请

(2) 在弹出的“申请证书”对话框中填写相关的可分辨名称属性。其中,在“通用名称”文本框中填写证书发放网站的网址,即 www.a****test.com,客户端需要使用此地址访问网站,其余信息与网站相关即可,然后单击“下一步”按钮,如图 9-39 所示。

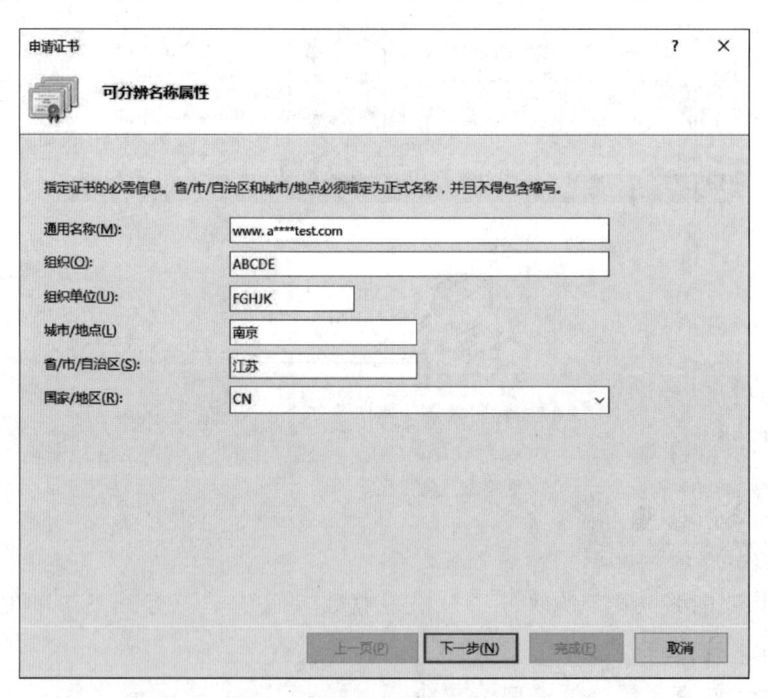

图 9-39　填写申请证书的信息

(3) 选择网站使用的公钥长度,这里按需要进行选择。要注意的是,公钥越长,安全性越高,但会影响网站访问效率,如图 9-40 所示。然后单击“下一步”按钮。

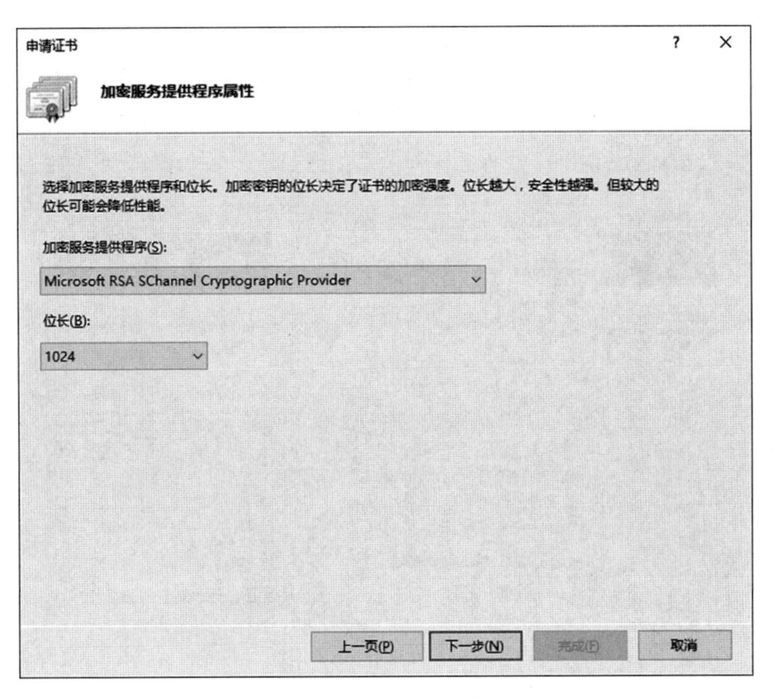

图 9-40　选择网站的公钥长度

(4) 接下来，为证书申请指定一个文件名，这个文件用于保证申请证书的相关信息，后面在进行证书申请时要使用，如图 9-41 所示。

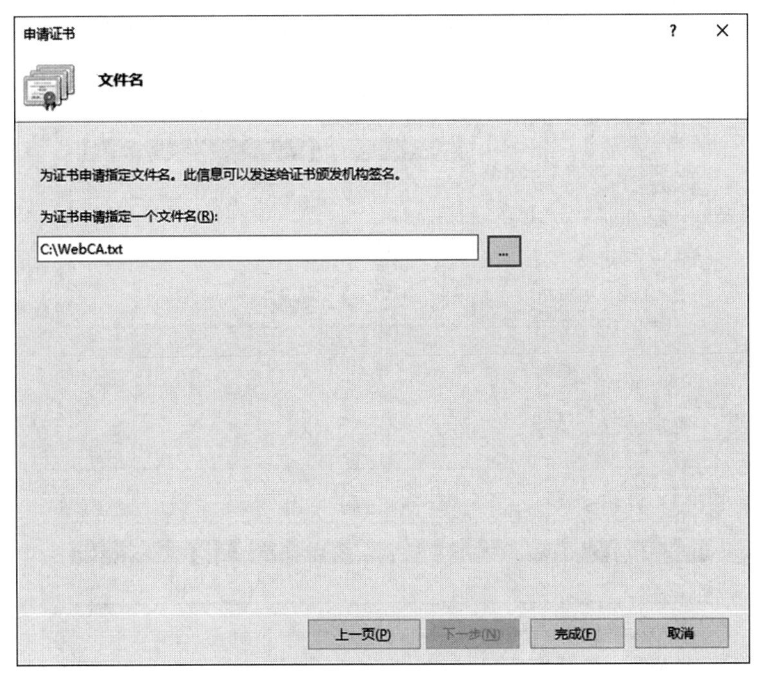

图 9-41　指定保存证书申请的文件名和位置

2. Web 站点申请下载证书,独立 CA 发放证书

(1) 关闭“Internet Explorer 增强的安全配置”,避免系统阻挡其连接 CA 网站。进入服务器管理器,选择左侧列表中的“本地服务器”,在右侧区域找到“Internet Explorer 增强的安全配置”属性,双击后在弹出的对话框中选择“管理员”→“关闭”选项,如图 9-42 所示。

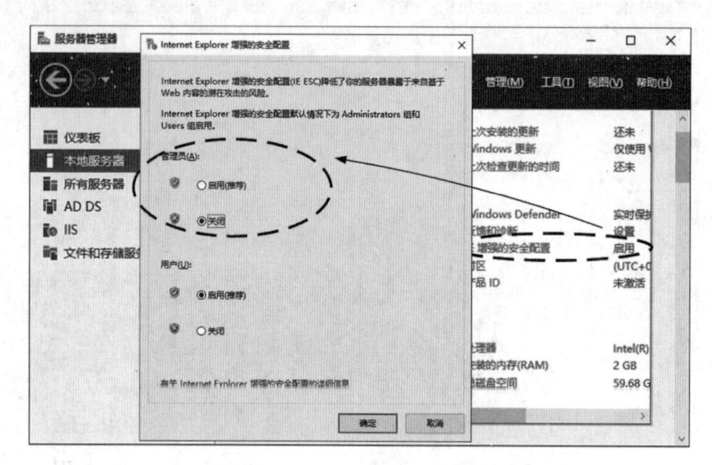

图 9-42 关闭“Internet Explorer 增强的安全配置”

(2) 在浏览器地址栏中输入 http://192.168.1.10/certsrv/,并在弹出的网页中选择“申请证书”,随后选择“高级证书申请”,如图 9-43 所示。

图 9-43 开始申请证书

(3) 选择证书类别,单击图 9-44 中的第 2 个链接。

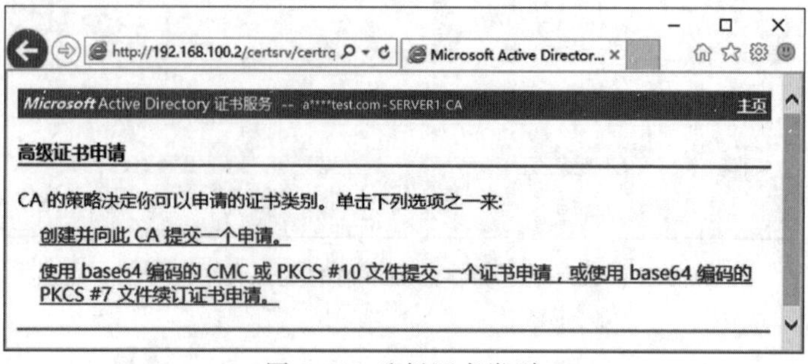

图 9-44 选择证书类别

(4) 把前面的证书申请的 TXT 文件中的内容复制到图 9-45 中的位置,然后单击“提交”按钮,等待独立 CA 发放证书。

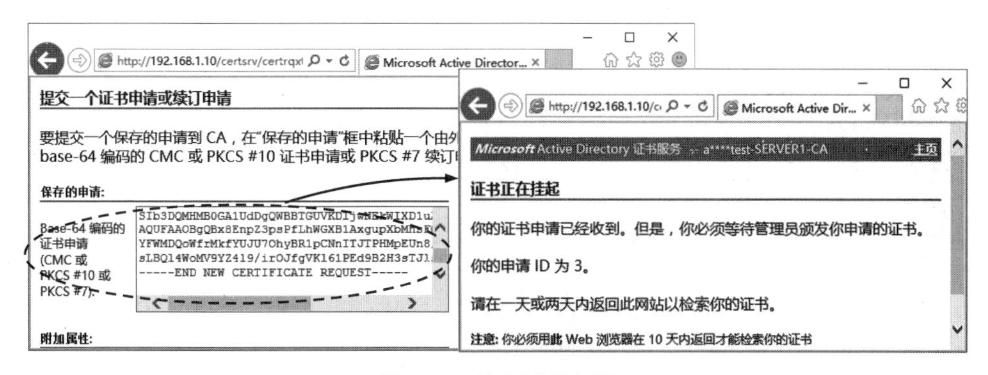

图 9-45　提交证书申请

(5) 由于独立 CA 默认不自动发放证书,所以,在 CA 上单击“开始”按钮,选择“Windows 管理工具”→“证书颁发机构”→“挂起的申请”,发现已经有待颁发的证书了,选择请求 ID 与前面一致的申请,右击,在弹出的快捷菜单中选择“所有任务”→“颁发”,就完成了证书颁发,如图 9-46 所示。

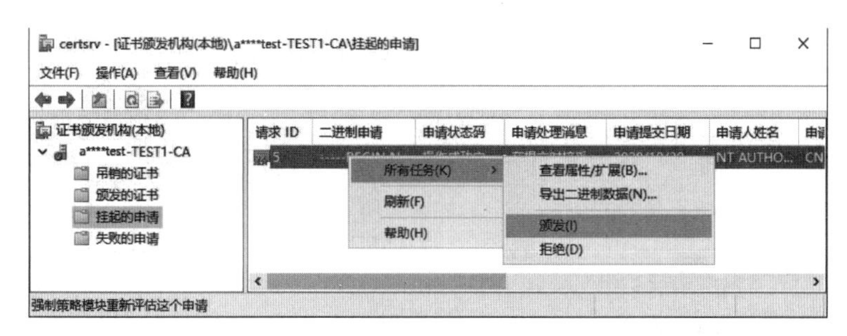

图 9-46　完成证书颁发

(6) 到 Web 服务器上,在浏览器地址栏中输入 http://192.168.1.10/certsrv/,然后单击“查看挂起的证书申请的状态”链接,随后就可以保存申请的证书,并进行下载,如图 9-47 所示。

图 9-47　下载证书

3. Web 站点安装证书

(1) 进入 IIS 管理器,选择 TEST1,双击 TEST1 主页中的“服务器证书”图标,在右边操作栏中选择“完成证书申请…”,如图 9-48 所示。

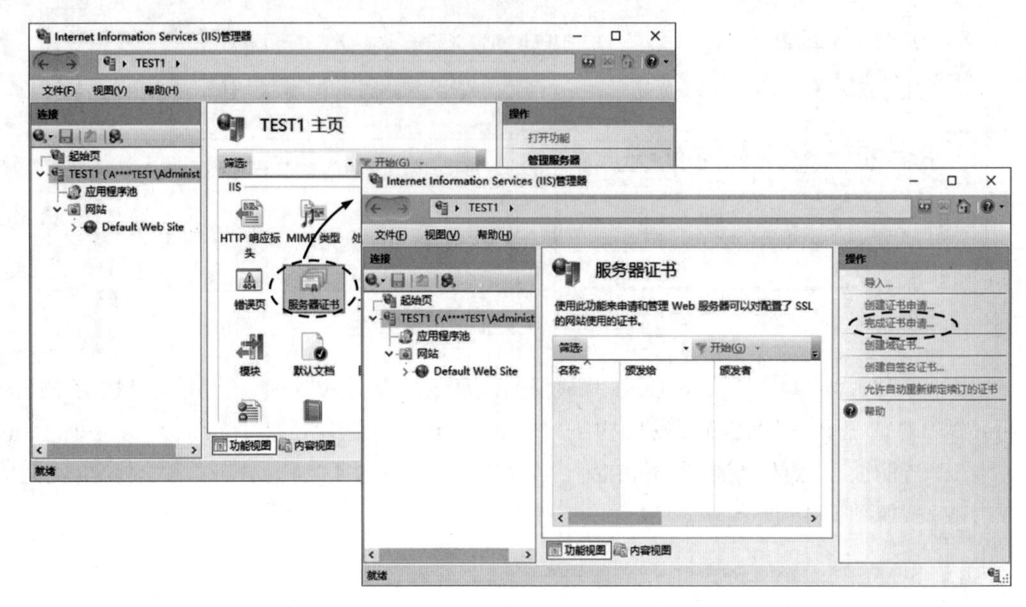

图 9-48 完成证书申请

(2) 在弹出的对话框中,选择前面下载好的证书,为其命名,单击“确定”按钮,如图 9-49 所示。

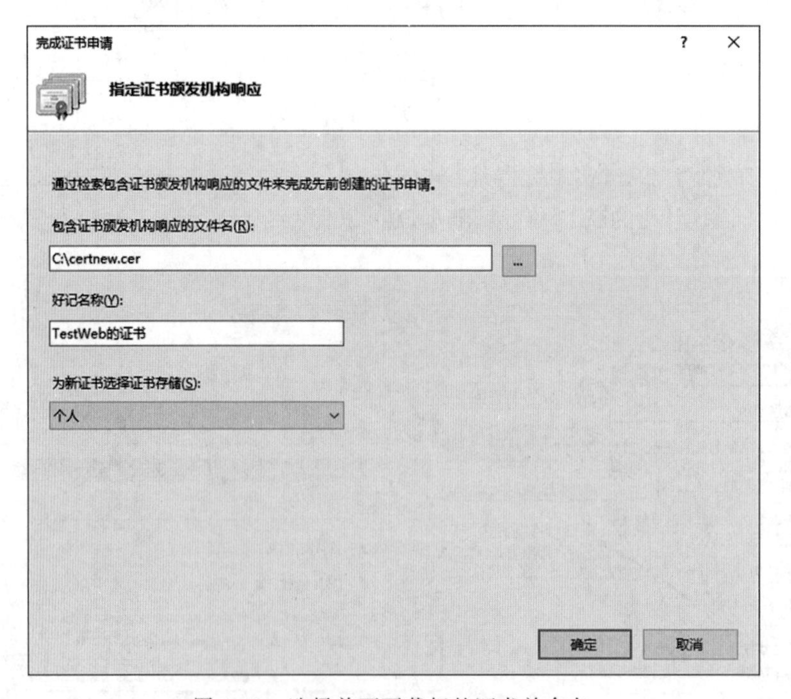

图 9-49 选择前面下载好的证书并命名

选择完成后，如图 9-50 所示。

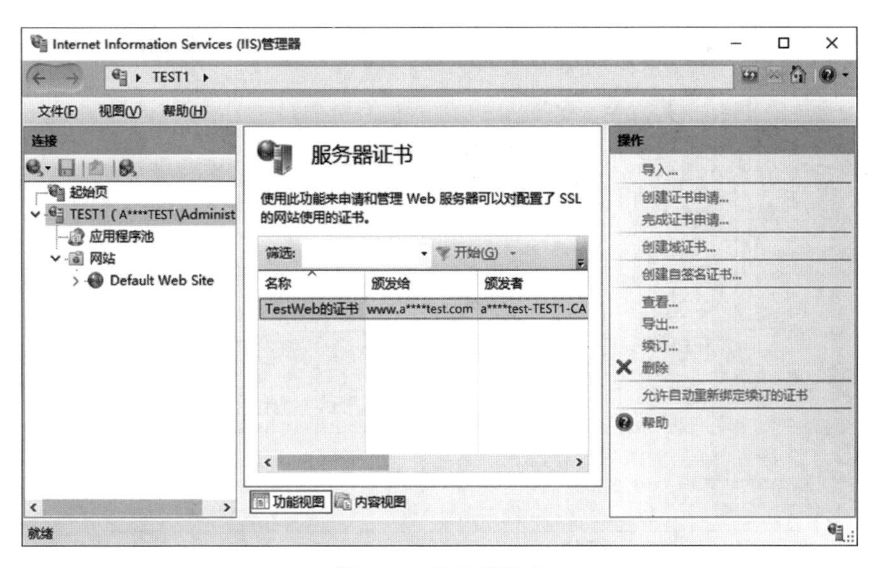

图 9-50　服务器证书

（3）然后，将 HTTPS 协议绑定到 Default Web Site，如图 9-51 所示，选择右边栏中的“绑定…”。

图 9-51　将 HTTPS 协议绑定到 Default Web Site

（4）在弹出的对话框中单击“添加”按钮，在弹出的“添加网站绑定”对话框的“类型”下拉列表中选择 https，然后选择 SSL 证书，如图 9-52 所示。

（5）完成绑定后，如图 9-53 所示。

通过以上设置，在网站上安装了证书并启用了 SSL 功能后，为网站与用户之间在传送信息时提供了验证身份及加强信息的安全性等功能。

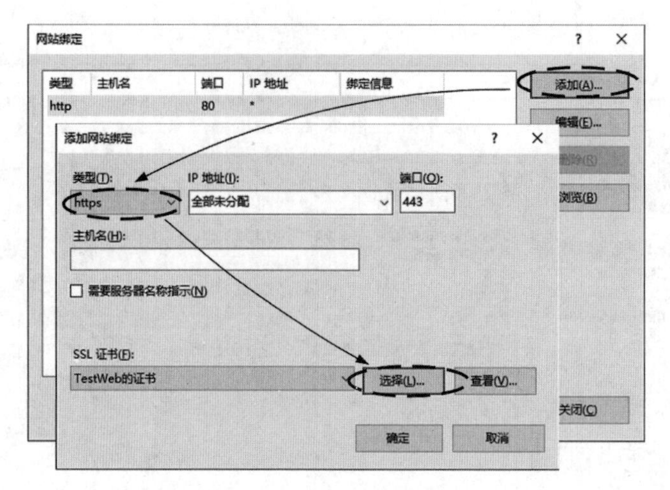

图 9-52 选择并绑定证书

图 9-53 完成绑定

9.3.4 结果验证

为测试 SSL 网站是否能正常运行，首先在 Web 网站的主目录下(通常为 C:\inetpub\wwwroot)新建一个名为 default.htm 的文件。文件内容如图 9-54 所示。

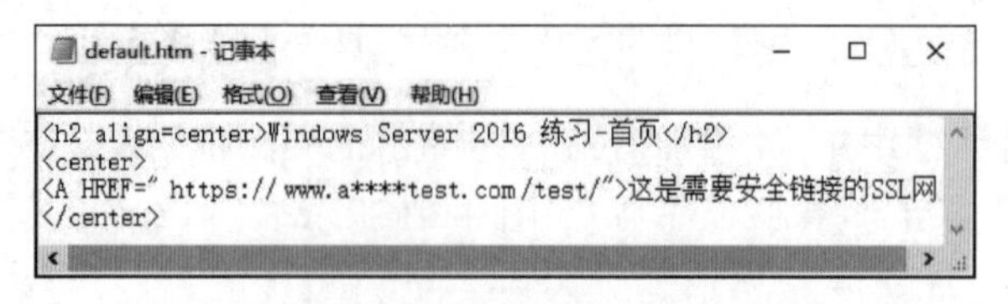

图 9-54 创建 Web 网站的默认首页

然后在主目录下建立一个 test 文件夹，并在其中也建立一个 default.htm 文件，如图 9-55 所示。

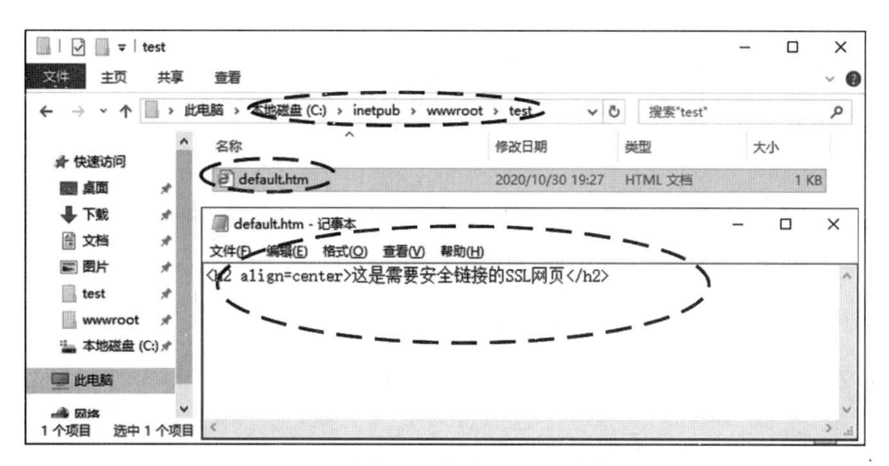

图 9-55　为安全链接建立的 HTM 文件

在客户机的浏览器中，使用常规的 http://www.a **** test.com/连接网站，得到如图 9-56 所示的网页。

图 9-56　连接网站的结果

单击“这是需要安全链接的 SSL 网页”链接后，可能会出现如图 9-57 所示的情况。

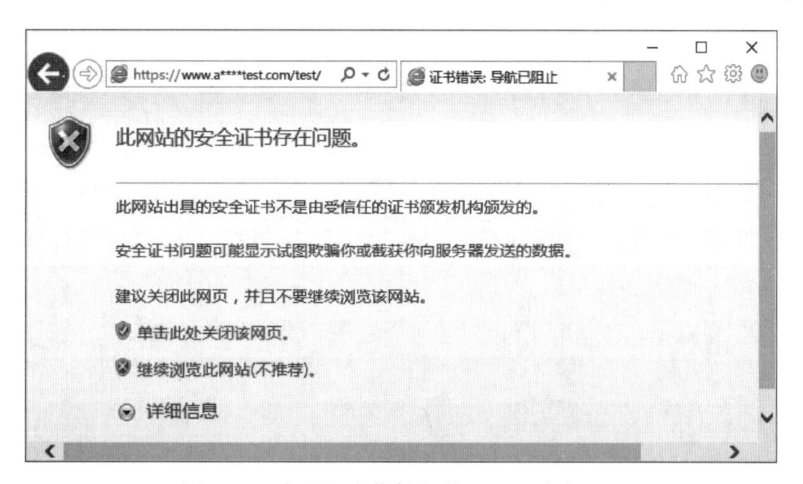

图 9-57　客户机未信任发放 SSL 证书的 CA

这是因为客户机未信任发放 SSL 证书的 CA(可使用“信任独立 CA”过程进行信任)，或者是网站的证书已过有效期等原因，可单击“继续浏览此网站(不推荐)”打开网页，如图 9-58 所示。

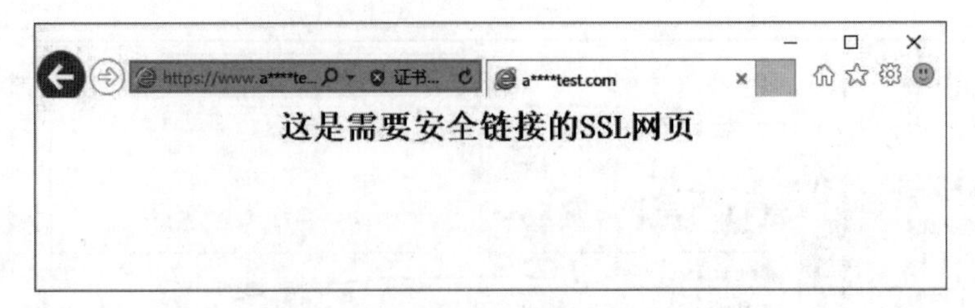

图 9-58 连接安全链接的结果

本章小结

本章介绍了网络应用系统的安全配置和管理方法。首先说明了 IPC $ 入侵方法及防范,然后讨论了企业 CA 的部署,最后说明了数字证书在 Web 站点安全访问中的应用方法。

第10章

计算机网络的规划与设计

计算机网络本质上是一类信息系统，其建设规律同样也遵循信息系统建设的一般过程，即需求调查分析、总体架构规划、详细方案设计和部署实施运行。为使网络实验能够真正对应网络建设的实施过程，让学生在实验过程中理解每个实验在网络体系结构中的位置和作用，促使学生主动地思考网络建设中出现的问题，必须用一个近似真实的计算机网络建设项目引导学生在实验中实现网络技术实践能力的提高。因此，本章作为全书的最后一章，以一个假想的简化后的校园网络项目为例，通过介绍计算机网络的规划与设计过程，为学生提供一个对前述网络实验的总结性的理解以及系统架构设计上的认识。

10.1 网络总体设计

计算机网络建设的需求分析是网络构建实施过程的最开始阶段，在这一阶段应该明确网络建设的各类需求和限制条件，为后续的设计工作奠定一个良好的基础。

10.1.1 需求分析

业务应用需求是计算机网络建设的出发点，厘清业务需求是理解网络规划设计的关键，应该从建设背景调查、主要业务活动分析、技术路线要求、质量特性要求等方面开展。鉴于本书的重点是网络建设的实施，这里只对一般性需求进行分析。

1. 建设背景调查

网络建设需求分析的第1步是建设背景调查，一般要在网络规划的初期就要对相关背景进行充分了解，一般包括以下几方面。

(1) 建设单位所属情况与形势分析，如某高校是某部直属单位、当前面临下一代云计算网络的建设要求等。

(2) 建设单位当前的网络情况,主要了解当前网络的架构、技术路线、核心设备型号、建设时间,以及存在的问题。这些情况往往是网络建设项目在技术层面上展开的主要原因。

(3) 建设单位的目标构想,如承载能力、技术路线、架构方式、未来效益等。

(4) 建设单位当前以及未来一段时间内的组织架构。组织架构往往是网络建设运行维护的一个重要保障,也是业务需求的直接出发点,特别是要了解目标建设单位网络建设项目的具体承担部门和人员,他们是决定项目成功的关键。

(5) 建设周期和投资规模,这对于成本控制十分重要。

(6) 专用网络需求,如个别单位在组织系统内有专用网络需求。

以本书假想的校园网络项目为例,可以进行以下建设背景调查分析。

XX 大学是 XX 部属"双一流"高校。随着互联网技术和应用的发展普及,该校对开展信息化教学的要求越来越高,教学过程对学校校园网的整体需求水平和层次有了很大的提升,远程教育网络教育方兴未艾,网络应用如火如荼,迫切需要学校通过网络建设满足现实应用需求,并为未来发展留下充足空间。XX 大学当前的网络是建于 200X 年的网络,以老式的某国外品牌核心交换机和路由器为核心网络设备,使用二层结构,由于学校部门建设不断发展,学校人员日益增多,接入带宽和出口带宽都不能满足现今需要。因此,XX 大学决定对当前网络进行重新建设,使用三层结构,满足多汇聚点、高核心带宽的需求,现有设备除少量满足使用要求的外,其余全部进行更换,以满足学校未来 10 年的业务发展需要。XX 大学由大学、院、系 3 级组成,通常大学、院机关在行政楼办公,系、学管、后勤、图书馆等其余部门各在一座楼内办公,楼宇除行政楼、教学楼外,还有学生宿舍楼、青年教师公寓、图书馆、信息管理中心、后勤管理中心等。大学智慧办负责指导信息管理中心完成校园网建设项目的规划设计和建设实施。XX 大学校园网项目建设周期为一年,预计投资 1000 万人民币完成项目建设。

2. 主要业务活动分析

通过对业务活动的了解,可以明确网络的使用需求。尽管网络建设的需求了解并不需要像软件设计那么细致,但还是要对业务类型进行分析。主要分析以下业务类型。

(1) 行政业务,如政府部门主要为政务,公司工厂等经营性企业主要为商务。

(2) 生产业务,如学校有教学资源访问和远程访问需求,网络公司有营销操作,直播平台有视频访问等。

(3) 生活业务,如学校有学生宿舍上网的需求。

(4) 管理业务,如单位自身管理需要的安全管理、内部保障等事务。

对于本书假想的校园网络项目,可以进行以下主要业务活动分析。

校园网是学校组织行政、教学的重要信息基础设施,不但提供管理人员、师生之间的通信交流工具,还提供大量共享的学习资源,是学校师生的学习、生活服务的交流平台。在行政方面,校园网为学校管理校内人事、教学资源、后勤保障、学生学籍和成绩等行政事务管理和教育教学管理服务提供网络通信基础设施;在教学方面,校园网为教师的教学和科研提供便利的接入条件,推动远程教育,共享参考教学资料、交流学习教学心得,如老师上课的多媒体课程、图书馆的电子图书、现场上课的课堂视频以及教学、考试复习资料库等;在生活方面,校园网要提供学生在校生活的信息基础和服务手段。总之,校园网是学校对外交流的世界之窗,利用它可以向外发布各种校内信息,也可以从中提取其他校外的各种信息,是为学校师生提供教学、科研、生活和综合信息服务的宽带多媒体网络。

在完成类似进行上述业务分析后,要形成各类业务对网络的需求,主要包括最大用户数、可能并发用户数、峰值带宽、平时带宽等。由于本书主要是以网络仿真实验为主,业务活动分析不是重点,对此感兴趣的读者可参考其他书籍。

3. 总体功能要求

基于网络建设的背景和相关单位主要业务情况,可以提出以下几个方面的基本功能要求。

(1) 联网设备网络参数动态配置服务。学校行政人员、教师和学生人数众多,网络知识和技能参差不齐,且联网设备多样,需要能够在对联网设备网络参数进行动态配置,降低用户接入校园网的难度。

(2) 可以访问互联网。学校内部局域网的主机需要和外部网络进行通信,在使用路由的同时,还需要使用 NAT 转换协议完成内部地址端口向外部的映射。

(3) 域名转换服务。学校外部访问校内服务,校内主机访问外部网络,都需要 DNS 服务器提供域名转换服务。

(4) FTP 服务。学校文件资源需要在内部进行共享。

(5) WWW 服务。学校的官网,必须需要 WWW 服务支持。

10.1.2　总体结构

在网络系统的总体结构设计上,需要进行网络层级结构、拓扑结构设计、核心设备选取、IP 地址规划、路由协议、网络管理规划和安全管理规划等。校园网主要概念结构设计如图 10-1 所示。

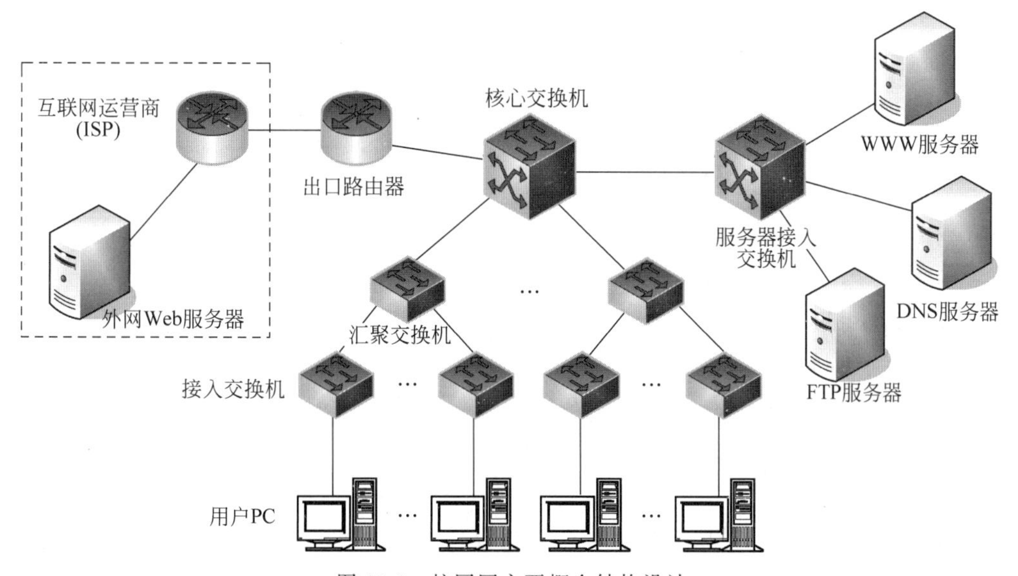

图 10-1　校园网主要概念结构设计

1. 网络层级结构

对于典型的单位局域网设计，一般采用三层结构进行网络设计，即接入层、汇聚层和核心层。这种网络结构层次良好，可以支持较大的网络规模，也便于日后的网络升级与扩展。同时，网络每层的功能比较清楚，可以实现网络的复杂功能，便于设置各类服务器，能够实现资源服务提供和对互联网的访问链接。

1）接入层设计

网络的接入层是终端用户接入网络的手段。该层的主要功能是提供足够的带宽和网络二层服务，如基于MAC地址的VLAN成员认证和数据流过滤，为最终用户提供网络接口，并能通过过滤或访问控制列表控制用户流量的类型和接入特性。接入层的设计主要关注使用低成本、高端口密度的设备提供前述功能。

在进行校园网的接入层网络拓扑设计时，按照“就近接入”的原则，利用接入层交换机低成本和高密度的特点，需要在每栋楼每个不同楼层的弱电室，根据该层用户接入数量设置一台或多台接人层交换机，将终端用户连接到网络。

2）汇聚层设计

网络的汇聚层是网络接入层和核心层之间的分界点，主要完成VLAN的聚合和路由、部门级或工作组接入、广播域定义、传输介质转换，以及部分安全管理等功能。汇聚层的作用就是把邻近接入层交换机的流量集中起来，再共用一条高速线路连接到核心交换机，这样可以避免核心交换机连接的线路过多。

针对校园网的情况，主要是在行政楼、教研楼、教学楼、学生宿舍楼、图书馆和食堂等楼宇的弱电室分别设置一台二层汇聚层交换机节点，对下通过千兆端口连接各楼层接入交换机，对上通过光缆连接核心交换机，实现工作组的接入、广播域的定义和VLAN分割，处理来自接入层设备的所有通信量，隔离广播风暴，保障网络可靠性，并提供到核心层的上行链路。

3）核心层设计

网络的核心层提供了局域网的主干交换线路，其主要目的是能够尽快地交换数据，提供交换区块间的连接以及到其他区块(如服务器区块)的访问，尽可能快地交换数据帧或数据包。

在校园网信息管理中心机房中，设置一台三层万兆核心交换机，与各个汇聚层交换机通过光缆连接，负责整个校园网内部的数据交换。

2. 出口路由设计

网络作为互联互通的重要手段，不能与外界网络隔离，但是也不能让外界随意进入内部网络。因此，需要在核心层面向互联网的一端设置一个出口路由器，并在此路由器上设置地址转换协议(NAT协议)解决运营商分配IPv4地址短缺的问题，并且将内部网络与互联网相隔离，保障内部主机的安全，达到安全管理的目的。同时，通过设置路由策略对网络访问进行控制，隔离广播风暴，可以有效地管理访问权限并保护网络安全。

在校园网信息管理中心机房中，设置一台出口路由器，与运营商ISP路由器连接，负责与外界互联网的连接和链路管理。

3. 服务器配置

对于一般的网络服务，主要有动态主机配置(DHCP)服务、域名解析服务(DNS)、文件传输服务(FTP)和万维网服务(WWW)，主要在网络中设置一个服务器区域，其中设置多台服务器，每台服务器负责提供一类服务。而由于当前的主流核心交换机已经能够提供性能优良的 DHCP 服务，所以把 DHCP 功能交由网络中的核心交换机来实现。所有服务器连接到一台汇聚交换机上，再由汇聚交换机连接核心交换机。

10.2 网络详细设计

在网络详细设计方面，由于后续内容大部分是基于模拟或仿真的实验，所以这里只考虑 IP 地址规划和 VLAN 划分两方面。

10.2.1 IP 地址规划

IP 地址的规划一般是针对每个 VLAN 分配一个 C 类地址(即使用 255.255.255.0 的 24 位掩码)，这样便可容纳 254 台主机。如果有个别网络的接入数量超过 254 的情况，每个 VLAN 中也不要超过 1000 台主机，以避免广播域过大后带来安全问题。同时，在分配 IP 地址时，要充分利用第 2 和第 3 字节，设计出与实际网络要素有一定对应关系的 IP 地址编号，便于后期管理维护当中，从 IP 地址就可以知道对应的设备类型、设备的位置等信息。

综合考虑网络系统的扩容能力和管理上的便捷性，网络的 IP 地址规划主要针对设备管理地址、终端接入地址和出口地址 3 个部分。

1. 设备管理地址规划

设备管理地址主要用于路由器、交换机等网络设备的初始配置和远程管理。当一台网络设备在进行初始参数配置的时候，需要通过串口线缆与设备控制配置接口 Console 连接，以串口通信的方式获得设备数据，配置设备参数(包括管理 IP 地址)。而在网络设备已经配置安装到网络系统中后，就可通过 IP 地址进入设备配置网页，或者通过远程登录协议(如 Telnet 协议)使用 IP 地址登录设备后，再进行配置管理。这种通过远程方式进行设备配置和管理需要一个 IP 地址，这种 IP 地址就是网络设备的管理地址。

由于管理地址一般都是固定不变的 IP 地址，必须对有限的 IP 地址资源进行合理规划，以便于运维和管理，避免造成地址资源的浪费。管理地址的规划有两种方式：一是使用专用的管理 VLAN；二是在终端接入地址中固定选择某些的地址。前者是预先划分出一段 IP 地址组成 VLAN，专用于交换机管理，此时要求各交换机的管理 VLAN ID 必须一致，而且交换机互联的接口必须设置为 Trunk 模式，以便多个 VLAN 的数据均可通过此接口转发；后者是将交换机视作一台特殊的网络终端设备，此时只需将 VLAN 中指定的 IP 地址分配给交换机接口即可，接口可为 Access 模式或 Trunk 模式。可以根据实际的网络管理需求选用这两种模式，一般对于只有一台路由器的中小型网络，可以使用第 1 种专用管理 VLAN 的方式；而对于大型网络，由于很多端口需要做 Trunk 标记，给多个路由器间的数据传输带来一定麻烦,可以使用第 2 种方式,同时在网络设备上将接口 MAC 地址与 IP 地址绑定,确定管理 IP 不会被其他设备占用。

对于本书中假想的校园网,由于设备数量不多,可以使用专用管理 VLAN 的方式。将每个交换机上的默认 VLAN(即 VLAN1)作为专用管理 VLAN,并分配 172.16.1.0/24 作为其子网地址,在此 VLAN 中具体的设备管理 IP 地址分配如表 10-1 所示。

表 10-1 VLAN 中具体设备管理 IP 地址的分配

序号	设备类型	设备名称	管理地址	掩　码	所属 VLAN
1	汇聚设备	行政楼汇聚交换机	172.16.1.250	255.255.255.0	1
2	下联二层设备	行政楼 1 楼接入交换机	172.16.1.1	255.255.255.0	1
3	下联二层设备	行政楼 2 楼接入交换机	172.16.1.2	255.255.255.0	1
4	汇聚设备	教学楼汇聚交换机	172.16.1.251	255.255.255.0	1
5	下联二层设备	教学楼 1 楼接入交换机	172.16.1.3	255.255.255.0	1
6	下联二层设备	教学楼 2 楼接入交换机	172.16.1.4	255.255.255.0	1
7	汇聚设备	学生宿舍汇聚交换机	172.16.1.252	255.255.255.0	1
8	下联二层设备	学生宿舍 1 楼接入交换机	172.16.1.5	255.255.255.0	1
9	下联二层设备	学生宿舍 2 楼接入交换机	172.16.1.6	255.255.255.0	1
10	汇聚设备	服务器汇聚交换机	172.16.1.252	255.255.255.0	1
11	核心设备	校园网核心交换机	172.16.1.253	255.255.255.0	1

2. 终端接入地址规划

终端接入地址主要考虑可能接入的设备终端的数量,以便于 DHCP 服务建立地址池,实现动态的终端网络参数配置。同时,对于某些特殊的使用,如服务器,为便于管理维护,一般使用固定 IP 地址分配的方式,这部分 IP 地址需要从 DHCP 中排除。对于本书中假想的校园网,考虑针对行政楼区域 1、行政楼区域 2、教学楼、学生宿舍和机房服务器 5 个区域,接入 IP 地址分配如表 10-2 所示。

表 10-2 IP 地址的分配

序号	区　域	IP 地址段	掩　码	网　关
1	行政楼区域 1	192.168.10.1/24	255.255.255.0	192.168.10.254
2	行政楼区域 2	192.168.20.1/24	255.255.255.0	192.168.20.254
3	教学楼	192.168.30.1/24	255.255.255.0	192.168.30.254
4	学生宿舍	192.168.40.1/24 192.168.50.1/24	255.255.255.0 255.255.255.0	192.168.40.254 192.168.50.254
5	机房服务器	192.168.1.1/24	255.255.255.0	192.168.1.254

3. 出口地址规划

由于公网 IPv4 地址数量的严重不足,出口地址一般是根据使用需求,从互联网运营商处租用数量有限的几个 IP 地址,内网则使用私有地址,所有私有地址均需要通过网络地址转换 NAT 映射到公网地址上。假定本书所述校园网租用得到 210.28.180.0/24 子网中范围为210.28.180.1～210.28.180.20的20个IP地址。

10.2.2　VLAN划分

虚拟局域网(VLAN)是在一个物理网络上划分出多个逻辑网络的技术。由于VLAN主要在ISO/OSI模型的第2层数据链路层上操作，所以它是一种二层隔离技术。设置VLAN最初是为了限制广播数据包在局域网引起的“广播风暴”，这样就能实现广播包只在本VLAN中传播，避免了广播包在局域网中振荡造成的网络问题。同时，一个VLAN内的用户和其他VLAN内的用户不能互访，既提高了网络的安全性，又可控制带宽的利用，起到网络管理的作用。

VLAN划分的自由度比较大，但为了方便后期维护管理，可以按照某些原则进行划分。例如，按业务数据类型划分，可分为语音、视频和数据；按部门划分，可分为工程部、营销部、财务部等；按地理位置或应用划分，可分为服务器、办公、机房、教室等。

而在网络当中，VLAN通过ID进行区分，常规来说，VLAN ID的分配只要是在有效的范围内(1～4K)，都可以随意分配和选取，但为了提高VLAN ID的可读性，一般采用VLAN ID和子网关联的方式进行分配。

在VLAN的命名方面，一般要求是足够简单，方便阅读。首先，VLAN 1是不可删除的默认的Native VLAN。同时，VLAN的默认名字是VLANXXXX，其中XXXX是以0开头的4位VLAN ID号，如VLAN 0007就是VLAN 7的默认名字。如果需要自己进行命名，可使用数字和字符进行命名，不超过32位，以便识别。对于本书的校园网，可以按表10-3进行VLAN划分。

表10-3　校园网VLAN的划分

序号	网段名称	VLAN名称	VLAN ID	地址范围	网　关
1	行政楼区域1网段	vlan10_XZ	VLAN 10	192.168.10.1/24	192.168.10.254
2	行政楼区域2网段	vlan20_XZ	VLAN 20	192.168.20.1/24	192.168.20.254
3	教学楼网段	vlan30_JX	VLAN 30	192.168.30.1/24	192.168.30.254
4	学生宿舍网段1	vlan40_XS	VLAN 40	192.168.40.1/24	192.168.40.254
5	学生宿舍网段2	vlan50_XS	VLAN 50	192.168.50.1/24	192.168.50.254
6	机房服务器网段	vlan200-WGJF-Serv	VLAN 200	192.168.200.1/24	192.168.200.254

经过10.1节和10.2节，就已经完成校园网的设计，接下来基于Packet Tracer软件提供的仿真环境通过实验的方式进行项目实施。

10.3　实验1　校园网接入层的仿真构建和配置

视频讲解

在本书假想的校园网项目中，行政楼、教学楼、学生宿舍的接入层交换机都有相应的VLAN设置，校园网络管理机房中还配置有相应的服务器需要接入校园网。本实验将本书第 2 章前 5 个实验的内容应用到校园网的接入交换机部署中,并完成相应的配置工作。

10.3.1 设备选择和接入层构建

根据前述网络结构设计,在 Packet Tracer 软件的设备类型库中选择下列设备构建校园网的接入层。

(1) 在设备类型库中选择 Network Devices→Switches→2960,选择型号为 2960 的交换机,拖放 6 台作为接入层交换机,其中行政楼 1 楼、2 楼各一台,教学楼 1 楼、2 楼各一台,学生宿舍 1 楼、2 楼各一台。

(2) 在设备类型库中选择 Network Devices→Switches→PT-Empty,选择型号为 PT-Empty 的交换机,拖放一台作为网管中心服务器区接入交换机。需要注意的是,这里需要为交换机配置 5 个千兆以太网口。首先关闭设备,然后从图 10-2 窗口左侧的列表中选择 PT-SWITCH-NM-1CGE 模块,拖放到右侧的设备背板接口中即可,然后再打开设备,如图 10-2 所示。

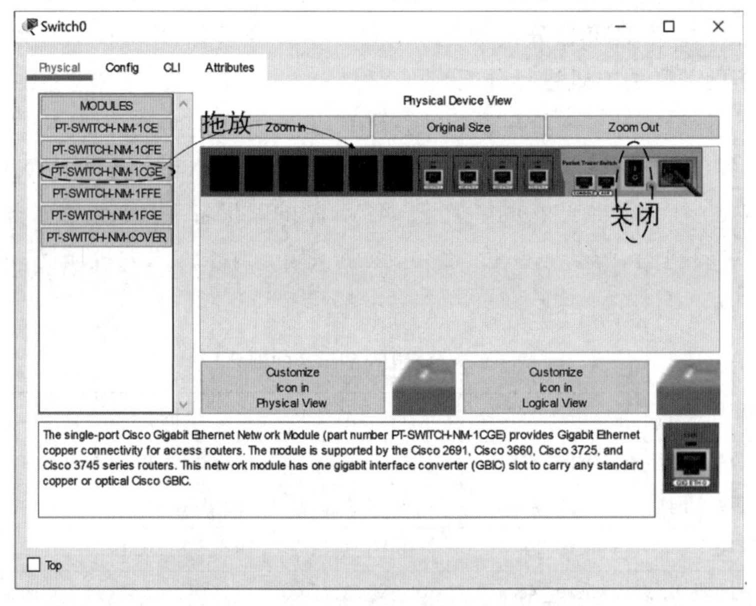

图 10-2 配置交换机的接口

(3) 在设备类型库中选择 End Devices→End Devices→PC,选择 12 台 PC,代表各楼内的计算机。

(4) 在设备类型库中选择 End Devices→End Devices→Server,选择 3 台 Server,代表数据中心服务器内的 DNS 服务器、FTP 服务器和 WWW 服务器。

(5) 在设备类型库中选择 Connections→Connections→Copper Straight-Through,选择直连双绞线,将 PC、服务器与对应的接入交换机连接起来。

在经过相应的命名之后,得到如图 10-3 所示的校园网接入层网络结构。

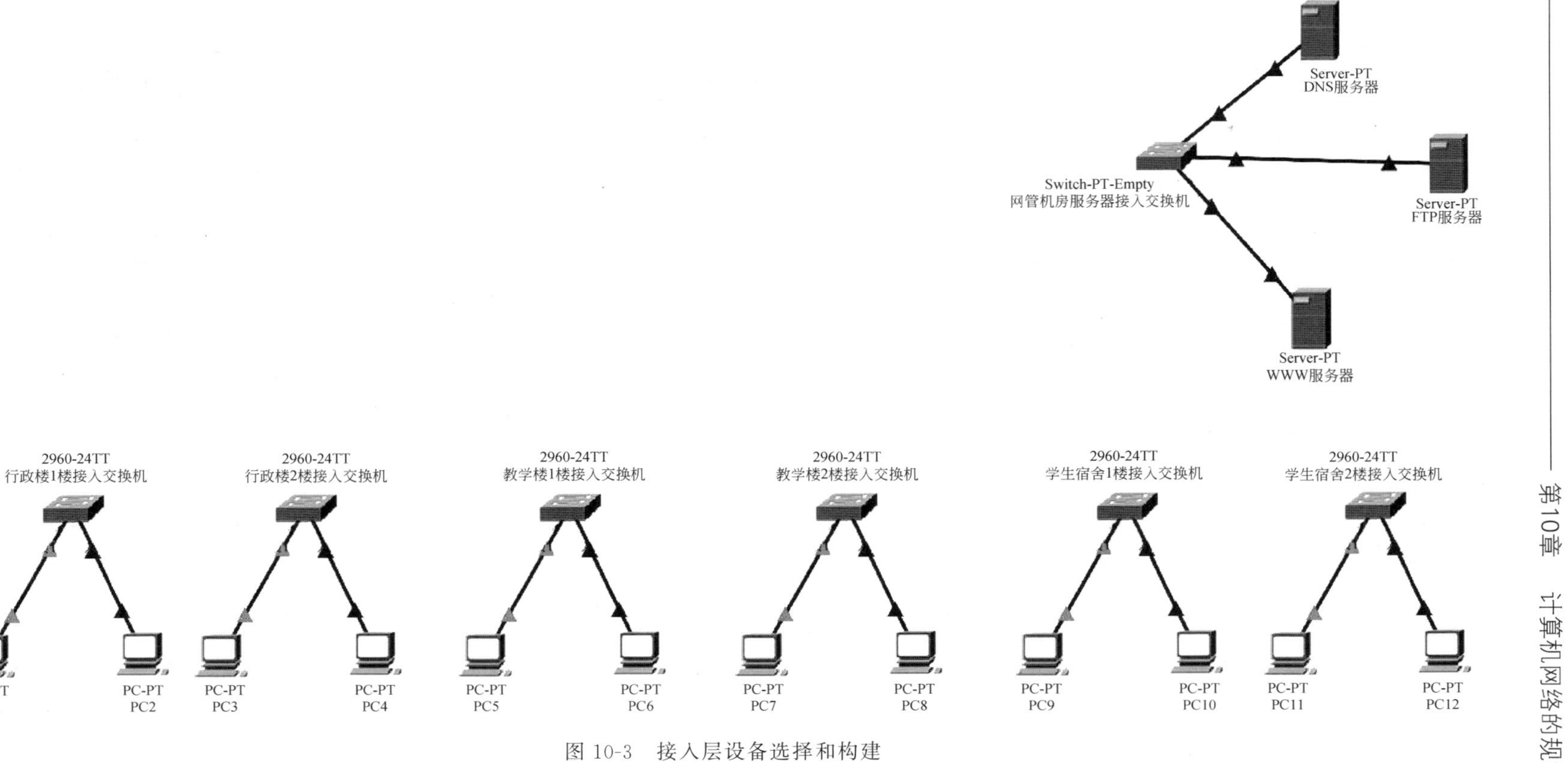

图 10-3　接入层设备选择和构建

10.3.2 接入层交换机的配置

各交换机的管理地址按第2章实验1的相关步骤和表10-1中规划的管理IP地址进行设置,设置完成后,就可以通过远程Telnet的方式对交换机进行设置,这里不再赘述。下面主要是基于校园网的业务VLAN对接入交换机进行配置。在校园网项目中,校园内每栋建筑的每层楼都有接入交换机,每栋楼或楼层之间可能还有工作区域的划分,因此,要按照每栋楼每层的网络接入需求进行端口VLAN设置。同时,还要将上联到汇聚交换机的端口设置为Tag模式。

1. 行政楼接入交换机配置

根据业务使用需要,行政楼1楼和2楼都被分为区域1和区域2,所以每层楼的交换机上都需要划分两个VLAN,即VLAN 10和VLAN 20,并将交换机的f 0/1～f 0/12端口划入VLAN 10,将f 0/13～f 0/24端口划入VLAN 20。在接入设备上,为简化起见,使用4台PC,将PC1和PC2分别连接到行政楼1楼接入交换机不同VLAN的端口上,即PC1连接到f 0/1端口,PC2连接到f 0/13端口;同样地,将PC3和PC4分别连接到行政楼2楼接入交换机不同VLAN的端口上,即PC3连接到f 0/1端口,PC4连接到f 0/13端口。另外,每层楼交换机上联汇聚交换机的端口需要设置为Tag模式。行政楼1楼接入交换机和行政楼2楼接入交换机的连接和端口配置情况如图10-4所示。

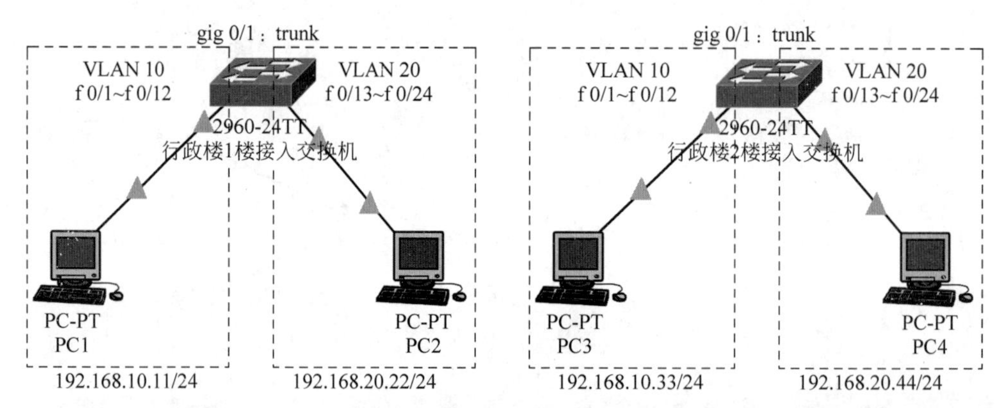

图10-4 行政楼1楼接入交换机和行政楼2楼接入交换机的VLAN划分和端口配置

行政楼1楼接入交换机的配置如下。

```
Switch>enable                                    (进入特权模式)
Password:                                        (输入密码)
Switch#                                          (显示:已进入特权模式)
Switch#configure terminal                        (进入全局配置模式)
Switch(config)#                                  (显示:已进入全局配置模式)
Switch(config)#hostname Switch-XZ1F              (将交换机改名为Switch-XZ1F)
Switch-XZ1F(config)#VLAN 10                      (创建VLAN 10)
Switch-XZ1F(config-vlan)#                        (显示:已自动进入VLAN 10的配置模式)
Switch-XZ1F(config-vlan)#name vlan10-XZ          (给VLAN 10命名为vlan10-XZ)
Switch-XZ1F(config-vlan)#exit                    (退出VLAN 10配置模式)
```

```
Switch-XZ1F(config)#VLAN 20                          (创建 VLAN 20)
Switch-XZ1F(config-vlan)#name vlan20-XZ              (给 VLAN 20 命名为 vlan20-XZ)
Switch-XZ1F(config-vlan)#exit                        (退出 VLAN 20 配置模式)
Switch-XZ1F(config)#interface range f 0/1-12         (进入端口组配置模式)
Switch-XZ1F(config-if-range)#switchport access vlan 10   (将 f 0/1～f 0/12 端口添加到
VLAN 10 中)
Switch-XZ1F(config-if-range)#exit
Switch-XZ1F(config)#interface range f 0/13-24        (进入端口组配置模式)
Switch-XZ1F(config-if-range)#switchport access vlan 20   (将 f 0/13～f 0/24 端口添加到
VLAN 20 中)
Switch-XZ1F(config-if-range)#exit
Switch-XZ1F(config)#interface gig 0/1
Switch-XZ1F(config-if)#switchport mode trunk         (将 gig 0/1 端口设置为 Tag 模式)
Switch-XZ1F(config-if)#exit
Switch-XZ1F(config)#
```

行政楼 2 楼接入交换机配置如下。

```
Switch>enable                                        (进入特权模式)
Password:                                            (输入密码)
Switch#                                              (显示:已进入特权模式)
Switch#configure terminal                            (进入全局配置模式)
Switch(config)#                                      (显示:已进入全局配置模式)
Switch(config)#hostname Switch-XZ2F                  (将交换机改名为 Switch-XZ2F)
Switch-XZ2F(config)#VLAN 10                          (创建 VLAN 10)
Switch-XZ2F(config-vlan)#                            (显示:已自动进入 VLAN 10 的配置模式)
Switch-XZ2F(config-vlan)#name vlan10-XZ              (给 VLAN 10 命名为 vlan10-XZ)
Switch-XZ2F(config-vlan)#exit                        (退出 VLAN 10 配置模式)
Switch-XZ2F(config)#VLAN 20                          (创建 VLAN 20)
Switch-XZ2F(config-vlan)#name vlan20-XZ              (给 VLAN 20 命名为 vlan20-XZ)
Switch-XZ2F(config-vlan)#end                         (退出配置命令,进入特权模式)
Switch-XZ2F(config)# interface range f 0/1-12        (进入端口组配置模式)
Switch-XZ2F(config-if-range)#switchport access vlan 10   (将 f 0/1～f 0/12 端口添加到 VLAN 10 中)
Switch-XZ2F(config-if-range)#exit
Switch-XZ2F(config)#interface range f 0/13-24        (进入端口组配置模式)
Switch-XZ2F(config-if-range)#switchport access vlan 20   (将 f 0/13～f 0/24 端口添加到 VLAN 20 中)
Switch-XZ2F(config-if-range)#exit
Switch-XZ2F(config)#interface gig 0/1
Switch-XZ2F(config-if)#switchport mode trunk         (将 gig 0/1 端口配置为 Tag 模式)
Switch-XZ2F(config-if)#exit
Switch-XZ2F(config)#
```

由于目前网络内无 DHCP 服务器,行政楼各 PC 终端 IP 地址按图 10-4 固定设置。

2. 教学楼接入交换机配置

根据教学使用需求,教学楼内所有终端需要被划入同一个 VLAN,即 VLAN 30,所以将 1 楼和 2 楼交换机的 f 0/1～f 0/24 端口都划入 VLAN 30。在接入设备上,为简化起见,使用 4 台 PC,将 PC5 和 PC6 分别连接到教学楼 1 楼接入交换机的不同端口上,即 PC5 连接到 f 0/1 端口,PC6 连接到 f 0/13 端口,同样也将 PC7 和 PC8 分别连接到教学楼 2 楼接入交换机的不同端口上,即 PC7 连接到 f 0/1 端口,PC8 连接到 f 0/13 端口。另外,每层楼交换机上联汇聚交换机的端口需要设置为 Tag 模式。教学楼 1 楼接入交换机和教学楼 2 楼接入交换机的连接和端口配置情况如图 10-5 所示。

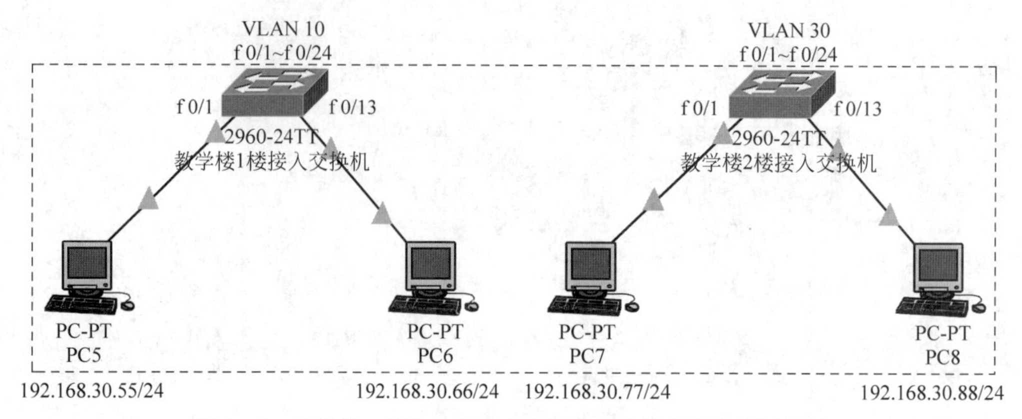

图 10-5 教学楼 1 楼和 2 楼接入交换机的连接和端口配置情况

教学楼 1 楼接入交换机配置如下。

```
Switch> enable                                          (进入特权模式)
Password:                                               (输入密码)
Switch#                                                 (显示:已进入特权模式)
Switch# configure terminal                              (进入全局配置模式)
Switch(config)#                                         (显示:已进入全局配置模式)
Switch(config)# hostname Switch-JX1F                    (将交换机改名为 Switch-JX1F)
Switch-JX1F(config)# VLAN 30                            (创建 VLAN 30)
Switch-JX1F(config-vlan)#                               (显示:已自动进入 VLAN 30 的配置模式)
Switch-JX1F(config-vlan)# name vlan30-JX                (给 VLAN 30 命名为 vlan30-JX)
Switch-JX1F(config-vlan)# exit                          (退出 VLAN 30 配置模式)
Switch-JX1F(config)#  interface range f 0/1-24          (进入端口组配置模式)
Switch-JX1F(config-if-range)# switchport access vlan 30  (将 f 0/1~f 0/24 端口添加到
VLAN 30 中)
Switch-JX1F(config-if-range)# exit
Switch-JX1F(config)# interface gig 0/1
Switch-JX1F(config-if)# switchport mode trunk           (将 gig 0/1 端口设置为 Tag 模式)
Switch-JX1F(config-if)# exit
Switch-JX1F(config)#
```

教学楼 2 楼接入交换机配置如下。

```
Switch> enable                                          (进入特权模式)
Password:                                               (输入密码)
Switch#                                                 (显示:已进入特权模式)
Switch# configure terminal                              (进入全局配置模式)
Switch(config)#                                         (显示:已进入全局配置模式)
Switch(config)# hostname Switch-JX2F                    (将交换机改名为 Switch-JX2F)
Switch-JX2F(config)# VLAN 30                            (创建 VLAN 30)
Switch-JX2F(config-vlan)#                               (显示:已自动进入 VLAN 30 的配置模式)
```

```
Switch-JX2F(config-vlan)#name vlan30-JX                    (给 VLAN 30 命名为 vlan30-JX)
Switch-JX2F(config-vlan)#exit                              (退出 VLAN 30 配置模式)
Switch-JX2F(config)# interface range f 0/1-24              (进入端口组配置模式)
Switch-JX2F(config-if-range)#switchport access vlan 30  (将 f 0/1~f 0/24 端口添加到
VLAN 30 中)
Switch-JX2F(config-if-range)#exit
Switch-JX2F(config)#interface gig 0/1
Switch-JX2F(config-if)#switchport mode trunk               (将 gig 0/1 端口设置为 Tag 模式)
Switch-JX2F(config-if)#exit
Switch-JX2F(config)#
```

由于目前网络内无 DHCP 服务器，教学楼各 PC 终端 IP 地址按图 10-5 固定设置。

3. 学生宿舍接入交换机配置

学生宿舍校园网的一个重要特点是接入终端的数量大，而 VLAN 为控制广播范围，一般情况下只使用 24 位的子网号，也就是说，可以分配给终端的有效 IP 地址数量为 253 个(IP 地址为 256 个，但要除去一个子网号、一个网关号和一个子网广播号)。因此，考虑为学生宿舍每层楼设置一个 VLAN(1 楼和 2 楼分别使用 VLAN 40 和 VLAN 50)，每层楼接入交换机置于对应 VLAN 中。在接入设备上，为简化起见，使用 4 台 PC，将 PC9 和 PC10 分别连接到学生宿舍 1 楼接入交换机的不同端口上，即 PC9 连接到 f 0/1 端口，PC10 连接到 f 0/13 端口；同样地，将 PC11 和 PC12 分别连接到学生宿舍 2 楼接入交换机的不同端口上，即 PC11 连接到 f 0/1 端口，PC12 连接到 f 0/13 端口。另外，每层楼交换机上联汇聚交换机的端口需要设置为 Tag 模式。学生宿舍 1 楼接入交换机和学生宿舍 2 楼接入交换机的连接和端口配置情况如图 10-6 所示。

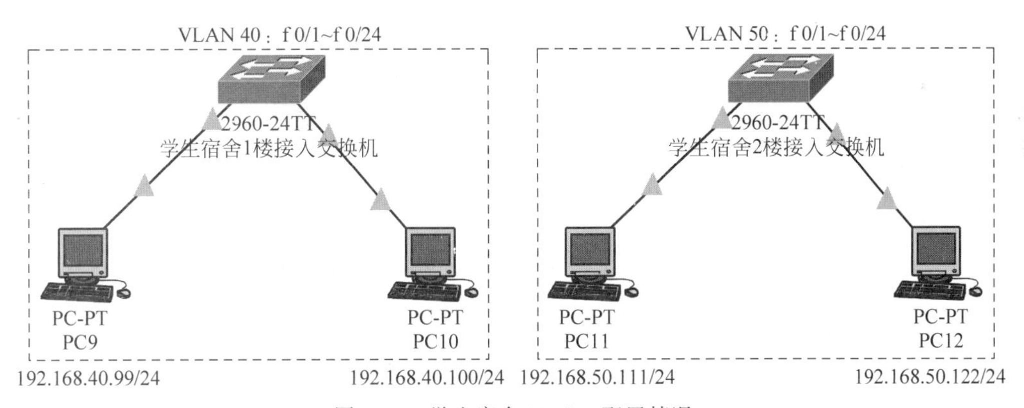

图 10-6　学生宿舍 VLAN 配置情况

学生宿舍 1 楼接入交换机配置如下。

```
Switch>enable                              (进入特权模式)
Password:                                  (输入密码)
Switch#                                    (显示:已进入特权模式)
Switch#configure terminal                  (进入全局配置模式)
Switch(config)#                            (显示:已进入全局配置模式)
Switch(config)#hostname Switch-XS1F        (将交换机改名为 Switch-XS1F)
```

```
Switch-XS1F(config)#VLAN 40                          (创建 VLAN 40)
Switch-XS1F(config-vlan)#                            (显示:已自动进入 VLAN 40 的配置模式)
Switch-XS1F(config-vlan)#name vlan40-XS              (给 VLAN 40 命名为 vlan40-XS)
Switch-XS1F(config-vlan)#exit                        (退出 VLAN 40 配置模式)
Switch-XS1F(config)# interface range f 0/1-24        (进入端口组配置模式)
Switch-XS1F(config-if-range)#switchport access vlan 40   (将 f 0/1~f 0/24 端口添加到
VLAN 40 中)
Switch-XS1F(config-if-range)#exit
Switch-XS1F(config)#interface gig 0/1
Switch-XS1F(config-if)#switchport mode trunk         (将 gig 0/1 端口设置为 Tag 模式)
Switch-XS1F(config-if)#exit
Switch-XS1F(config)#
```

学生宿舍 2 楼接入交换机配置如下。

```
Switch>enable                                        (进入特权模式)
Password:                                            (输入密码)
Switch#                                              (显示:已进入特权模式)
Switch#configure terminal                            (进入全局配置模式)
Switch(config)#                                      (显示:已进入全局配置模式)
Switch(config)#hostname Switch-XS2F                  (将交换机改名为 Switch-XS2F)
Switch-XS2F(config)#VLAN 50                          (创建 VLAN 50)
Switch-XS2F(config-vlan)#                            (显示:已自动进入 VLAN 50 的配置模式)
Switch-XS2F(config-vlan)#name vlan50-XS              (给 VLAN 50 命名为 vlan50-XS)
Switch-XS2F(config-vlan)#exit                        (退出 VLAN 50 配置模式)
Switch-XS2F(config)# interface range f 0/1-24        (进入端口组配置模式)
Switch-XS2F(config-if-range)#switchport access vlan 50   (将 f 0/1~f 0/24 端口添加到 VLAN 50 中)
Switch-XS2F(config-if-range)#exit
Switch-XS2F(config)#interface gig 0/1
Switch-XS2F(config-if)#switchport mode trunk         (将 gig 0/1 端口设置为 Tag 模式)
Switch-XS2F(config-if)#exit
Switch-XS2F(config)#
```

由于目前网络内无 DHCP 服务器,学生宿舍各 PC 终端 IP 地址按图 10-6 固定设置。

以上在建筑每层使用一个 VLAN 的使用方式,如果在建筑楼层变多的情况下,VLAN 的数量会增多,导致子网号、网关号、广播号会占用大量的地址,而且在部分楼层使用空闲的情况下,这些地址也不能挪作其他 VLAN 使用,给网络的扩展和升级带来不便。因此,不同的厂商针对这种情况提出了不同的解决方案,如 Cisco 采用专用虚拟局域网(Private VLAN)技术,而其他厂商提供了 Super VLAN 技术,感兴趣的读者可以查找相关资料深入探讨。

4. 网管机房服务器接入交换机配置

由于网管机房的服务器数量较少,不存在大规模接入问题,所以在这里直接使用二层结构,一台交换机既完成服务器接入,又直接与校园网核心交换机连接。在使用上,网管机房内所有服务器需要被划入同一个 VLAN,即 VLAN 200。3 台服务器进行接入,即 DNS 服务器连接到 gig 0/1 端口,FTP 服务器连接到 gig 0/2 端口,WWW 服务器连接到 gig 0/3 端口。网管机房服务器接入交换机的连接和端口配置情况如图 10-7 所示。

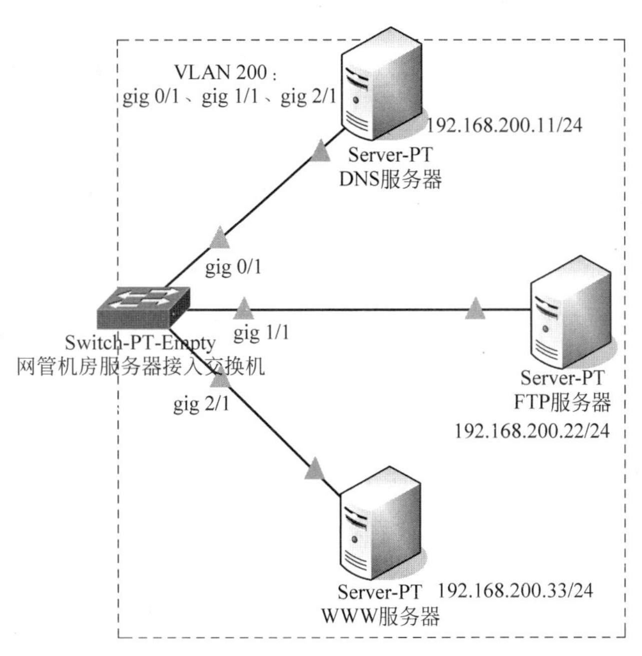

图 10-7　网管机房服务器汇聚交换机 VLAN 设置

网管机房服务器接入交换机配置如下。

```
Switch> enable                                          (进入特权模式)
Password:                                               (输入密码)
Switch#                                                 (显示:已进入特权模式)
Switch# configure terminal                              (进入全局配置模式)
Switch(config)#                                         (显示:已进入全局配置模式)
Switch(config)# hostname Switch-WGJF-Serv               (将交换机改名为 Switch-WGJF-Serv)
Switch-WGJF-Serv(config)# VLAN 200                      (创建 VLAN 200)
Switch-WGJF-Serv(config-vlan)#                          (显示:已自动进入 VLAN 200 的配置模式)
Switch-WGJF-Serv(config-vlan)# name vlan200-WGJF-Serv   (为 VLAN 200 命名)
Switch-WGJF-Serv(config-vlan)# exit                     (退出 VLAN 200 配置模式)
Switch-WGJF-Serv(config)# interface gig 0/1             (进入端口配置模式)
Switch-WGJF-Serv(config-if)# switchport access vlan 200 (将 gig 0/1 端口添加到 VLAN 200 中)
Switch-WGJF-Serv(config-if)# interface gig 1/1          (进入端口配置模式)
Switch-WGJF-Serv(config-if)# switchport access vlan 200 (将 gig 1/1 端口添加到 VLAN 200 中)
Switch-WGJF-Serv(config-if)# interface gig 2/1          (进入端口配置模式)
Switch-WGJF-Serv(config-if)# switchport access vlan 200 (将 gig 2/1 端口添加到 VLAN 200 中)
Switch-WGJF-Serv(config-if)# exit                       (退出)
Switch-WGJF(config)#
```

各服务器 IP 地址使用静态方式按图 10-7 设置。

10.3.3　结果验证

最后，可以使用 ping 命令进行测试。PC1 和 PC2 虽然连接在同一个行政楼 1 楼接入交换机上，但由于在不同的 VLAN 中，无法 ping 通；PC3 和 PC4 类似。PC5 和 PC6 连接在同一个教学楼 1 楼接入交换机上,也在相同的 VLAN 中,可以 ping 通; PC7 和 PC8、PC9 和 PC10、PC11 和 PC12 类似。3 台服务器连接在同一个网管机房服务器接入交换机上,也在同一个 VLAN 中,可以 ping 通。

10.4 实验 2 校园网汇聚层和核心层的构建和配置

本实验主要关注校园网的汇聚层和核心层,完成网络聚合能力和内部路由能力的构建。

10.4.1 设备选择和汇聚层、核心层构建

(1) 在设备类型库中选择 Network Devices→Switches→PT-Empty,选择型号为 PT-Empty 的交换机,拖放 3 台分别作为行政楼、教学楼、学生宿舍的汇聚层交换机。需要注意的是,由于对上、对下均需要使用千兆以太网口,所以这里为交换机配置 5 个千兆以太网口。首先关闭设备,然后从模块列表中选择 PT-SWITCH-NM-1CGE 模块,拖放到右侧的设备背板接口中即可,然后再打开设备,与 10.3 节一样。

(2) 在设备类型库中选择 Network Devices→Switches→3650-24PS,选择型号为 3650-24PS 的交换机作为核心层交换机。需要注意的是,此交换机目前还没有电源模块,需要进行添加。从图 10-8 窗口左侧的列表中选择 AC-POWER-SUPPLY 模块,拖放到右侧的设备背板接口中即可。

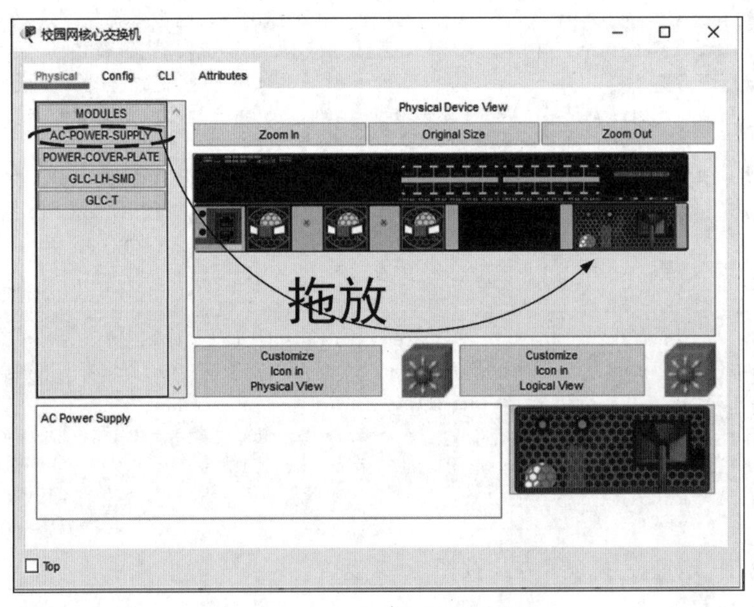

图 10-8 为核心交换机添加电源模块

(3) 在设备类型库中选择 Connections→Connections→Copper Cross-Over,选择交叉双绞线,将汇聚层交换机与对应的接入交换机,以及核心层交换机连接起来。

在经过相应的命名之后,得到图 10-9 所示的网络结构图。

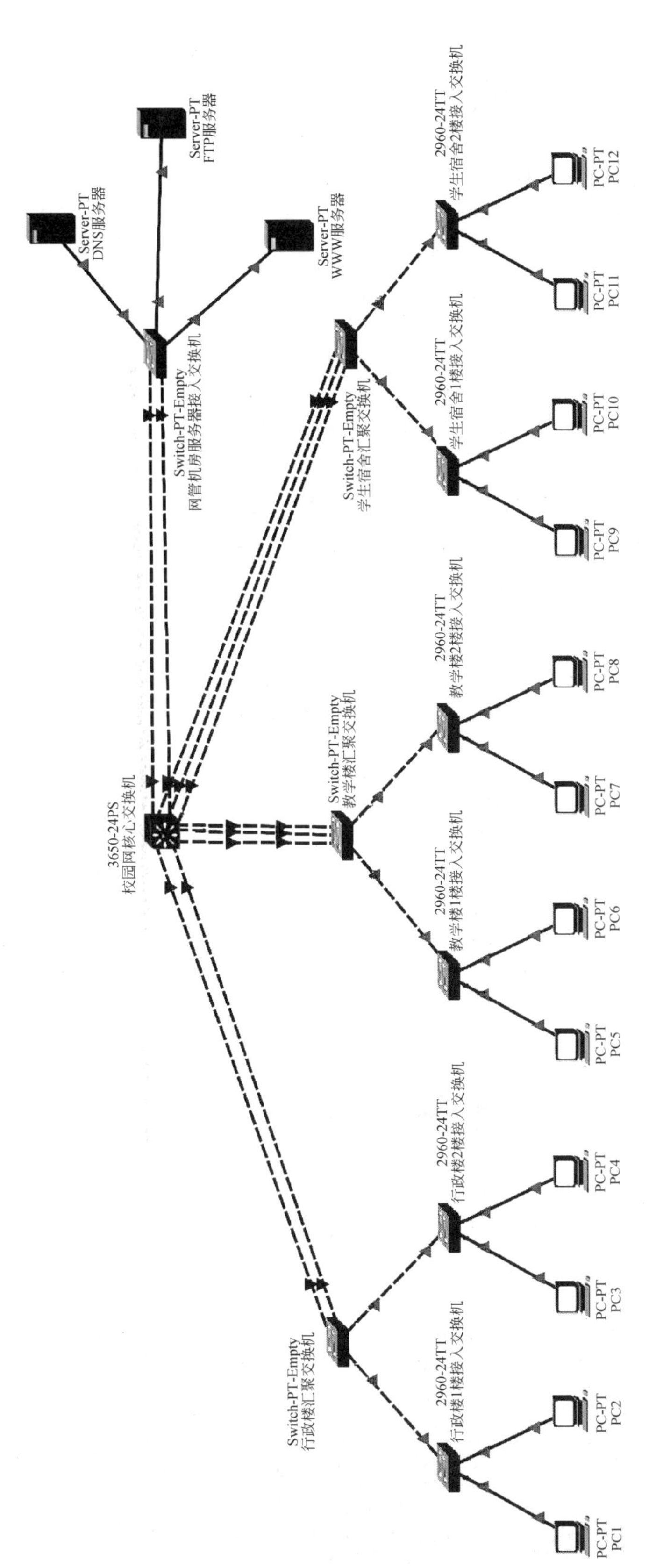

图 10-9 汇聚层和核心层构建

10.4.2 汇聚层聚合能力设置

汇聚层交换机的聚合能力对下体现为对所在建筑所有接入交换机的汇聚，提供不同楼层间同一 VLAN 内的通信能力；对上进行链路的聚合，保证有足够的联接带宽。这里特殊的是网管机房服务器接入交换机，由于网络机房服务器区没有汇聚交换机，所以这里直接把相应的接入交换机连接到核心交换机上。

1. 行政楼汇聚交换机设置

在前面对行政楼的两台接入交换机进行 VLAN 配置后，由于行政楼 1 楼、2 楼的接入交换机上均有 VLAN 划分，并且接入交换机的上联端口已设置为 Tag 模式，所以需要将行政楼汇聚交换机的对应下联 gig 0/1 端口和 gig 1/1 端口设置为 Tag 端口。同时，为确保链路备份，将上联校园网核心交换机的 gig 8/1 端口和 gig 9/1 端口设置为 Tag 端口，并将两者设置为一个聚合口。同时，由于要实现跨汇聚交换机的相同 VLAN 终端之间的通信，还要在行政楼汇聚交换机上创建对应的 VLAN，即 VLAN 10 和 VLAN 20。行政楼汇聚交换机连接拓扑和相关配置如图 10-10 所示。

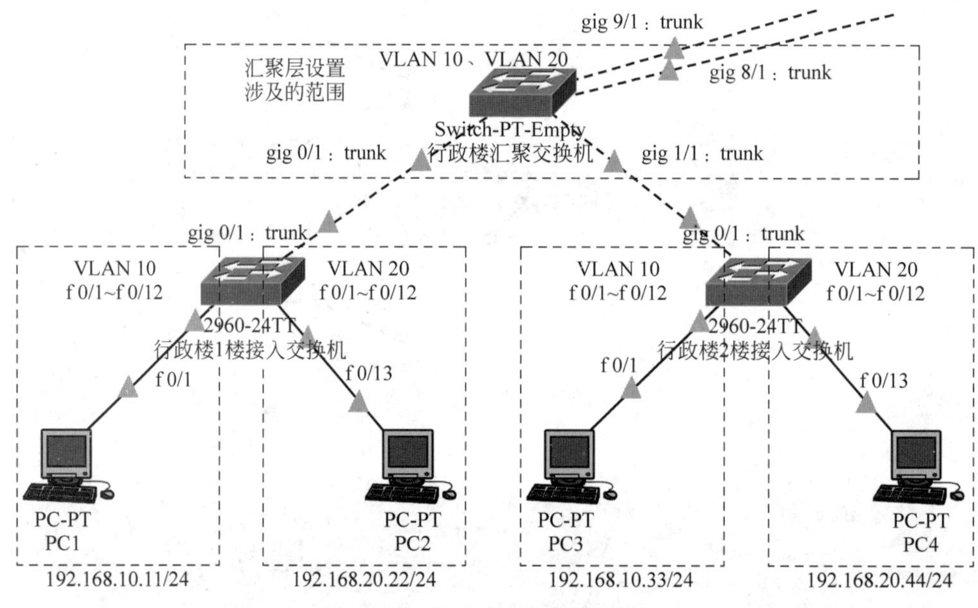

图 10-10 行政楼汇聚交换机设置

行政楼汇聚交换机的设置如下。

```
Switch>enable                                     (进入特权模式)
Password:                                         (输入密码)
Switch#                                           (显示:已进入特权模式)
Switch#configure terminal                         (进入全局配置模式)
Switch(config)#hostname Switch-XZ-HJ              (将交换机改名为 Switch-XZ-HJ)
Switch-XZ-HJ(config)#VLAN 10                      (创建 VLAN 10)
Switch-XZ-HJ(config-vlan)#                        (显示:已自动进入 VLAN 10 的配置模式)
```

```
Switch-XZ-HJ(config-vlan)#name vlan10-XZ                (给 VLAN 10 命名)
Switch-XZ-HJ(config-vlan)# VLAN 20                      (创建 VLAN 20)
Switch-XZ-HJ(config-vlan)#name vlan20-XZ                (给 VLAN 20 命名)
Switch-XZ-HJ(config-vlan)#exit
Switch-XZ-HJ(config)#interface gig 0/1                  (进入 gig 0/1 的端口配置模式)
Switch-XZ-HJ(config-if)#switchport mode trunk           (将 gig 0/1 端口配置为 trunk 模式)
Switch-XZ-HJ(config-if)# interface gig 1/1              (进入 gig 1/1 的端口配置模式)
Switch-XZ-HJ(config-if)#switchport mode trunk           (将 gig 1/1 端口配置为 trunk 模式)
Switch-XZ-HJ(config-if)# interface gig 8/1              (进入 gig 8/1 的端口配置模式)
Switch-XZ-HJ(config-if)#switchport mode trunk           (将 gig 8/1 端口配置为 trunk 模式)
Switch-XZ-HJ(config-if)# switchport trunk allowed vlan all (允许所有 VLAN 通过 gig 8/1 端口)
Switch-XZ-HJ(config-if)#channel-protocol lacp           (使用 lacp 的链路聚合协议)
Switch-XZ-HJ(config-if)#channel-group 6 mode active     (设置通道组号为 6,且为活动模式)
Creating a port-channel interface Port-channel 6        (显示已创建了通道)
%LINEPROTO-5-UPDOWN: Line protocol on Interface GigabitEthernet7/1, changed state to down
(端口先关闭)
%LINEPROTO-5-UPDOWN: Line protocol on Interface GigabitEthernet7/1, changed state to up
(端口再开启)
Switch-XZ-HJ(config-if)# no shutdown                    (开启通道)
Switch-XZ-HJ(config-if)# interface gig 9/1              (进入 gig 9/1 的端口配置模式)
Switch-XZ-HJ(config-if)#switchport mode trunk           (将 gig 9/1 端口配置为 trunk 模式)
Switch-XZ-HJ(config-if)# switchport trunk allowed vlan all (允许所有 VLAN 通过 gig 9/1 端口)
Switch-XZ-HJ(config-if)#channel-protocol lacp           (使用 lacp 的链路聚合协议)
Switch-XZ-HJ(config-if)#channel-group 6 mode active     (设置通道组号为 6,且为活动模式)
Creating a port-channel interface Port-channel 6        (显示已创建了通道)
%LINEPROTO-5-UPDOWN: Line protocol on Interface GigabitEthernet7/1, changed state to down
(端口先关闭)
%LINEPROTO-5-UPDOWN: Line protocol on Interface GigabitEthernet7/1, changed state to up
(端口再开启)
Switch-XZ-HJ(config-if)# no shutdown                    (开启通道)
Switch-XZ-HJ(config-if)# exit                           (退出)
```

此时,位于相同 VLAN 的 PC 之间(PC1 和 PC3、PC2 和 PC4)是可以 ping 通的,而位于不同 VLAN 的 PC 之间则不能 ping 通,如图 10-11 所示。

配置好后,使用 show etherchannel summary 命令,可以查看端口聚合的设置情况。如图 10-12 所示,gig 8/1 和 gig 9/1 两个端口已经被添加到聚合口 6 中,但由于对端并未配置,此时处于 down 状态,即 SD。

2. 教学楼汇聚交换机设置

在前面对教学楼两台接入交换机进行 VLAN 配置后,由于教学楼所有楼层接入交换机均划入 VLAN 30,并且接入交换机的上联端口已设置为 Tag 模式,所以,下面需要将教学楼汇聚交换机的对应下联 gig 0/1 端口和 gig 1/1 端口设置为 Tag 端口。同时,由于教学楼有教学监督的视频监控需要,需要的信道较宽,所以将上联校园网核心交换机的 gig 7/1、gig 8/1 和 gig 9/1 端口设置为 Tag 端口,并将三者设置为一个聚合口。另外,还

图 10-11　行政楼汇聚交换机配置完成后,同一 VLAN 之内已能通信

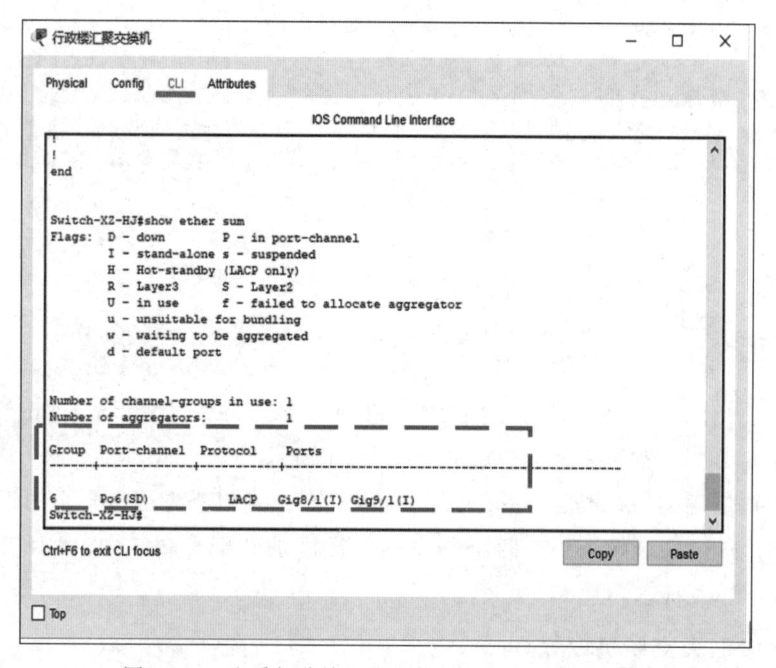

图 10-12　查看行政楼汇聚交换机上的端口聚合情况

要在教学楼汇聚交换机上创建 VLAN 30。教学楼汇聚交换机连接拓扑和相关配置如图 10-13 所示。

连接好之后,教学楼 1 楼和 2 楼接入交换机上连接的计算机相互之间(即 PC5 和 PC6、PC7 和 PC8)是可以 ping 通的,因为它们在同一 VLAN 中,IP 地址也在同一网段中,而且也

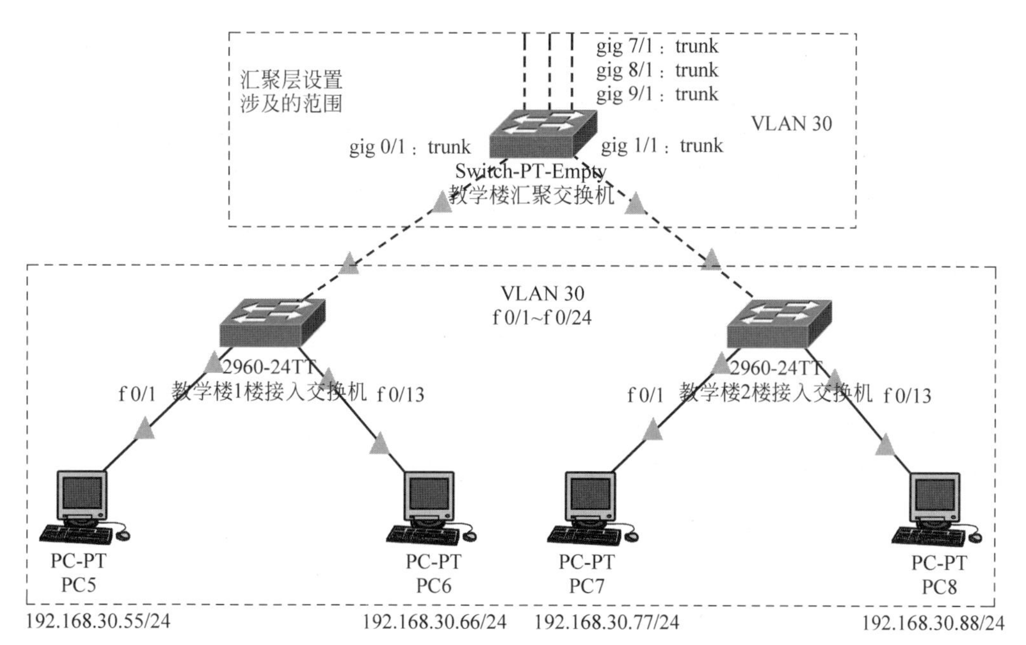

图 10-13　教学楼汇聚交换机设置

接在同一台交换机的不同端口上。但教学楼 1 楼和 2 楼的计算机之间(即 PC5 和 PC7、PC6 和 PC8)不能 ping 通,这是因为教学楼汇聚交换机上还未进行相关配置。

教学楼汇聚交换机设置如下。

```
Switch> enable                                          (进入特权模式)
Password:                                               (输入密码)
Switch#                                                 (显示:已进入特权模式)
Switch# configure terminal                              (进入全局配置模式)
Switch(config)# hostname Switch-JX-HJ                   (将交换机改名为 Switch-JX-HJ)
Switch-JX-HJ(config)# VLAN 30                           (创建 VLAN 30)
Switch-JX-HJ(config-vlan)#                              (显示:已自动进入 VLAN 30 的配置模式)
Switch-JX-HJ(config-vlan)# name vlan30-JX               (给 VLAN 30 命名)
Switch-JX-HJ(config-vlan)# exit
Switch-JX-HJ(config)# interface gig 0/1                 (进入 gig 0/1 的端口配置模式)
Switch-JX-HJ(config-if)# switchport mode trunk          (将 gig 0/1 端口配置为 trunk 模式)
Switch-JX-HJ(config-if)# interface gig 1/1              (进入 gig 1/1 的端口配置模式)
Switch-JX-HJ(config-if)# switchport mode trunk          (将 gig 1/1 端口配置为 trunk 模式)
Switch-JX-HJ(config-if)# interface gig 7/1              (进入 gig 7/1 的端口配置模式)
Switch-JX-HJ(config-if)# switchport mode trunk          (将 gig 7/1 端口配置为 trunk 模式)
Switch-JX-HJ(config-if)# switchport trunk allowed vlan all  (允许所有 VLAN 通过 gig 7/1 端口)
Switch-JX-HJ(config-if)# channel-protocol lacp(使用 lacp 的链路聚合协议)
Switch-JX-HJ(config-if)# channel-group 6 mode active  (设置通道组号为 6,且为活动模式)
Switch-JX-HJ(config-if)# no shutdown                    (开启通道)
Switch-JX-HJ(config-if)# interface gig 8/1              (进入 gig 8/1 的端口配置模式)
Switch-JX-HJ(config-if)# switchport mode trunk          (将 gig 8/1 端口配置为 trunk 模式)
Switch-JX-HJ(config-if)# switchport trunk allowed vlan all  (允许所有 VLAN 通过 gig 8/1 端口)
Switch-JX-HJ(config-if)# channel-protocol lacp(使用 lacp 的链路聚合协议)
Switch-JX-HJ(config-if)# channel-group 6 mode active  (设置通道组号为 6,且为活动模式)
```

```
Switch-JX-HJ(config-if)# no shutdown                    (开启通道)
Switch-JX-HJ(config-if)# interface gig 9/1              (进入 gig 9/1 的端口配置模式)
Switch-JX-HJ(config-if)# switchport mode trunk          (将 gig 9/1 端口配置为 trunk 模式)
Switch-JX-HJ(config-if)# switchport trunk allowed vlan all  (允许所有 VLAN 通过 gig 9/1)
Switch-JX-HJ(config-if)# channel-protocol lacp  (使用 lacp 的链路聚合协议)
Switch-JX-HJ(config-if)# channel-group 6 mode active  (设置通道组号为 6,且为活动模式)
Switch-JX-HJ(config-if)# no shutdown                    (开启通道)
Switch-JX-HJ(config-if)# exit                           (退出)
```

配置好后,教学楼1楼和2楼的计算机之间(即PC5和PC7、PC6和PC8)就能ping通了。然后,可以在教学楼汇聚交换机上使用show etherchannel summary命令,查看端口聚合的设置情况。如图10-14所示,gig 7/1、gig 8/1和gig 9/1端口已经被添加到聚合口6中,但由于对端并未配置,此时处于down状态,即SD。

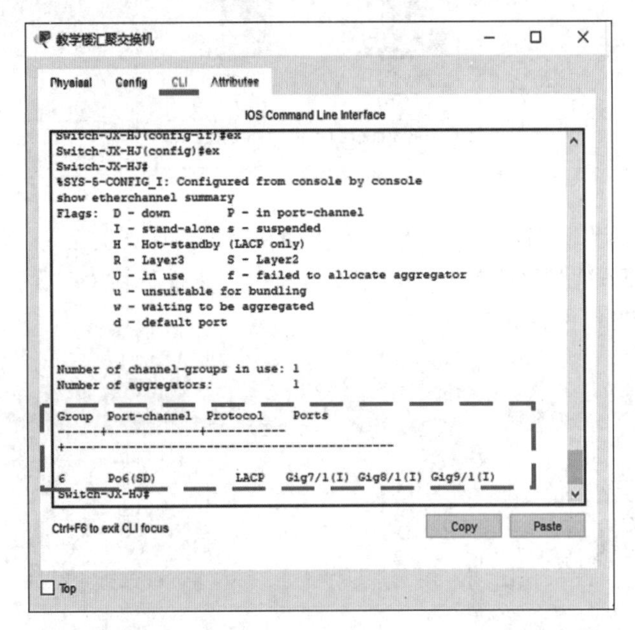

图10-14 查看教学楼汇聚交换机上的端口聚合情况

3. 学生宿舍汇聚交换机设置

在前面对学生宿舍两台接入交换机进行VLAN配置后,由于学生宿舍每层楼设置一个VLAN(1楼和2楼分别使用VLAN 40和VLAN 50),每层楼接入交换机置于对应VLAN中。同时,由于学生宿舍用户多,业务多,流量大,需要信道较宽,所以将上联校园网核心交换机的gig 7/1、gig 8/1和gig 9/1端口设置为Tag端口,并将三者设置为一个聚合口。同时,还要在学生宿舍汇聚交换机上创建VLAN 40和VLAN 50。学生宿舍汇聚交换机连接拓扑和相关配置如图10-15所示。

连接好之后,学生宿舍每层楼的计算机之间(即PC9和PC10、PC11和PC12)是可以ping通的,因为它们在同一VLAN中,IP地址也在同一网段中,而且也接在同一台交换机的不同端口上。但学生宿舍1楼和2楼的计算机之间(即PC9和PC11、PC10和PC12)不能ping通,这是因为学生宿舍汇聚交换机上还未进行相关配置。

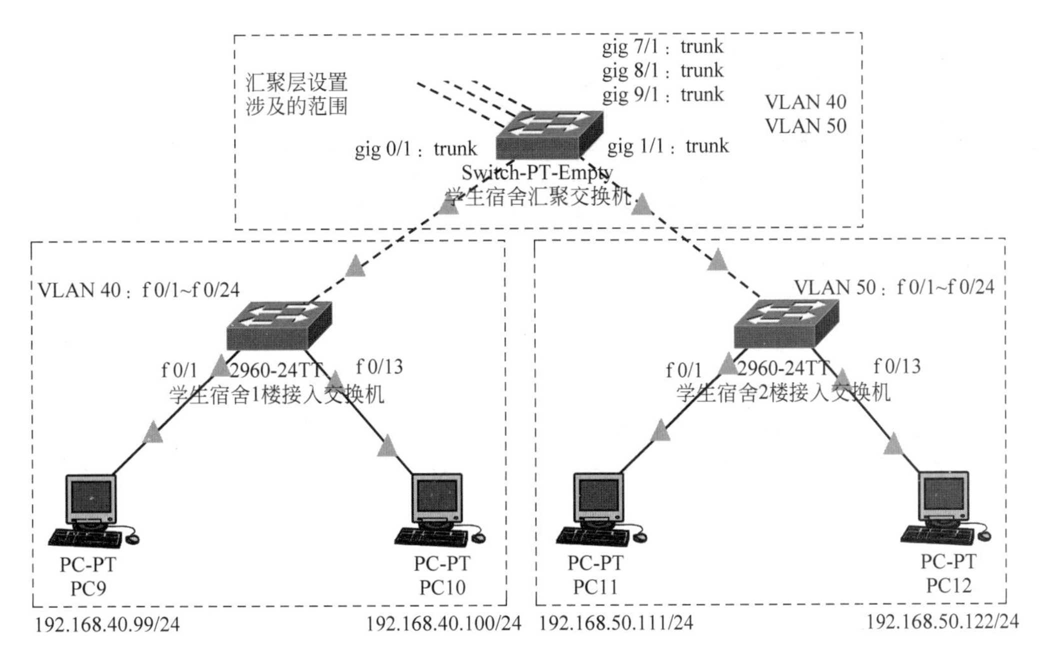

图 10-15　学生宿舍汇聚交换机设置

学生宿舍汇聚交换设置如下。

```
Switch > enable                                     (进入特权模式)
Password:                                           (输入密码)
Switch#                                             (显示:已进入特权模式)
Switch# configure terminal                          (进入全局配置模式)
Switch(config) # hostname Switch - XS - HJ          (将交换机改名为 Switch - XS - HJ)
Switch - XS - HJ(config) # VLAN 40                  (创建 VLAN 30)
Switch - XS - HJ(config - vlan) #                   (显示:已自动进入 VLAN 40 的配置模式)
Switch - XS - HJ(config - vlan) # name vlan40 - XS  (给 VLAN 40 命名)
Switch - XS - HJ(config - vlan) # VLAN 50           (创建 VLAN 50)
Switch - XS - HJ(config - vlan) # name vlan50 - XS  (给 VLAN 50 命名)
Switch - XS - HJ(config - vlan) # exit
Switch - XS - HJ(config) # interface gig 0/1        (进入 gig 0/1 的端口配置模式)
Switch - XS - HJ(config - if) # switchport mode trunk (将 gig 0/1 端口配置为 trunk 模式)
Switch - XS - HJ(config - if) # interface gig 1/1   (进入 gig 1/1 的端口配置模式)
Switch - XS - HJ(config - if) # switchport mode trunk (将 gig 1/1 端口配置为 trunk 模式)
Switch - XS - HJ(config - if) #  interface gig 7/1  (进入 gig 7/1 的端口配置模式)
Switch - XS - HJ(config - if) # switchport mode trunk (将 gig 7/1 端口配置为 trunk 模式)
Switch - XS - HJ(config - if) # switchport trunk allowed vlan all  (允许所有 VLAN 通过 gig 7/1 端口)
Switch - XS - HJ(config - if) # channel - protocol lacp(使用 lacp 的链路聚合协议)
Switch - XS - HJ(config - if) # channel - group 6 mode active  (设置通道组号为 6,且为活动模式)
Switch - XS - HJ(config - if) # no shutdown         (开启通道)
Switch - XS - HJ(config - if) #  interface gig 8/1  (进入 gig 8/1 的端口配置模式)
Switch - XS - HJ(config - if) # switchport mode trunk (将 gig 8/1 端口配置为 trunk 模式)
Switch - XS - HJ(config - if) #  switchport trunk allowed vlan all  (允许所有 VLAN 通过)
Switch - XS - HJ(config - if) # channel - protocol lacp(使用 lacp 的链路聚合协议)
Switch - XS - HJ(config - if) # channel - group 6 mode active  (设置通道组号为 6,且为活动模式)
```

```
Switch-XS-HJ(config-if)# no shutdown                  (开启通道)
Switch-XS-HJ(config-if)# interface gig 9/1            (进入 gig 9/1 的端口配置模式)
Switch-XS-HJ(config-if)#switchport mode trunk         (将 gig 9/1 端口配置为 trunk 模式)
Switch-XS-HJ(config-if)# switchport trunk allowed vlan all   (允许所有 VLAN 通过)
Switch-XS-HJ(config-if)#channel-protocol lacp         (使用 lacp 的链路聚合协议)
Switch-XS-HJ(config-if)#channel-group 6 mode active   (设置通道组号为 6,且为活动模式)
Switch-XS-HJ(config-if)# no shutdown                  (开启通道)
Switch-XS-HJ(config-if)# exit                         (退出)
```

配置好后,学生宿舍 1 楼和 2 楼的计算机之间(即 PC9 和 PC11、PC10 和 PC12)还是不能 ping 通,这是因为 VLAN 之间通信需要使用三层交换机才可以完成。

最后,可以在学生宿舍汇聚交换机上使用 show etherchannel summary 命令,查看端口聚合的设置情况。如图 10-16 所示,gig 7/1、gig 8/1 和 gig 9/1 端口已经被添加到聚合口 6 中,但由于对端并未配置,此时处于 down 状态,即 SD。

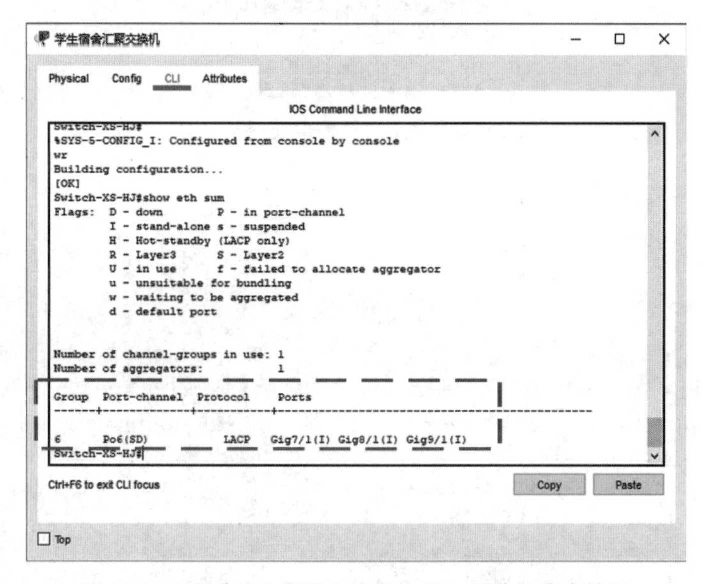

图 10-16 查看学生宿舍汇聚交换机上的端口聚合情况

4. 网管机房服务器接入交换机设置

在本章实验 1 中,已经为网管机房服务器接入交换机接入端口和 VLAN 等进行了配置。下面,为提供备份链接,网管机房服务器接入交换机上联校园网核心交换机依托两条通道,即使用 gig 8/1 和 gig 9/1 端口,构建汇聚端口。网管机房服务器汇聚交换机的连接和端口配置情况如图 10-17 所示。

网管机房服务器接入交换机配置如下。

```
Switch>enable                              (进入特权模式)
Password:                                  (输入密码)
Switch#                                    (显示:已进入特权模式)
Switch#configure terminal                  (进入全局配置模式)
Switch(config)#                            (显示:已进入全局配置模式)
```

```
Switch-WGJF-Serv(config-if)# interface gig 8/1        (进入 gig 8/1 的端口配置模式)
Switch-WGJF-Serv(config-if)# switchport mode trunk    (将 gig 8/1 端口配置为 trunk 模式)
Switch-WGJF-Serv(config-if)# switchport trunk allowed vlan all  (允许所有 VLAN 通过 gig 8/1 端口)
Switch-WGJF-Serv(config-if)# channel-protocol lacp    (使用 lacp 的链路聚合协议)
Switch-WGJF-Serv(config-if)# channel-group 6 mode active  (设置通道组号为 6,为活动模式)
Switch-WGJF-Serv(config-if)# no shutdown              (开启通道)
Switch-WGJF-Serv(config-if)# interface gig 9/1        (进入 gig 9/1 端口的配置模式)
Switch-WGJF-Serv(config-if)# switchport mode trunk    (将 gig 9/1 端口配置为 trunk 模式)
Switch-WGJF-Serv(config-if)# switchport trunk allowed vlan all  (允许所有 VLAN 通过 gig 9/1 端口)
Switch-WGJF-Serv(config-if)# channel-protocol lacp(使用 lacp 的链路聚合协议)
Switch-WGJF-Serv(config-if)# channel-group 6 mode active  (设置通道组号为 6,为活动模式)
Switch-WGJF-Serv(config-if)# no shutdown              (开启通道)
Switch-WGJF-Serv(config-if)# exit                     (退出)
```

各服务器 IP 地址按图 10-17 设置。此时,各服务器之间是可以 ping 通的。

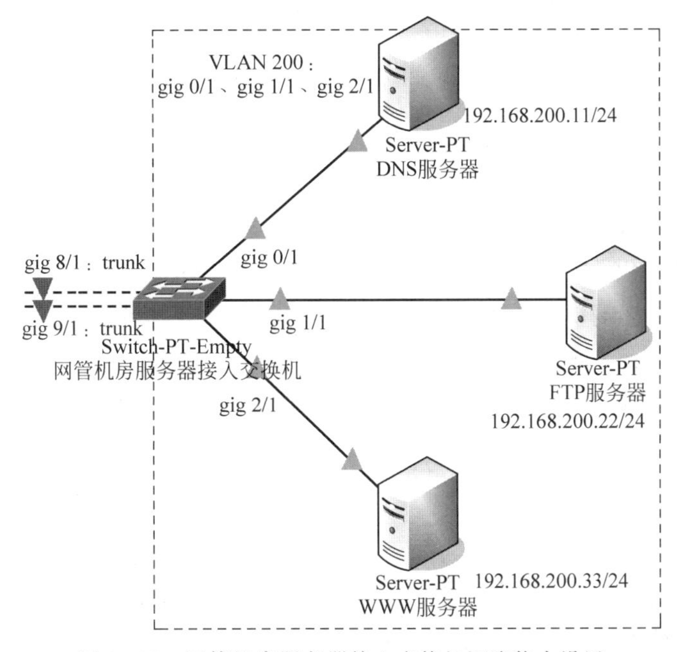

图 10-17 网管机房服务器接入交换机汇聚能力设置

最后,可以在网管机房服务器接入交换机上使用 show etherchannel summary 命令,查看端口聚合的设置情况。如图 10-18 所示,gig 8/1 和 gig 9/1 端口已经被添加到聚合口 6 中,但由于对端并未配置,此时处于 down 状态,即 SD。

10.4.3 核心层聚合和路由能力设置

校园网核心层主要就是"校园网核心交换机",主要完成各区域汇聚交换机的 VLAN 交汇,提供链路聚合的信道扩容和备份,同时通过路由方式实现各个 VLAN 之间的三层通信。

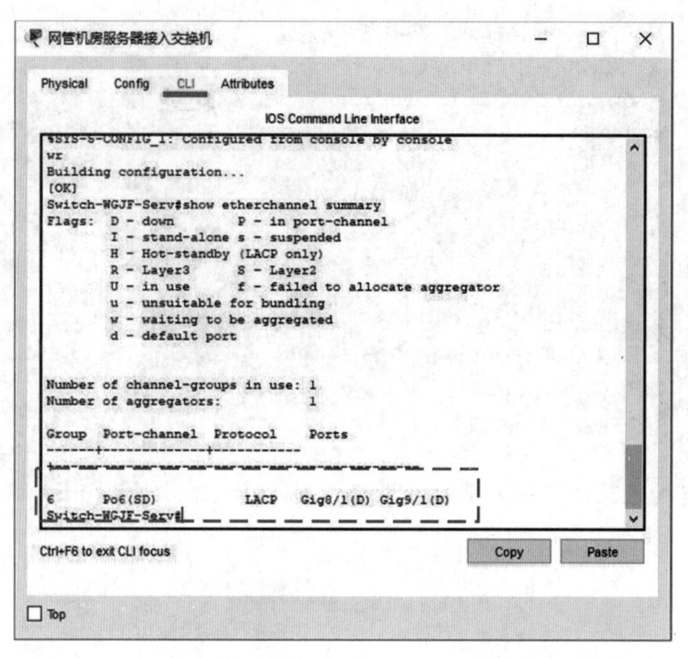

图 10-18 查看网管机房服务器接入交换机上的端口聚合情况

1. 各区域汇聚交换机的链路聚合

根据前面汇聚层交换机的链路聚合情况，校园网核心交换机上需要设置 4 组聚合口，即 gig1/0/1 和 gig1/0/2 端口组合为聚合口 1，对应于行政楼汇聚交换机；gig1/0/3、gig1/0/4 和 gig1/0/5 端口组合为聚合口 2，对应于教学楼汇聚交换机；gig1/0/6、gig1/0/7 和 gig1/0/8 端口组合为聚合口 3，对应于学生宿舍汇聚交换机；gig1/0/9 和 gig1/0/10 端口组合为聚合口 6，对应于网管机房服务器汇聚交换机。相关配置如下。

```
Switch>enable                                                  (进入特权模式)
Password:                                                      (输入密码)
Switch#                                                        (显示:已进入特权模式)
Switch#configure terminal                                      (进入全局配置模式)
Switch(config)#                                                (显示:已进入全局配置模式)
Switch(config)#hostname Switch-Core                            (将交换机改名为 Switch-Core)
Switch-Core(config)#interface range gig 1/0/1-2  (进入组配置状态,gig 1/0/1 和 gig 1/0/2
端口加入同一组)
Switch-Core(config-if-range)switch trunk encapsulation dot1q  (设定交换机端口中继链接
封装协议是 802.11q)
Switch-Core(config-if-range)#switchport mode trunk     (将该组设置为 Tag 模式)
Switch-Core(config-if-range)#switchport trunk allowed vlan all  (允许所有的 VLAN 通过)
Switch-Core(config-if-range)#channel-protocol lacp  (使用 lacp 的链路聚合协议)
Switch-Core(config-if-range)#channel-group 1 mode active  (设置通道组号为 1,活动模式)
Creating a port-channel interface Port-channel 1               (显示已创建了通道)
Switch-Core(config-if-range)#no shutdown                       (开启该通道)
Switch-Core(config-if-range)#interface range gig 1/0/3-5  (进入组配置状态,gig 1/0/3～
gig 1/0/5 端口加入同一组)
```

```
Switch-Core(config-if-range)#switch trunk encapsulation dot1q  (设定端口中继链接封装协议是 IEEE 802.11q)
Switch-Core(config-if-range)#switchport mode trunk            (将该组设置为 Tag 模式)
Switch-Core(config-if-range)#switchport trunk allowed vlan all  (允许所有的 VLAN 通过)
Switch-Core(config-if-range)#channel-protocol lacp            (使用 lacp 的链路聚合协议)
Switch-Core(config-if-range)#channel-group 2 mode active      (设置通道组号为 2,活动模式)
Creating a port-channel interface Port-channel 2              (显示已创建了通道)
Switch-Core(config-if-range)#no shutdown                      (开启该通道)
Switch-Core(config-if-range)#interface range gig 1/0/6-8 (进入组配置状态,将 gig 1/0/6~gig1/0/8 端口加入同一个组)
Switch-Core(config-if-range)#switch trunk encapsulation dot1q(设定端口中继链接封装协议是 802.11q)
Switch-Core(config-if-range)#switchport mode trunk            (将该组设置为 Tag 模式)
Switch-Core(config-if-range)#switchport trunk allowed vlan all  (允许所有的 VLAN 通过)
Switch-Core(config-if-range)#channel-protocol lacp            (使用 lacp 的链路聚合协议)
Switch-Core(config-if-range)#channel-group 3 mode active      (设置通道组号为 3,活动模式)
Creating a port-channel interface Port-channel 3              (显示已创建了通道)
Switch-Core(config-if-range)#no shutdown                      (开启该通道)
Switch-Core(config-if-range)#interface range gig 1/0/9-10(进入组配置状态,将 gig 1/0/9 和 gig 1/0/10 端口加入同一个组)
Switch-Core(config-if-range)#switch trunk encapsulation dot1q(设定端口中继链接封装协议是 IEEE 802.11q)
Switch-Core(config-if-range)#switchport mode trunk            (将该组设置为 Tag 模式)
Switch-Core(config-if-range)#switchport trunk allowed vlan all  (允许所有的 VLAN 通过)
Switch-Core(config-if-range)#channel-protocol lacp            (使用 lacp 的链路聚合协议)
Switch-Core(config-if-range)#channel-group 6 mode active      (设置通道组号为 6,活动模式)
Creating a port-channel interface Port-channel 6              (显示已创建了通道)
Switch-Core(config-if-range)#no shutdown                      (开启该通道)
Switch-Core(config-if-range)#exit                             (退出)
```

使用 show etherchannel summary 命令查看校园网核心交换机的端口聚合情况,如图 10-19 所示。

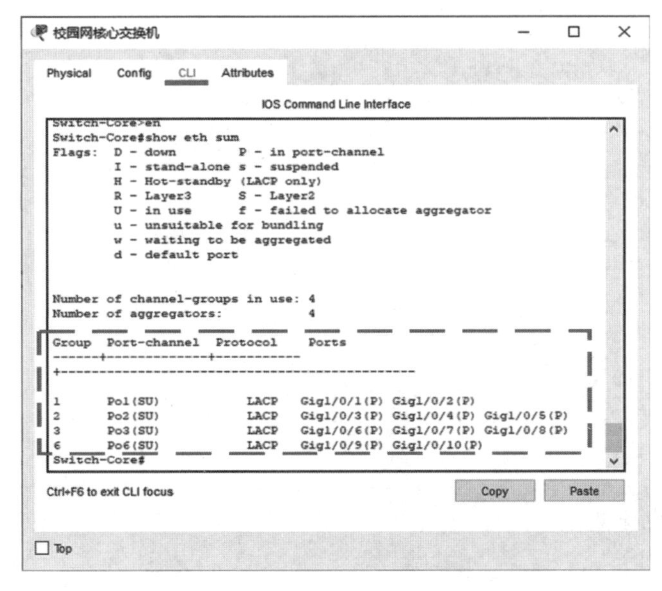

图 10-19 校园网核心交换机的端口聚合情况

此时,所有端口聚合全部显示为 SU,表示工作正常。从图 10-19 的结果中也可以看出,聚合链路两端的链路号可以不相同。

2. 构建 VLAN 并开通路由功能

根据前面接入层交换机的 VLAN 设置情况,校园网核心交换机上需要设置开通对应的 VLAN,并配置相应的虚拟端口,为接入终端提供网关,最终开通校园网核心交换机的路由功能,提供整个校园网的路由能力。相关配置如下。

```
Switch-Core>enable                                    (进入特权模式)
Password:                                             (输入密码)
Switch-Core#                                          (显示:已进入特权模式)
Switch-Core#configure terminal                        (进入全局配置模式)
Switch-Core(config)#VLAN 10                           (创建 VLAN 10)
Switch-Core(config-vlan)#                             (显示:已自动进入 VLAN 10 的配置模式)
Switch-Core(config-vlan)#name vlan10-XZ               (给 VLAN 10 命名为 vlan10-XZ)
Switch-Core(config-vlan)#exit                         (退出 VLAN 10 配置模式)
Switch-Core(config)#interface VLAN 10                 (进入 VLAN 10 配置)
Switch-Core(config-if)#ip address 192.168.10.254 255.255.255.0  (配置虚拟端口 VLAN 10
的 IP 地址和子网掩码)
Switch-Core(config-if)# exit                          (退出)
Switch-Core(config)#VLAN 20                           (创建 VLAN 20)
Switch-Core(config-vlan)#name vlan20-XZ               (给 VLAN 20 命名为 vlan20-XZ)
Switch-Core(config-vlan)#exit                         (退出 VLAN 20 配置模式)
Switch-Core(config)#interface VLAN 20                 (进入 VLAN 20 配置)
Switch-Core(config-if)#ip address 192.168.20.254 255.255.255.0  (配置虚拟端口 VLAN 20
的 IP 地址和子网掩码)
Switch-Core(config-if)#exit                           (退出)
Switch-Core(config)#VLAN 30                           (创建 VLAN 30)
Switch-Core(config-vlan)#name vlan30-JX               (给 VLAN 30 命名为 vlan30-JX)
Switch-Core(config-vlan)#exit                         (退出 VLAN 30 配置模式)
Switch-Core(config)#interface VLAN 30                 (进入 VLAN 30 配置)
Switch-Core(config-if)#ip address 192.168.30.254 255.255.255.0  (配置虚拟端口 VLAN 30
的 IP 地址和子网掩码)
Switch-Core(config-if)#exit                           (退出)
Switch-Core(config)#VLAN 40                           (创建 VLAN 40)
Switch-Core(config-vlan)#name vlan40-XS               (给 VLAN 40 命名为 vlan40-XS)
Switch-Core(config-vlan)#exit                         (退出 VLAN 40 配置模式)
Switch-Core(config)#interface VLAN 40                 (进入 VLAN 40 配置)
Switch-Core(config-if)#ip address 192.168.40.254 255.255.255.0  (配置虚拟端口 VLAN 40
的 IP 地址和子网掩码)
Switch-Core(config-if)#exit                           (退出)
Switch-Core(config)#VLAN 50                           (创建 VLAN 50)
Switch-Core(config-vlan)#name vlan50-XS               (给 VLAN 50 命名为 vlan50-XS)
Switch-Core(config-vlan)#exit                         (退出 VLAN 50 配置模式)
Switch-Core(config)#interface VLAN 50                 (进入 VLAN 50 配置)
Switch-Core(config-if)#ip address 192.168.50.254 255.255.255.0  (配置虚拟端口 VLAN 50
的 IP 地址和子网掩码)
Switch-Core(config-if)#exit                           (退出)
Switch-Core(config)#VLAN 200                          (创建 VLAN 200)
```

```
Switch-Core(config-vlan)#name vlan200- WGJF-Servs (VLAN 200 命名)
Switch-Core(config-vlan)#exit                    (退出 VLAN 200 配置模式)
Switch-Core(config)#interface VLAN 200           (进入 VLAN 200 配置)
Switch-Core(config-if)#ip address 192.168.200.254 255.255.255.0  (配置 VLAN 200 的 IP 地
址和子网掩码)
Switch-Core(config-if)# exit                     (退出)
Switch-Core(config)#ip routing                   (开启三层交换机的路由功能)
```

10.4.4　结果验证

此时,在 PC1 上 ping 其他 PC 和服务器,已全部可以 ping 通,如图 10-20 所示。

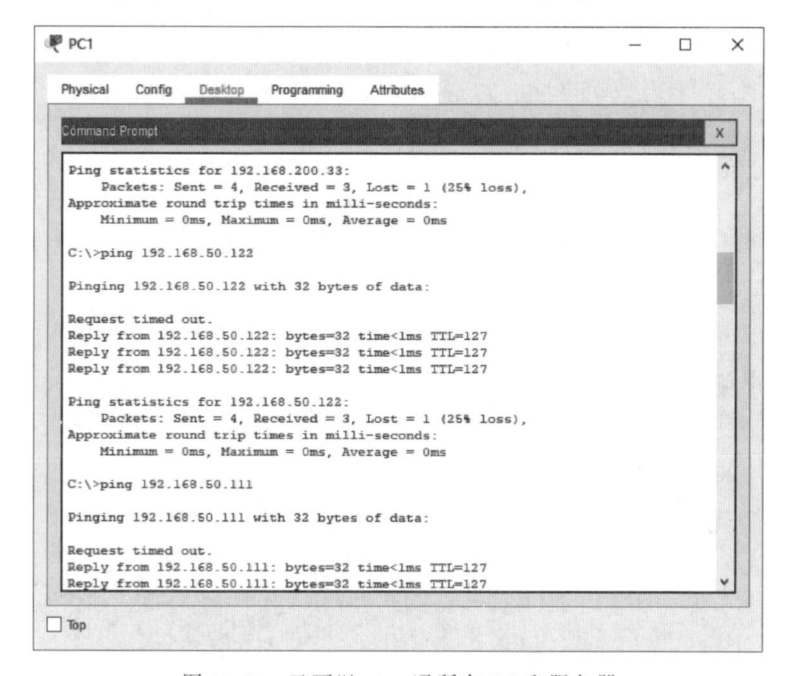

图 10-20　已可以 ping 通所有 PC 和服务器

10.5　实验 3　校园网出口路由的配置

在本书假想的校园网项目中,前面的两个实验中已经完成了交换机配置,本节主要进行路由器的配置,以完成出口通路和内部资源的路由访问。

10.5.1　校园网出口路由拓扑的构建

作为互联互通的网络,校园网是不能与外界网络隔离开的,因为校园网本身的资源要向外提供,校园网内的终端也要访问外部资源。因此,在核心层交换机上连接一个出口路由器,同时,部署一个路由器、一个交换机和两台服务器模拟外部网络。而在校园网内部和外部均采用动态路由协议实现路由信息的动态传播,保障网络性能和路由可用性。校园网出口路由在Packet Tracer软件中的构建情况如下。

(1) 在设备类型库中选择Network Devices→Routers→2911,选择型号为2911的路由器,拖放两台分别作为校园网出口路由器和外部网路由器。

(2) 在设备类型库中选择Network Devices→Switches→2960,选择型号为2960的交换机,作为外部网的交换机。

(3) 在设备类型库中选择End Devices→End Devices→Server,选择一台服务器,代表外部网的WWW服务器。

(4) 在设备类型库中选择End Devices→End Devices→PC,选择一台PC,代表外部网的计算机。

(5) 在设备类型库中选择Connections→Connections→Copper Straight-Through,选择直连双绞线,将外部网的PC、服务器、对应接入交换机和外部网路由器连接起来。

(6) 在设备类型库中选择Connections→Connections→Copper Cross-Over,选择交叉双绞线,将外部网路由器与校园网出口路由器连接起来。

构建好后的情况如图10-21所示。

10.5.2 实验步骤

根据前述IP地址规划,假定学校向Internet服务提供商租用了210.28.180.0/24子网中的20个IP地址(范围为210.28.180.1～210.28.180.20)。所以,在本实验中,校园网出口路由器g 0/1端口使用210.28.180.10/24,而外部网路由器g 0/1端口使用210.28.180.20/24。

在校园网核心交换机上进行接口设置。

```
Switch-Core# configure terminal                              (进入全局配置模式)
Switch-Core(config)# int g 1/0/24
Switch-Core(config-if)# no switchport                        (将g 1/0/24端口设置为三层端口)
Switch-Core(config-if)# ip address 192.168.1.1 255.255.255.252  (配置端口的IP地址)
Switch-Core(config-if)# no shutdown
Switch-Core(config-if)# end
Switch-Core#
```

在校园网出口路由器上进行接口设置。

```
Router# configure terminal                                          (进入全局配置模式)
Router(config)# hostname Router-Out                                 (设置出口路由器的名字)
Router-Out(config)# int g 0/0
Router-Out(config-if)# ip address 192.168.1.2 255.255.255.252 (配置端口的IP地址)
Router-Out(config-if)# no shutdown
Router-Out(config-if)# int g 0/1
Router-Out(config-if)# ip address 210.28.180.10 255.255.255.0 (配置端口的IP地址)
Router-Out(config-if)# no shutdown
Router-Out(config-if)# end
Router-Out#
```

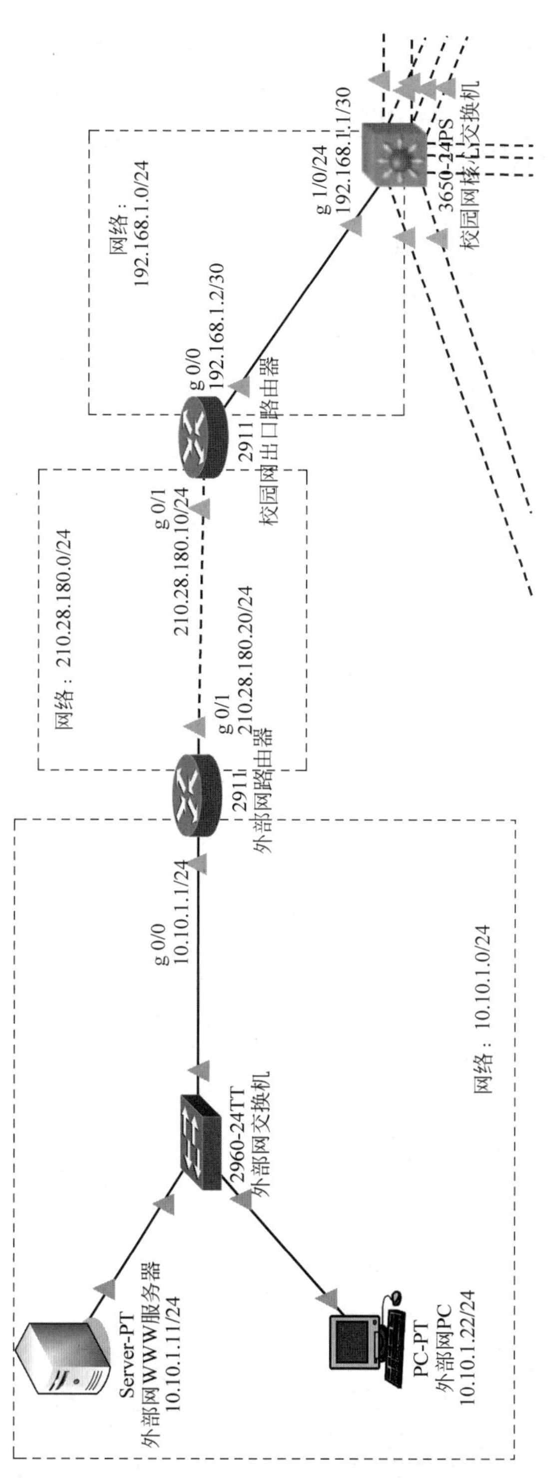

Server-PT
外部网WWW服务器
10.10.1.11/24
PC-PT
外部网PC
10.10.1.22/24
2960-24TT
外部网交换机
网络：10.10.1.0/24
g 0/0
10.10.1.1/24
2911
外部网路由器
g 0/1
210.28.180.20/24
网络：210.28.180.0/24
g 0/1
210.28.180.10/24
2911
校园网出口路由器
g 0/0
192.168.1.2/30
网络：
192.168.1.0/24
g 1/0/24
192.168.1.1/30
3650-24PS
校园网核心交换机

图 10-21　校园网出口路由配置

在外部网路由器上进行接口设置。

```
Router#configure terminal           (进入全局配置模式)
Router(config)#hostname Router-E (设置外部路由器的名字)
Router-E(config)#int g 0/0
Router-E(config-if)#ip address 10.10.1.1 255.255.255.0  (配置端口的 IP 地址)
Router-E(config-if)#no shutdown
Router-E(config-if)#int g 0/1
Router-E(config-if)#ip address 210.28.180.20 255.255.255.0  (配置端口的 IP 地址)
Router-E(config-if)#no shutdown
Router-E(config-if)#end
```

在校园网核心交换机上配置 RIP v2 路由协议,由于在前面已经用 ip routing 命令启用了 IP 路由协议,所以这里只进行 RIP v2 路由协议的设置即可。

```
Switch-Core#configure terminal           (进入全局配置模式)
Switch-Core(config)#router rip           (启用 RIP 路由协议)
Switch-Core(config-router)#network 192.168.1.0
Switch-Core(config-router)#network 192.168.10.0
Switch-Core(config-router)#network 192.168.20.0
Switch-Core(config-router)#network 192.168.30.0
Switch-Core(config-router)#network 192.168.40.0
Switch-Core(config-router)#network 192.168.50.0
Switch-Core(config-router)#network 192.168.200.0
Switch-Core(config-router)#version 2
Switch-Core(config-router)#end
Switch-Core#
```

在校园网出口路由器上配置 RIP v2 路由协议。

```
Router-Out#conf t
Router-Out(config)#ip routing               (启用 IP 路由协议)
Router-Out(config)#router rip               (启用 RIP 路由协议)
Router-Out(config-router)#network 210.28.180.0
Router-Out(config-router)#network 192.168.1.0
Router-Out(config-router)#version 2
Router-Out(config-router)#end
```

在外部网路由器上配置 RIP v2 路由协议。

```
Router-E#conf t
Router-E(config)#ip routing           (启用 IP 路由协议)
Router-E(config)#router rip           (启用 RIP 路由协议)
Router-E(config-router)#network 210.28.180.0
Router-E(config-router)#network 10.10.1.0
Router-E(config-router)#version 2
Router-E(config-router)#end
```

10.5.3　结果验证

（1）使用 show ip route 命令查看校园网核心交换机的路由配置信息，结果如图 10-22 所示。

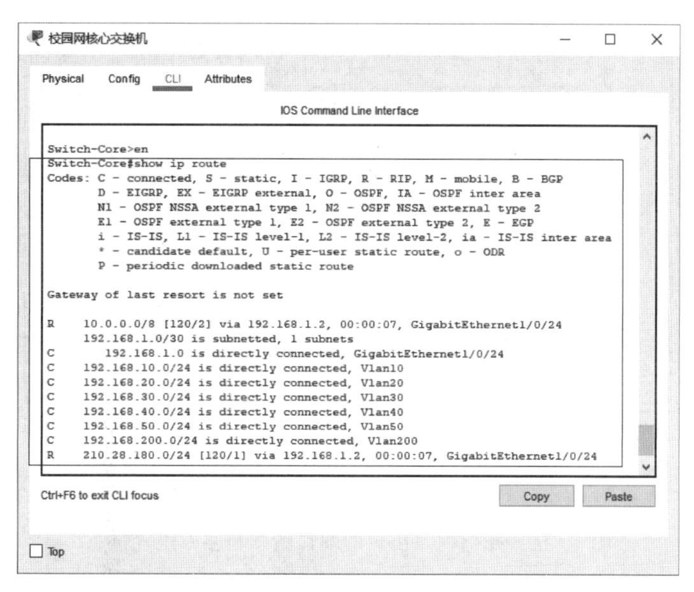

图 10-22　校园网核心交换机的路由配置信息

（2）使用 show ip route 命令查看校园网出口路由器的端口配置和路由配置信息，结果如图 10-23 所示。

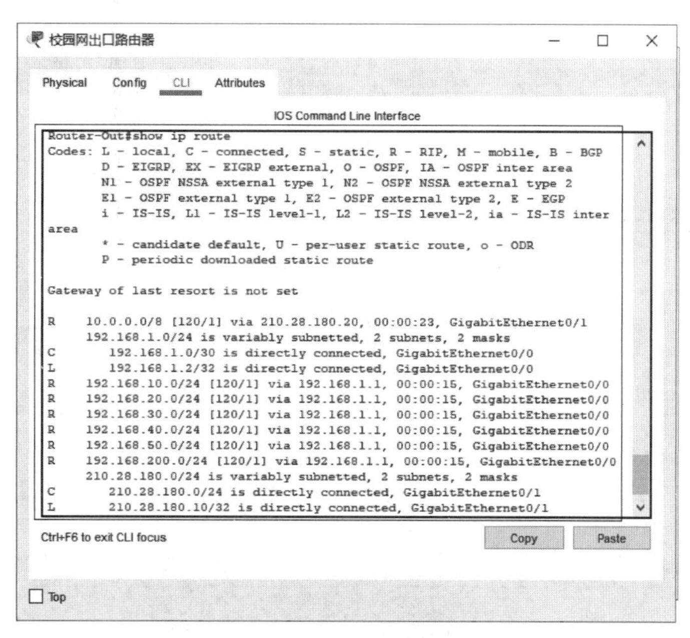

图 10-23　校园网出口路由器的端口状态和路由配置信息

(3) 使用 show ip route 命令查看外部网路由器的端口状态和路由配置信息,结果如图 10-24 所示。

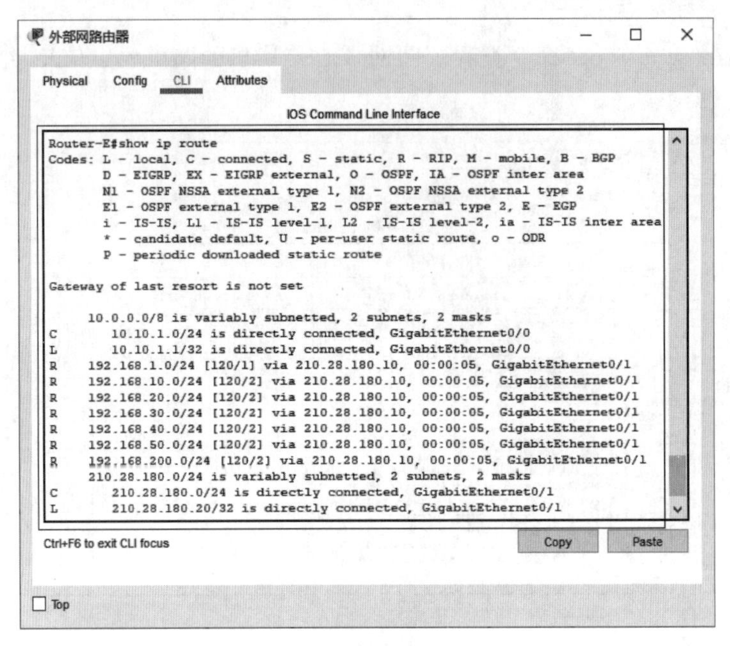

图 10-24 外部网路由器的端口状态和路由配置信息

(4) 连通性测试。将外部网和校园网内的所有终端的 IP 地址、子网掩码和网关都配置好后,在外部网 PC 上利用 ping 命令测试校园网内所有子网某个终端的连通性。如图 10-25 所示,都是连通的。同样,在内部网上 ping 外部网 PC,也是连通的,不再赘述。

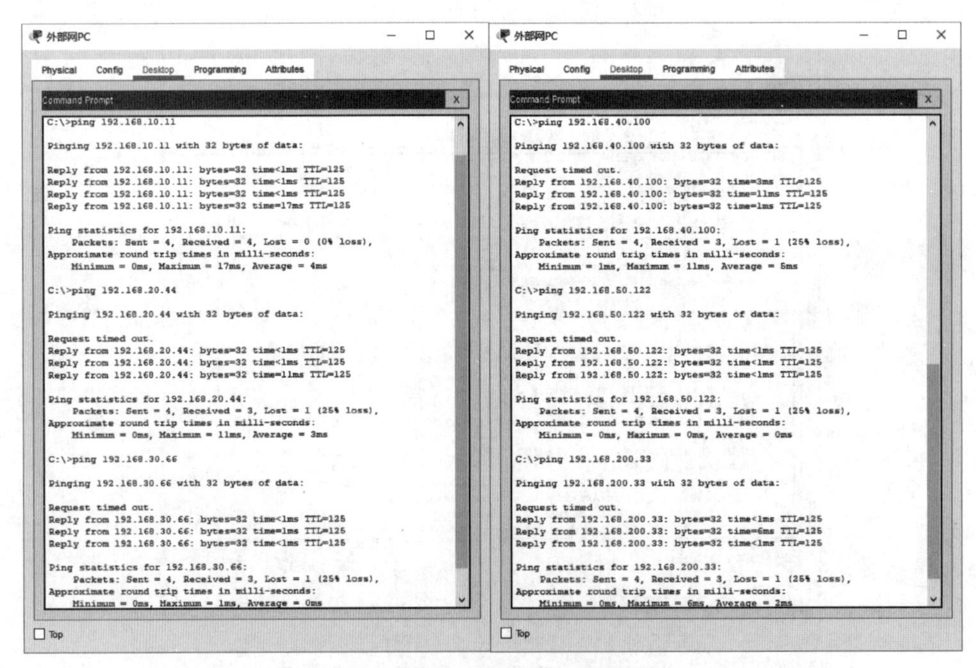

图 10-25 在外部网 PC 上测试与校园网内所有子网某个终端的连通性

10.6　实验4　校园网的整体配置

在本章前3个实验中，在假想的校园网项目中已经完成了交换机、出口路由配置，本节主要进行校园网内终端的动态网络参数的自动配置、交换机生成树配置、出口路由器NAT配置，以及WWW服务器和DNS服务器的配置，实现校园网内部正常运行的同时，做到与外部网的适当隔离。

10.6.1　校园网终端动态网络参数的自动配置

主要是在校园网核心交换机上配置其DHCP功能，使其能够为校园网内除了服务器区的各个子网提供DHCP服务，注意每个子网IP地址的前10个排除出来备用。

```
Switch-Core>enable
Switch-Core#conf t
Switch-Core(config)#ip dhcp pool network10pool
Switch-Core(dhcp-config)#domain-name network10
Switch-Core(dhcp-config)#network 192.168.10.0 255.255.255.0
Switch-Core(dhcp-config)#default-router 192.168.10.254
Switch-Core(dhcp-config)#dns-server 192.168.200.11
Switch-Core(dhcp-config)#exit
Switch-Core(config)#ip dhcp excluded-address 192.168.10.1 192.168.10.10
Switch-Core(config)#ip dhcp pool network20pool
Switch-Core(dhcp-config)#domain-name network20
Switch-Core(dhcp-config)#network 192.168.20.0 255.255.255.0
Switch-Core(dhcp-config)#default-router 192.168.20.254
Switch-Core(dhcp-config)#dns-server 192.168.200.11
Switch-Core(dhcp-config)#exit
Switch-Core(config)#ip dhcp excluded-address 192.168.20.1 192.168.20.10
Switch-Core(config)#ip dhcp pool network30pool
Switch-Core(dhcp-config)#domain-name network30
Switch-Core(dhcp-config)#network 192.168.30.0 255.255.255.0
Switch-Core(dhcp-config)#default-router 192.168.30.254
Switch-Core(dhcp-config)#dns-server 192.168.200.11
Switch-Core(dhcp-config)#exit
Switch-Core(config)#ip dhcp excluded-address 192.168.30.1 192.168.30.10
Switch-Core(config)#ip dhcp pool network40pool
Switch-Core(dhcp-config)#domain-name network40
Switch-Core(dhcp-config)#network 192.168.40.0 255.255.255.0
Switch-Core(dhcp-config)#default-router 192.168.40.254
Switch-Core(dhcp-config)#dns-server 192.168.200.11
Switch-Core(dhcp-config)#exit
Switch-Core(config)#ip dhcp excluded-address 192.168.40.1 192.168.40.10
Switch-Core(config)#ip dhcp pool network50pool
Switch-Core(dhcp-config)#domain-name network50
Switch-Core(dhcp-config)#network 192.168.50.0 255.255.255.0
```

```
Switch-Core(dhcp-config)#default-router 192.168.50.254
Switch-Core(dhcp-config)#dns-server 192.168.200.11
Switch-Core(dhcp-config)#exit
Switch-Core(config)#ip dhcp excluded-address 192.168.50.1 192.168.50.10
Switch-Core(config-if)#end
```

10.6.2 配置校园网 WWW 服务器和 DNS 服务器

配置 WWW 服务器比较简单,双击 WWW 服务器图标,在弹出的对话框中切换至 Services 标签页,然后开启服务器的 HTTP 功能,如图 10-26 所示。

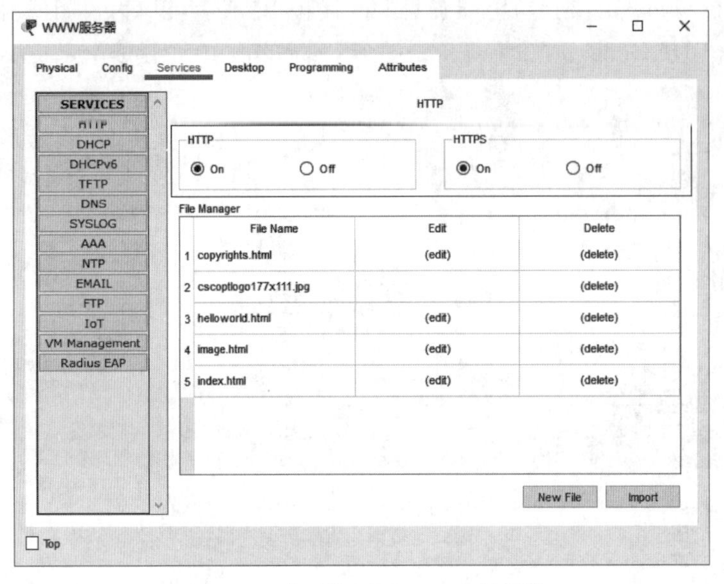

图 10-26 启动校园网 WWW 服务器

此时,在校园网内部网和外部网上的任意终端上,均可使用 http://192.168.200.33 访问 WWW 服务器,如图 10-27 所示。

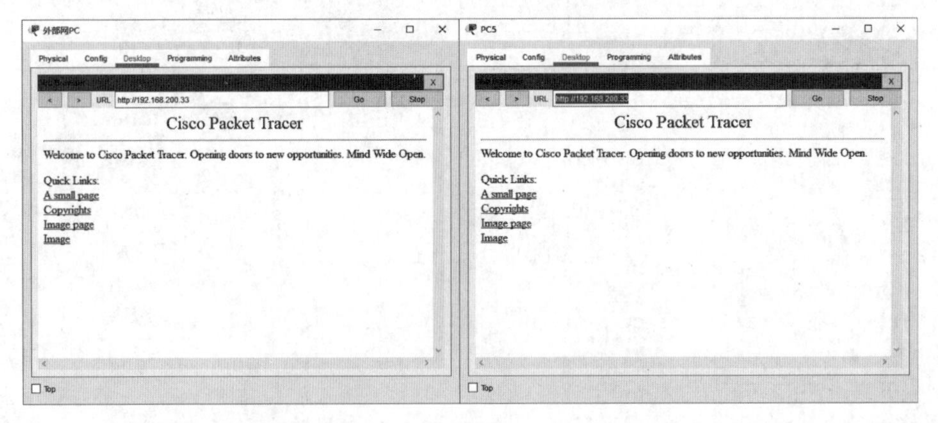

图 10-27 在外部网和校园网的任意终端上均使用 http://192.168.200.33 访问 WWW 服务器

然后，配置校园网的 DNS 服务器。单击 DNS 服务器图标，在弹出的对话框中切换到 Services 标签页，然后开启服务器的 DNS 功能，并添加一条从域名 www. a **** test. com 到 IP 地址 192. 168. 200. 33 的映射，如图 10-28 所示。

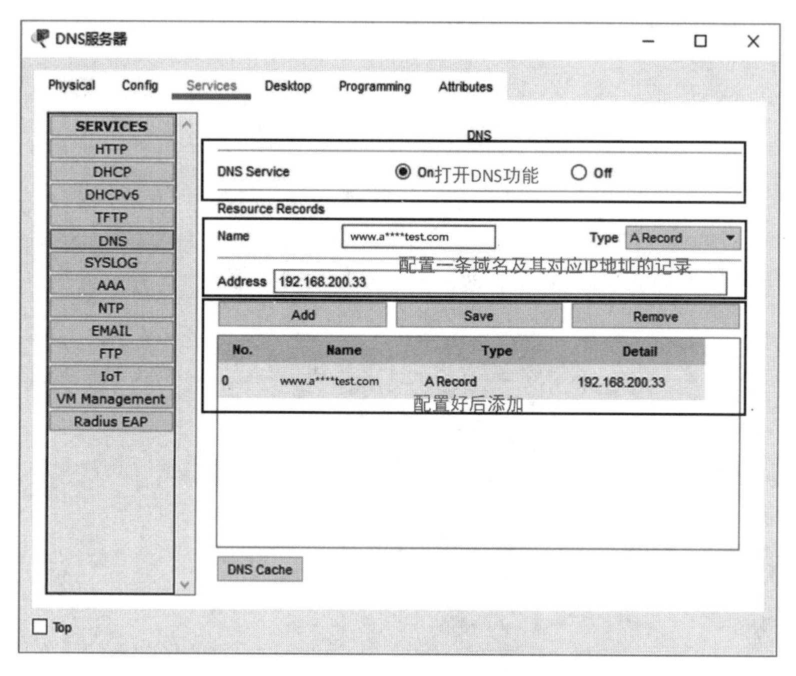

图 10-28　启动并配置校园网 DNS 服务器

此时，在校园网内部网的任意终端上，均可使用 www. a **** test. com 访问 WWW 服务器；但在外部网上，由于其没有配置 DNS 服务器，不能访问此网站（但用 http://192. 168. 200. 33 可以访问），如图 10-29 所示。

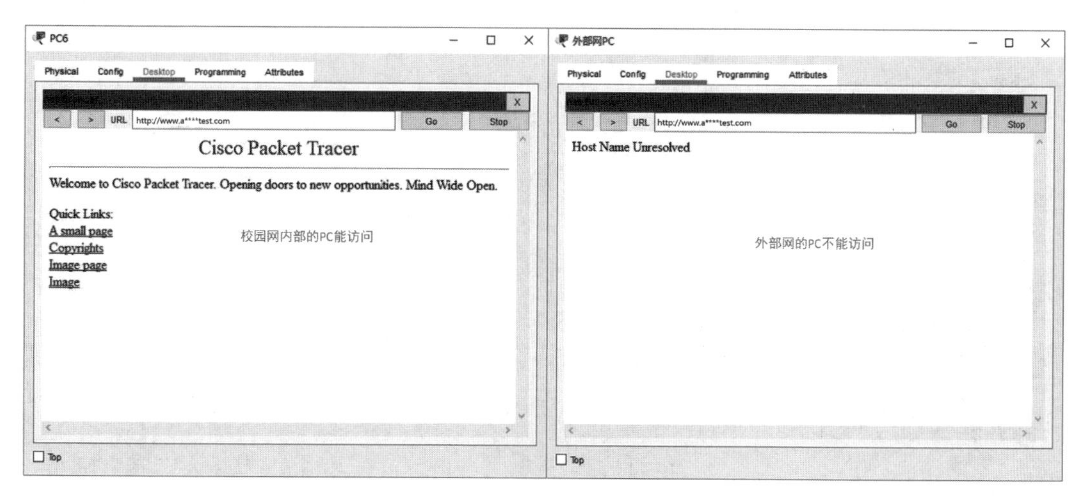

图 10-29　校园网内部能够访问，外部网不能访问

这样就完成了 WWW 服务器和 DNS 服务器的配置。

10.6.3 出口路由器的 NAT 配置

校园网出口路由器的 NAT 配置,主要是要完成出口地址池的建立,使内部终端应用能够使用假定向 ISP 租用的 210.28.180.10～210.28.180.19 范围的地址,确保能够实现端口地址转换。路由器 Router-Out 配置如下。

```
Router-Out(config)# interface gig 0/0
Router-Out(config-if)# ip nat inside            (将 gig 0/0 端口定义为内部端口)
Router-Out(config-if)# exit
Router-Out(config)# interface gig 0/1
Router-Out(config-if)# ip nat outside           (将 gig 0/1 端口定义为外部端口)
Router-Out(config-if)# exit
Router-Out(config)# ip nat pool xiaoyuanOutIPs 210.28.180.10 210.28.180.19 netmask 255.
255.255.0
Router-Out(config)# access-list 10 permit 192.168.10.0 0.0.0.255  (用访问控制列表 10 允
许内部本地地址 192.168.10.0/24 访问)
Router-Out(config)# access-list 20 permit 192.168.20.0 0.0.0.255  (用访问控制列表 20 允
许内部本地地址 192.168.20.0/24 访问)
Router-Out(config)# access-list 30 permit 192.168.30.0 0.0.0.255  (用访问控制列表 30 允
许内部本地地址 192.168.30.0/24 访问)
Router-Out(config)# access-list 40 permit 192.168.40.0 0.0.0.255  (用访问控制列表 40 允
许内部本地地址 192.168.40.0/24 访问)
Router-Out(config)# access-list 50 permit 192.168.50.0 0.0.0.255  (用访问控制列表 50 允
许内部本地地址 192 168.50.0/24 访问)
Router-Out(config)# access-list 60 permit 192.168.200.0 0.0.0.255  (用访问控制列表 60 允
许内部本地地址 192.168.200.0/24 访问)
Router-Out(config)# ip nat inside source list 10 pool xiaoyuanOutIPs overload  (实现内部本
地址 IP 地址与本地全局 IP 地址之间的 PAT 转换)
Router-Out(config)# ip nat inside source list 20 pool xiaoyuanOutIPs overload  (实现内部本
地址 IP 地址与本地全局 IP 地址之间的 PAT 转换)
Router-Out(config)# ip nat inside source list 30 pool xiaoyuanOutIPs overload  (实现内部本
地址 IP 地址与本地全局 IP 地址之间的 PAT 转换)
Router-Out(config)# ip nat inside source list 40 pool xiaoyuanOutIPs overload  (实现内部本
地址 IP 地址与本地全局 IP 地址之间的 PAT 转换)
Router-Out(config)# ip nat inside source list 50 pool xiaoyuanOutIPs overload  (实现内部本
地址 IP 地址与本地全局 IP 地址之间的 PAT 转换)
Router-Out(config)# ip nat inside source list 60 pool xiaoyuanOutIPs overload  (实现内部本
地址 IP 地址与本地全局 IP 地址之间的 PAT 转换)
Router-Out(config)# ip nat inside source static tcp 192.168.200.33 80 210.28.180.11 80  (端
口映射,使得校园网的服务器能够被外部网访问)
Router-Out(config)# end
Router-Out# write memory
```

配置完成后,应该可以在外部网上打开校园网 WWW 服务器的网址了。

10.6.4 校园网生成树协议的配置

另外，在实际应用中，为了防止环路，需要在各个交换机上打开生成树协议。

在行政楼1楼接入交换机上启用生成树协议。

```
Switch-XZ1F>enable                              (进入特权模式)
Password:                                       (输入密码)
Switch-XZ1F #                                   (显示:已进入特权模式)
Switch-XZ1F #configure terminal                 (进入全局配置模式)
Switch-XZ1F(config)#                            (显示:已进入全局配置模式)
Switch-XZ1F(config)#spanning-tree vlan 1        (启用生成树协议)
Switch-XZ1F(config)#exit
```

在行政楼2楼接入交换机上启用生成树协议。

```
Switch-XZ2F>enable                              (进入特权模式)
Password:                                       (输入密码)
Switch-XZ2F #                                   (显示:已进入特权模式)
Switch-XZ2F #configure terminal                 (进入全局配置模式)
Switch-XZ2F(config)#                            (显示:已进入全局配置模式)
Switch-XZ2F(config)#spanning-tree vlan 1        (启用生成树协议)
Switch-XZ2F(config)#exit
```

在行政楼汇聚交换机上启用生成树协议。

```
Switch-XZ-HJ>enable                             (进入特权模式)
Password:                                       (输入密码)
Switch-XZ-HJ #                                  (显示:已进入特权模式)
Switch-XZ-HJ #configure terminal                (进入全局配置模式)
Switch-XZ-HJ(config)#                           (显示:已进入全局配置模式)
Switch-XZ-HJ(config)#spanning-tree vlan 1       (启用生成树协议)
Switch-XZ-HJ(config)#exit
```

在教学楼1楼接入交换机上启用生成树协议。

```
Switch-JX1F>enable                              (进入特权模式)
Password:                                       (输入密码)
Switch-JX1F #                                   (显示:已进入特权模式)
Switch-JX1F #configure terminal                 (进入全局配置模式)
Switch-JX1F(config)#                            (显示:已进入全局配置模式)
Switch-JX1F(config)#spanning-tree vlan 1        (启用生成树协议)
Switch-JX1F(config)#exit
```

在教学楼2楼接入交换机上启用生成树协议。

```
Switch - JX2F > enable                         (进入特权模式)
Password:                                      (输入密码)
Switch - JX2F #                                (显示:已进入特权模式)
Switch - JX2F # configure terminal             (进入全局配置模式)
Switch - JX2F(config) #                        (显示:已进入全局配置模式)
Switch - JX2F(config) # spanning - tree vlan 1 (启用生成树协议)
Switch - JX2F(config) # exit
```

在教学楼汇聚交换机上启用生成树协议。

```
Switch - JX - HJ > enable                         (进入特权模式)
Password:                                         (输入密码)
Switch - JX - HJ #                                (显示:已进入特权模式)
Switch - JX - HJ # configure terminal             (进入全局配置模式)
Switch - JX - HJ(config) #                        (显示:已进入全局配置模式)
Switch - JX - HJ(config) # spanning - tree vlan 1 (启用生成树协议)
Switch - JX - HJ(config) # exit
```

在学生宿舍 1 楼接入交换机上启用生成树协议。

```
Switch - XS1F > enable                          (进入特权模式)
Password:                                       (输入密码)
Switch - XS1F #                                 (显示:已进入特权模式)
Switch - XS1F # configure terminal              (进入全局配置模式)
Switch - XS1F(config) #                         (显示:已进入全局配置模式)
Switch - XS1F(config) # spanning - tree vlan 1  (启用生成树协议)
Switch - XS1F(config) # exit
```

在学生宿舍 2 楼接入交换机上启用生成树协议。

```
Switch - XS2F > enable                          (进入特权模式)
Password:                                       (输入密码)
Switch - XS2F #                                 (显示:已进入特权模式)
Switch - XS2F # configure terminal              (进入全局配置模式)
Switch - XS2F(config) #                         (显示:已进入全局配置模式)
Switch - XS2F(config) # spanning - tree vlan 1  (启用生成树协议)
Switch - XS2F(config) # exit
```

在学生宿舍汇聚交换机上启用生成树协议。

```
Switch - XS - HJ > enable                         (进入特权模式)
Password:                                         (输入密码)
Switch - XS - HJ #                                (显示:已进入特权模式)
Switch - XS - HJ # configure terminal             (进入全局配置模式)
Switch - XS - HJ(config) #                        (显示:已进入全局配置模式)
Switch - XS - HJ(config) # spanning - tree vlan 1 (启用生成树协议)
Switch - XS - HJ(config) # exit
```

在网管机房服务器接入交换机上启用生成树协议。

```
Switch-WGJF-Serv>enable                           (进入特权模式)
Password:                                         (输入密码)
Switch-WGJF-Serv#                                 (显示:已进入特权模式)
Switch-WGJF-Serv#configure terminal               (进入全局配置模式)
Switch-WGJF-Serv(config)#                         (显示:已进入全局配置模式)
Switch-WGJF-Serv(config)#spanning-tree vlan 1     (启用生成树协议)
Switch-WGJF-Serv(config)#exit
```

10.6.5 结果验证

首先,查看校园网内部是否能动态分配网络参数。各个子网内的终端在打开 DHCP 选项后,能够得到网络参数,校园网内的各个终端之间能够 ping 通。并且,由于出口路由并没有变化,还是可以与外部网的服务器 ping 通的,如图 10-30 所示。

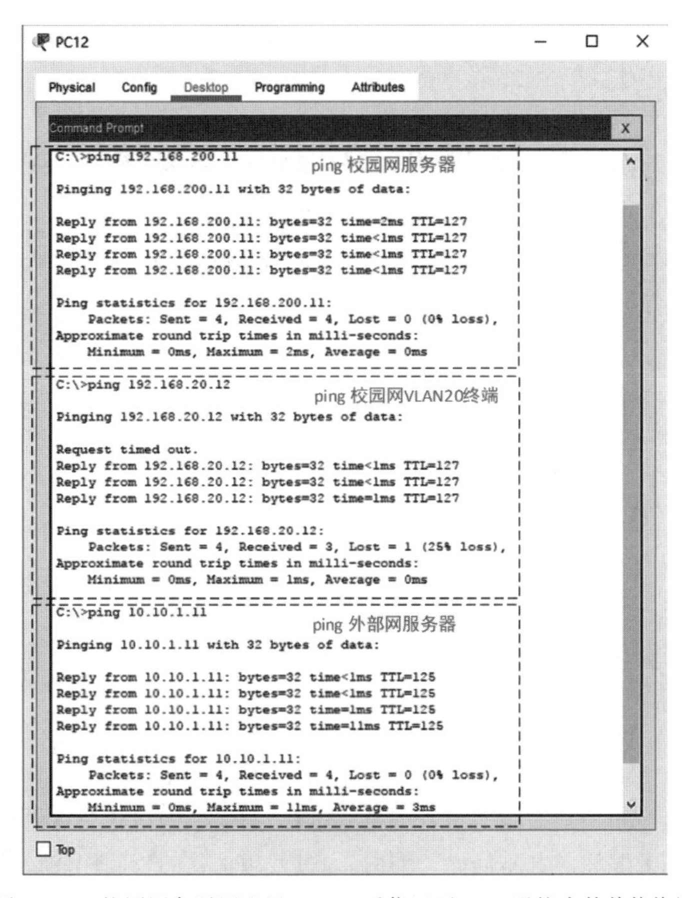

图 10-30 校园网各子网配置 DHCP 后依旧可 ping 通校内外其他终端

然后,在校园网出口路由器上,利用 show ip nat translations 命令查看 NAT 转换表,如图 10-31 所示。

最后,在校园网外查看是否能通过外部地址访问校园网,如图 10-32 所示。

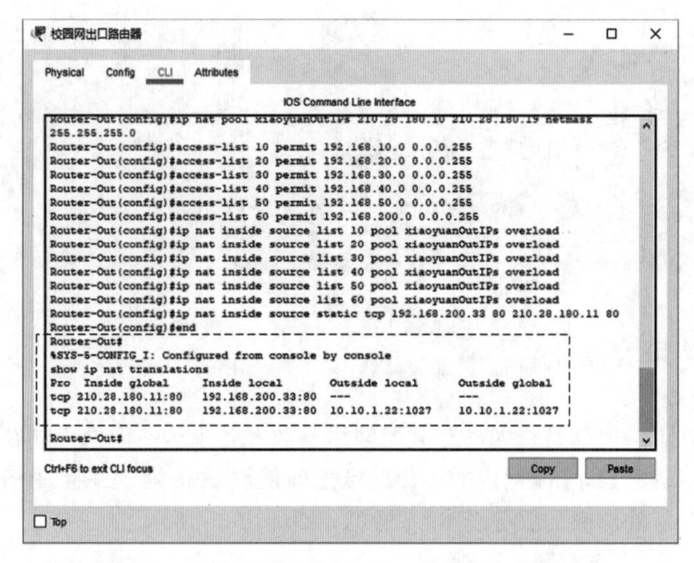

图 10-31 校园网出口路由器已经可以查看转换表

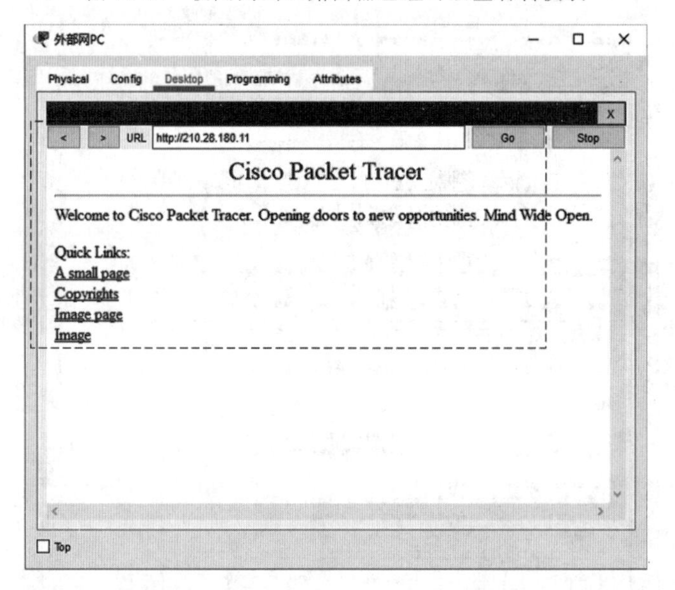

图 10-32 在外部网 PC 上可以访问校园网内部的 WWW 服务器

本章小结

本章介绍了计算机网络规划与设计的基本过程，描述了网络建设需求分析、总体结构设计和详细设计中需要关注的基本问题。同时，通过假想构建的校园网建设项目，形成了总体建设背景，介绍了需求分析、总体结构、详细设计的主要内容。然后，通过 4 个实验，详细地介绍了校园网交换机和路由器的配置过程，到这一步，网络的基础构建就基本完成。后续的访问控制列表、网络地址转换，以及 Web 服务器、FTP 服务器、DNS 服务器、DHCP 服务器的配置，需要根据进一步的网络应用需求参照第 4 章～第 9 章的内容完成，配置过程几乎相同，这里不再赘述。最终，就可完成一个校园网络基础设施的建设。

附录A

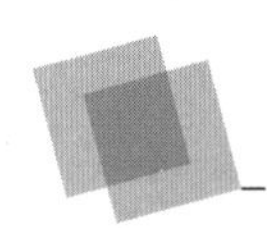

常用的网络测试命令

在进行各类网络实验和网络故障排除时，经常需要用到相应的测试工具。网络测试工具基本上分为两类：专用测试工具和系统集成的测试命令，其中专用测试工具（如 Fluke 网络测试仪）虽然功能强大，但价格较为昂贵，主要用于对网络的专业测试。对于网络实验和平时的网络维护，通过熟练掌握由系统（操作系统和网络设备）集成的一些测试命令，就可以判断网络的工作状态和常见的网络故障。本附录将介绍常见的一些命令的使用方法（以下命令主要以 Windows 10 操作系统为例，其他系统中的使用方法与此基本相同）。

A.1 ping

ping 命令无疑是网络中使用最频繁的网络测试工具，主要用于测定网络的连通性。ping 命令使用 Internet 控制报文协议（Internet Control Message Protocol，ICMP）简单地发送一个网络数据包并请求应答，接收请求的目的主机（Host）再次使用 ICMP 发回与所接收到的数据一样的数据包。于是 ping 命令便可以报告对每个数据包的发送和接收的往返时间，并报告无响应数据包的百分比。这在确定网络是否正确连接以及网络连接的状况（数据包丢失率）时十分有用。ping 命令是网络操作系统及各类网络设备集成的 TCP/IP 应用程序。

A.1.1 ping 命令的格式和参数说明

ping 命令的格式如下。

```
ping [ - t] [ - a] [ - n count] [ - l size] [ - f] [ - i ttl] [ - v tos] [ - r count] [ - s count]
[[ - j host - list] | [ - k host - list]] [ - w timeout] target_name
```

主要参数说明如下。

-t：使用 ping 命令测试指定的主机直到中断测试，ping 命令在加了参数-t 后，会对网络进行连续测试，直到用户中断测试(Windows 操作系统下可使用 Ctrl+C 组合键)为止。

-a：将地址解析为主机名称。

-n count：发送 count 指定的 ECHO 数据包数。系统默认值为 4。

-l size：发送包含由 size 指定的数据量的 ECHO 数据包。系统默认值为 32 字节，最大值为 65527。

-f：在数据包中发送"不要分段"标志，这样数据包就不会被路由器上的网关分段。

-i ttl：将"生存时间"字段设置为 ttl 指定的值。

-v tos：将"服务类型"字段设置为 tos 指定的值。

-r count：在"记录路由"字段中记录传出和返回数据包的路由。count 可以指定最少 1 台，最多 9 台主机。

-s count：指定由 count 确定的跃点数的时间戳。

-j host-list：在主机列表中丢失的源路由(具体条目由 host-list 指定)。连续主机可以被中间网关分隔，IP 允许的最大数量为 9。

-k host-list：在主机列表中坚持的源路由(具体条目由 host-list 指定)。连续主机不能被中间网关分隔，IP 允许的最大数量为 9。

-w timeout：指定超时间隔，单位为 ms。

target_name：指定要进行测试的远程主机。

A.1.2 ping 命令的应用

ping 命令的应用非常广泛，下面举例说明。

1. 测试本地 TCP/IP 的工作状态

可以使用 ping 命令测试本台计算机上 TCP/IP 的配置和工作情况，方法是 ping 本机的 IP 地址，如 ping 172.16.2.102。如果本机的 TCP/IP 工作正常，则会出现如下所示的信息。

```
C:\Documents and Settings\wangqun > ping 172.16.2.102
Pinging 172.16.2.102 with 32 bytes of data:
Reply from 172.16.2.102: bytes = 32 time < 1ms TTL = 128
Reply from 172.16.2.102: bytes = 32 time < 1ms TTL = 128
Reply from 172.16.2.102: bytes = 32 time < 1ms TTL = 128
Reply from 172.16.2.102: bytes = 32 time < 1ms TTL = 128
Ping statistics for 172.16.2.102:
    Packets: Sent  =  4, Received  =  4, Lost  =  0   (0 % loss),
Approximate round trip times in milli - seconds:
    Minimum  =  0ms, Maximum  =  0ms, Average  =  0ms
```

以上返回了 4 个测试数据包(Reply from…)。其中，bytes=32 表示测试中发送的数据包的大小是32字节；time<1ms表示数据包在本机与对方主机之间往返一次所用的时间小于1ms；TTL=128表示当前测试使用的TTL(Time to Live)值为128(系统默认值)。

如果本机的TCP/IP设置错误，则返回如下所示的响应失败信息。

```
C:\Documents and Settings\wangqun>ping 172.16.2.102
Pinging 172.16.2.102 with 32 bytes of data:
Request timed out.
Request timed out.
Request timed out.
Request timed out.
Ping statistics for 172.16.2.102:
    Packets: Sent = 4, Received = 0, Lost = 4  (100% loss),
```

此时需要对本机的TCP/IP的配置进行检查，主要查看是否分配了IP地址，是否将TCP/IP与网卡进行了绑定，另外，网卡的安装也必须进行检查。如果使用了DHCP，查看DHCP服务器是否运行正常，再查看本地主机是否选择了“自动获得IP地址”。

2. 对常见出错信息的说明

ping命令的出错信息通常分为以下4种情况。

(1) Unknown host(不知名主机)。这种出错信息的意思是该远程主机的名字不能被命名服务器转换为IP地址。故障原因可能是命名服务器有故障，或者其名字不正确，或者本地主机与远程主机之间的通信线路有故障，如

```
C:\Documents and Settings\wangqun>ping www.tup.tsinghua.edu.cn
Unknown host www.tup.tsinghua.edu.cn
```

(2) Network unreachable(网络不能到达)。本地主机没有到达远程主机的路由，可用netstat -rn命令检查路由表来确定路由配置情况。

(3) No answer(无响应)。远程主机没有响应，说明本地主机有一条到达远程主机的路由，却接收不到该远程主机返回的任何报文。故障原因可能是远程主机没有工作、本地或远程主机网络配置不正确、本地或远程的路由器没有工作、通信线路有故障或远程主机存在路由选择问题。

(4) Timed out(超时)。与远程主机的连接超时，数据包全部丢失。故障原因可能是到路由器的连接有问题，或路由器不能通过，也可能是远程主机已经关机。

3. 用ping命令测试其他主机上TCP/IP的工作情况

在确保本地主机的网卡和网络连接正常的情况下，可以使用ping命令测试其他主机上的TCP/IP的工作情况，即实现网络的远程测试。方法是在本地主机的命令提示符中利用ping命令测试对方的IP地址，如ping 192.168.0.1。

4. 用ping命令测试与远程主机的域名连接情况

ping命令可广泛应用于Internet和Intranet。在平时的网络使用中如果遇到以下情况时，可利用ping命令对网络的连通性进行测试。

当某一网站的主页无法访问时,可使用 ping 命令进行检测。例如,无法访问 http://www.tup.tsinghua.edu.cn/的主页时,可使用 ping www.tup.tsinghua.edu.cn 命令进行测试,如果返回类似于 Reply from 166.111.222.3: bytes=32 time<1ms TTL=128 的信息,说明对方主机已打开;否则在网络连接的某个环节可能出现了故障,或对方的主机未打开。

A.2 ipconfig

利用 ipconfig 命令可以查看和修改网络中 TCP/IP 的有关配置,如 IP 地址、网关、子网掩码等。下面介绍 ipconfig 命令的功能和使用方法。

A.2.1 ipconfig 命令的格式和参数说明

ipconfig 命令显示所有当前的 TCP/IP 网络配置情况。该命令允许用户决定由 DHCP 确定的 TCP/IP 配置值。ipconfig 命令的主要格式如下。

```
ipconfig [/all | /renew [adapter] | /release [adapter]
```

参数介绍如下。

/all:产生完整显示。在没有该参数的情况下,ipconfig 只显示 IP 地址、子网掩码和每个网卡的默认网关值。

/renew [adapter]:更新 DHCP 配置参数。该选项只在运行有 DHCP 客户端服务的系统上可用。要指定适配器(网卡)名称,可输入使用不带参数的 ipconfig 命令显示适配器名称。

/release [adapter]:发布当前的 DHCP 配置。该选项禁用本地主机上已有的 TCP/IP 配置,将本地主机设置为 DHCP 客户端。要指定适配器名称,请输入不带参数的 ipconfig 命令显示。

A.2.2 ipconfig 命令的应用

如果没有任何参数,则 ipconfig 将向用户提供所有当前的 TCP/IP 配置情况,包括 IP 地址、网关和子网掩码等,如下所示。

```
C:\Documents and Settings\wangqun> ipconfig
Windows IP Configuration
Ethernet adapter 本地连接:
        Connection-specific DNS Suffix . :
        IP Address. . . . . . . . . . . . : 172.16.2.102
        Subnet Mask . . . . . . . . . . . : 255.255.255.0
        Default Gateway . . . . . . . . . : 172.16.2.1
```

ipconfig 是一个非常有用的工具,尤其当网络设置为 DHCP 时,利用 ipconfig 命令可以让用户很方便地了解到 IP 地址的实际配置情况。如果在 IP 地址为 172.16.2.102 的计算机上运行 ipconfig/all/batch wq.txt,可以将运行结果保存在 wq.txt 文件(文件名自定)中。打开该文本文件将显示相关的信息。

利用 ipconfig/all 命令,可以完整地查看本地主机的 IP 地址、子网掩码、网关、DNS、MAC 地址等信息,如下所示。

```
C:\Documents and Settings\wangqun > ipconfig/all
Windows IP Configuration
        Host Name . . . . . . . . . .       jspi - wq
        Primary Dns Suffix . . . . . . . :
        Node Type . . . . . . . . . .      : Unknown
        IP Routing Enabled. . . . . . . . : No
        WINS Proxy Enabled. . . . . . .   : No

Ethernet adapter 本地连接:

        Connection - specific DNS Suffix . :
        Description . . . . . . . . . . . : Intel(R) PRO/100 VE Network Connection
        Physical Address. . . . . . . . . : 00 - 10 - DC - CC - D2 - 72
        Dhcp Enabled. . . . . . . . . . . : No
        IP Address. . . . . . . . . . . . : 172.16.2.102
        Subnet Mask . . . . . . . . . . . : 255.255.255.0
        Default Gateway . . . . . . . . . : 172.16.2.1
        DNS Servers . . . . . . . . . . . : 172.16.33.114
                                            172.16.33.115
```

A.3 tracert

tracert 是 TCP/IP 网络中的一个路由跟踪实用程序,用于确定 IP 数据包访问目标主机所采取的路径。tracert 命令用 IP 生存时间(TTL)字段和 ICMP 错误消息确定从一个主机到网络上其他主机的路由。通过向目标主机发送不同 IP 生存时间(TTL)值的 ICMP 回应数据包,tracert 诊断程序确定到目标主机所采取的路由。通过 tracert 命令所显示的信息,既可以掌握一个数据包信息从本地主机到达目标主机所经过的路由,还可以了解网络堵塞发生在哪个环节,为网络管理和系统性能分析及优化提供依据。

A.3.1 tracert 命令的格式及参数说明

tracert 命令的格式如下。

```
tracert [ - d] [ - h maximum_hops] [ - j host - list] [ - w timeout] target_name
```

tracert 命令的主要参数说明如下。

-d:不将地址解析为计算机名称。

-h maximum_hops：指定搜索目标的最大跃点数。

-j host-list：指定沿 host-list 所确定的主机列表中的源路由。

-w timeout：每次应答需要等待的时间，具体由 timeout 指定，单位为 ms。

target_name：目标主机的名称或 IP 地址。

A.3.2 tracert 命令的应用

tracert 要求路径上的每个路由器在转发数据包之前至少将数据包的 TTL 递减 1。当数据包的 TTL 减为 0 时，路由器将"ICMP 已超时"的消息发回源主机。具体来说，tracert 先发送 TTL 为 1 的回应数据包，并在随后的每次发送过程中将 TTL 递增 1，直到目标主机响应或 TTL 达到最大值为止，通过此过程从而确定本地主机到目标主机的路由。

利用 tracert 命令可以跟踪本地主机到远程主机之间所经过的路由。例如，要在 Internet 上跟踪某台主机到 www.tup.tsinghua.edu.cn 之间所经过的路由，可以直接在本地主机的"命令提示符"窗口中执行 tracert www.tup.tsinghua.edu.cn 命令，将显示如下信息。

```
C:\Documents and Settings\wangqun>tracert www.tup.tsinghua.edu.cn
Tracing route to www.tup.tsinghua.edu.cn [166.111.222.3]
over a maximum of 30 hops:

 1     6 ms    11 ms     7 ms  172.16.2.1
 2     4 ms     4 ms     4 ms  210.28.208.253
 3     1 ms     2 ms     1 ms  210.28.208.253
 4     1 ms     2 ms     1 ms  202.119.128.165
 5    <1 ms    <1 ms    <1 ms  202.119.129.110
 6     2 ms     3 ms     5 ms  202.112.53.133
 7    18 ms    18 ms    18 ms  202.112.36.113
 8    18 ms    17 ms    18 ms  qhu1.cernet.net [202.112.38.70]
 9    19 ms    19 ms    20 ms  th002026.ip.tsinghua.edu.cn [59.66.2.26]
10    18 ms    19 ms    19 ms  th002082.ip.tsinghua.edu.cn [59.66.2.82]
11    18 ms    18 ms    18 ms  th003021.ip.tsinghua.edu.cn [59.66.3.21]
12    24 ms    25 ms    24 ms  166.111.9.150
13    19 ms    21 ms    19 ms  166.111.222.20
14    19 ms    19 ms    19 ms  166.111.222.3
Trace complete.
```

从以上信息可以看出，这条线路中总共经过了 14 个路由器，并显示了每个路由的延时。通过查看 tracert 命令的显示结果，不但可以判断两个网络之间经过的路由，也可以判断每段网络(两个路由之间)的连接质量。

如果与本地主机连接的远程主机或网络不存在或无法到达，就会返回类似如下信息。

```
C:\Documents and Settings\wangqun>tracert 192.168.3.1
Tracing route to 192.168.3.1 over a maximum of 30 hops
  1    4 ms    4 ms    3 ms  172.16.2.1
  2    1 ms   <1 ms    1 ms  218.94.97.17
  3 218.94.97.17   reports: Destination host unreachable.
Trace complete.
```

以上信息说明，在跟踪 192.168.3.1 主机时，到主机 218.94.97.17 就无法查找了，所以在该主机处便返回了 Destination host unreachable 的信息。这从另一方面也说明，本地主机到 218.94.97.17 之间的网络连接是正常的。

A.4 netstat

netstat 是运行于 Windows 95/98/NT/2000/XP/2003/Vista 的操作系统命令提示符窗口中的网络测试工具，利用该工具可以显示协议的有关统计信息和当前 TCP/IP 网络连接的情况。当网络中没有安装网管软件，但要对网络的整体使用状况进行详细了解时，该工具特别有效。

A.4.1 netstat 命令的格式及参数说明

netstat 命令格式如下。

```
netstat [-a] [-b] [-e] [-n] [-o] [-p proto] [-r] [-s] [-v] [interval]
```

netstat 命令的主要参数说明如下。

-a：显示所有与该主机建立连接的端口信息。

-b：显示包含于创建每个连接或监听端口的可执行组件。

-e：显示以太网的统计信息，该参数一般与-s 参数共同使用。

-n：以数字格式显示地址和端口信息。

-o：显示与每个连接相关的所属进程的 ID。

-p proto：显示由 proto 指定的协议的连接情况。proto 可以是下列协议之一：TCP、UDP、TCPv6 或 UDPv6。如果与-s 选项一起使用，将显示按协议统计的信息，这时 proto 可以是下列协议之一：IP、IPv6、ICMP、ICMPv6、TCP、TCPv6、UDP 或 UDPv6。

-r：显示路由表。

-s：显示按协议进行统计的信息。系统默认显示 IP、IPv6、ICMP、ICMPv6、TCP、TCPv6、UDP 和 UDPv6 的统计信息；加-p 选项后用于指定默认情况的子集。

-v：与-b 选项一起使用时将显示包含于为所有可执行组件所创建的连接或监听端口的组件。

interval：重新显示选定统计信息，每次显示之间的暂停时间间隔以秒计算。按 Ctrl+C 组合键停止重新显示统计信息。如果省略 interval，netstat 将显示当前配置信息（只显示一次）。

A.4.2 netstat 命令的应用

netstat 命令的功能是显示网络连接、路由表和网络接口信息，可以让用户了解当前状态下都有哪些网络连接正在运作，如下所示。

```
C:\Documents and Settings\wangqun> netstat
Active Connections
Proto  Local Address      Foreign Address                      State
TCP    jspi-wq:1530       zg-16-51-a8.bta.net.cn:http          CLOSE_WAIT
TCP    jspi-wq:2311       219.245.183.227:23671                LISTENING
TCP    jspi-wq:2820       202.100.199.45:24805                 ESTABLISHED
TCP    jspi-wq:2875       221.1.45.186:2392                    ESTABLISHED
TCP    jspi-wq:2878       59.32.136.73:18421                   ESTABLISHED
TCP    jspi-wq:2884       219.136.32.75:6699                   ESTABLISHED
TCP    jspi-wq:2887       58.50.81.45:13218                    ESTABLISHED
TCP    jspi-wq:2888       www.nic.edu.cn:http                  TIME_WAIT
TCP    jspi-wq:2889       www.nic.edu.cn:http                  TIME_WAIT
TCP    jspi-wq:2893       58.252.83.67:14890                   ESTABLISHED
TCP    jspi-wq:2894       222.172.154.190:11531                ESTABLISHED
TCP    jspi-wq:2896       219.135.7.92:4765                    ESTABLISHED
TCP    jspi-wq:2897       124.226.113.101:15093                ESTABLISHED
TCP    jspi-wq:2898       n219077052017.netvigator.com:14468 ESTABLISHED
TCP    jspi-wq:2899       www.nic.edu.cn:https                 TIME_WAIT
TCP    jspi-wq:2900       64.86.95.65:http                     ESTABLISHED
TCP    jspi-wq:2902       eml.hust.edu.cn:8080                 ESTABLISHED
TCP    jspi-wq:2910       219.135.218.29:19671                 ESTABLISHED
TCP    jspi-wq:2911       69.64.61.50:3710                     SYN_SENT
```

下面结合 netstat 命令的格式及以上的显示信息,对 netstat 的显示内容及功能进行解释。

- Active Connections 是指当前本机的活动连接。
- Proto 是指连接使用的协议名称,为 TCP 或 UDP。
- Local Address 下面显示了本机的主机名称(或 IP 地址)和打开的端口号,如 jspi-wq:1530,其中 jspi-wq 为本机的主机名称,1530 为打开的一个 TCP 端口。
- Foreign Address 是连接该端口的远程主机的 IP 地址和端口号。
- State 表明当前 TCP 的连接状态。其中,LISTENING 表示监听状态,表示本机正在对打开的端口进行监听,等待远程主机的连接;ESTABLISHED 表示已建立的连接,说明两台主机之间正在通过 TCP 进行通信;TIME_WAIT 表示结束了这次连接,说明该端口曾经有过访问,但现在访问结束了。需要注意的是 UDP 端口不需要进行监听。

通过以上分析,凡是 State 长时间显示为 LISTENING 的端口都是比较危险的,有可能会被病毒或黑客程序所利用,作为入侵系统的端口。

另外,Windows 95/98/NT/2000/XP/2003/Vista 还集成了一个名为 nbtstat 的工具,此工具的功能与 netstat 基本相同,具体使用方法可通过输入 nbtstat/? 命令进行查看,在此不再赘述。

A.5 arp

地址转换协议(ARP)是 TCP/IP 网络中用于将 IP 地址映射为网卡(或交换机、路由器端口)物理地址(MAC 地址)的一个协议。使用 arp 命令,能够查看本地或远程主机 arp 高速缓存中的当前内容。此外,使用 arp 命令,也可以通过手动方式输入静态的 IP 地址与 MAC 地址之间的映射关系,从而实现对主机的管理或在特殊情况下的配置。

A.5.1 arp 命令的格式及参数说明

arp 命令主要提供了以下 3 种格式。

```
arp - s inet_addr eth_addr [if_addr]
arp - d inet_addr [if_addr]
arp - a [inet_addr] [ - N if_addr]
```

其中,inet_addr 和 if_addr 的 IP 地址常用点分十进制记数法表示,如 172.16.2.102;eth_addr 的物理地址(MAC 地址)由 12 位 16 进制数组成,且每两位之间用字符-隔开(如 00-0a-8a-2d-a5-ff)。

arp 命令的主要参数说明及功能如下。

-s inet_addr eth_addr [if_addr]:向 ARP 缓存添加可将 IP 地址(inet_addr)解析为物理地址(eth_addr)的静态表项。如果要向指定端口的表中添加静态 ARP 缓存项,请使用 if_addr 参数,此处的 if_addr 代表指派给该端口的 IP 地址。例如,如果要将 IP 地址 192.168.1.2 分配为 MAC 地址为 00-10-DC-CC-D2-72 的端口,可使用命令 arp -s 192.168.1.2 00-10-DC-CC-D2-72。

-d inet_addr [if_addr]:删除指定的 IP 地址项,此处的 inet_addr 代表 IP 地址。对于指定的端口,要删除表中的某项,请使用 if_addr 参数,此处的 if_addr 代表指派给该端口的 IP 地址。要删除所有项,请使用通配符 * 代替 inet_addr。例如,如果要将 192.168.1.2 与 00-10-DC-CC-D2-72 的对应关系在表中删除,可使用命令 arp -d 192.168.1.2。

-a [inet_addr] [-N if_addr]:显示所有端口的当前 ARP 缓存表。如果要显示特定 IP 地址的 ARP 缓存项,请使用 inet_addr 参数,如 arp-a [inet_addr],此处的 inet_addr 代表 IP 地址。例如,要显示 IP 地址 172.16.2.1 的 ARP 缓存项,输入命令 arp -a 172.16.2.1,将显示如下信息。

```
C:\Documents and Settings\wangqun > arp  - a 172.16.2.1
Interface: 172.16.2.102 --- 0x4
  Internet Address        Physical Address        Type
  172.16.2.1              00 - 0a - 8a - 2d - a5 - ff  dynamic
```

其中,Interface:172.16.2.102 即为本地主机的网络接口所对应的 IP 地址,而 IP 地址(172.16.2.1)对应的物理地址为 00-0a-8a-2d-a5-ff。

如果未指定 inet_addr,则使用第 1 个可用的端口。如果要显示特定端口的 ARP 缓存表,可选用-N if_addr 参数,此处的 if_addr 代表指派给该接口的 IP 地址。需要注意的是,-N 参数一定要区分大小写。如果要显示本地主机(IP 地址为 172.16.2.102)的 ARP 表项,可输入命令 arp -a -N 172.16.2.102 命令,显示如下信息。

```
C:\Documents and Settings\wangqun>arp -a -N 172.16.2.102
Interface: 172.16.2.102 --- 0x4
  Internet Address          Physical Address        Type
  172.16.2.1                00-0a-8a-2d-a5-ff dynamic
```

另外,还有一个命令为 arp -g [inet_addr][-N if_addr],它的使用方法与 arp-a [inet_addr] [-N if_addr]相同。-a 和-g 参数的结果是一样的。多年来,-g 一直是 UNIX 平台上用来显示 ARP 高速缓存中所有表项的选项,而 Windows 使用的是 arp -a(-a 可视为 all,即全部)。

A.5.2 arp 命令的应用

下面,我们通过一个实例(其实是 ARP 的工作原理)介绍 arp 命令的使用方法。例如,主机 A 的 IP 地址为 172.16.2.102,它现在需要与 IP 为 172.16.2.10 的主机(主机 B)进行通信,那么将进行以下操作。

(1) 主机 A 利用 arp -a 命令查询自己的 ARP 缓存列表,显示如下信息。

```
C:\Documents and Settings\wangqun>arp -a
Interface: 172.16.2.102 --- 0x4
  Internet Address          Physical Address        Type
  172.16.2.1                00-0a-8a-2d-a5-ff  dynamic
```

从显示结果来看,在主机 A 的 ARP 缓存中没有发现具有对应于目的 IP 地址 172.16.2.10 的 MAC 地址项,所以此时主机 A 无法直接使用此 MAC 地址项构造并发送以太网数据包。

(2) 如果主机 A 要与主机 B 利用 MAC 地址进行通信,则需要在主机 A 上发出一个 ARP 解析请求广播信息(该广播信息的目的 MAC 地址为 FF:FF:FF:FF:FF:FF),请求 IP 地址为 172.16.2.10 的主机回复其 MAC 地址,以便在主机 A 上创建 ARP 表项。此功能可通过 ping 172.16.2.10 命令完成。如果主机 B 与主机 A 之间的网络连接是正常的,将显示如下信息。

```
C:\Documents and Settings\wangqun>ping 172.16.2.10
Pinging 172.16.2.10 with 32 bytes of data:
Reply from 172.16.2.10: bytes=32 time<1ms TTL=128
Reply from 172.16.2.10: bytes=32 time<1ms TTL=128
Reply from 172.16.2.10: bytes=32 time<1ms TTL=128
Reply from 172.16.2.10: bytes=32 time<1ms TTL=128
Ping statistics for 172.16.2.10:
    Packets: Sent = 4, Received = 4, Lost = 0  (0% loss),
Approximate round trip times in milli-seconds:
    Minimum = 0ms, Maximum = 0ms, Average = 0ms
```

(3) 主机 B 在收到主机 A 的 ARP 解析请求广播后,回复给主机 A 一个 ARP 应答数据包(见 ping 172.16.2.10 的显示信息),其中包含自己的 IP 地址和 MAC 地址。

(4) 主机 A 在接收到主机 B 的 ARP 回复后,将主机 B 的 MAC 地址放入自己的 ARP

缓存列表中，然后使用主机 B 的 MAC 地址作为目的 MAC 地址，主机 B 的 IP 地址（172.16.2.10）作为目的 IP 地址，构造并发送以太网数据包。可通过 arp-a 命令查看，结果如下。

```
C:\Documents and Settings\wangqun > arp  - a
Interface: 172.16.2.102  ---  0x4
  Internet Address        Physical Address       Type
  172.16.2.1              00 - 0a - 8a - 2d - a5 - ff  dynamic
  172.16.2.10             00 - 0d - 60 - 74 - 1d - 70  dynamic
```

从显示结果可以看出，这时在主机 A 的 ARP 缓存中多了一个有关 172.16.2.10 的表项。

(5) 这时，如果主机 A 要发送数据包给 IP 地址为 172.162.10 的主机 B，由于在主机 A 的 ARP 缓存列表中已经具有 IP 地址 172.16.2.10 的 MAC 地址，所以主机 A 直接使用此 MAC 地址发送数据包，而不再发送 ARP 解析请求广播。

不过，此表项不会永久保存在主机 A 的 ARP 缓存中，如果超过 2min 没有活动(主机 A 与主机 B 之间没有进行通信)，此 ARP 缓存将会因为超时而被删除。如果要在主机 A 主建立永久的到主机 B 的 ARP 表项，可以在主机 A 上采用一定的方法(如修改注册表)完成，具体实现过程在此不再赘述。

另外，对于交换机，在其 MAC 地址表中保存着大量的交换机端口与所连接主机的 MAC 地址的关系表项，可通过 show arp 命令显示。

```
Switch - A# show arp
Protocol    Address          Age(min)   Hardware Addr     Type     Interface
Internet    172.16.13.177         112   000a.eb16.9354    ARPA       Vlan92
Internet    172.16.3.190            0   Incomplete        ARPA
Internet    172.16.12.177         221   000a.e6e4.ab7c    ARPA       Vlan91
Internet    172.16.3.189          134   0005.5d66.be41    ARPA       Vlan20
Internet    172.16.13.178          35   0005.5d66.c8fa    ARPA       Vlan92
Internet    172.16.9.177            0   Incomplete        ARPA
Internet    172.16.13.181          19   000a.e6b8.cfbf    ARPA       Vlan92
Internet    172.16.3.187           89   0011.2f91.ecc4    ARPA       Vlan20
Internet    172.16.5.189           90   00c0.9f49.b9c5    ARPA       Vlan40
Internet    172.16.12.180         186   0002.3faf.93ca    ARPA       Vlan91
Internet    172.16.12.181           0   Incomplete        ARPA
Internet    172.16.13.180         116   0016.d32e.62da    ARPA       Vlan92
Internet    172.16.7.190          112   000f.b094.e5d3    ARPA       Vlan60
Internet    172.16.5.191          218   0011.5bb7.bf59    ARPA       Vlan40
Internet    172.16.5.178           89   000a.e6b2.5a74    ARPA       Vlan40
Internet    172.16.14.188          72   0011.5b2f.50cb    ARPA       Vlan93
Internet    172.16.13.190         111   0040.d054.1bad    ARPA       Vlan92
```

由于以上信息是从三层交换机上查看到的，所以端口(Interface)下面显示的都是 VLAN 号(虚拟端口号)，即与该交换机相连接的主机都是加入不同的 VLAN 进行管理的。如果是在二层交换机上，Interface 下将显示类似于 FastEthernet 0/1、FastEthernet 0/2 等信息，这些端口都是指交换机上的物理端口。

附录B

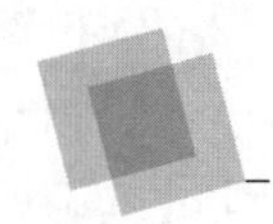

Packet Tracer入门

Packet Tracer 是由思科(Cisco)公司发布的一个网络仿真软件，提供了设计网络结构、配置网络参数、排查网络故障的仿真模拟环境。通过简捷易用的图形界面，可以直接使用拖放的方式建立网络拓扑，观察网络实时运行情况和网络数据包在网络中的详细处理过程。Packet Tracer 是学习网络技术、锻炼维护能力的有力工具。Packet Tracer 是免费软件，在以下网址可以下载，本书主要基于 Packet Tracer 7.2.2 讲解。

```
https://www.packettracernetwork.com/download/download-packet-tracer.html
```

Packet Tracer 可以模拟真实的网络设备硬件运行过程，仿真设备的实际功能，提供与真实设备模块、面板几乎一致的图形操作界面，在支持组建虚拟大型网络的基础上，提供网络报文的实时分析功能，引导用户深入掌握协议的运行原理。本附录主要是为本书前述实验提供一个 Packet Tracer 的入门概览，了解其界面组成、基本配置方法，并通过一个简单的实验，介绍其基本使用方法。针对不同场景下的应用方法，在本书前面各章节均有叙述。

B.1 主要功能

Packet Tracer 是一个集网络仿真、可视化操作、协作与评估为一体的环境，具备创建仿真、可视化运行和动态观察网络情况等功能，主要具备以下重要功能特性。

(1) 协议仿真运行。可以仿真网络多个层次上的协议运行，如 LAN 层面上的以太网、IEEE 802.11 a/b/g/n、PPPoE；交换层面上的 VLAN、IEEE 802.1q、RSTP、LACP 等；TCP/IP 层面上的 TCP、UPD、IPv4/v6、ICMP、ARP 等；路由层面上的 RIP、EIGRP、OSPF、BGP 等；应用层面上的 HTTP、HTTPS、DHCP、DNS、FTP 等。还支持关于 WAN、安全、QoS 等方面的协议仿真。

(2) 逻辑/物理空间上的网络构建。既可在逻辑工作空间中使用各类虚拟网络设备和各种网络线缆介质构建网络拓扑，也可在物理工作空间中对设备进行位置视图的区分，完成结构化布线等。

(3) 实时/仿真模式下的网络模拟。既可在实时模式下实时进行协议更新、设备配置，也可在仿真模式下进行数据包动画模拟、网络事件嗅探，以及对多种场景中数据包的观察。

(4) 网络仿真的本地制作与共享。可制作多层次的活动用于学习和练习，可对数据包做出设备算法决策，还可通过进程间通信支持外部应用程序。

使用 Packet Tracer 的以上功能，就可以通过图形化的方式拖放路由器、交换机和工作站等网络设备(节点)到逻辑工作空间中，然后用所需类型的链路把设备连接起来，在配置完成后，就可以在实时/仿真模式下发送简单的数据包到构建的网络中。而且，数据包是图形化显示的，可以在网络中跟踪数据包，检查数据包到达目标网络设备时，设备对其的处理方式。网络拓扑、数据包场景和结果动画都可注解、保存和共享。

B.2　界面组成

打开 Packet Tracer 7.2.1，界面如图 B-1 所示。

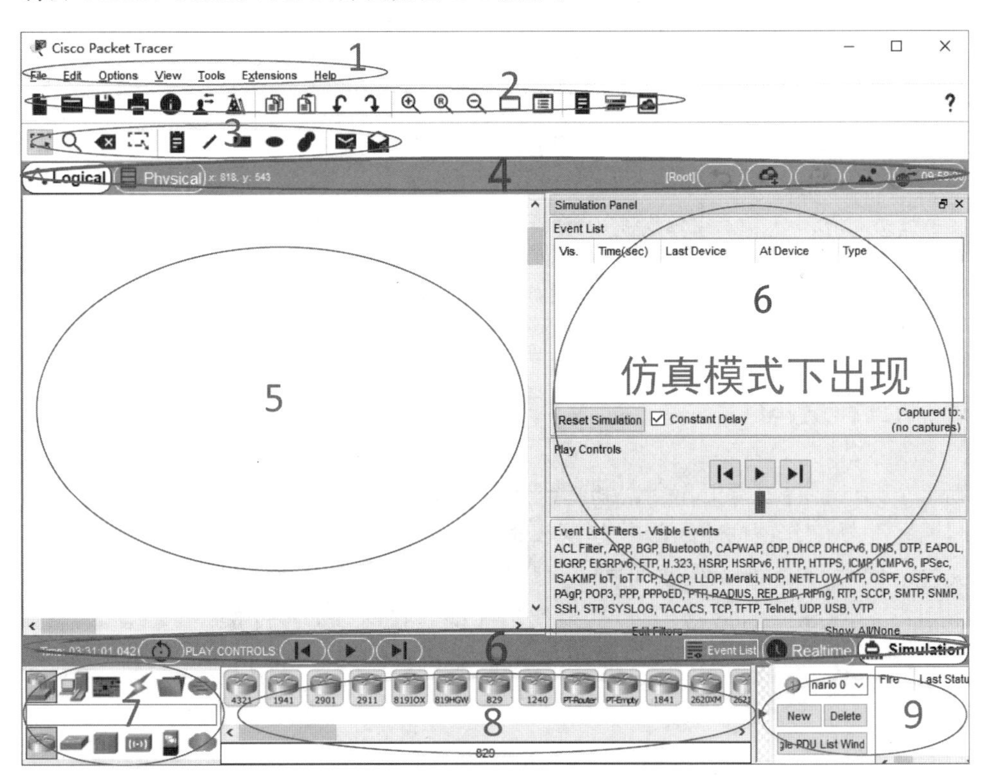

图 B-1　Packet Tracer 7.2.1 界面

界面包含了 9 部分，下面将具体说明每个部分的作用，如表 B-1 所示。各部分中的具体每项，如菜单栏项、工具栏项等，把鼠标指针移到该项目上，就会出现一个说明解释其作用。

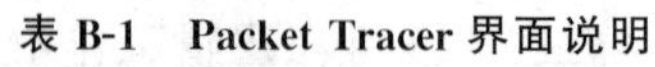

表 B-1 Packet Tracer 界面说明

序号	区　域	说　明
1	菜单栏	提供 File、Edit、Options、View、Tools、Extensions 和 Help 菜单组，利用其中的基本菜单命令，可完成打开、保存、打印、视图控制、选项设置等功能
2	主工具栏	提供菜单栏中 File、Edit、Option、View 等菜单组中主要命令的快捷方式
3	常用工具栏	提供常用的工作区工具，包括 Select、Delete、Resize 等，以及画线、圆、矩形等形状，还有添加简单数据包和添加复杂数据包等
4	逻辑/物理工作空间转换栏	可以通过此栏中的按钮完成逻辑工作空间和物理工作空间之间的切换。此栏右侧按钮根据选择的工作区的不同而不同：在逻辑工作区中允许返回集群的上一个层次，允许创建新的集群，移动对象，设置背景和视察等；而在物理工作区中，允许在各个物理位置漫游，创建新城市、新大楼、新配线间、移动对象、应用网格背景、设置背景和进入工作配线间等
5	工作空间	根据逻辑/物理工作空间选择的不同，体现为对应的工作空间，可以在此区域中创建网络拓扑，监视模拟过程，查看各种信息和统计数据
6	实时/模拟模式转换栏	通过此栏中的按钮完成实时模式和模拟模式之间切换。根据选择的模式的不同，此栏左侧显示相关时钟的时间，并提供 Power Cycle Devices 按钮和 Play Control 按钮，在模拟模式下，工作区右侧会出现 Simulation Panel 窗口
7	设备类型库	包含网络设备库中不同类型的设备，如路由器、交换机、集线器、无线设备、连线、终端设备和网云等
8	特定设备库	包含网络设备库中不同设备类型下不同型号的设备，它随着设备类型库的选择级联显示
9	用户数据包窗口	此窗口管理用户添加的数据包

B.3　工作空间

Packet Tracer 有逻辑工作空间和物理工作空间两个工作空间，启动时默认在逻辑工作空间。在逻辑工作空间中可以构建逻辑网络拓扑，而不用考虑网络拓扑在物理上的尺度和安排。同时，在物理工作空间中也可以构建拓扑，并把设备安排到城市、建筑和配线间等物理设施，实现设备的物理布局，在使用无线连接时，物理距离等因素会影响网络性能和特性。在 Packet Tracer 中，一般是首先构建逻辑网络，然后再将其安排到物理工作空间中。

B.3.1　逻辑工作空间

逻辑工作空间是完成网络构建和配置的主要地方，在实时模式的配合下，可以在这里完成大部分网络构建配置设计。逻辑工作空间主要提供以下功能。

（1）通过拖放的方式创建设备。

（2）为设备添加额外的接口模块。

（3）选择适当的网络介质(电缆)来连接设备。

（4）通过对话框配置设备参数，如设备名称、IP 地址。

（5）在路由器或交换机上，通过命令行接口(Command Line Interface，CLI)进行高级配置，并查看网络信息。

接下来将一步步介绍使用方法。

1. 创建设备

要把设备放置到工作空间，首先要从设备类型库(即 Device-Type Selection，图 B-1 界面中第 7 个区域)中选择一种设备类型，然后从特定设备库(即 Device-Specific Selection，图 B-1 界面中第 8 个区域)中单击选择需要的设备，最后在工作空间中单击一个位置以放置设备，如图 B-2 所示。

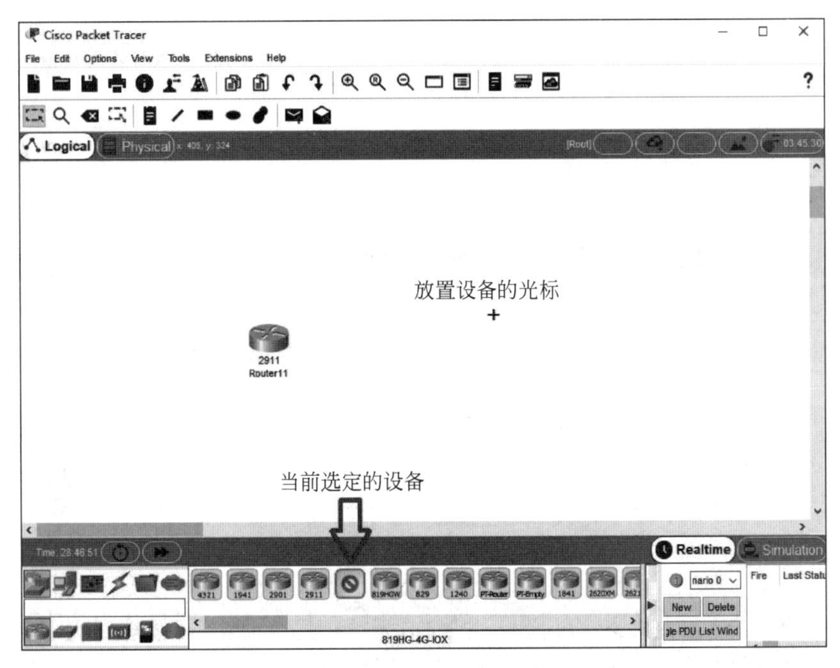

图 B-2　选择并放置设备

放置设备后，选择工具栏中的相应按钮可以移动、删除、缩放设备图标。如果要在逻辑工作空间中添加多个同类型设备，只要按住 Ctrl 键，在所需位置多次单击后就可创建相应的设备。

在设备类型库对应界面中，上面一排有 6 大类，分别是网络设备(Network Devices)、终端设备(End Devices)、组件(Components)、连接(Connections)、杂项(Miscellaneous)和多用用户连接(Multiuser Connections)。下面主要介绍前 5 大类。

网络设备大类的特定子类有路由器(Routers)、交换机(Switch)、集线器(Hubs)、无线设备(Wireless Devices)、安全设备(Security)，甚至还有广域网(Wide Area Network)。选定每个子类，在特定设备库界面中就会显示该子类中的设备，如图 B-3 所示。

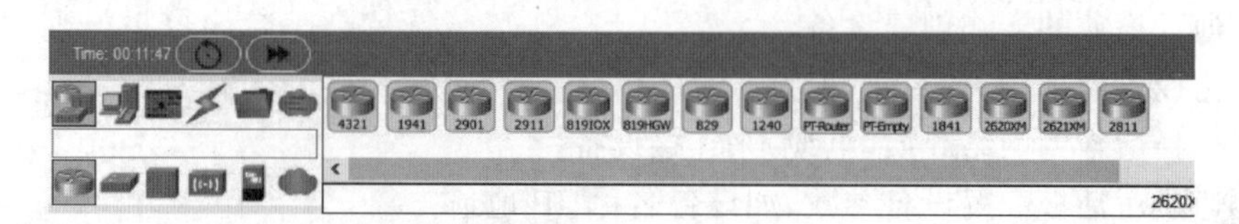

图 B-3　每个设备大类中的子类

终端设备大类的特定子类有终端、家庭、智慧城市、工业、电力。同样,选定每个子类,在特定设备库界面中就会显示该子类中的设备,如图 B-4 所示。

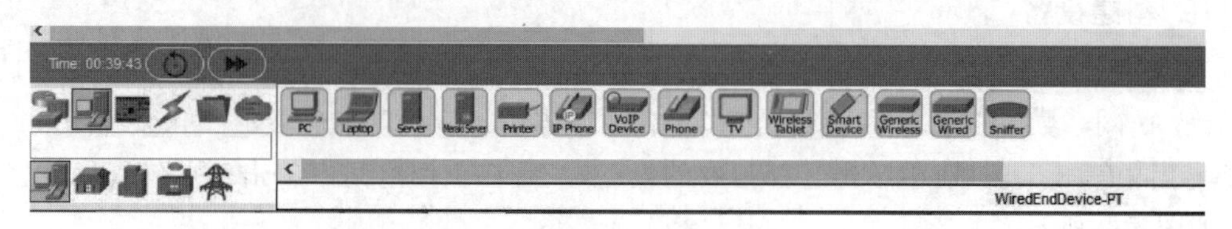

图 B-4　终端设备大类中的设备

组件大类的特定子类都是一些小的组件,如计算机系统、Arduino 电路板(可以部署电路板(Boards)、驱动器(Actuator)等)和传感器(Sensor)。同样,选定每个子类,在特定设备库界面中就会显示该子类中的设备,如图 B-5 所示。只需要按住 Ctrl 键,就可在设备之间重复建立相同的连接线缆类型。

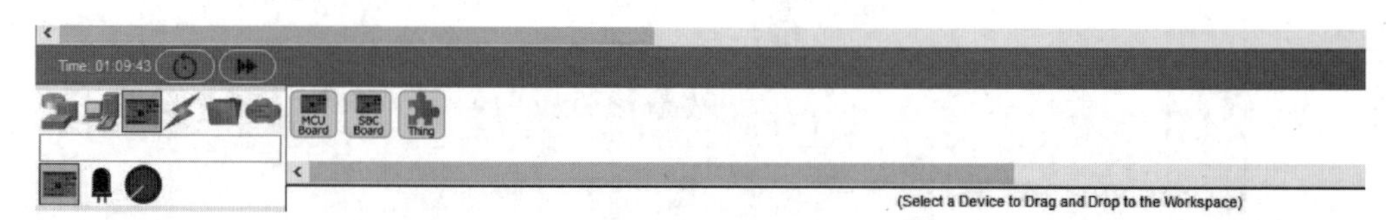

图 B-5　组件大类中的设备

连接大类中有电缆(Connections)、铜直通电缆(Copper Straight-Through Cables)、电话线电缆(Phone Line Cables)、同轴电缆(Coax Wires)、光纤(Fiber Optic)等,如图 B-6 所示。

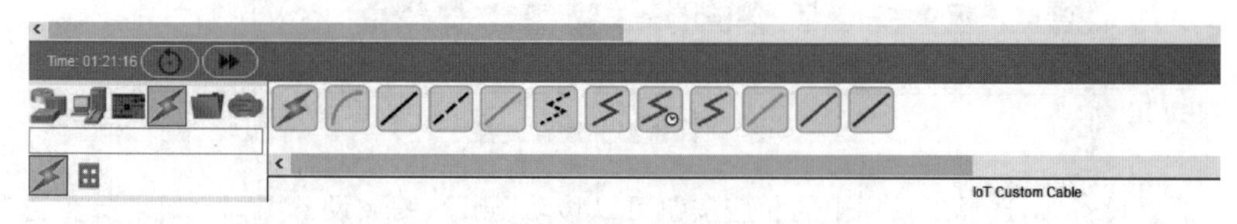

图 B-6　连接大类中的线缆

杂项大类有在 Packet Tracer 中常用的路由器和 PC,如图 B-7 所示。

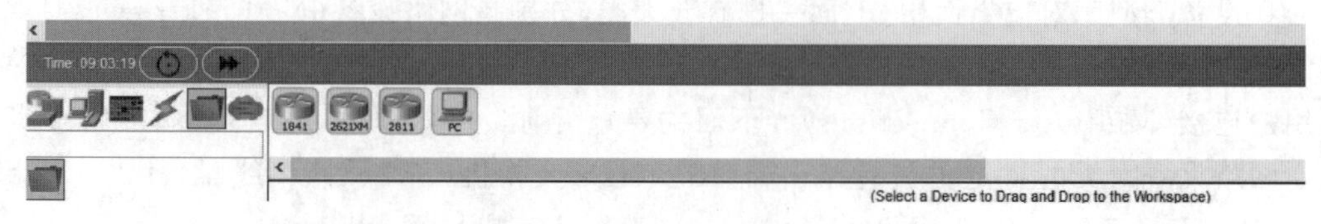

图 B-7　杂项大类中的设备

2. 添加模块

大多数 Packet Tracer 设备具备用来插入模块的模块区或槽位。设备被添加到工作空间后，对其双击就可弹出其配置对话框，配置对话框默认显示物理(Physical)标签页，此标签页左侧是设备兼容的模块的列表，右侧是设备的接口面板。在设备关闭(Power Off，设备接口面板界面上有开关)的前提下，可以拖动左侧的接口模块，放置在右侧面板的接口位置，将需要的模块拖回左侧列表即可删除，如图 B-8 所示。

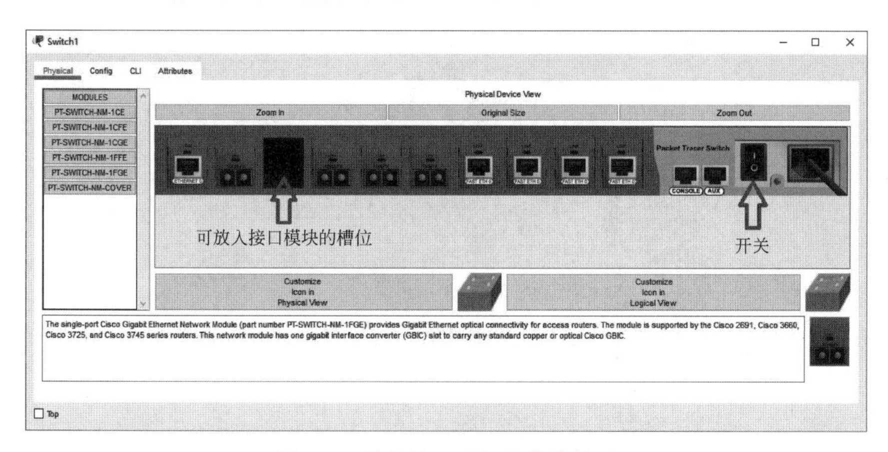

图 B-8 设备接口面板和模块情况

3. 连接设备

要形成网络拓扑结构，必须把网络设备连接起来。在设备类型库中单击连接(Connections)图标，在出现的可用连接列表中选择合适的线缆类型。此时，鼠标指针会变成“连接”光标，然后就可以先后单击需要连接的两个设备及合适的接口。在连接线缆出现在两个设备之间后，靠近设备的两端就会显示每端链路状态，如图 B-9 所示。

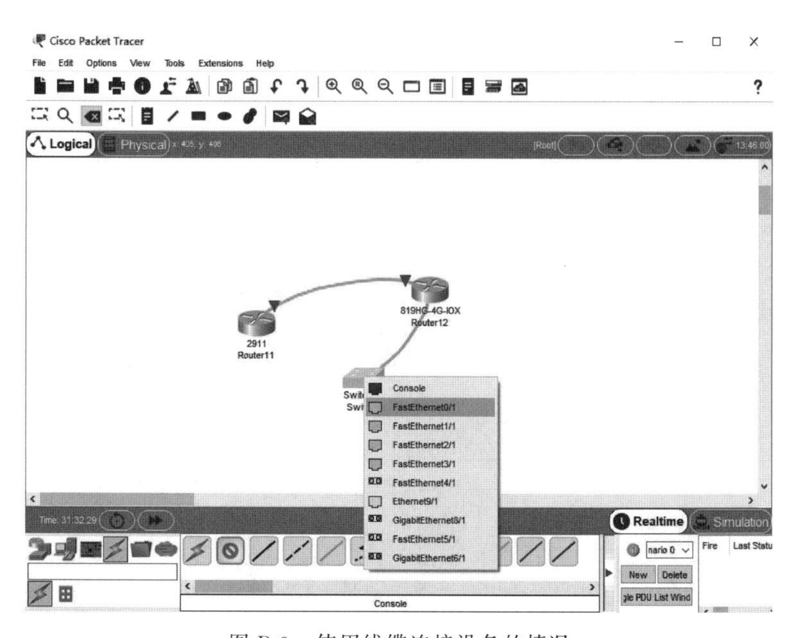

图 B-9 使用线缆连接设备的情况

为进一步编辑和注解构建的网络拓扑,可以综合使用工具栏、常用工具栏、逻辑/物理工作空间栏等功能完成。

4. 配置设备参数

网络拓扑构建完成后,要使网络能够正常运行,还需要对设备进行一些基本设置(如接口的 IP 地址和子网掩码),可以通过设备的图形用户界面(在配置对话框中切换到 Config 标签页)设置参数,如图 B-10 所示。

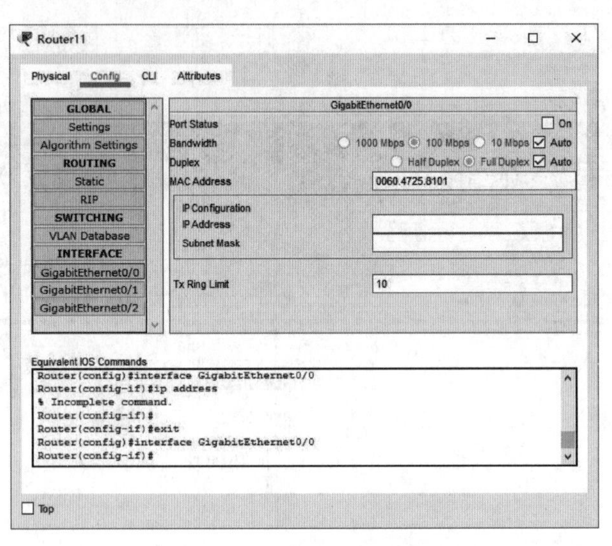

图 B-10 设备的基本参数设置

5. 路由器和交换机的 CLI

路由器和交换机都能通过命令行接口进行配置,Packet Tracer 也提供了相应的界面,单击设备图标后就可以出现,如图 B-11 所示。

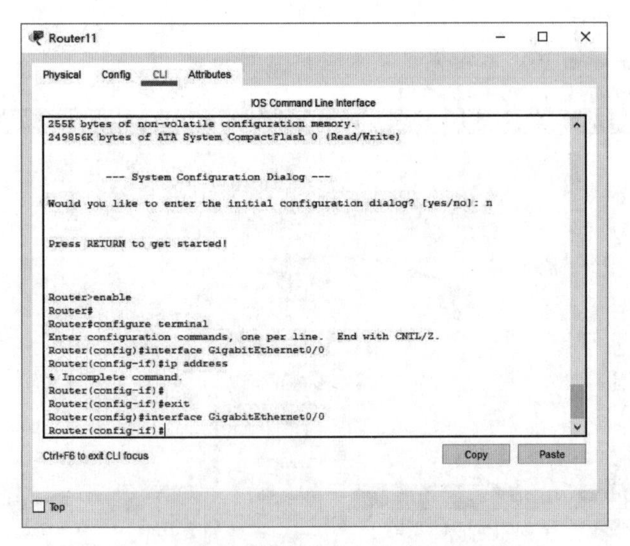

图 B-11 路由器或交换机的命令行接口界面

B. 3. 2　物理工作空间

物理工作空间的用途是为构建的逻辑网络拓扑给出一个物理上的范围大小，使网络能够在真实环境中有比例和方向等物理上的对应。物理工作空间分为 4 个层次的物理环境尺度：城市间、城市、建筑和配线间。城市间是最大的环境，可包含许多城市，每个城市又包含许多建筑，每个建筑又包含许多配线间。配线间提供于不同于其他 3 个环境的视图，在其中可以实际地看见在逻辑工作空间中创建的设备，这些设备放置在网络机架和台桌上。另外 3 个层次的环境提供其布局的缩略图作为下一层次的图标。这是物理工作空间的默认安排。配线间中的设备可移动到任何层次，当设备被移动到另一个层次时，就会变成在逻辑工作空间中使用的图标。由于本书主要是在逻辑工作空间中进行实验，在这里只对物理工作空间进行简单介绍。

1. 城市间视图

当首次进入物理工作空间时，默认是处于城市间视图中(或“地图”)，其中有一个默认的叫作 Home City 的城市对象，可以拖动它将其放置到地图上的合适位置，单击城市对象后，可进入城市视图。城市间视图的情况如图 B-12 所示。

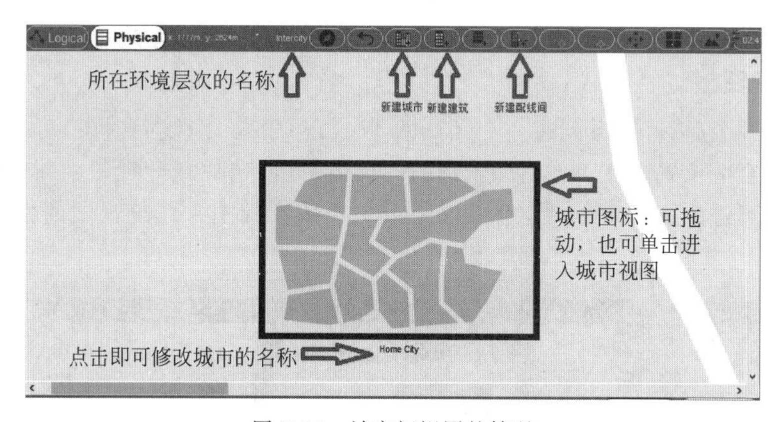

图 B-12　城市间视图的情况

在工作空间顶部的图标中，可以选择在此视图中新建城市、建筑和配线间，如图 B-13 所示。

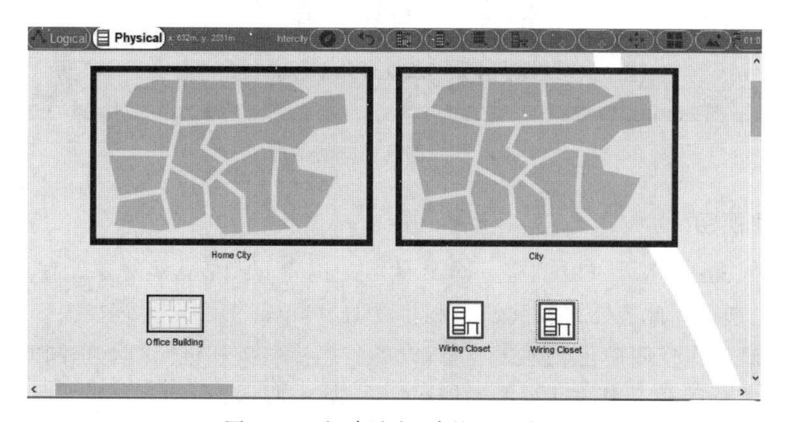

图 B-13　新建城市、建筑和配线间

2. 城市视图

进入城市视图后,可以看到有一个默认名为的 Office Building 的建筑对象,可以拖动它将其放置到城市的合适位置。在工作空间顶部的图标中,可以选择在此视图中新建建筑和配线间。单击建筑对象图标,可进入建筑视图,也可返回上一层城市间视图。城市视图的情况如图 B-14 所示。

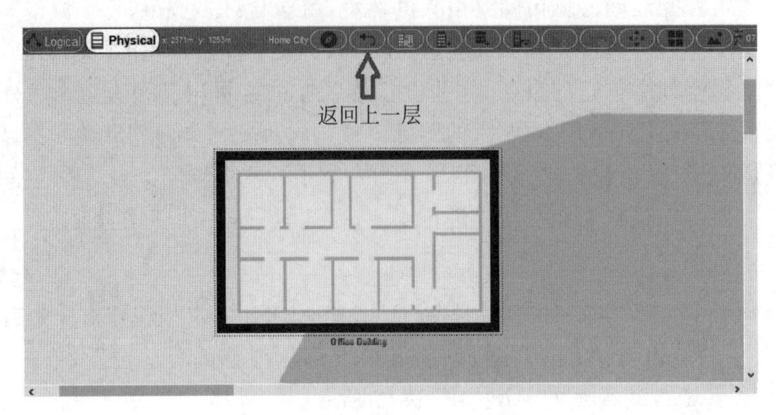

图 B-14 城市视图的情况

3. 建筑视图

进入建筑视图后,可以看到有一个默认的 Wiring Closet 配线间对象,可以拖动它将其放置到建筑的合适位置。在工作空间顶部的图标中,可以选择在此视图中新建配线间。单击配线间对象可进入配线间视图,也可返回上一层城市视图。建筑视图的情况如图 B-15 所示。

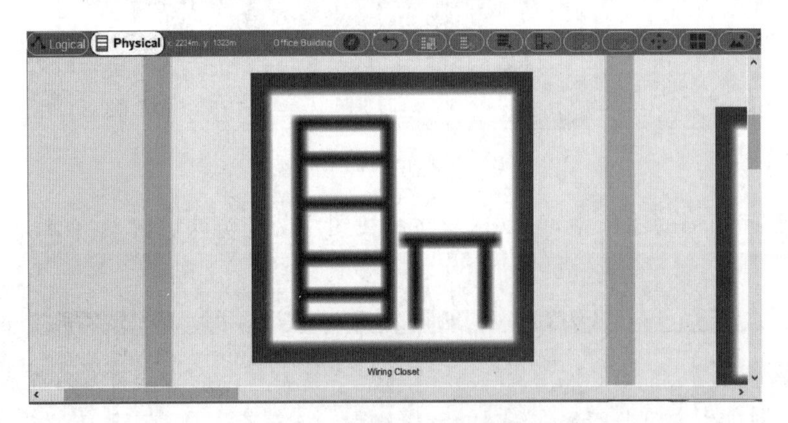

图 B-15 建筑视图的情况

4. 配线间视图

进入配线间视图后,可以看到有一个默认名为的 Rack 的机架对象。在工作空间顶部的图标中,可以选择在此视图中新建机架和台桌,也可返回上一层建筑视图。机架对象上最初默认显示逻辑工作空间中已创建的设备,设备的连接端口和链路灯状态同时显示,单击设备可弹出其配置对话框。配线间视图的情况如图 B-16 所示。

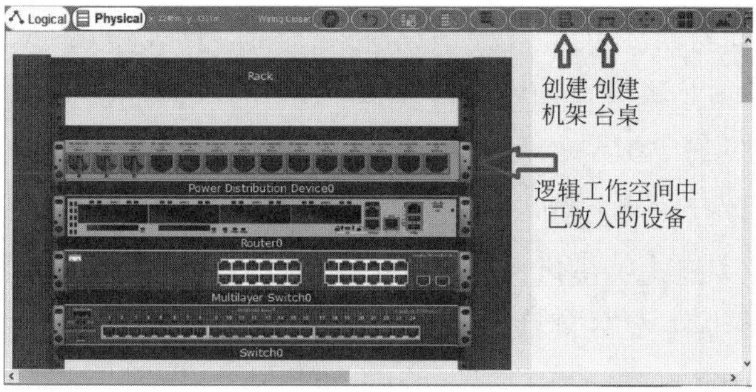

图 B-16　配线间视图

B.4　操作模式

Packet Tracer 的操作模式反映了两种不同的网络仿真时间规划方式，有实时模式和模拟模式两种操作模式，启动时默认为实时模式。

B.4.1　实时模式

当所仿真的网络在实时模式下运行时，网络和设备按所使用的协议模型规定限制的那样响应用户的操作。例如，若构建了以太网连接，连接的链路灯就会出现，显示连接的状态；而在 CLI 中输入命令（如 ping 或 show），网络和设备会立即响应并回显结果；在网络运行的同时，协议数据单元（PDU）会实时产生，并在网络中运行。

网络在实时模式中总是运行的，对其所做的配置也是实时生效并响应，网络参数的统计信息也是实时显示的。

1. 检查设备

网络运行过程中，可以在设备组装和更新时，使用 Inspect 工具查看设备的存储表。要检查路由器 ARP 表，就可选择 Inspect 工具，单击路由器就可弹出可用的存储表列表，然后选择 ARP 表。除了 Inspect 工具外，还可将鼠标指针放在设备图标上，即可查看设备所有的端口链路状态、IP 地址和 MAC 地址等详细信息，如图 B-17 所示。

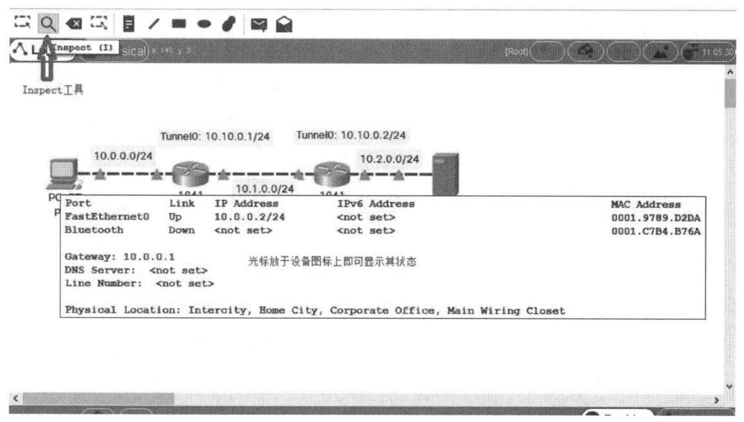

图 B-17　查看设备所有的端口情况

需要注意的是,此功能不会显示交换机设备维护的存储表(如 MAC 地址表)的状态,但会显示与端口相关的信息摘要,其中包括交换机内建以太网接口硬件地址的 MAC 地址表。

2. 图形化方式发送 PDU

如图 B-18 所示,在实时模式中也可图形化发送 PDU,通过 Add Simple PDU 和 Add Complex PDU 实现,但由于不是在模拟模式,不能看到 PDU 图标缓慢穿越网络的动画。数据包运行的结果可以在用户数据包窗口中看到。

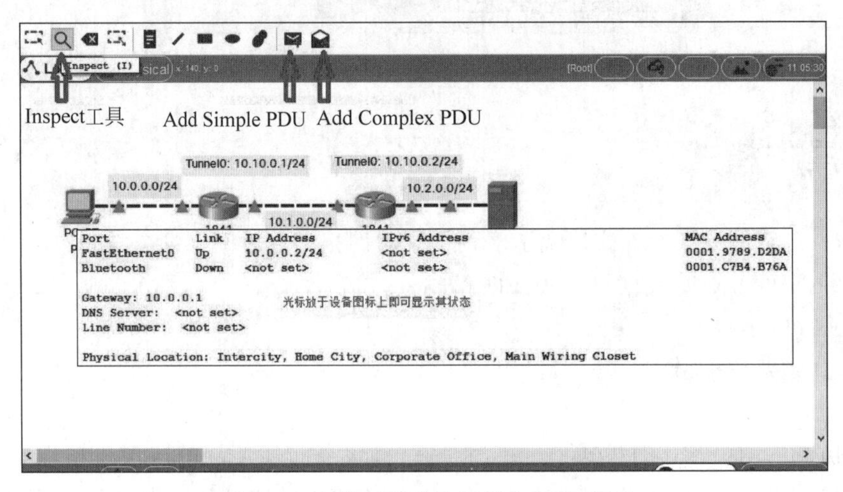

图 B-18 在实时模式中图形化发送 PDU

3. 供电设备 Power Cycle Devices

此功能实现将网络中所有设备关闭,然后再打开,实际上就是复位网络,通过 Realtime Bar 中的 Power Cycle Devices 完成。复位网络后,将清除所有事件以及所有路由器、交换机的当前运行配置。所以,要在复位网络前,在网络中所有路由器和交换机上执行 copy running-config startup-config 命令,以确保在复位后能够恢复当前网络的配置。

B.4.2 模拟模式

当所仿真的网络在模拟模式下运行时,可直接控制与 PDU 流相关的时间。也就是说,可以控制网络一步一步、一个事件一个事件地运行,运行时间好像被“冻结”了,运行快慢得到控制。此时,在特定的 PDU 使用场景(如 ping 命令时)中,可以捕获 PDU,用图形化的方式观察数据包在设备之间穿行的情况,同时也可实现暂停、向前、向后等控制,以研究在特定时刻指定 PDU 和设备的多种类型信息,而同时网络的其他部分仍旧实时运行。捕获 PDU 后的运行情况和事件也可存储为动画,在后面进行重播,重播过程中同样可以进行进度控制。

1. 基本使用

单击 Simulation 按钮,就进入了模拟模式,此时,弹出模拟面板(Simulation Panel)。在这个场景中,可以图形化的方式创建 PDU,并单击 Add Simple PDU 按钮使其在设备之间发送,然后,就可通过 Play Control 控制模拟场景的启动、暂停和运行。此时,Event List 窗口显示了 PDU 穿越网络时捕获到的事件。单击 Reset Simulation 按钮则可清除和重启场景，此时事件列表中的所有条目都会被清除，如图 B-19 所示。

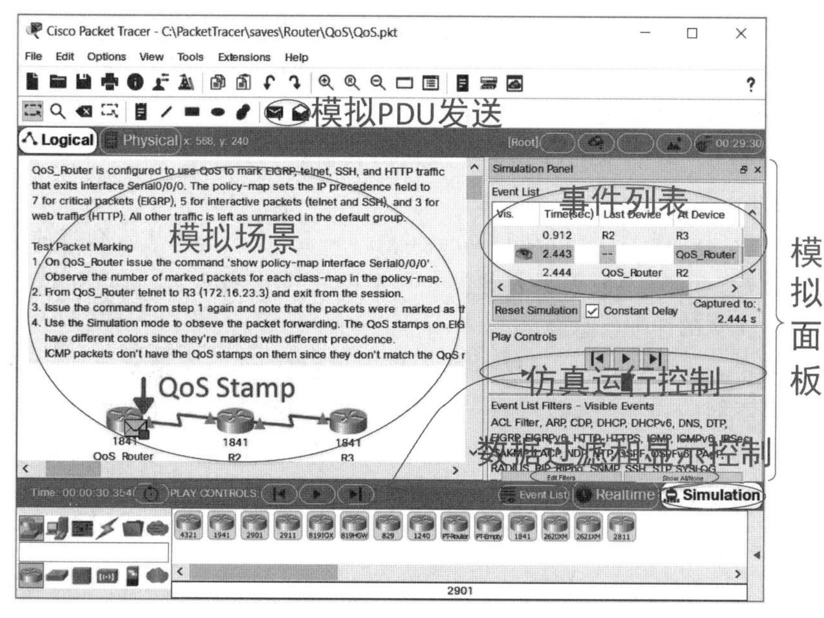

图 B-19　模拟模式的界面情况

当模拟正在运行时，可以在事件列表中的 Type 字段看到正在穿越网络的数据包的类型。要控制显示的数据包的类型，可以单击 Edit Filters 按钮，进行过滤器的设置即可。相反，要显示所有类型的数据包，可单击 Show All 按钮。根据访问控制需要，可以定制 ACL 过滤器，在其中可以设置和删除 ACL 命令语句，如图 B-20 所示。

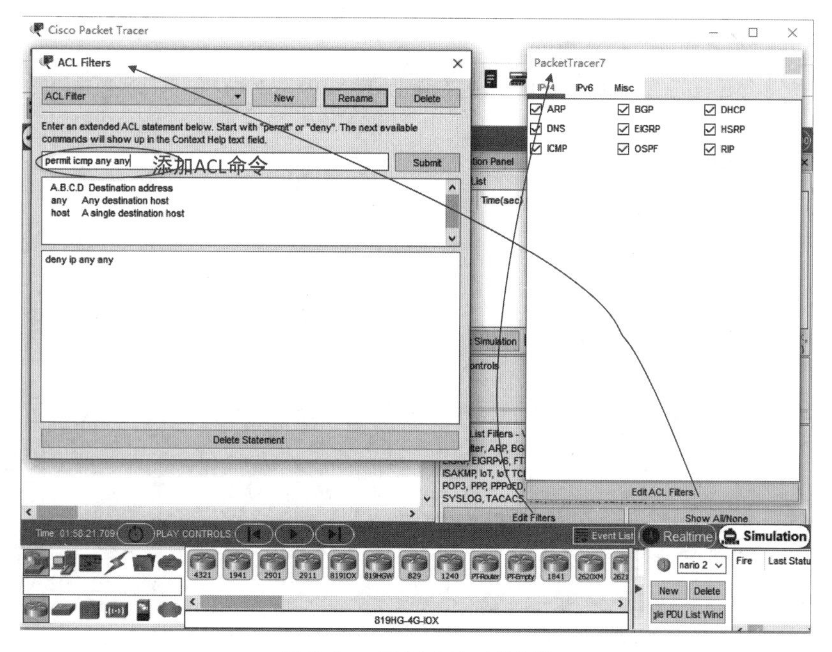

图 B-20　定制 ACL 过滤器

注意,尽管在事件列表过滤器中过滤了某种类型的 PDU,这只会导致 PDU 不会显示在事件列表中,而它们仍然在网络中,只是不显示而已,而且仍将影响网络的运行。

2. 事件列表和事件时间流

Packet Tracer 对网络运行的模拟并不是按线性时间尺度运行的,其运行时间是由网络中发生的事件驱动的。事件是任何在网络中产生的 PDU 实例。在事件列表中,可以持续跟踪所有这样的 PDU 实例,并通过多个字段列出其信息。其中,Visible 字段使用一个"眼睛"图标表示事件正在当前模拟时刻发生;Time(sec)字段表示事件发生相对于模拟场景重启后的最后时间(以秒为单位);Last Device 和 At Device 字段分别表示数据前一个设备位置和当前设备位置;Type 字段表示数据包的类型(如 ARP、DHCP、ACL 过滤器等);Info 字段显示数据包实例的详细信息。

在工作空间中,尽管网络事件看起来是以相同的速度一个一个地发生,但实际上它们发生的时间间隔是不同的。所以,可以通过 Time 字段持续跟踪事件的时序。而且,可以勾选 Constant Delay(固定时延)选项,以使事件之间以 1s 的固定时延产生,若取消勾选此选项,事件的总体时延会受到多种因素的影响。

3. 模拟场景管理

Packet Tracer 对网络运行的模拟以场景的方式组织,场景本质上是一组 PDU,在被置入网络后,可以在特定时刻发送,以实现所定制的网络场景的运行。当首次切换到模拟模式时,默认的场景为 Scenario 0,可以通过单击 New 和 Delete 按钮创建和删除场景,并在场景下拉列表中选择场景以实现场景之间的切换。对于一个逻辑拓扑,可以创建多个场景,以满足不同的测试条件。在 PDU 列表中可以看到相关 PDU 的信息,如图 B-21 所示。

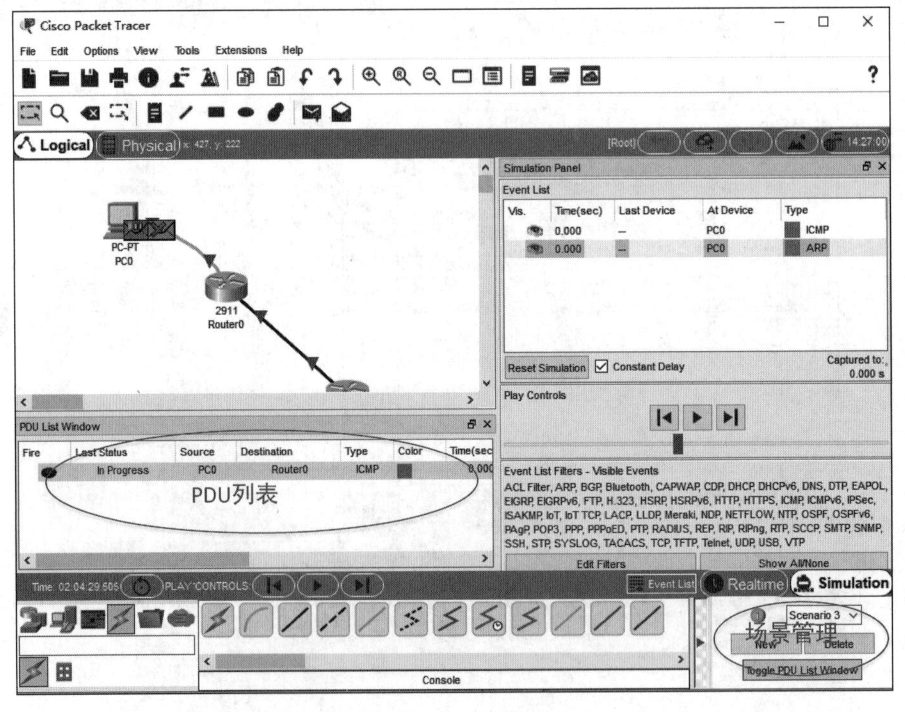

图 B-21 场景管理

当模拟时间复位到 0.000 时，事件列表会被清空，实现场景的重启。场景重启会在单击 Reset Simulation 或 Power Cycle Devices 按钮、与实时模式切换、网络被修改、场景切换等情况下会出现。需要注意的是，场景重启只是暂停模拟和删除当前显示在事件列表中杂乱的可见事件，并不会清除当前或预定的 PDU 过程。

4. PDU 发送

简单、快速地发送 PDU 的方式是 Add Simple PDU，这可以在接口配置了 IP 地址的设备上发送 ping 命令。设备配置好端口后，单击 Add Simple PDU 按钮，先单击源设备，再单击目标设备，就可使 ping 命令工作，在数据包转移过程中，就可观察 ping 过程。

除了简单、快速地执行 ping 命令以生成 PDU 外，还可以通过先后单击 Add Complex PDU 按钮和 PDU 源设备发送定制的 PDU。在单击源设备后弹出的 Create Complex PDU 对话框上，可以选择 PDU 发送的端口、类型、目标和源 IP 地址、目标和源端口等，如图 B-22 所示。

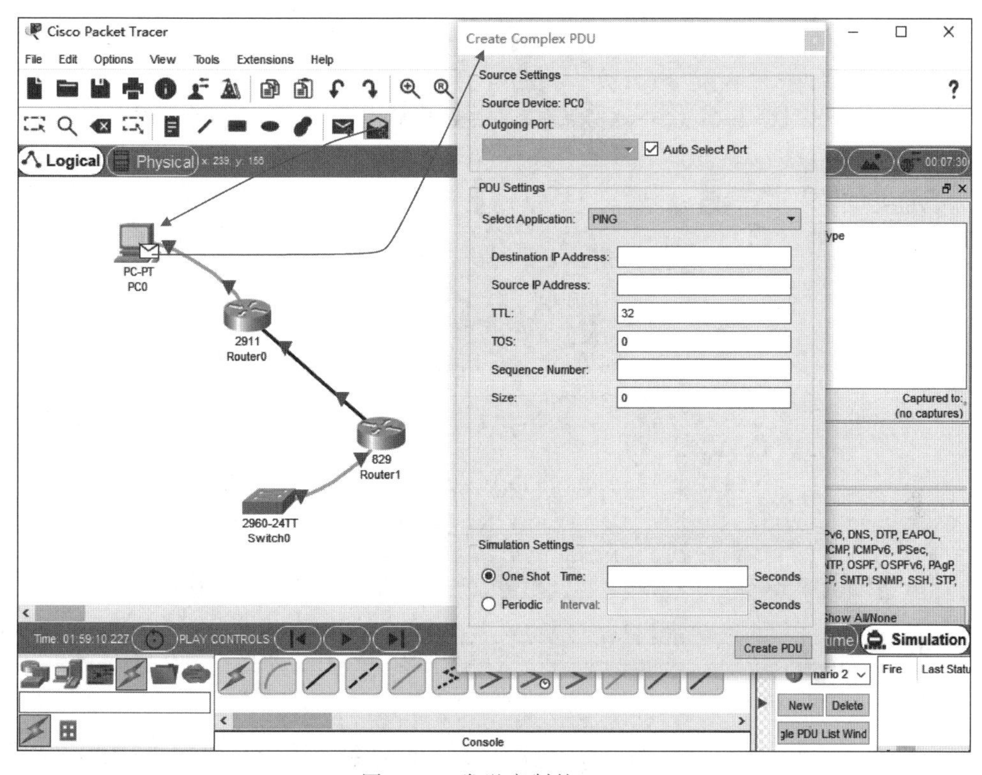

图 B-22　发送定制的 PDU

B.5　实验示例

下面将用一个简单的实验对如何使用 Packet Tracer 进行示范，该实验要使用前述知识。该示例包含从创建网络开始，到发送 PDU，以及在实时和模拟模式下网络的仿真过程。

B.5.1 创建一个简单的网络

首先创建一个简单的网络。

(1) 从设备库中选择设备,开始创建网络。例如,在逻辑工作空间中创建一个普通的PC和一个普通的服务器。

(2) 连接设备构建网络拓扑。选择铜直通电缆(Copper Straight-Through Cable,一条实黑线)连接PC和服务器。此时,链路上的红灯表示连接没有启动。单击工具栏上的"删除"按钮删除铜直通电缆,再换上铜交叉电缆(Copper Cross-Over Cable,一条虚黑线),此时链路上的灯光应该变成绿色,若将鼠标指针放置于PC或服务器上方,链路状态将显示为Up,如图B-23所示。

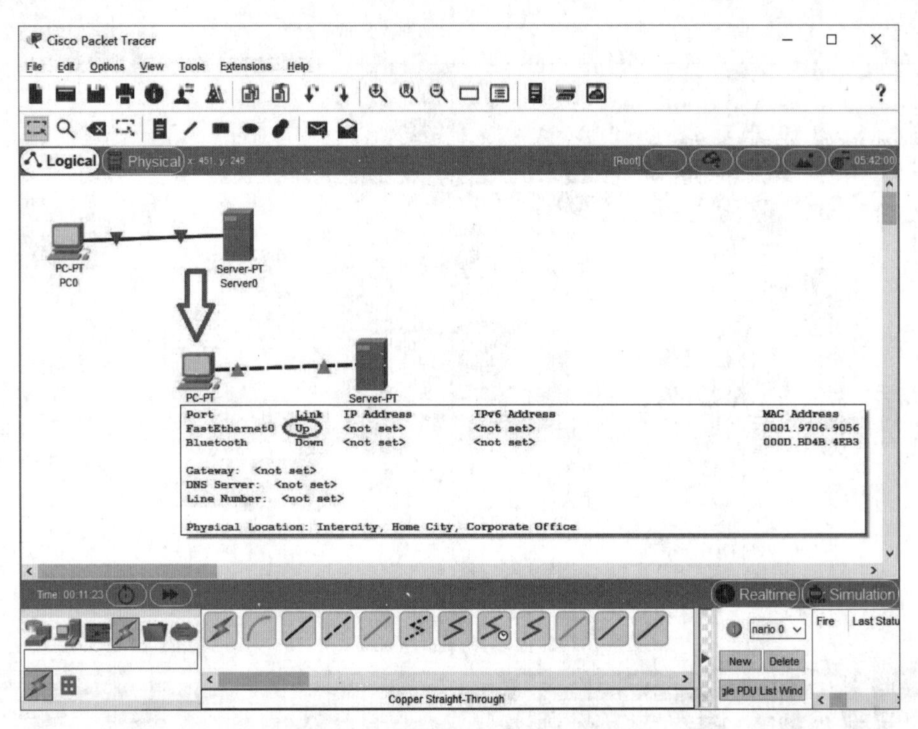

图 B-23 创建网络,并连接设备

(3) 使设备处于工作状态。单击设备,弹出设备的图形界面,单击图形上的设备开关机按钮,就可使设备开机或关机,连续开机、关机再开机几次,使设备处于工作状态。关机时,链路灯会变红,表明链路关闭或不工作;反之,链路灯变绿。创建设备后,默认处于工作状态。如图B-24所示。

(4) 了解设备信息。可通过3种方式:①将鼠标指针放置在设备上面可显示其基本配置信息(如图B-24所示);②单击设备显示其配置窗口,其中提供了配置设备的几种方式(如图B-24中的Config标签页);③使用工具栏中的Inspect工具查看网络设备在了解到其周围设备后建立的表格,如图B-25中的ARP表,此时是空的,因为设备还未配置。

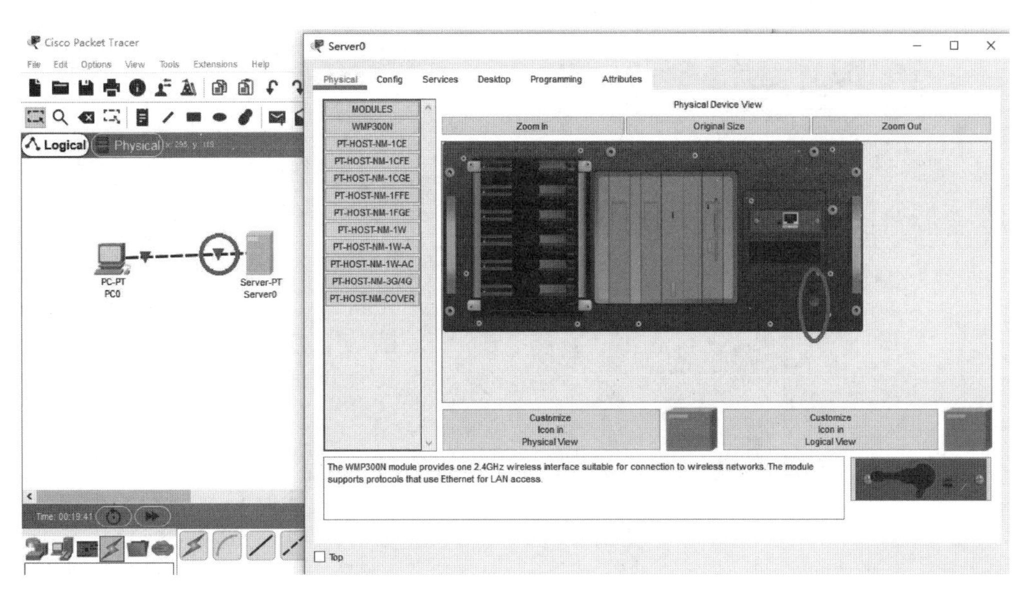

图 B-24　打开和关闭设备

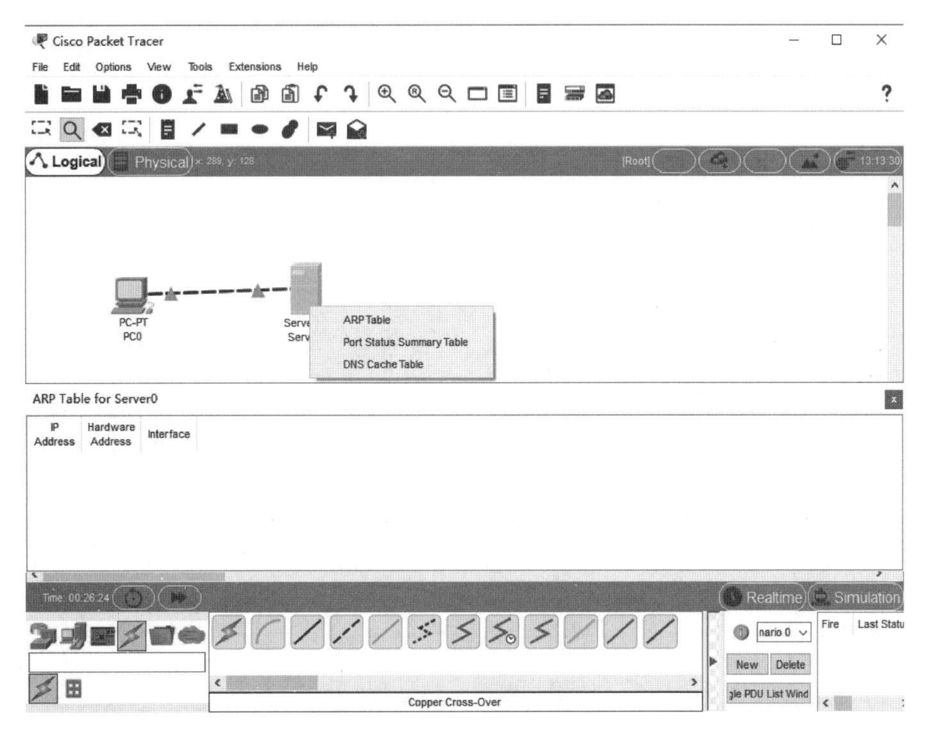

图 B-25　查看设备信息

(5) 配置 PC。将显示名称改为 Client，并设置 DNS 服务器的地址为 192.168.0.105，如图 B-26 所示。

单击图 B-26 中左侧列表中的 FastEthernet0 接口，并设置 IP 地址为 192.168.0.110，并勾选 Port Status 复选框。PC 以太网接口的带宽、全双工、MAC 地址和子网掩码等设置都可在此处进行修改，如图 B-27 所示。

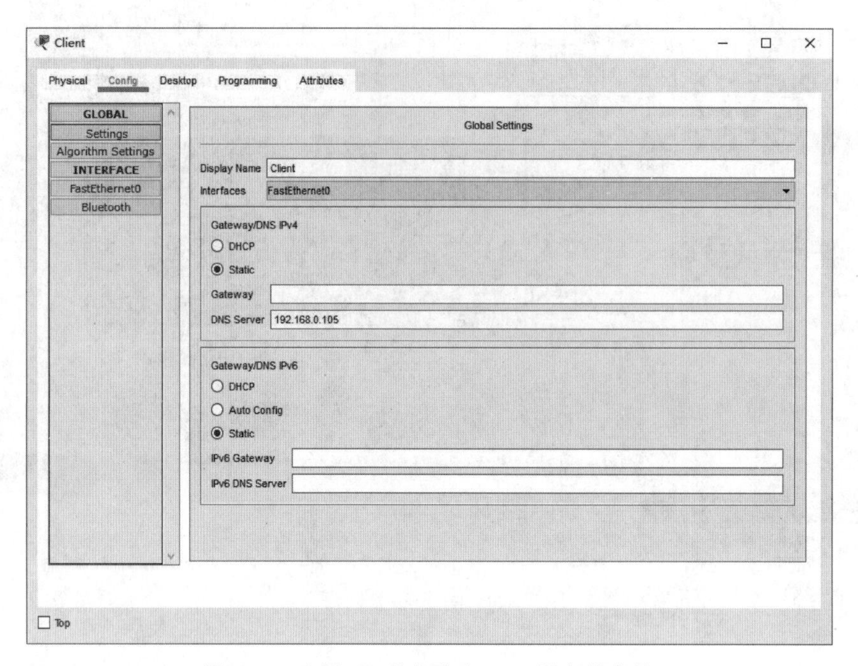

图 B-26 配置 PC 的名称和 DNS 服务器参数

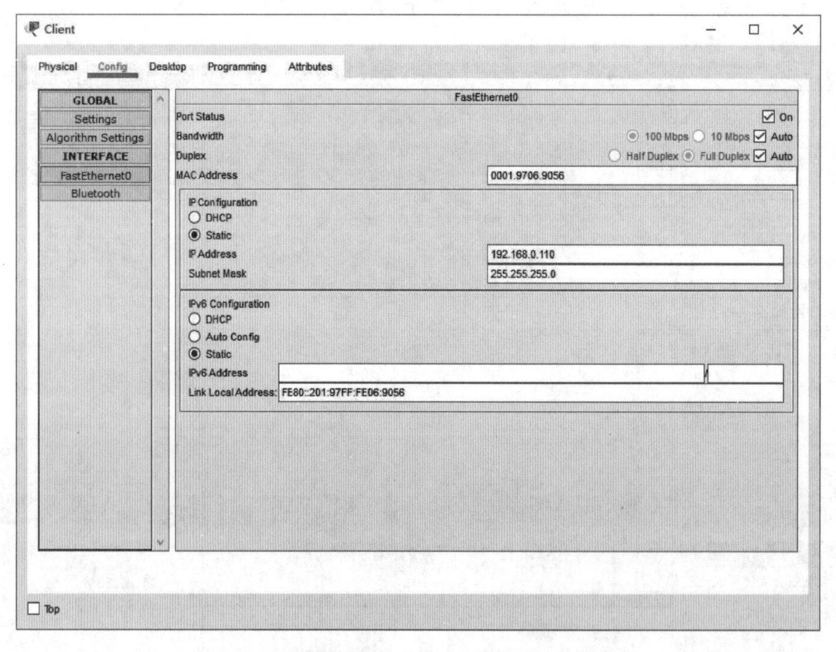

图 B-27 设置 PC 的 FastEthernet0 接口参数

另外,也可直接进入 Desktop 标签页并单击 IP Configuration,进行上述参数的修改。

(6) 配置服务器。双击服务器图标后,可在 Config 标签页进行服务器的 IP 配置,将显示名称改为 Web Server,单击左侧列表中的 FastEthernet 接口,并设置 IP 地址为 192.168.0.105,并勾选 Port Status 复选框。在 Services 标签页可进行其 DNS 配置,在左侧列表中单击 DNS 选项,设置域名为 www.a **** test.com,设置 IP 地址为 192.168.0.105,并单击 Add 按钮,确认 DNS Service 选择了 On,如图 B-28 所示。

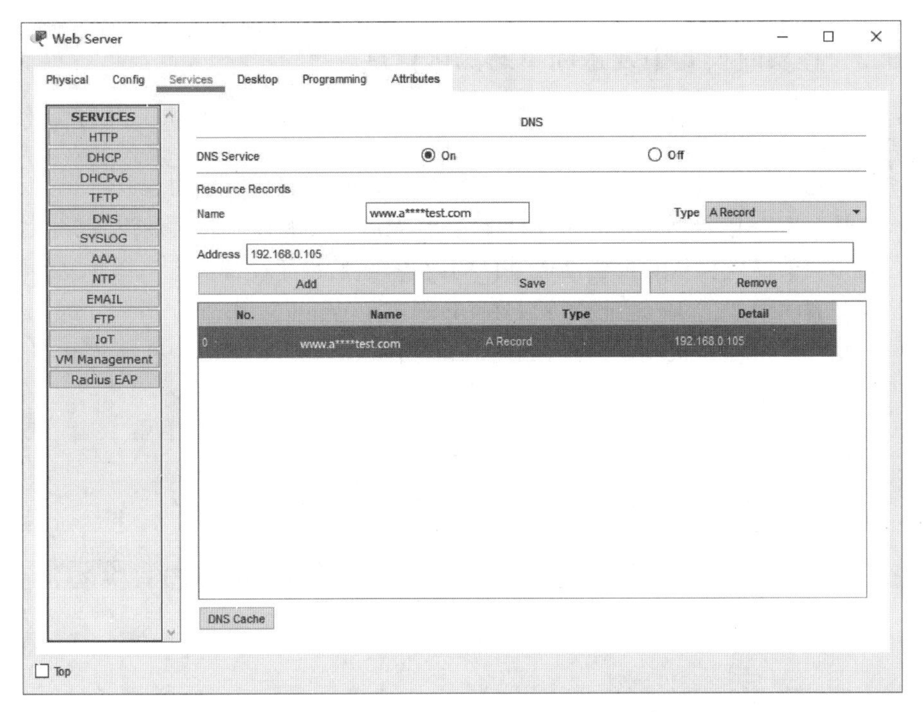

图 B-28　配置服务器

(7) 可拖动网络设备以调整其位置,并添加网络描述和文本标签,如图 B-29 所示。

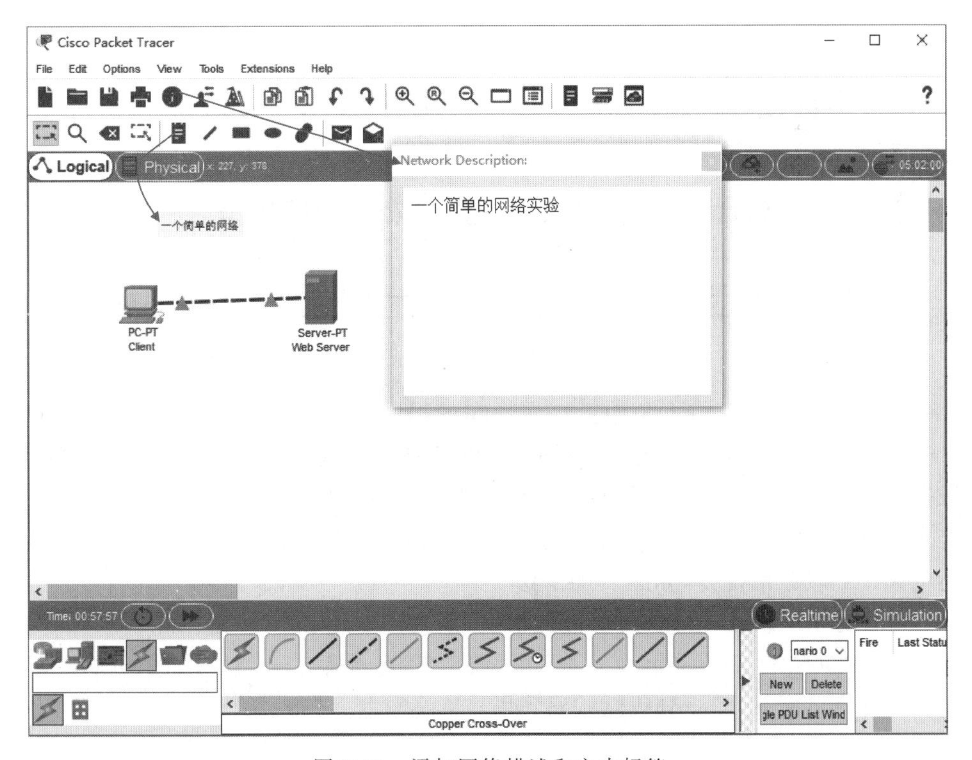

图 B-29　添加网络描述和文本标签

(8) 保存工作成果。

B.5.2 在实时模式中发送简单的测试信息

在简单网络中发送测试信息。

(1) 打开 B.5.1 节创建的简单网络模型对应的文件,并确保在实时模式下。

(2) 单击工具栏上的 Add Simple PDU 按钮,先后选择源设备和目的设备,此时一个简单的 ping 报文 PDU 就会从源设备发送至目的设备,当然目的设备会有一个回复的响应,因为现在已经配置了恰当的 IP 地址。可以在 PDU List Window 中查看这个 ping 报文的信息,其中有说明 PDU 是否成功的信息,如图 B-30 所示。当然,因为是在实时模式,是无法看见 PDU 的动画过程的。

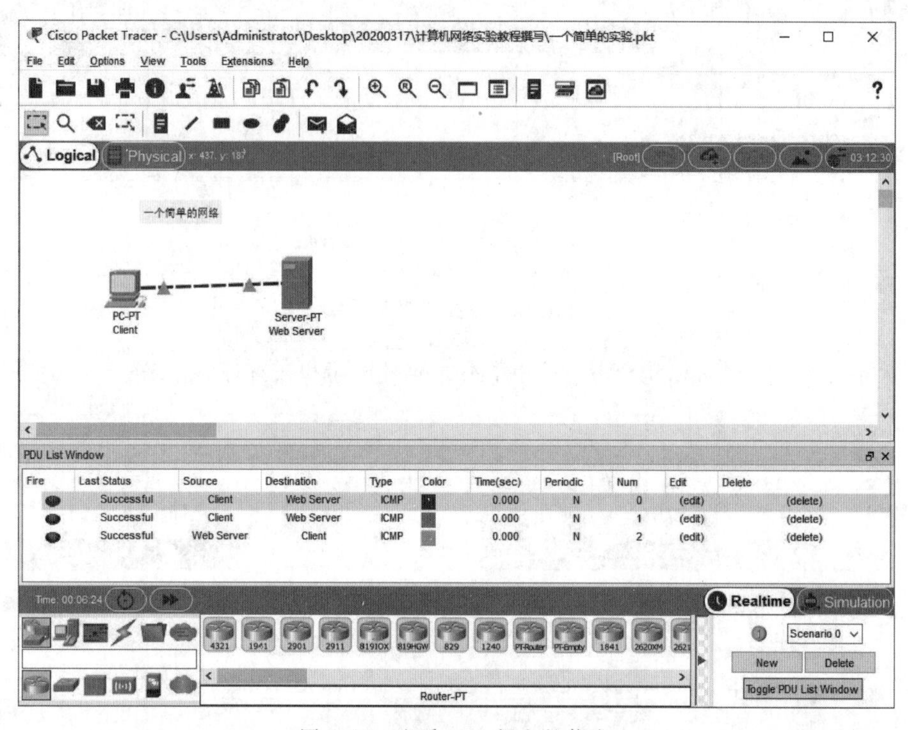

图 B-30 查看 ping 报文的信息

(3) 可以使用图 B-30 右下角的窗口将现在的报文情况保存为一个场景(Scenario),场景 0(Scenario 0)是程序的默认场景,不同场景允许使用相同的拓扑体验用户创建的不同若干组数据包。单击 New 按钮就可创建一个新场景,其中无 PDU。然后,可单击 Add Simple PDU 按钮添加两个数据包,一个从 PC 到服务器,另一个则相反,使用场景列表旁边的场景描述还可添加此场景的注释,如图 B-31 所示。

(4) 场景之间可以通过场景列表进行切换,现在单击 Delete 按钮删除场景 0。然后在场景 1 中,在 PDU List Window 中双击某个 PDU 就可删除它。最后,如果再删除场景 1,此时就已删除全部场景,场景列表默认回到场景 0。

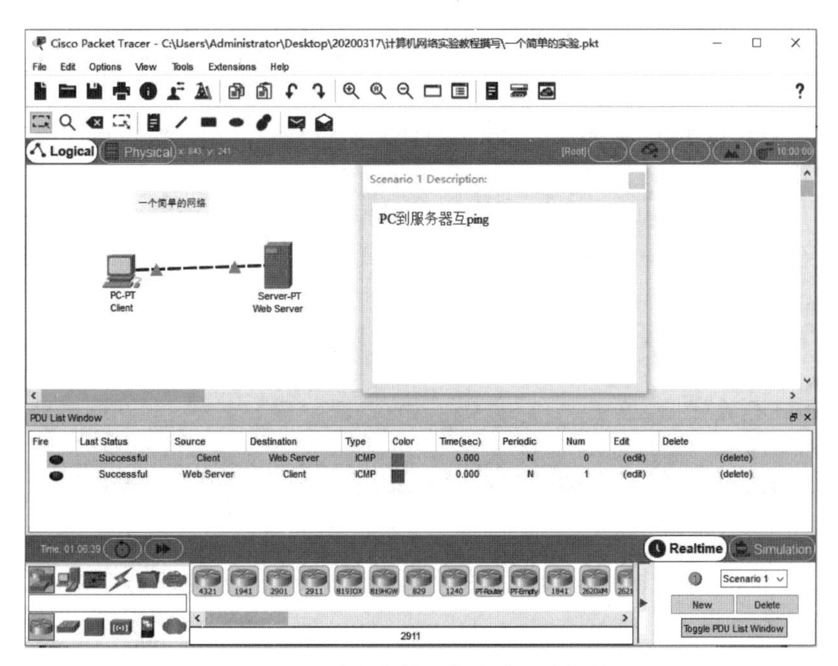

图 B-31　将报文情况保存为一个场景

B.5.3　用 PC 的 Web 浏览器建立 Web 服务器连接

在 B.5.2 节的简单网络中建立 PC 对 Web 服务器的 Web 浏览器访问，并在模拟模式下观察数据包的运行过程。

(1) 双击 PC 图标弹出配置对话框，切换至 Desktop 标签页，并在 Web Browser 的 URL 文本框中输入 www.a **** test.com，单击 Go 按钮，若出现 Packet Tracer 欢迎页面，说明 Web 连接已经成功建立，如图 B-32 所示。

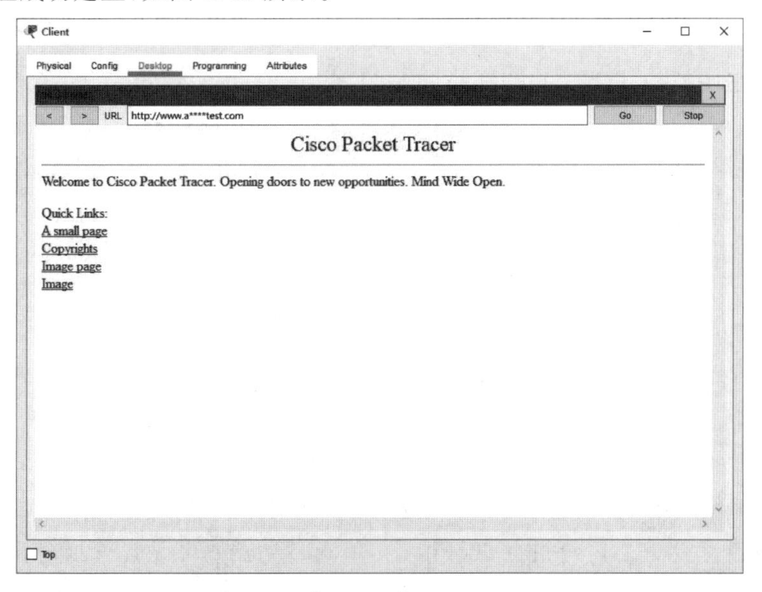

图 B-32　使用 PC 的 Web Browser

(2) 清除 URL 文本框中的内容,输入 www 并单击 Go 按钮,由于地址不完整,会出现主机名无法解析的 Host Name Unresolved 信息提示。在 URL 文本框中输入 192.168.0.105 并单击 Go 按钮,也可出现 Packet Tracer 欢迎页面,这说明 Web 服务器的 IP 地址也可用于建立 Web 连接。

(3) 退出后,在模拟模式中完成上述类似的步骤,输入 URL 后,再单击 Play 按钮,就可看见数据包在网络中运行的动画。由于在模拟模式下用户可控制时间,所以网络看起来运行得比较慢,此时可跟踪数据包,以详细观察数据包的路径和数据信息,如图 B-33 所示。

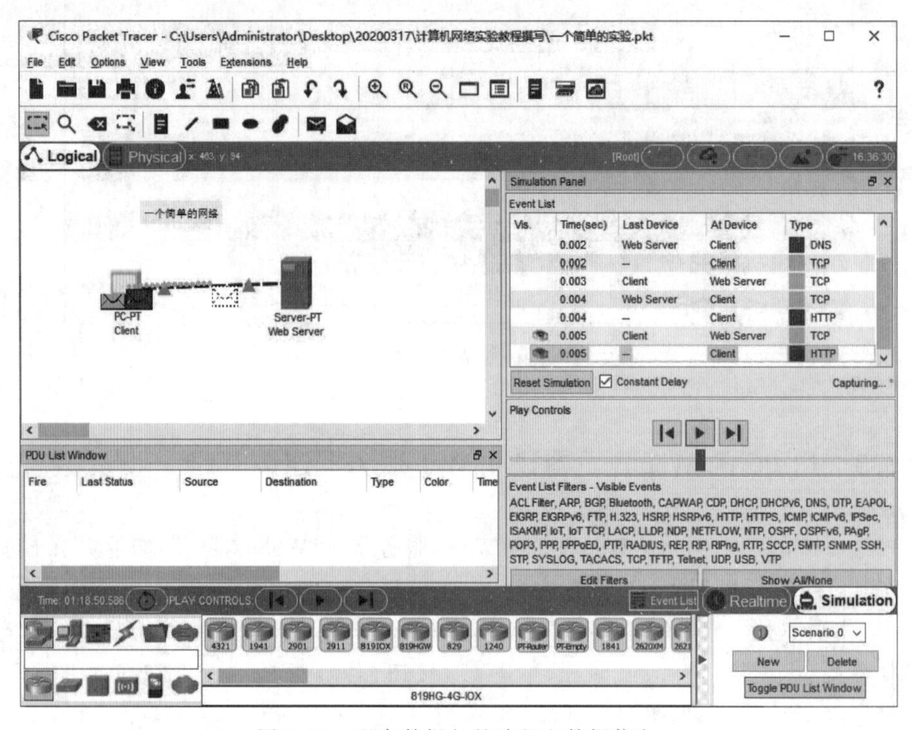

图 B-33 观察数据包的路径和数据信息

(4) 继续在模拟模式下选择 PC 并进入 Desktop 标签页中的 Web Browser。再次在 URL 文本框中输入 www.a **** test.com 并单击 Go 按钮,此时 Packet Tracer 欢迎页面应该不会出现。立即切换回 Packet Tracer 主界面,但不要关闭 PC 配置对话框,这时可以看到一个 DNS 数据包被添加到事件列表中。等待一小段时间,观察 PC 和服务器之间的数据包发送过程,直到出现多个 HTTP 数据后,回到 PC 配置对话框,现在 Packet Tracer 欢迎页面已经显示。

B.5.4 在模拟模式中捕获事件和查看动画

在 B.5.3 节的简单网络中练习捕获事件,并查看动画。

(1) 在实时模式中,从 PC 发送一个简单 PDU 到服务器,以确定网络正常。

(2) 切换到模拟模式下,单击 Edit Filters(编辑过滤器),默认勾选所有选项,这表明这些协议的数据包都将被监控。单击 show All/None 可以取消所有协议的选择,然后勾选

ICMP,以便在动画中只监控ICMP数据包。

(3) 添加一个从PC到服务器的简单PDU。此时PDU已被添加到PDU列表中,而且在事件列表中,此PDU已作为第1个事件被捕获,同时一个新的数据包图标(信封)出现在工作空间中,事件列表左边的眼睛图标表明目前这个数据包正被显示,如图B-34所示。

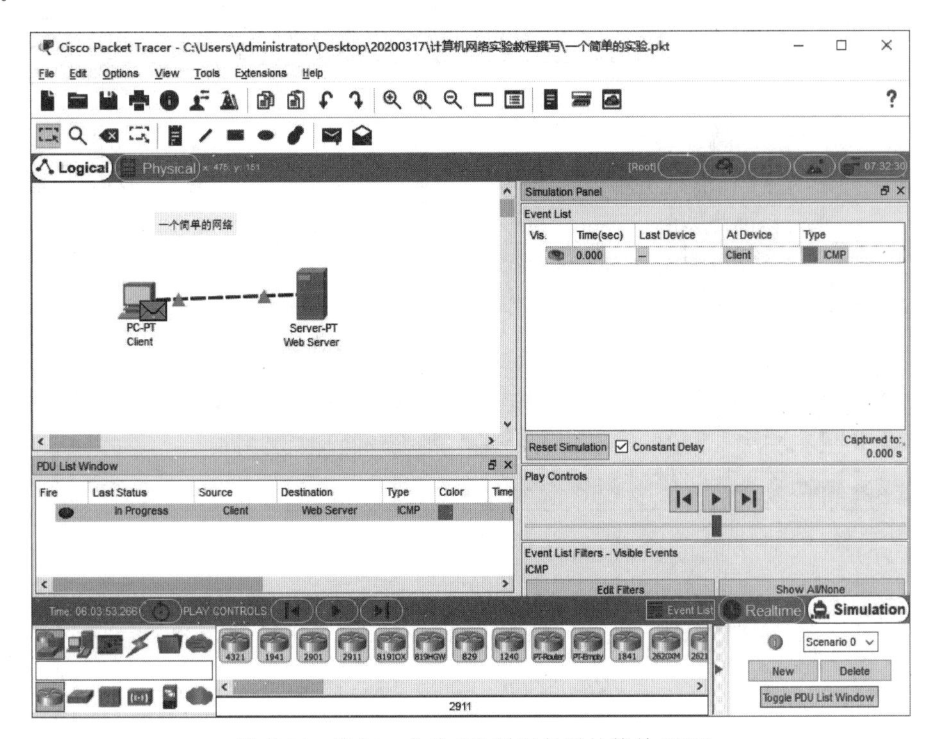

图 B-34 添加一个从PC到服务器的简单PDU

(4) 单击Play按钮右边的Capture/Forward按钮,可以步进地推动网络的运行,并捕获下一个将出现在网络上的事件。当单击Capture/Forward按钮后,数据包在工作空间中会从一个设备转移到另一个设备(从PC到服务器),同时一个新的事件被添加到事件列表中。下方的播放速度滑块可以控制播放速度的快慢。

(5) 单击Capture/Forward按钮,可捕获下一个网络事件,即从服务器到PC的回应响应,紫色信封上的绿色对勾表明成功。此时若再次单击Capture/Forward按钮,因服务器已经向PC发送了回应,交互已完成,所以不再有ICMP事件被捕获,如图B-35所示。

B.5.5 在模拟模式中深入查看数据包

在B.5.4节的简单网络中捕获的事件查看数据包。

(1) 接着B.5.4节的最后,单击Reset Simulation按钮,完成网络模拟的复位,这会清除事件列表中的除最初数据包之外的所有数据包。也就是说,一切回到刚刚加入一个简单PDU时的状态。

(2) 单击工作空间中的数据包信封图标,或者事件列表中数据包条目,可以打开一个包含

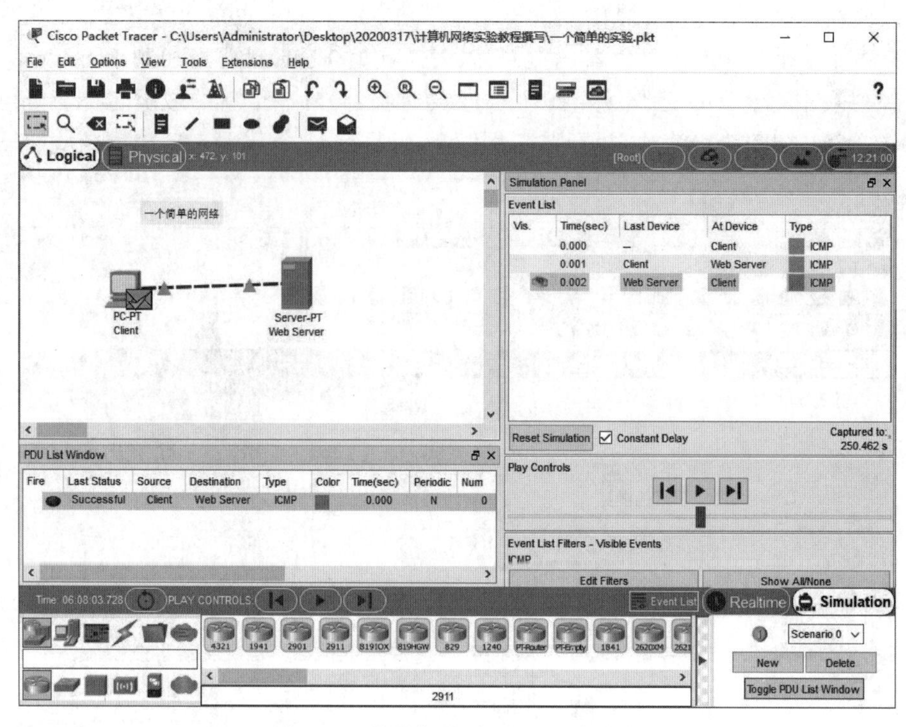

图 B-35　从服务器到 PC 的回应响应

OSI 模型的页面,它显示数据包是如何在当前设备的 OSI 模型的每层中穿行的,如图 B-36 所示。

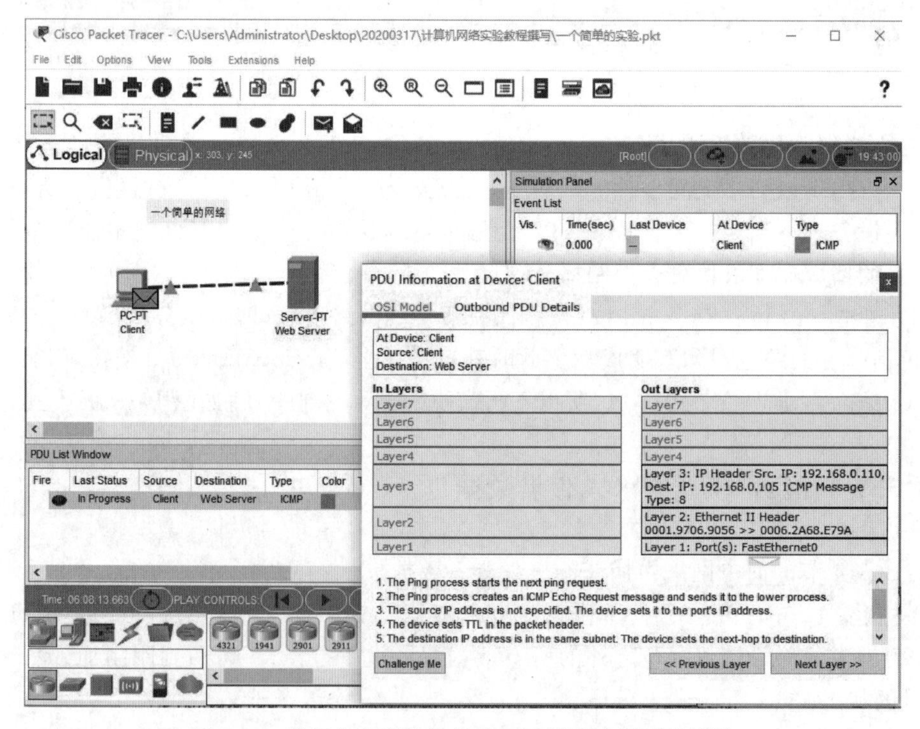

图 B-36　数据包在当前设备的 OSI 模型中通过的情况

（3）在 PDU 信息窗口中 OSI Model 标签页中，在 In Layers 和 Out Layers 列表中显示了 PDU 的协议层信息。由于目前是最初的报文，只能查看其出站协议层信息。然后切换到 Outbound PDU Details（出站 PDU 细节）标签页，可以精确地查看 PDU 的首部构成，如图 B-37 所示。

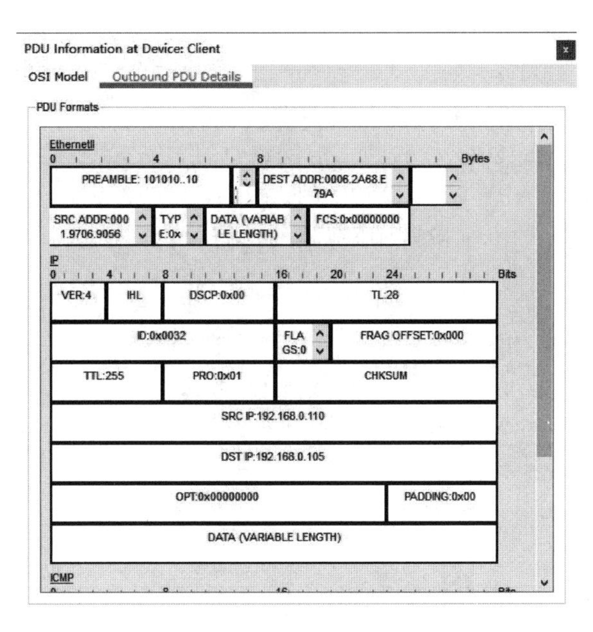

图 B-37　精确地查看 PDU 的首部构成

（4）关闭 PDU 信息窗口后，单击 Capture/Forward 按钮，然后再次打开 PDU 信息窗口，此时入站和出站的协议层信息就都可查看了。其中，Inbound PDU Details（入站 PDU 细节）标签页显示了从 PC 到服务器的入站回应请求数据包的细节，而出站 PDU 细节显示的是从服务器到 PC 的回应响应数据包的细节，如图 B-38 所示。

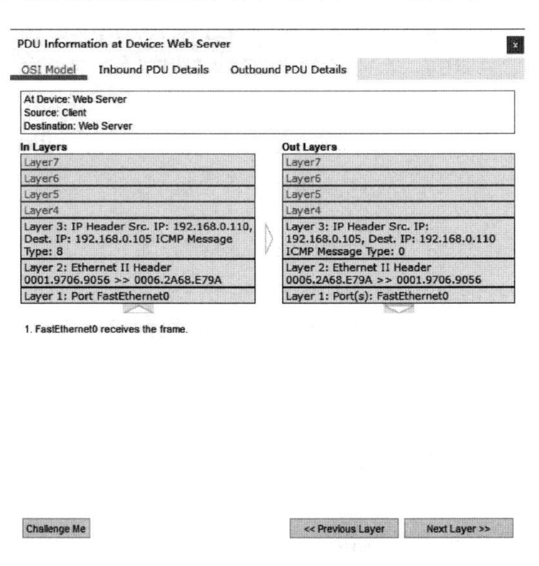

图 B-38　查看入站和出站的协议层信息

(5) 再次单击 Reset Simulation 按钮使模拟回到最初状态。现在就可单击 Play、Capture/Forward、Back 等按钮,使网络的运行模拟过程得到控制,此时,可以关注事件列表、工作空间以及数据包信息中的变化,对网络事件进行观察。

B.5.6 查看设备表和复位网络

在 B.5.5 节的简单网络中查看设备表,并复位网络。

(1) 单击 Power Cycle Devices 按钮重启网络,然后单击工具栏上的 Inspect 工具按钮并选择两个设备,打开其 ARP 表,现在是空的。

(2) 然后,在实时模式中,从 PC 到服务器发送简单 PDU,这时 ARP 表会自动填写,如图 B-39 所示。

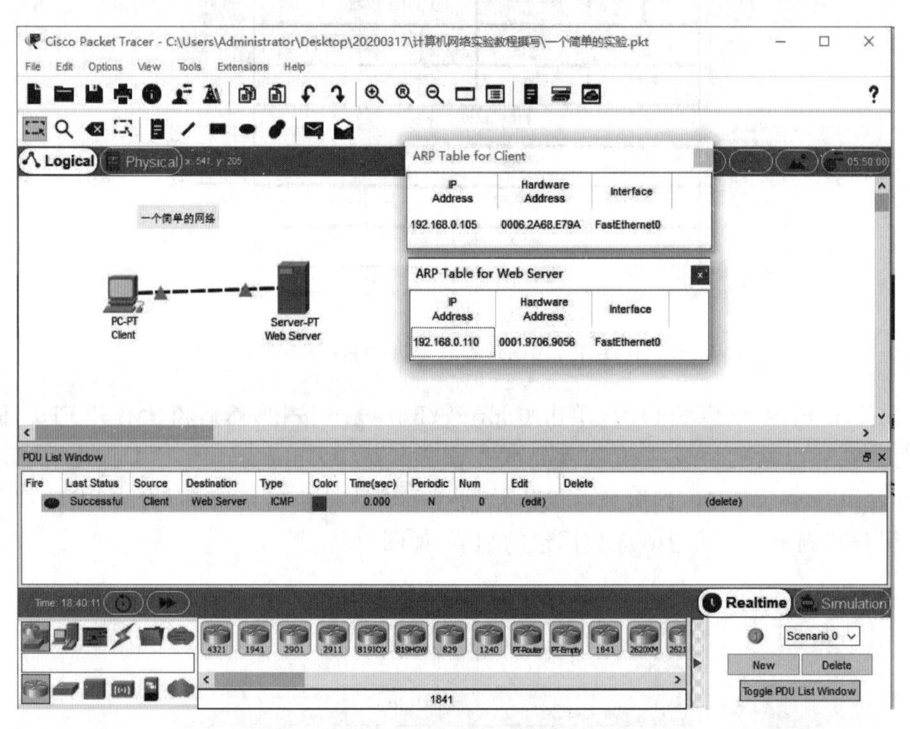

图 B-39 实时模式中,从 PC 到服务器发送简单 PDU 时 ARP 表的情况

(3) 删除 PDU,这时会发现 ARP 中的内容没有清除,这说明由于设备的 ARP 表条目已经在网络运行过程中学习到了,删除 PDU 不会重置已经在网络中发生的事件。此时,如果再单击 Power Cycle Devices 按钮,ARP 表就会被清除,因为 ARP 是临时信息,网络重启时会被消除。

(4) 创建一个新的从服务器到 PC 的简单 PDU,由于网络被重启,此时设备的 ARP 表是空的。简单 PDU 被创建后,在 ping 数据包被发送之前,ARP 请求数据包需要先发送,以使网络中的设备能够相互学习到地址。单击 Play 按钮可查看动画,如图 B-40 所示。

(5) 单击 Reset Simulation 按钮后,除用户创建的 PDU 外,事件列表会被清除,但 ARP 表仍然不变,此时再单击 Play 按钮,由于 ARP 表未变,就不再有新的 ARP 数据包了。最

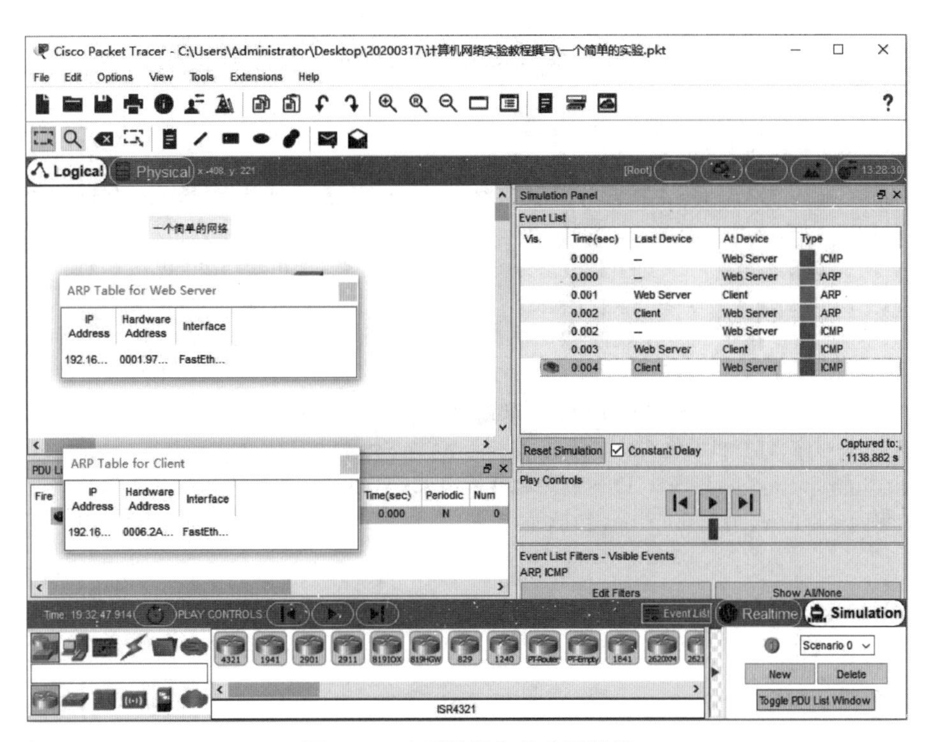

图 B-40　查看数据包的动画情况

后，单击 Power Cycle Devices 按钮，ARP 表就会被清除。

B.5.7　关键功能小结

本实验示例有以下几个功能需要关注。

（1）单击场景的 Delete 按钮，会删除整个场景，包括与之有关系的 PDU。而双击 PDU 列表中最右边的 Delete 列，会删除对应的单个 PDU。

（2）单击 Reset Simulation 按钮，会清除所有事件列表中除用户创建的 PDU 之外的条目，之后动画可以重新启动，但不会重置设备表。

（3）单击 Power Cycle Devices 按钮会关掉网络中所有设备，设备的各类表和配置以及尚未保存的信息会一起丢失。

（4）要定期保存，以防丢失配置和网络中各类状态的变化。

参考文献

[1] 谢希仁. 计算机网络[M]. 7 版. 北京:电子工业出版社,2017.

[2] Tanenbaum A S, Wetherall D J. 计算机网络[M]. 严伟,潘爱民,译. 5 版. 北京:清华大学出版社,2012.

[3] Shay W A. 数据通信与网络教程[M]. 高传善,译. 北京:机械工业出版社,2000.

[4] 王群,王琳琳. 局域网一点通:组建交换式局域网[M]. 北京:人民邮电出版社,2004.

[5] 王群,储顺华,王琳琳,等. 局域网一点通:TCP/IP 管理与网络互联[M]. 北京:人民邮电出版社,2004.

[6] 戴有炜. Windows Server 2016 网络管理与架站[M]. 北京:清华大学出版社,2018.

[7] 张建忠,徐敬东. 计算机网络实验指导书[M]. 北京:清华大学出版社,2005.

[8] Cisco. Introduction to Packet Tracer[EB/OL]. [2021-02-01]. https://www.netacad.com/zh-hans/courses/packet-tracer/introduction-packet-tracer.

图书资源支持

感谢您一直以来对清华版图书的支持和爱护。为了配合本书的使用，本书提供配套的资源，有需求的读者请扫描下方的“书圈”微信公众号二维码，在图书专区下载，也可以拨打电话或发送电子邮件咨询。

如果您在使用本书的过程中遇到了什么问题，或者有相关图书出版计划，也请您发邮件告诉我们，以便我们更好地为您服务。

我们的联系方式：

地　　址：北京市海淀区双清路学研大厦 A 座 714

邮　　编：100084

电　　话：010-83470236　010-83470237

客服邮箱：2301891038@qq.com

QQ：2301891038（请写明您的单位和姓名）

资源下载：关注公众号“书圈”下载配套资源。

资源下载、样书申请

书圈

图书案例

清华计算机学堂

观看课程直播